詳解
大気放射学
基礎と気象・気候学への応用

A First Course in Atmospheric Radiation

Grant W. Petty
グラント W. ペティ［著］
近藤 豊・茂木信宏［訳］

東京大学出版会

A First Course in Atmospheric Radiation, the Second Edition
by Grant W. Petty

The English edition was first published by Sundog Publishing in 2006.

Japanese transration rights arranged with the Author
by University of Tokyo Press

Transration by Yutaka KONDO and Nobuhiro MOTEKI

University of Tokyo Press, 2019
ISBN978-4-13-062729-0

第2版の序文

本書の初版は，2004年春学期前に出版するため急いだことが影響し，多くの誤りやタイプミスなどが見落とされていた．この第2版ではこれらの訂正を行うとともに，初版では入れられなかったいくつかの事柄を新たに加えた．たとえば記号の表，ポインティングベクトルに関わる議論および放射フラックスとの関係の他，いくつかの演習問題を加えた．初版がすでに完売しており，この第2版の出版を急ぐ必要があることから，他の改訂や内容の追加は将来の第3版に回さざるをえなかった．

Jack Barret をはじめとする多くの方々が，初版を使用した経験を踏まえた意見や訂正すべき点を指摘してくれたことに感謝する．

David F. Stooksbury 教授と Robert Pincus 博士には啓発的な本書の書評をアメリカ気象学会とアメリカ地球物理学連合の会報に寄稿して頂いたことに感謝する．Pincus 博士は演習問題をさらに増やすことを指摘されると共に，新たな問題を提供して頂いた．

最後に，妻の Antje と娘の Sonia と Annika は執筆のために生じたさまざまなしわ寄せを4年間辛抱強く我慢してくれたことに感謝する．

初版の序文

放射やリモートセンシングの専門家をめざす学生だけでなく，気象学・気候学を学ぶ大部分の学生も，大気放射の原理と大気現象との関連を理解するための基礎を学んでおく必要がある．本書は，このような学生が技術的詳細に幻滅させられることなく，“放射がどのように作用するのか”を正しく理解できるように工夫して書かれている．放射過程の解説には数学の使用が必須であるが，本書では提示する数式は基本的なものだけに絞り，物理的意味の説明を充実させるように心がけた．学生が本書を注意深く読み進めたのちには，多くの事実や方程式を知るだけではなく，それらの知識が体系化されて記憶に定着し，それを自らの言葉で正確に説明できるようになることを期待する．

このため，他の大気放射学の教科書に含まれている事項の多くを意図的に含めなかった．記述事項の取捨選択では次の 2 点を考慮した．現在の気象学や気候学において大気放射が果たす役割を理解するために“非専門家”が学ぶべき事柄はどれなのか？　将来リモートセンシングや放射の専門的知識が必要になったときに，改めて学べばよい高度な事柄はどれなのか？　本書で高度な事柄の概略に触れる際には，より完全かつ詳細な解説をしている文献を引用するようにした．

やや抽象的な理論は，なるべく日常生活の現象・現実の気象や気候・リモートセンシングへの応用に関連付けて解説した．演習問題は章末ではなく章中の各所に置いてある．これらの問題は易しく，説明した事柄の理解を確認するためのものである．特に注意すべき重要な結果や関係は四角で囲んである．† を付した章や節はやや高度な内容なので学部生のレベルでは読みとばしてもよい．

放射伝達で扱う物理量の記号・用語・単位については注意が必要である．今のところ記号・用語・単位について統一された規則はなく，各分野で独自の伝統的規則が使用されているのである．本書では大気科学の最近の文献で採用されている規則に従った．

本書の執筆過程でS.A. Ackermanをはじめとする数名の方々の講義ノートや未発表資料や本の末尾に引用した教科書を参考にした．Ryan Aschbrenner氏や他の方々には原稿を査読頂いた．事実や解釈の間違いなどがもしあれば，それは私の責任である．

今年の学生の講義に間に合うように本書を印刷したのであるが，この初版にはまだ多くの改善すべき点がある．今後の改訂のためにコメント，修正，示唆などをSundog出版社にお送り頂けるとようお願いする．訂正や補助教材は出版社のウェブサイトに置いてある．

グラント W. ペティ

訳者のまえがき

地球の表層はそのエネルギー源として，太陽からの電磁放射（electromagnetic radiation）を受け取っている．この太陽放射と表層との相互作用は，そこでのエネルギー収支を支配し，生起する多くの物理・化学過程を駆動し，地球の気候を決めるうえで極めて重要な役割を果たしている．このため大気放射学に関する知見は，気象学，気候学，海洋学，地球大気環境科学，雪氷学，惑星大気科学の基盤となっている．この重要性にもかかわらず，大気放射学は多くの概念とやや込み入った数学的な取り扱いのため，必ずしも多くの方々に馴染みのあるものではないのが現状である．このため初学者向けの大気放射学の良い入門書が必要であった．

ウィスコンシン大学での大気放射学の講義をもとに書かれた Petty 教授の本書はこの目的に最適である．まず使用する物理量の定義が懇切丁寧になされ，数式の導出は省略せずに行われ，導出された式の物理的な意味・解釈も十分に説明されているので，予備知識なしに大気放射学の要所を理解できる．このため，本書は多くの大気科学の教科書で引用されている．本書を学習しておけば，より複雑な数式を用いた高度な本に進むことも容易になるだろう．

本書の議論の流れを理解する一助のため，各章の内容で重要な点を簡単に述べておく．第 1〜6 章では放射に関する物理過程の基礎が説明される．放射の物理過程のほとんどは，古典電磁気学（ローレンツの理論）により説明できる．量子力学が必要となる例外は黒体放射（第 6 章）と分子による放射の吸収・射出過程である（第 9 章）が，これも必要な範囲で十分に説明されている．ここまでで定義される放射輝度 I は媒質中での放射エネルギーの流れに関するすべての情報（偏光以外の）を含んでいる．放射フラックスは I から計算することができ，本書を通してこの関係が用いられる．

第 7 章では大気の透過率 $t(z)$ とそれを高度 z で微分した荷重関数 $W(z)$（放射の吸収・射出に適用される）が定義される．この $t(z)$ と $W(z)$ は第

8〜10 章で大気の熱放射が関与する輝度とフラックスを定式化する上で鍵となる．また第 8 章では散乱が無視でき吸収と射出が支配する条件下での放射伝達方程式（シュワルツシルトの方程式）が導出される．この方程式を解くことで単一波長の輝度とフラックスが具体的に表現される．この定式化において $W(z)$ が重要な役割を果たす．第 10 章では大気の加熱・冷却率を計算するために広帯域フラックスを求める．この際に重要となる量がバンド（波数区間）平均の透過率であり，その具体的計算法が示される．

第 11〜13 章は，散乱が無視できない条件下での放射伝達方程式を定式化する．ここでは大気の熱放射は無視され，散乱位相関数が重要な役割を果たす．第 11 章では主として雲粒子による単一散乱が取り扱われ，放射収支にとって重要な雲のアルベドが導出される．第 12 章では球形粒子による散乱・吸収を厳密に表現するミー理論が説明される．ここでは粒子サイズと放射の波長の比であるサイズパラメータ（無次元量）が鍵となる変数である．第 13 章は，より定式化が困難な多重散乱を取り扱う．雲層の吸収率やアルベドの議論は白眉である．

本書の内容は半年間の講義で教えられる分量であり，本書に沿って講義を進めていくこともできよう．各章にある問題は本文の内容の理解を深めるもので，著者による詳細解答を東京大学出版会のホームページ（http://www.utp.or.jp/book/b383241.html）に置いてある（ファイルの解凍パスワードは gpetty2radiation）．

本書の翻訳にあたり，東京大学の大学院生の吉田淳，森樹大，浅野匠彦，谷岡達郎，針ヶ谷智生，橋岡秀彬，芝野祐樹の諸氏に大変お世話になった．また宇宙航空研究開発機構の久世暁彦博士には原稿を査読して頂いた．これらの方々に深く感謝する．

本書の出版にあたり多くの助言を頂き，編集・校正でもお世話になった東京大学出版会の岸純青氏に感謝したい．

2018 年 11 月

近藤　豊
茂木信宏

目次

第二版の序文　i
第一版の序文　iii
訳者のまえがき　v

第1章　序論 ……1
1.1　気候と気象における重要性　1
1.1.1　太陽放射　2
1.1.2　熱赤外放射　3
1.1.3　グローバルな熱機関（global heat energy）　3
1.1.4　地球のエネルギー収支の要素　5
1.2　リモートセンシングにおける重要性　7

第2章　放射の特性 ……11
2.1　電磁放射の性質　11
2.2　周波数　15
2.2.1　周波数分解　17
2.2.2　広帯域放射と単色放射　18
2.3　偏光　19
2.4　エネルギー　21
2.5　電磁波の数学的取り扱い†　23
2.6　放射の量子的特性　29
2.7　放射フラックスと放射輝度　31
2.7.1　放射フラックス　31
2.7.2　放射輝度　33
2.7.3　放射フラックスと放射輝度との関係　43
2.8　気象学・気候学・リモートセンシングへの応用　45
2.8.1　グローバルな日射量　46

2.8.2 地域的および季節的な日射量の分布 47

第3章 電磁波スペクトル……51
3.1 周波数，波長，および波数 52
3.2 主要なスペクトル帯域 53
3.2.1 ガンマ線とX線 55
3.2.2 紫外域 56
3.2.3 可視域 57
3.2.4 赤外域 59
3.2.5 マイクロ波と電波帯 60
3.3 太陽放射と地球放射 62
3.4 気象学・気候学・リモートセンシングへの応用 63
3.4.1 紫外放射とオゾン 63

第4章 均質な媒質中における反射と屈折……69
4.1 複素屈折率Nの意味 70
4.1.1 実部 70
4.1.2 虚部 71
4.1.3 比誘電率† 73
4.1.4 不均質な混合物の光学的性質† 74
4.2 屈折と反射 76
4.2.1 反射角 76
4.2.2 屈折角 78
4.2.3 反射率 79
4.3 気象学・気候学・リモートセンシングへの応用 83
4.3.1 虹とハロ 83

第5章 表面の放射特性……89
5.1 平らな境界面として理想化された地表面 89
5.2 吸収率と反射率 91
5.2.1 反射率の波長依存性の例 92

5.2.2 灰色体近似 92
5.3 反射光の角度分布 94
5.3.1 鏡面反射と等方反射 94
5.3.2 一般の場合の反射 † 97
5.4 気象学・気候学・リモートセンシングへの応用 99
5.4.1 地表面の加熱 99
5.4.2 可視および近赤外波長帯での衛星撮像 100

第6章 熱放射 ……105

6.1 黒体放射 107
6.1.1 プランク関数 108
6.1.2 ウィーンの変位則 110
6.1.3 シュテファン–ボルツマンの法則 112
6.1.4 レイリー–ジーンズの近似 113
6.2 射出率 113
6.2.1 単色の射出率 113
6.2.2 灰色体の射出率 114
6.2.3 キルヒホッフの法則 115
6.2.4 輝度温度 116
6.3 熱放射はどのような場合に重要か 119
6.4 気象学・気候学・リモートセンシングへの応用 121
6.4.1 真空中での放射平衡 122
6.4.2 大気上端での全球的放射平衡 125
6.4.3 大気の簡易放射モデル 127
6.4.4 夜間の放射冷却 131
6.4.5 雲頂での放射冷却 133
6.4.6 宇宙からの赤外撮像 135
6.4.7 宇宙からのマイクロ波撮像法 138

第7章 大気の透過率 ……141

7.1 消散係数・散乱係数・吸収係数 144
7.2 有限長光路における消散 145

7.2.1 基本的な関係式 145
7.2.2 質量消散係数 149
7.2.3 消散断面積 151
7.2.4 散乱および吸収への一般化 152
7.2.5 任意の大気組成への一般化 153
7.3 平行平面近似 154
7.3.1 定義 155
7.3.2 鉛直座標としての光学的深さ 157
7.4 気象学・気候学・リモートセンシングへの応用 158
7.4.1 大気の分光透過率 158
7.4.2 太陽放射輝度の地上測定 167
7.4.3 指数関数形の密度プロファイルをもつ大気の透過率 169
7.4.4 雲層の光学的厚さと透過率 175

第8章 大気放射 ……185
8.1 シュワルツシルトの式 185
8.2 平行平面大気の放射伝達 190
8.2.1 大気の射出率 191
8.2.2 単色放射フラックス† 192
8.2.3 上向き放射輝度への地表面の寄与 194
8.3 気象学・気候学・リモートセンシングへの応用 197
8.3.1 大気の熱放射スペクトル 198
8.3.2 衛星観測による温度プロファイルの導出 206
8.3.3 水蒸気量分布の撮像 211

第9章 大気の気体成分による吸収† ……215
9.1 分子による光の吸収・射出の基礎 216
9.2 吸収・射出の線スペクトル 218
9.2.1 回転遷移 221
9.2.2 振動遷移 228
9.2.3 電子遷移 233
9.2.4 エネルギー遷移の組み合わせとそれに伴うスペクトル 234

9.3 吸収線の形状 235
9.3.1 吸収線の一般的記述 236
9.3.2 ドップラー効果による広がり 237
9.3.3 分子衝突による広がり 239
9.3.4 ドップラー効果と分子衝突による線幅の比較 241
9.4 連続吸収 243
9.4.1 光電離 243
9.4.2 光解離 244
9.4.3 水蒸気による連続吸収 244
9.5 気象学・気候学・リモートセンシングへの応用 245
9.5.1 赤外波長帯における吸収分子種 245

第 10 章 広帯域の放射フラックスと加熱率 † ……………………255
10.1 ライン–バイ–ライン法 255
10.2 バンド透過率のモデル 260
10.2.1 孤立した吸収線による吸収 262
10.2.2 バンドモデルの定義 267
10.2.3 エルサッサーのバンドモデル 269
10.2.4 ランダム/マルクムス バンドモデル 271
10.2.5 HCG 近似 272
10.3 *k*–分布法 273
10.3.1 均質な光路 274
10.3.2 不均質な光路：相関 *k*–分布法 277
10.4 気象学・気候学・リモートセンシングへの応用 280
10.4.1 放射フラックスと放射加熱・冷却 280

第 11 章 散乱過程を含む放射伝達方程式 ……………………293
11.1 散乱はどのような場合に重要か 294
11.2 散乱過程を含む放射伝達方程式 294
11.2.1 微分形 294
11.2.2 偏光状態を考慮した散乱過程 † 296
11.2.3 平行平面大気 297

11.3　散乱位相関数　298
11.3.1　等方散乱　299
11.3.2　非対称因子（asymmetry parameter）　301
11.3.3　ヘニエイ-グリーンスタイン（Henyey-Greenstein）位相関数　302
11.4　単一散乱と多重散乱　304
11.5　気象学・気候学・リモートセンシングへの応用　308
11.5.1　天空の輝度　308
11.5.2　水平方向の視程　309

第 12 章　粒子による散乱と吸収 ……………………………………315
12.1　大気中の粒子　315
12.1.1　概観　315
12.1.2　重要な特性　317
12.2　小粒子による散乱　318
12.2.1　双極子放射　318
12.2.2　レイリー位相関数　321
12.2.3　偏光　323
12.2.4　散乱と吸収の効率　324
12.3　球形粒子による散乱　327
12.3.1　非吸収性粒子の消散効率　330
12.3.2　吸収性粒子による消散と散乱　332
12.3.3　散乱位相関数　334
12.4　粒子の粒径分布　340
12.5　気象学・気候学・リモートセンシングへの応用　341
12.5.1　雲の散乱特性　341
12.5.2　降水のレーダー観測　343
12.5.3　マイクロ波リモートセンシングと雲　349

第 13 章　多重散乱過程を含む放射伝達 ……………………………355
13.1　多重散乱の可視化　356
13.2　二流近似法　359
13.2.1　方位角方向に平均した放射伝達方程式　359

13.2.2　二流近似法　360
13.2.3　解析解　364
13.3　半無限領域の雲層　366
13.3.1　アルベド　367
13.3.2　フラックスと加熱率のプロファイル　369
13.4　非吸収性の雲　371
13.5　一般の場合　374
13.5.1　アルベド，透過率，吸収率　374
13.5.2　直達光および拡散光の透過率　376
13.5.3　雲層を半無限領域とみなす近似法　378
13.6　相似変換†　380
13.7　黒体ではない地表面の上の雲層　382
13.8　多重層雲　386
13.9　より詳細な解法†　388

付録 A　位相関数の表現　391
A.1　ルジャンドル多項式展開　391
A.2　位相関数の δ-スケーリング（δ-scaling）　393
付録 B　用いられる記号　400
付録 C　参考文献　408
付録 D　有用な物理および天文定数　410

索引　411
著訳者紹介　420

第1章 序論

私たちの身の回りはいつも電磁波で満たされている．すぐ近く，あるいは遠方の物を驚くほど詳細に見ることができるのは，その見ている物体から反射あるいは放出される電磁波が私たちの目に入ってくるからだ．電磁波の特性には，強度（明るさ）の他，伝搬方向や波長（色）などがあり，それらは反射や吸収などの物質との相互作用に強く影響する．物体の位置・大きさ・種類を視覚により識別できるのは，この相互作用のおかげである．識別対象としては，たとえば，この文の最後にある句読点のように小さいものから，遠くの電線に止まっている鳥の形などである［訳注：本書では大気放射学の慣習に従い，空間を伝わる電磁波の呼称として，“放射”という用語を使う．ただし，その波としての性質が重要となる場面では電磁波という用語を使う］．

1.1 気候と気象における重要性

もし読者が大気科学を学んだことがあるなら，気象現象における断熱過程と非断熱過程の違いは知っているだろう．断熱過程では，その現象において注目している空気塊とその周囲環境との間のエネルギー交換が無視できるほど小さいのである．断熱過程は，地表面付近を除く上空の大気中で起こる1日またはそれ以下の時間スケールの現象ではかなり良い近似になっている．一方，地表面近くの現象や，1日程度よりも長い時間スケールの現象では非断熱過程が無視できなくなる．大気中で起こる非断熱過程の1つは熱伝導である．空気の熱伝導は，大きな温度勾配（たとえば，1 cm 当たり1℃，またはそれ以上の）がない限り，以下に述べる他の非断熱過程に比べて極めてゆっくりとした過程であり，地表面との境界付近でのみ重要である．大気のいたるところで起こりうる非断熱過程として，融解・凍結または蒸発・凝結といった水の相変化に伴う潜熱の吸収・放出が挙げられる．潜熱の吸収・放出は，雲や降水の形成および大気循環の駆動に重要な役割を果たしているものの，局所的・断続的にしか起こらない．ほとんどの場合，潜熱の吸収・放出は各々の空気塊についての局所的な物理過程であるため，理論的な記述や計算は容易である．

本書の主題である大気放射過程は，地表面と大気の全領域で**連続的**かつ**長距離にわたり**生じる唯一のエネルギー交換過程であり，その多くは非断熱的である．放射による加熱・冷却が**非局所的な**物理過程に依存していることが天気予報や気候モデル中での非断熱加熱項の計算を大変複雑なものにしている．大気放射学が一冊の教科書として扱うほど豊富な内容を含んでおり，さらにそのような教科書でさえも，放射過程の原理と応用について，表面的なことまでしか解説しえないのは，このような複雑さに起因しているのである．

1.1.1　太陽放射

日中に屋外で観察される自然光は，太陽を源とする放射（太陽放射）である．大気と地表面における太陽放射の吸収は，大気の温度構造や循環を大局的に決める要因である．太陽放射の吸収に伴う加熱の不均一性により生じる温度勾配により，大気の循環が駆動されている．もし太陽放射がなければ，通常の気象現象が維持されない温度まで地球は冷えてしまう．

太陽放射のすべてを人の肉眼で見ることはできない．太陽放射のエネルギーのうちかなりの割合は**赤外放射**（**infrared**（**IR**）**radiation**）である．大気は可視光に対してはかなり透明であるが，赤外放射に対してはより不透明である．また，雲や雪面は可視域の太陽放射に対して反射率が高いため，人には明るく輝いて見えるが，赤外域の太陽放射に対しては反射率が低いため，赤外域の光しか関知しない生き物にとってはかなり暗く見えることになる［訳注：第4，5章で水や氷の吸収特性について解説される］．

紫外放射（**ultraviolet**（**UV**）**radiation**）は肉眼では見えない短波長側の波長領域の放射である．紫外域の太陽放射は，大気中の光化学反応や，長時間直射日光を浴びると日焼けすることの原因になっている．短波長の紫外放射はDNAを損傷するため，あらゆる生命に悪影響を及ぼす．幸いなことに，上層大気中の酸素とオゾンは，太陽放射のうち短波長の紫外放射を選択的に吸収し減衰させることで，地表の生物を紫外線の悪影響から保護している．紫外域の太陽放射は大気中のほぼすべての化学反応に対して重要な役割を果たしている．たとえば，成層圏オゾンは酸素分子が紫外放射で光解離することで生成される．

1.1.2 熱赤外放射

私たちの身の回りのあらゆる物体からは昼夜を問わず，その熱振動に起因した赤外波長域の放射が発生している．これは，太陽起源の赤外放射と区別するため，しばしば**熱赤外放射**（**thermal infrared radiation**）と呼ばれる．たとえば，室内気温が普段と変わらないときでも，高温のオーブンからの熱を直接触れずに感じとれることなどから，熱赤外放射の効果を経験することができる．このような直接的な知覚の有無にかかわらず，空気を含めすべての物体は，近・遠距離を問わず熱赤外放射の射出・伝搬・吸収によって絶えずエネルギーを交換し続けている．

熱赤外放射は，大気の内部および大気と地表面の間での熱エネルギーの再分配に主要な役割を果たしている．また宇宙空間への熱赤外放射の放出は，地球–大気システムが熱を宇宙空間に逃がす唯一のメカニズムでもある．もしこのメカニズムがなければ，地球–大気システムは太陽放射を吸収し続け際限なく熱くなってしまう．また，湿度が高く雲の多い夜は，乾燥して晴れた夜に比べ気温の低下が緩やかであるが，これは大気下層に存在する雲と水蒸気による下向きの熱赤外放射のためである［訳注：これは主に第6章と8章で詳しく述べられている］．

1.1.3 グローバルな熱機関（global heat engine）

気象や気候における放射の役割を広い視点から眺めるため，図1.1を見てみよう．上の2つの緯度分布曲線はそれぞれ，大気上端で観測された地表–大気システムによる太陽放射吸収量と，大気上端で観測された外向き長波放射量を，経度および時間について平均した結果である．下の緯度分布曲線は，上記の2曲線の差分である．熱帯域では，長波放射として宇宙空間へと逃げていくエネルギーよりも多くのエネルギーを太陽放射から吸収している．極域ではその逆の傾向がみられる．もしこの放射収支の不釣り合いを緩和する

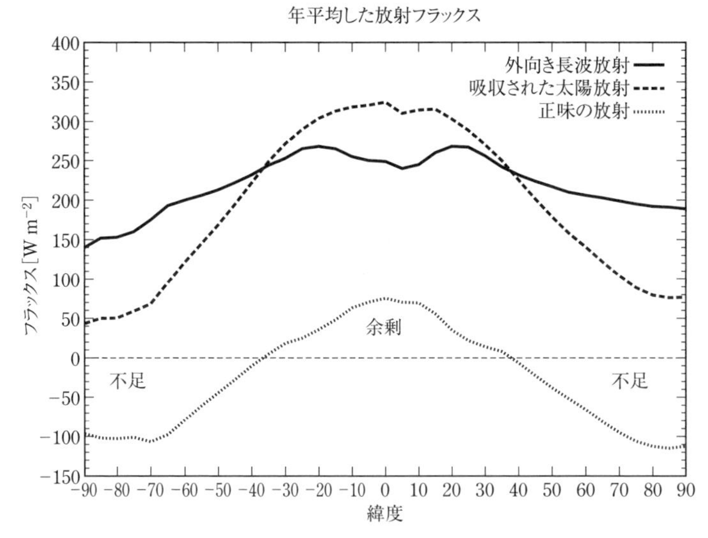

図 1.1　緯度の関数としての年間の平均放射収支

何らかの過程が地球表層システムの中で働いていなければ，熱帯域は際限なく加熱され続け，極域は際限なく冷却され続けることになる．実際，この放射収支の不均衡とその緩和過程の正味の結果として，子午面方向の温度分布が決まっているのである．

地球大気のような流体に水平温度勾配が生じると，必ず圧力勾配が生じ，ひいては循環が駆動されることになる．流体の移流に伴い暖かい領域から寒い領域に熱エネルギーが輸送されるため水平温度勾配が弱まる．気候場においては，水平方向の熱輸送が放射による加熱・冷却の不均衡を正確に相殺するような温度分布が，準定常状態として実現しているのである．**海洋と大気で観測されるほとんどの循環（海流，ハドレー循環，温帯低気圧，台風，竜巻にいたるまで）は，この1つの目的のために働き続ける巨大で複雑な機械の歯車とみなすことができる．**

もし読者が既に熱力学を学んでいるのなら，「温度勾配を力学的な仕事に変換するような系」として**熱機関**（**heat engine**）を定義したことを思い出すであろう．熱機関は，高温部から熱エネルギーを取得し，同じだけの熱エネルギーを低温部に排出するサイクルを通じて連続的に仕事を行っている．図

1.1をもう一度眺めてみれば，まったく同じことが地球の大気海洋系でも起きていることが理解できる．すなわち，低緯度–中緯度帯において熱エネルギーを宇宙空間から取得し，中緯度–高緯度帯においては，それと同じだけの熱エネルギーを宇宙空間へ排出しているのである．

問題 1.1

図 1.1 を参照せよ．

(a) 北半球において正味の下向き放射がゼロとなる（正から負に転じる）緯度 L_C はどこか？　その点から北極に向かって，正味の下向き放射の緯度依存性をよく近似するような直線を引け．その直線と右の座標軸の交点における正味の下向き放射の値 Q_{np} を求めよ．これら 2 点の情報を用いて，10°N から北極までの緯度領域において，正味の下向き放射（$\mathrm{W\ m^{-2}}$）を緯度 L の関数として表す 1 次式を求めよ．

(b) 北半球において海洋と大気による極向き熱輸送量が最大値をとる緯度は，ちょうどこの L_C である．その理由を説明せよ［訳注：次の問題がヒントとなる］．

(c) 緯度 L_C における極向き熱輸送量は，宇宙空間へ逃げていく正味の放射を，緯度 L_C から北極までの地球表面積について積分した値に等しい．この値を（a）で求めた 1 次式を用いて計算せよ．この計算の際に，緯度変化と表面積変化の関係に注意せよ．

(d) この結果を，緯度 L_C における等緯度線に沿った単位距離当たりの仕事率（$\mathrm{kW\ km^{-1}}$）に変換せよ．地球の平均半径は $R_E = 6373\ \mathrm{km}$ である．

1.1.4　地球のエネルギー収支の要素

前項では，大気上端における放射収支が緯度にどのように依存するかを見てきた．ここでは，大気上端よりも下の地球–大気システム内で起こっているさまざまなプロセスについて，全球平均したエネルギー収支の内訳を見てみよう．図 1.2 は，地球が受ける太陽放射のエネルギーが，地球–大気システム内のどのようなプロセスにどれだけ分配されたのち，宇宙空間に逃げていくのかを模式的に表している．地球が受ける太陽放射のうち約 30% は大気・雲・地表面で反射されそのまま宇宙空間に戻される．残り 70% は地球–大気システムにより吸収され熱に変換される．そのうち 4 分の 3 ほどは，地

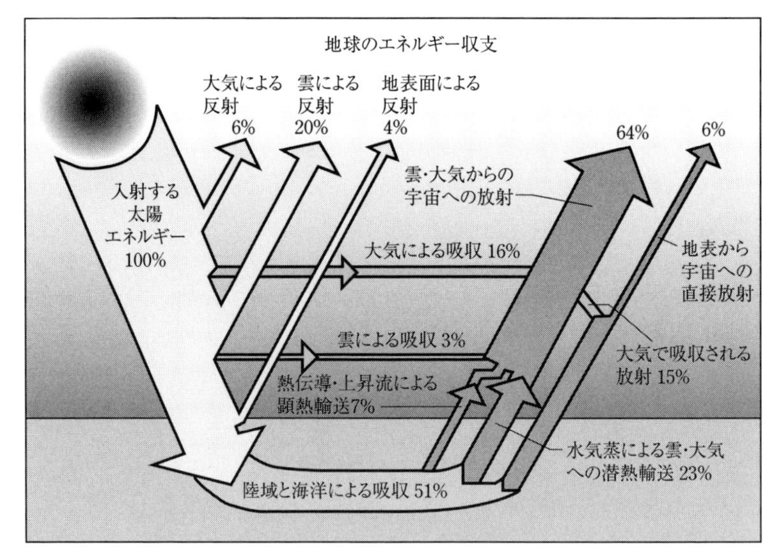

図 1.2　入射光に対する 100 分率として表した全球平均のエネルギー収支の要素
(J. T. Kiel and K. E. Trenberth の図を基に作成)

表面（陸と海洋）により吸収され，残りは大気（雲を含む）により吸収される．

地表に吸収されたエネルギーのうち，約 1 割は地表からの熱赤外放射として宇宙空間に逃げていく［訳注：第 8 章で解説するように，主に，温室効果気体の吸収が小さい“窓領域”と呼ばれる波長域で直接宇宙に逃げていく］．地表に吸収されたエネルギーのうち，残りの約 9 割は，熱伝導（顕熱）・水の蒸発（潜熱）・熱赤外放射の伝達を通じて大気に移される．

大気は，地球–大気システムに吸収される太陽放射のエネルギーのうち約 9 割を熱赤外放射として宇宙空間に逃がしている．宇宙空間への熱赤外放射の散逸は，大気のエネルギー収支における主要な冷却項であり，地表からの直接的・間接的な加熱と太陽放射の直接的な吸収による加熱の和を相殺している．ある地点・ある時刻におけるこの冷却項の鉛直プロファイルは，温度プロファイル・湿度・雲量などに依存している．冷却が高い高度で起こると，大気が不安定化し鉛直対流が起きやすくなる．逆に地表面近くで冷却が起これば，大気は安定化し鉛直対流が抑制される．

ここまでの説明で，大気中での放射伝達過程を考えなければ，気象・気候の状態やその中–長期的な変化について，予測はもちろん，理解することすらできないことが納得できたはずである．たとえ数時間という極めて短い時間スケールであっても，地表面および雲底・雲頂での放射の吸収・射出が目に見えるほどの影響を及ぼしている．その重要な例としては，太陽放射の地表面加熱による対流の開始，放射冷却による霜（frost）・露（dew）・地霧（ground fog）の形成と蒸発がある．一般的には，時間スケールが長くなるほど，大気の全高度域において放射過程がより決定的な要因になってくる．

問題 1.2

全球平均で約 342 W m^{-2} の太陽放射が地球の大気上端に入射する．図 1.2 の情報を用いて，太陽放射の直接吸収による大気（雲を含めた）の加熱率を℃/日の単位で求めよ．ただし，それ以外の過程は起こっていないとせよ．本書付録に記載の g, p_0, c_p の値を用いよ．

1.2 リモートセンシングにおける重要性

ここまで，地球–大気システムと宇宙空間とのエネルギーの交換と，地球–大気システムの内部におけるエネルギーの分配において，放射が担う役割について概観してきた．しかしこれがすべてではない．放射はただエネルギーを運ぶだけでなく，放射を射出する物体と放射がその中を伝搬する媒質についての**情報**も豊富にもっているのである．1960 年代以降，**リモートセンシング（remote sensing）**技術の開発・応用により，大気科学のすべての分野が刷新されてきた．これは，宇宙空間・航空機・地表に設置された放射センサーを用いて，大気や地表面の諸特性を遠隔的に観測する技術のことである．

これから見ていくように，放射と物質との相互作用は非常に多様である．そのため，放射センサーとデータ解析技術が優れていれば，大気や地表面の重要な特性の多くを，衛星リモートセンシングから間接的に推定できる．今日の気象学では，地球上の多くの領域——特に海洋・極域・過疎地では，温度・湿度・風・雲量・降水量などについての最新のデータを得るのに，ほぼ全面的に衛星観測に依存しているのである．

(a) 可視, 0.65 μm　　(b) 赤外の窓領域, 10.7 μm

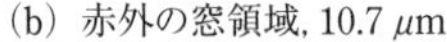

(c) 赤外の水蒸気吸収帯, 6.7 μm

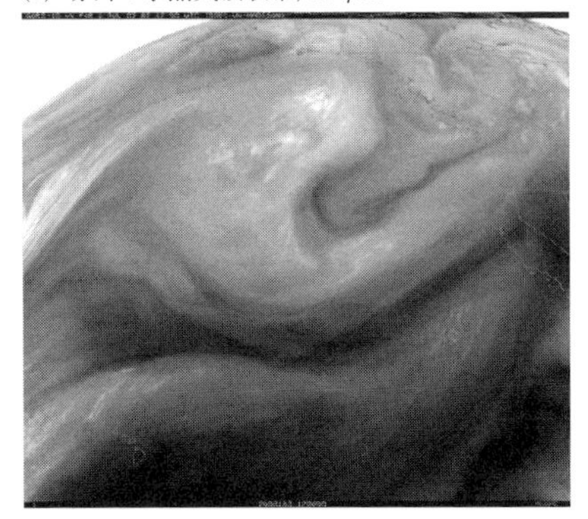

図 1.3　同時刻に3つの異なる波長で撮られた東太平洋域の静止衛星画像

図1.3に示した太平洋東部の衛星撮像スナップショットを見てみれば，複数の異なる波長帯でのリモートセンシングから得られる情報の豊富さを実感できよう．画像(a)は可視波長帯(中心波長 0.65 μm)での撮像結果である．これが白黒であることを除けば，宇宙船から肉眼で地球を見たときの像とほぼ同じである．光源はもちろん太陽放射であり，最も明るい画像域は，雲や雪といった高反射率の領域に対応している．低反射率の海洋は暗く見える．陸域の明るさは雲と海洋の中間ぐらいである．このような可視波長帯の画像は，主として嵐やその他の大気循環に伴う雲の広がりや変化の把握に有用である．さらに，雲量を長期間観測することで，太陽放射エネルギーのうち，地球–大気システムに吸収される平均的な割合を間接的に推定できる．

画像（b）は晴天大気については非常に透明である赤外波長帯（中心波長10.7 μm）での撮像結果である．この画像の灰色の濃淡は，地表面・海面・雲頂の温度の指標になっている．明るい領域は低温部に，暗い領域は高温部に対応している．画像（a）では明るく見える多くの雲が，画像（b）では暗く見えている．雲頂が比較的高温であることから，これらは下層の雲であることがわかる．画像の中央上部にある雲は，明るく見えており雲頂が低温であることから，背の高い雲であることがわかる．通常，降水性の雲は背が高く雲頂は低温である．そのため，背が高い降水性の雲と背が低い非降水性の雲を，赤外画像から大まかに判別することも可能である．カリフォルニアの低地は最も暗く見えるため，この画像の中で最も高温の領域であるといえる．一方，シエラネバダ山脈は，海岸線に沿った明るい筋として見えるが，これは高地の地表面温度が低地と比べて低いことによる．

画像（c）は画像（b）とよく似ているが，水蒸気について不透明な赤外波長帯（中心波長 6.7 μm）での撮像結果である．この画像の灰色の濃淡は，鉛直積算水蒸気量の大部分を占める高度領域の上端付近の温度に対応している．画像の明るい場所は低温部であり，水蒸気層が厚く大気が湿っているといえる．画像の暗い場所は高温部であり，水蒸気層が薄く大気が乾燥しているといえる．

本書では，リモートセンシングの技術や応用に特化した内容は取り扱わないが，もしそのような知識を求める場合は G. Stephens の教科書（以下 S94[1]）を薦める．もし読者がリモートセンシングを学ぶつもりであれば，以下の章で解説する放射伝達に関する基本原理を理解しておくことが大切である．

1） S94 のような略字は，さらなる学習のための教科書の略号である．参考文献リストについては付録 C を参照のこと．

第2章 放射の特性

本書ではまず初めに，放射の物理的実体は何であるのか，放射は物理法則に従ってどのように振る舞うのか，放射は波長やその他の特性によってそれはどのように分類されているのか，そして放射と大気物質との相互作用を記述するために用いられる物理量（たとえば放射輝度）はどのように定義されるのか，ということを明確にしておく．ここでは，身近な話題から始めて徐々に物理的な本質に踏み込んでいくことにする．本書は大気放射学の入門書であるため，これらの内容は意図的に簡単で叙述的なものとした．本章の内容についてより数学的で厳密な取り扱いに興味をもった読者は巻末に載せた専門書などを参照されたい．

2.1 電磁放射の性質

電場と磁場

電磁気に関わる現象は，誰でも日常的に体験しているはずである．乾燥機から出されたナイロンのシャツに靴下がぴったりと付いているときがある．冷蔵庫の扉にメモや写真を貼る際には磁石が用いられる．最初の例では，服の上にある正味の電荷により誘導された電場が，靴下の上の反対符号の正味の電荷に引力を及ぼしている．2番目の例では，磁場が扉中にある鉄原子に引力を及ぼしている．

磁場と電場はいずれも，その発生源から遠く離れた場所でも検出できる．セーターでこすられたゴム風船は，30 cm くらい離れたところにある髪の毛を引き付けることがある．冷蔵庫の磁石は，1 m 先の方位磁石の針の向きを変えることもある．この磁石を離すと，針の位置は地下数千 km の地球の鉄の核による磁場に沿った方向に戻る．

静電場と静磁場の基本法則については，おそらく読者も物理の講義などで聞いたことがあるだろう．クーロンの法則によれば，空間中のある1点の電場はその点の周囲の電荷の空間分布によって一意的に決まる．またビオ・サバールの法則から，磁場は周囲の電流（動く電荷）の空間分布によって決まる．

2つ目の法則があるため電磁石の作成が可能であり，この法則がなければ，今の形の電気モータ（発動機）や音響スピーカーは存在しえない．ファラデーの法則によれば，変化する磁場は電流を駆動する電場を生成する．ゆえに，外部トルク（たとえば蒸気タービン）によって回転する電気モーターは発動機とは逆の働きをし，発電機となる．

最初の例で示したような，時間変化のない静磁場と静電場は，互いに独立な場に見えるが，時間変化のある一般の場合では，磁場と電場は互いに深く結びついている．時間変化する電場が磁場を誘導し，時間変化する磁場が電場を誘導する．この電場と磁場の相互作用は厳密かつ驚くほど簡潔にマクスウェル方程式（2.5節参照）により記述される．しかし，この相互作用から示唆されることを理解するだけならば，これらの方程式そのものを詳しく調べる必要はない．

電磁波

たとえばキッチンテーブルに置かれた小型磁石を想像してみる．それは無限遠方まで（距離とともに強度が弱まるが）すべての方向に磁場を生じさせている．その磁石を拾い上げて冷蔵庫の扉に付けてみる．磁石は動いた（おそらく向きも変わった）ので，誘導される磁場が変化したことになる．変化する磁場は電場を生成し，これは磁場が変化し続ける限り持続する．ひとたび磁石が静止すると磁場の変化は止み電場も消滅する．ここでちょっと考えてみよう．電場が消滅しつつあることも時間変化の一種であり，この時間変化により磁場が再び現れることになるのである！

つまり，電場・磁場のいずれか一方の変動は，ほんの一瞬で終わる変化であっても，互いを自励振動させるような擾乱を発生させるのである．この電磁気的な擾乱はあたかも水面に小石を落としたときにできる波が広がっていくように，発生源から有限の速度で伝搬していくのである（水面の波の場合，相互作用は水の運動エネルギーと位置エネルギーによる).

電磁波と水面の波の場合で共通しているのは，擾乱がエネルギーを運ぶということである．粘性がなければ，水面の波はエネルギーの一部またはすべてを熱や音のエネルギーに変換できるようなものにぶつかる（たとえば堤防で砕波する）まで，元々もっていたエネルギーを正味失うことなく運ぶことができる.

同様に，電磁波が運ぶエネルギーを，熱エネルギー・運動エネルギー・化学エネルギー（これらすべては物質がないと存在できない）など，他の形態のエネルギーに変換することができない完全な真空中では，電磁波は正味でエネルギーを失うことなくどこまでも伝搬できる（無限体積の空間に広がることになる)．さらに水面の波と違い，電磁波は真空中を常に一定の速さで進むことが観測されている．この速さは真空中の光速と呼ばれ，約 $3.0 \times 10^{8}\ \mathrm{m\,s^{-1}}$ である．本書では慣習に従い，真空中の光速を記号 c で表す.

真空中を電磁波が進む方向は，波の等位相面（波面）に対して直角であり，これもまた水面の波と同じである．真空中において，光速は場所によらない定数なので電磁波は発生源から真っ直ぐに離れる方向にしか伝わることができない．進行方向の変化は，波面の一部が減速あるいは加速することを意味する．もし物質が存在すればこれが起きうるが，ここではまだ真空を考えているのである.

電磁波の伝搬を可視化するのに，**光線（ray）**を用いると便利なことがある．光線とは，電磁波の伝搬方向に沿う（波面とは垂直に交わる）仮想的な線のことである．電磁波を水面の波に喩えると，光線は，小石が水面に落ちた点を起点とし等角度間隔で同心円状に広がる多数の仮想的な直線である．光線は常に，各線に等しい量のエネルギーが割り振られるように描かれる．こうすると，ある波面がエネルギーを失わずに発生源から伝搬する場合，光線の総数は変わらないが（エネルギー保存を示す)，波面上の光線密度は発生源からの距離が大きくなるにつれて減少することになる．このように，光線による電磁波伝搬の記述法では，波のエネルギーがより大きな領域に広がっていくことと，発生源から離れるにつれてエネルギー密度が減少していくという現象をほぼ忠実に表すことができる.

また，光線が曲がるのは波の伝搬速度が局所的に変わったときのみである.

この現象のことを**屈折**（refraction）といい，4.2節で述べる．

2つの小石を同時に池に投げ入れることを想像してみる．それぞれの小石は発生源から外側に広がっていく波を作り出す．しばらくすると，一方の小石による波が，もう一方の小石の波と遭遇することになる．このとき何が起こるだろうか？　それぞれ衝突して跳ね返るのだろうか？　あるいは，熱を出して互いに消滅するのだろうか？　こんなことは起こらない．それぞれの波はもう一方があたかも存在しないかのように通り過ぎていくのである．水面のすべての点において，それぞれの小石に起因する水面波の振幅は，単純に足し合わされる．それぞれの波源からの距離がほぼ等しく，2つの波の山が交差する場所では，水面の高さは（一時的に）それぞれの波の波高のおおよそ2倍になる．一方の波の山ともう一方の波の谷が交差する場所では，互いに部分的または完全に打ち消し合い，水面は元の高さのままとなる．このような効果を**干渉**（interference）といい，初めの例は強め合う干渉で，二番目の例は弱め合う干渉である．このとき何も生成されたり，消滅したりしないということを強調しておく．この効果は波が重なるところだけで起こる純粋に局所的な現象であり，個々の波のその後の伝搬には何の影響も及ぼさない．電磁波に対してもまったく同じ重ね合わせの原理が成り立つ．

水面の波とのアナロジーを用いて，電磁波のもう1つの重要な特性を述べる．空気中の音波ではその伝搬の方向に対して空気分子は平行に振動するが，水の波は水面の縦方向の変位によって生じる．つまり，変位は伝搬方向に対して垂直である（直交している）．同様に，電磁波は伝搬の方向に対して直交する電場ベクトルの振動に伴うものである（図2.1）．ゆえに，水面の波と電磁波はともに**横波**（transverse wave）であり，音波のような**縦波**（longitudinal wave）とは異なっているのである．

最後に，水面の波とのアナロジーが破綻してくるいくつかの点について述べる．

- 音波・水面波，あるいは日常生活でみられるその他の波と異なり，電磁波は伝搬するのに物質的な媒質を必要としない．池の小波は水と空気の境界がなければ生じず，音は空気（あるいは他の媒質）がなければ伝わることはできない．しかし，電磁波は完全な真空中で自由に伝搬し，そ

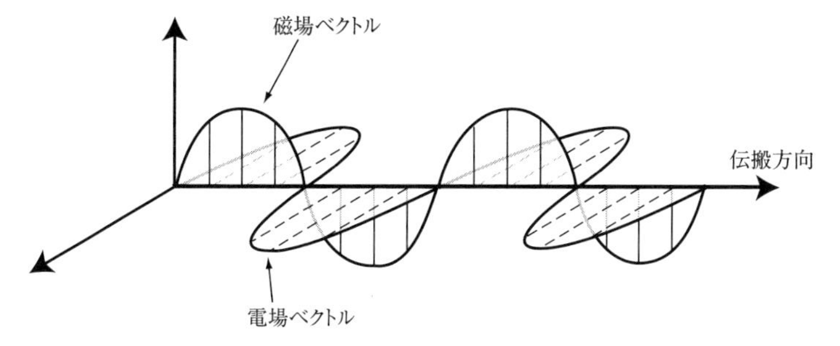

図 2.1　電磁波中での電場と磁場の相互作用の模式図

の伝搬特性は真空中において最も単純なのである．大気中の分子や微粒子といった物質が存在する媒質中では，電磁波の伝搬は，より複雑で興味深いものになるのである．

- 池の小波が水面にとどまり，2 次元的にしか伝搬しないのに対し，電磁波は音波と同じように 3 次元空間において伝搬することができる．

- 小波中の水分子の横波的な振動は水面に対して鉛直方向に限定されるが，このような制約は電磁波中の電場の振動にはない．伝搬方向に対して垂直な平面内にある限り，電場ベクトルの方向はどの方向を向いていてもよい．光の電場ベクトルの振動方向が偏っている場合，その電磁波は**偏光**（**polarization**）しているという．偏光のさらに詳しい議論は 2.3 節で行う．

2.2　周波数

ここまでの話では任意の電磁的な擾乱を考えており，時間依存性についてはまったく考慮してこなかった．原理的にはどのような種類の電磁的な擾乱についても我々は議論することができる．たとえば，稲妻の放電，床に落下する冷蔵庫の磁石，電波塔からの放射，深宇宙での超新星爆発などである．どの場合においても，発生する電磁的擾乱の伝搬をマクスウェル方程式で記述することができる．

ここで特殊な場合について考えてみよう．例として，定常的に回転する台の上に磁石を置いてみる．このとき，磁場（およびそれに伴う電場）の変動は周期的である．これとは離れた場所に置いた検出器により測定される変動の周波数は，回転台の回転周波数 ν と等しい．周期的な擾乱は瞬時に外向きに伝搬するのではなく，一定の光速 c で伝わることを思い出されたい．回転台の1回のサイクルで擾乱が伝搬する距離 λ は**波長（wavelength）**と呼ばれ，

$$\boxed{\lambda = \frac{c}{\nu}} \tag{2.1}$$

で与えられる．この思考実験では，周波数（または振動数）ν は極めて小さく（$1\ \mathrm{sec}^{-1}$ 程度），波長 λ は極めて長い（10^5 km 程度）．

自然界では，毎秒数サイクルかそれ以下から，核反応によって生じる極めてエネルギーの高いガンマ波の毎秒 10^{26} サイクルまで，非常に広い周波数範囲の電磁波が存在している．式（2.1）によれば，電磁波の波長は数百，数千 km から原子核の直径ぐらいまでの範囲の幅をもっているのである．

よくこれが混乱の原因になるので強調しておくが，波長とは電磁波がどれだけ遠くまで伝搬できるかについての指標ではない．真空中では伝搬距離は波長とは無関係に常に無限大である．水や空気といった媒質中では確かに波長は重要であるが，この重要性は間接的であり，またかなり複雑なものである．

問題 2.1

(a) 可視光の波長は約 $0.5\ \mu$m である．その周波数は何 Hz か？

(b) 典型的な気象レーダーは約 3 GHz の周波数の電磁波を射出する（GHz =「ギガヘルツ」= 10^9 Hz）．その波長は何 cm か？

(c) アメリカにおける AC 電流の周波数は 60 Hz である．この電流を用いるほとんどの機械，電子機器，および送電線はこの周波数で電磁波を射出する．この電磁波の波長は何 km か？

問題 2.2

電磁波の特性を単一周波数 ν を用いて表す際，我々は暗黙のうちに発生源

と検出器が互いに静止していると仮定している．この場合のνは，発生源と検出器の場所において互いに等しい．しかし，もし両者の間の距離が速度vで変化している場合（正のvの値は両者が離れていくことを示す），発生源によって射出される放射の周波数ν_1は検出器によって観測される周波数ν_2とは異なる．特に周波数のシフト$\Delta\nu = \nu_1 - \nu_2$は，ほぼ$v$に比例する．この現象を**ドップラー効果（Doppler effect）**という．

(a) 2つの隣り合う波頂が速度cで検出器に到達するときに生じる時間差Δtを考慮することによって，$\Delta\nu$とvとの間の関係式を導け．

(b) $v \ll c$の場合について，(a) で導いた解は$\Delta\nu$とvとの間の簡単な比例関係になることを示せ．

2.2.1 周波数分解

周期的な波に関するこれまでの議論は興味深いものであるが，これが実際の電磁放射とどのような関係があるのだろうか？ 稲妻の放電や磁石の落下により生じる電磁的な擾乱は明らかに定常的な振動による信号ではなく，単発的な短い不規則形状のパルスのようなものである．これらの場合について，ある特定の周波数や波長を考えることに意味があるのだろうか？

その答えは，任意の電磁的擾乱は，それが短いものであれ長いものであれ，複数の「純粋に」周期的な擾乱の**重ね合わせ（composite）**（無限の重ね合わせの場合もありうる）とみなせるということにある．具体的には，時間tについての任意の連続関数$f(t)$は，純粋な正弦関数の和として

$$f(t) = \int_0^\infty \alpha(\omega) \sin[\omega t + \phi(\omega)]\, d\omega \tag{2.2}$$

のように表すことができる．ここで$\alpha(\omega)$は特定の角周波数（または角振動数）ωの正弦関数の寄与の大きさであり，$\phi(\omega)$は対応する位相である．もし$f(t)$自体が純粋な正弦関数$\sin(\omega_0 t + \phi_0)$ならば$\omega_0$以外のすべての$\omega$に対し$\alpha = 0$である．自然現象に現れるような，より一般的な関数$f(t)$に対しては$\alpha(\omega)$，$\phi(\omega)$はかなり複雑な形をとりうる．与えられた関数$f(t)$に対する$\alpha(\omega)$の求め方を説明することは本書の範疇を超えているが，自然現象に現れるすべての$f(t)$について，原理的にこれが可能であること

を知っておくことは大切である[1].

前述したように，個々の電磁的擾乱は互いに完全に独立して伝搬していく．それらは交差したり，あるいは一緒に伝わったりすることもあるが，1つの波は他の波に影響を及ぼさないのである．この原理は，フーリエ分解の正弦波成分についても同様に成り立つ．ゆえにすべての電磁的擾乱は，異なる角周波数 ω をもつ純粋な正弦波の重ね合わせとみなせるだけでなく，それぞれの角周波数の成分を互いに完全独立なものとしてその伝搬を追跡することが可能である．

この事実は，大気の放射伝達を考えるうえで大きな意味をもっている．電磁放射と雲・水蒸気・酸素・二酸化炭素等との相互作用を理解し，またモデル化する際の最も基本的な方法は，まず1つの周波数の放射を考え，必要となれば関係するすべての周波数について結果を足し合わせることである．手法によってはこの考え方がみえにくいこともあるが，その水面下では必ずこの手順を踏んでいるのである．

2.2.2　広帯域放射と単色放射

ここで新しい定義をいくつか導入する．

- 単一の周波数からなる電磁放射は**単色放射**（monochromatic radiation）と呼ばれる．
- 広い範囲の周波数からなる電磁放射は**広帯域放射**（broadband radiation）と呼ばれる．

前述のように広帯域放射の大気中での伝搬はそれを構成する各周波数成分の伝搬を考えることで理解することができる．このため，まず単色放射の議論に重点を置くことにする．

厳密には単色でなくても，非常に狭い周波数域に限定された放射の問題を取り扱うことがしばしばある．このような放射もしばしば単色と呼ばれるが，

1)　このいわゆる**フーリエ分解**（Fourier decomposition）は，他の気象力学や気候学の分野を含め物理や工学の分野で非常によく用いられる．もし初耳ならば，それに関する本で学ぶ価値は十分にある．

準単色（quasi-monochromatic）といった方がより正確である．**干渉性**（**コヒーレント**：coherent）と**非干渉性**（**インコヒーレント**：incoherent）という用語で両者を区別することもできる．

- **コヒーレント**な放射とは先に述べた回転台上の磁石のような単一の振動子，あるいは何らかの理由で複数の振動子が完全に同期しているときに生じる放射のことである．サッカーの競技場で満員の観衆が「ウェーブ」をしているところや，ロックコンサートのあとで観客がアンコールを求めるため一斉に拍手をしているところを想像されたい．マイクロ波オーブン，レーダー，レーザー，電波塔などではコヒーレントな放射が生成されている．これらがすべて人工的な波源であることに注意されたい．大気科学分野では，リモートセンシングで用いられる人工波源（たとえばレーダーやライダーなど）にコヒーレントな放射が用いられている．

- ほぼ同一の周波数（準単色）で振動し，かつ互いの位相が同期していない独立の振動子の集合体からの放射は**インコヒーレント**な放射である．講演の後その場にいる多くの観衆が拍手するところを想像されたい．ほぼ同じ周波数でそれぞれ拍手してはいるものの，個人個人の拍手は互いに同期していない．下層大気中での自然放射は実際上，すべてインコヒーレントであると考えてよい．

2.3 偏光

先に述べたように，電磁波中の振動する電場ベクトルの向きは，伝搬方向に直交している限りどの方向を向いていてもよい．放射伝達の一部の応用分野（特にリモートセンシング）では，その方向に注目し，それがどのように変化していくかを追跡することが重要になる場合がある．

コヒーレントな放射については，伝搬方向に沿って見ると振動する電場ベクトルの軌跡にある固有のパターンがあることがわかる．このパターンにはいくつかの基本的なものがある．

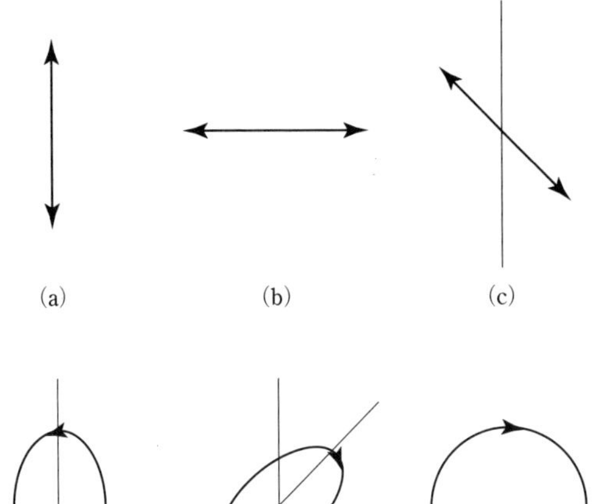

図 2.2　異なったタイプの偏光の例
伝搬方向に直交する固定平面内での電場の振動を用いて表示してある．
(a) 鉛直直線，(b) 水平直線，(c) 45° の直線，(d) 反時計回りの楕円（主軸は鉛直方向），(e) 時計回りの楕円（主軸が 45° 傾いた），(f) 時計回りの円．方向，楕円率，回転の向きには無限の組み合わせがあることに注意されたい．

1. 振り子や弾かれたギターの弦のように，固定された面上で前後に振動する場合，これを**直線偏光**（**linear polarization**）という（図 2.2 (a)-(c)）．
2. 伝搬方向の周りでらせん状に，時計回りあるいは反時計回りに振動する場合，これを**円偏光**（**circular polarization**）という（図 2.2 (f)）．
3. **楕円偏光**（**elliptical polarization**）とは，本質的には最初の 2 つが混合したものである．楕円偏光には，その極限として直線偏光と円偏光が含まれることに注意されたい．（図 2.2 (d)-(e)）．

一般的な気象用レーダー機器は通常，直線偏光（鉛直または水平方向）したコヒーレントな放射を送信し，後方散乱された同じ偏光をもつ放射を受信する．より高度なレーダーでは，1 つの方向に偏光した放射を送信し，鉛直と水平に偏光した戻り放射を受信することで，対象物に関するより詳しい情報を得ている．

インコヒーレントな放射では，ある**タイプ**（type）の偏光への傾向があるかどうかを識別できる場合もあれば，できない場合もある．そのため上述したような偏光のタイプに加えて，偏光の**度合い（degree）**も指定する必要がある．一般的には大気中での自然な放射は完全に非偏光（unpolarized）であるが，大気中の粒子や地表面との相互作用により部分的にまたは完全に偏光する場合がある．特に，後述するように，静かな水面などの滑らかな表面は水平方向に直線偏光した放射を反射しやすい．この現象を利用し，水平偏光した放射を遮断し，その他は通すような偏光サングラスが発明されたのである．またこれは，マイクロ波帯での衛星リモートセンシングへの応用においても極めて重要な現象なのである．

本節の目的は，偏光が存在することと，偏光の性質を定性的に紹介することであった．ここでは，特に本書が目標とするレベルでの放射伝達計算においては偏光をしばしば考慮しないということを指摘しておく．偏光が無視できない状況においても，数学的に深い議論をしなくてもその役割について定性的には理解できることが多々ある．しかし読者の中には，偏光に関する定量的な理解を必要とする人もいるかもしれないので，本書では，偏光の数学的な取り扱いも適宜紹介していく．

2.4 エネルギー

大気放射において最も重要な点は，電磁放射がエネルギーを運ぶという事実である．北太平洋の嵐で発生した海洋表面の重力波により効率的にエネルギーが運ばれ，それがカリフォルニアの砂浜に到達すると，そこで何も知らない遊泳者たちの体に激しくぶつかり，そのエネルギーが失われる．それと同様に，電磁放射も大量のエネルギーを太陽の核融合炉から，駐車してある読者の車のビニールのシートカバーまで運んでいるのである．

このことを考えると，標準SI単位系のジュール（J）を用いて放射のエネルギー量を表すのが自然に思えるかもしれない．しかし自然の放射は，断続的ではなく連続的であるのでエネルギー輸送率，すなわち単位がワット（$W = J/sec$）の**仕事率（power）**で表す方が適切である．また放射はある点を通してではなく，面を通してエネルギーを輸送している．よって，ある場所における放射のエネルギー輸送量を表すために最も適当な方法は W/m^2

の単位の**フラックス密度**（flux density）F（若干不正確ではあるが，これを単に**フラックス**（flux）と通常略す）を用いることである．まったく同じことを表す別の呼称としては，**放射照度**（irradiance）と**放射発度**（exitance）がある．「放射照度」という呼称は，平面や表面に入射する放射フラックスを表すのによく用いられ，一方「放射発度」は通常，表面から出てくる放射フラックスのことを指す．

フラックスの大きさは基準面の向きに依存する．無限遠の点光源からの放射のように平行光ならば，伝搬方向に直交する仮想面を通過するフラックスをただちに求めることができる．実際には，さまざまな方向から任意の角度で基準面に入射してくる放射場について，正味のフラックスを考えることが多い．本章では，これらの概念をさらに詳述する．

問題 2.3

大気の**境界層**（boundary layer）とは，地表で発生する力学的あるいは対流性の乱流によって「**よくかき混ぜられた**（well mixed）」地表面付近の領域のことである．その厚さは数 m から数 km にわたる．地表面からの熱伝導により加わる熱エネルギーは，速やかに境界層内にいきわたる．

熱帯域のある地点で，太陽は 06 地方太陽時（local solar time: LST）に昇り，正午には真上にあって，18 LST（= 6 PM）に沈む．太陽が出ている間の 12 時間は，乾燥した植生によって吸収され，ただちに直上の空気塊に輸送される太陽エネルギーの正味フラックスは

$$F(t) = F_0 \cos[\pi(t-12)/12]$$

で与えられると仮定せよ．ここで t は時刻（h）で，$F_0 = 500\ \mathrm{W\ m^{-2}}$ である．

(a) その他の加熱項や冷却項を無視したとき，24 時間内に境界層に加わる全太陽エネルギー（$\mathrm{J/m^2}$）を計算せよ．

(b) 境界層の厚さが $\Delta z = 1$ km，空気の平均密度が $\rho_a = 1\ \mathrm{kg\ m^{-3}}$，定圧比熱が $c_p = 1004\ \mathrm{J/(kg\ K)}$ であるとき，前問（a）の結果を用いて温度上昇 ΔT を求めよ．

(c) もし逆に境界層の厚さが日の出時に 10 m しかなく，一日中その厚さのままであるとしたら，それに対応する温度変化は何度か？　なぜ境界層は日の出後，急速に厚くなりやすいのか？

2.5 電磁波の数学的取り扱い †

マクスウェル方程式（Maxwell's equations）

これまで，数式を用いることなしに電磁放射の挙動を詳細に述べてきた．電磁波に関する用語を定義し基本的な概念を形成するという長い準備作業をしてきたので，ここではより厳密な数学的な取り扱いについて一気に述べることにする．

ナヴィエ–ストークス方程式，静水圧近似，および理想気体の法則がすべての大気力学分野の基礎であるように，マクスウェル方程式は古典電磁気学を支配する方程式である．すべての変数に SI 単位系を用いれば，この方程式は

$$\nabla \cdot \vec{\mathbf{D}} = \rho \tag{2.3}$$

$$\nabla \cdot \vec{\mathbf{B}} = 0 \tag{2.4}$$

$$\nabla \times \vec{\mathbf{E}} = -\frac{\partial \vec{\mathbf{B}}}{\partial t} \tag{2.5}$$

$$\nabla \times \vec{\mathbf{H}} = \vec{\mathbf{J}} + \frac{\partial \vec{\mathbf{D}}}{\partial t} \tag{2.6}$$

の形で表される．ここで $\vec{\mathbf{D}}$ は**電束密度**（electric displacement），$\vec{\mathbf{E}}$ は**電場**（electric field），$\vec{\mathbf{B}}$ は**磁束密度**（magnetic induction），$\vec{\mathbf{H}}$ は**磁場**（magnetic field），ρ は電荷密度（electric charge density），$\vec{\mathbf{J}}$ は電流密度（electric current density）を表す．

巨視的に均質で，かつ電気的・磁気的性質が $\vec{\mathbf{E}}$ と $\vec{\mathbf{B}}$ について線形な媒質中では，マクスウェル方程式に加え，以下の構成関係式が成り立つ．

$$\vec{\mathbf{D}} = \varepsilon_0 (1 + \chi) \vec{\mathbf{E}} \tag{2.7}$$

$$\vec{\mathbf{B}} = \mu \vec{\mathbf{H}} \tag{2.8}$$

$$\vec{\mathbf{J}} = \sigma \vec{\mathbf{E}} \tag{2.9}$$

ここで ε_0 は真空の**誘電率**（permittivity），χ は媒質の**電気感受率**（electric susceptibility），μ は媒質の**透磁率**（magnetic permeability），σ は媒質の**電気伝導率**（electrical conductivity）である．また巨視的な媒質中では通常，正負の電荷が局所的に釣り合っているため，電荷密度 ρ は実効的にゼロと仮定で

きる．

これらの仮定のもとでは，マクスウェル方程式は

$$\nabla\cdot\vec{\mathbf{E}}=0 \tag{2.10}$$

$$\nabla\cdot\vec{\mathbf{H}}=0 \tag{2.11}$$

$$\nabla\times\vec{\mathbf{E}}=-\mu\frac{\partial\vec{\mathbf{H}}}{\partial t} \tag{2.12}$$

$$\nabla\times\vec{\mathbf{H}}=\sigma\vec{\mathbf{E}}+\varepsilon_0(1+\chi)\frac{\partial\vec{\mathbf{E}}}{\partial t} \tag{2.13}$$

となる．上の4つの方程式では，場の変数が $\vec{\mathbf{E}}$ と $\vec{\mathbf{H}}$ の2つしかないことに注意されたい．媒質の物性を特徴づけるパラメータ σ，χ，および μ により，$\vec{\mathbf{E}}$ と $\vec{\mathbf{H}}$ の関係が決まる．

時間に関する調和振動解

2.2.1項で述べたように，任意の電磁的擾乱は常に種々の周波数成分に分解でき，それぞれの周波数を独立に扱うことができる．この方法を用いて，調和振動する電場を一般的に

$$\vec{\mathbf{E}}_c(\vec{\mathbf{x}},\ t)=\vec{\mathbf{C}}(\vec{\mathbf{x}})\exp(-i\omega t) \tag{2.14}$$

で表す．ここで $\vec{\mathbf{C}}=\vec{\mathbf{A}}+i\vec{\mathbf{B}}$ は複素ベクトル場，$\vec{\mathbf{x}}$ は位置ベクトルで，$\omega=2\pi\nu$ は角周波数（ラジアン／秒）である．複素磁場 $\vec{\mathbf{H}}_c$ についてもこれと同様な形の式で表すことができる．

ここで複素数を用いるのは単に表記上の利便性のためであることに注意されたい．物理学上の問題ではほとんどの場合，導かれた解の実部のみに意味がある．例として，

$$\vec{\mathbf{E}}=\mathrm{Re}\left\{\vec{E}_c\right\}=\vec{\mathbf{A}}\cos\omega t+\vec{\mathbf{B}}\sin\omega t \tag{2.15}$$

の式を挙げる．式（2.14）を式（2.10)–(2.13）に代入すると

$$\nabla\cdot\vec{\mathbf{E}}_c=0 \tag{2.16}$$

$$\nabla\times\vec{\mathbf{E}}_c=i\omega\mu\vec{\mathbf{H}}_c \tag{2.17}$$

$$\nabla\cdot\vec{\mathbf{H}}_c=0 \tag{2.18}$$

$$\nabla\times\vec{\mathbf{H}}_c=-i\omega\varepsilon\vec{\mathbf{E}}_c \tag{2.19}$$

の関係式を得る．ここで媒質の複素誘電率は，

$$\varepsilon = \varepsilon_0 (1 + \chi) + i\frac{\sigma}{\omega} \tag{2.20}$$

で定義される．基本的で，実数値の物理定数である ε_0 以外のすべてのパラメータは考えている媒質および角周波数 ω に依存する．

問題 2.4

式（2.3)-(2.9）から式（2.16)-(2.19）を導け．

平面波の解

上記の方程式系を満たす電磁場の解はすべて，物理的に実現可能である．しかしここでは，**平面波**（plane waves）の解に限定して考える．この場合の解は

$$\vec{\mathbf{E}}_c = \vec{\mathbf{E}}_0 \exp\left(i\,\vec{\mathbf{k}}\cdot\vec{\mathbf{x}} - i\omega t\right), \qquad \vec{\mathbf{H}}_c = \vec{\mathbf{H}}_0 \exp\left(i\,\vec{\mathbf{k}}\cdot\vec{\mathbf{x}} - i\omega t\right) \tag{2.21}$$

の形になる．ここで $\vec{\mathbf{E}}_0$ および $\vec{\mathbf{H}}_0$ は定ベクトル（複素）で，$\vec{\mathbf{k}} = \vec{\mathbf{k}}' + i\,\vec{\mathbf{k}}''$ は複素**波数ベクトル**（wave vector）である．これより，

$$\vec{\mathbf{E}}_c = \vec{\mathbf{E}}_0 \exp\left(-\,\vec{\mathbf{k}}''\cdot\vec{\mathbf{x}}\right) \exp\left[i\left(\vec{\mathbf{k}}'\cdot\vec{\mathbf{x}} - \omega t\right)\right] \tag{2.22}$$

$$\vec{\mathbf{H}}_c = \vec{\mathbf{H}}_0 \exp\left(-\,\vec{\mathbf{k}}''\cdot\vec{\mathbf{x}}\right) \exp\left[i\left(\vec{\mathbf{k}}'\cdot\vec{\mathbf{x}} - \omega t\right)\right] \tag{2.23}$$

を得る．これらの関係式からベクトル $\vec{\mathbf{k}}'$ は位相が一定の面に直交しており（ゆえに波面の進行方向を表す），$\vec{\mathbf{k}}''$ は一定の振幅をもつ面に直交する（ゆえに振幅の減衰の方向を表す）ことが示される．この 2 つのベクトルは一般に平行ではない．それらが平行であるか，あるいは $\vec{\mathbf{k}}''$ がゼロのとき，そのような波は**均質**（homogeneous）であるという．

$\vec{\mathbf{E}}_0 \exp(-\,\vec{\mathbf{k}}''\cdot\vec{\mathbf{x}})$ の項は $\vec{\mathbf{x}}$ における電場の波の**振幅**（amplitude）である．$\vec{\mathbf{k}}''$ がゼロならば振幅が場所によらず一定なので，媒質は非吸収性である．物理量 $\phi \equiv \vec{\mathbf{k}}'\cdot\vec{\mathbf{x}} - \omega t$ は**位相**（phase）である．波の**位相速度**（phase speed）は，

$$v = \frac{\omega}{|\vec{\mathbf{k}}'|} \tag{2.24}$$

で与えられる．式（2.21）を式（2.16)-(2.19）に代入すると，平面波の電場と磁場の関係式

$$\vec{\mathbf{k}}\cdot\vec{\mathbf{E}}_0 = 0 \tag{2.25}$$

$$\vec{\mathbf{k}}\cdot\vec{\mathbf{H}}_0 = 0 \tag{2.26}$$

$$\vec{\mathbf{k}}\times\vec{\mathbf{E}}_0 = \omega\mu\,\vec{\mathbf{H}}_0 \tag{2.27}$$

$$\vec{\mathbf{k}}\times\vec{\mathbf{H}}_0 = -\,\omega\varepsilon\,\vec{\mathbf{E}}_0 \tag{2.28}$$

を得る．最後の 2 つの式は，平面波では，振動する電場と磁場のベクトルは互いに直交しており，かつそれぞれが波の伝搬方向に対しても直交していることを示している．水平偏光した波のこの特性を図 2.1 に摸式的に示した．

問題 2. 5

式（2.25）が式（2.21）と式（2.16）から導かれることを次の手順で示せ．（a）式（2.21）をベクトル $\vec{\mathbf{E}}_0$，$\vec{\mathbf{k}}$，$\vec{\mathbf{x}}$ の各成分で展開する．（b）次にこの表現を式（2.16）に代入し，その発散をとる．残りの方程式（2.26)-(2.28）も同様の方法によって導くことができる．

ここで，式（2.27）の両辺と $\vec{\mathbf{k}}$ との外積をとると，

$$\vec{\mathbf{k}}\times(\vec{\mathbf{k}}\times\vec{\mathbf{E}}_0) = \omega\mu\,\vec{\mathbf{k}}\times\vec{\mathbf{H}}_0 = -\,\varepsilon\mu\omega^2\,\vec{\mathbf{E}}_0 \tag{2.29}$$

を得る．ここでベクトル恒等式

$$\vec{\mathbf{a}}\times(\vec{\mathbf{b}}\times\vec{\mathbf{c}}) = \vec{\mathbf{b}}(\vec{\mathbf{a}}\cdot\vec{\mathbf{c}}) - \vec{\mathbf{c}}(\vec{\mathbf{a}}\cdot\vec{\mathbf{b}}) \tag{2.30}$$

を用いれば，式（2.25）より右辺の第一項はゼロである．したがって，

$$\vec{\mathbf{k}}\cdot\vec{\mathbf{k}} = \varepsilon\mu\omega^2 \tag{2.31}$$

となる．均質波の場合は，上式は

$$(|\vec{\mathbf{k}}'| + i|\vec{\mathbf{k}}''|)^2 = \varepsilon\mu\omega^2 \tag{2.32}$$

と簡単化される．または，

$$|\vec{\mathbf{k}}'| + i|\vec{\mathbf{k}}''| = \omega\sqrt{\varepsilon\mu} \tag{2.33}$$

となる．

位相速度

真空中では $\vec{\mathbf{k}}'' = 0$，誘電率は $\varepsilon \equiv \varepsilon_0 = 8.854 \times 10^{-12}\,\mathrm{F\,m^{-1}}$，また透磁率は $\mu \equiv \mu_0 = 1.257 \times 10^{-6}\,\mathrm{N\,A^{-2}}$ である．式（2.24）より，真空中での位相速度は

$$c \equiv 1/\sqrt{\varepsilon_0\mu_0} \tag{2.34}$$

となる．ε_0 と μ_0 の数値を上式に代入すれば真空中での光速 $c = 2.998 \times$

10^8 m s^{-1} が得られる．

非真空中では，

$$|\vec{\mathbf{k}}'|+i|\vec{\mathbf{k}}''|=\omega\sqrt{\frac{\varepsilon\mu}{\varepsilon_0\mu_0}}\sqrt{\varepsilon_0\mu_0}=\frac{\omega N}{c} \tag{2.35}$$

と書ける．ここで**複素屈折率**（**complex index of refraction**）Nは，

$$\boxed{N\equiv\sqrt{\frac{\varepsilon\mu}{\varepsilon_0\mu_0}}=\frac{c}{c'}} \tag{2.36}$$

で与えられる．ここで $c'\equiv 1/\sqrt{\varepsilon\mu}$ である．Nが実数ならば（つまり $\vec{\mathbf{k}}''=0$ で媒質が非吸収性ならば），c' は媒質中の波の位相速度と解釈できる．吸収性の媒質においても，c' についてのこの解釈は近似的にあてはまる．

大部分の媒質の屈折率は，$N>1$ であり，これは真空中に比べて媒質中では光速が低下することを示す．Nは媒質の特性だけでなく周波数にも依存することを覚えておこう．

ポインティングベクトル

電磁波は光速でエネルギーを輸送する．電磁波によって輸送されるエネルギーの各瞬間での方向および大きさは**ポインティングベクトル**（**Poynting vector**）[2] によって表され，それは

$$\vec{\mathbf{S}}=\vec{\mathbf{E}}\times\vec{\mathbf{H}} \tag{2.37}$$

で定義される（SI 単位系）．上の値は瞬時値であり，擾乱によって単位面積当たりに運ばれる仕事率を与える．調和振動する波の場合は，1 周期の間の平均値が重要であり，

$$F=\langle\vec{\mathbf{S}}\rangle=\langle\vec{\mathbf{E}}\times\vec{\mathbf{H}}\rangle \tag{2.38}$$

となる．これは伝搬方向に直交する面を通過するエネルギーのフラックス密度にほかならない．真空中の平面波では，このフラックス密度の大きさは，

$$F=\frac{1}{2}c\,\varepsilon_0 E^2 \tag{2.39}$$

2） この名前は覚えやすい．なぜならポインティングベクトルは波のエネルギー輸送の方向を示す（point）からである．しかしこれは単なる偶然で，John Henry Poynting（1852–1914）という英国人物理学者の名前に由来している．

と簡単な形になる．ここで E はその場所での振動電場の振幅（スカラー量）である．キーポイントは，フラックス密度は電磁波の振幅の2乗に比例することである．

吸収

媒質中を伝わる調和平面波の $\vec{\mathbf{x}}$ の位置でのスカラー振幅は，

$$E = \left| \vec{E}_0 \exp\left(-\vec{\mathbf{k}}'' \cdot \vec{\mathbf{x}}\right) \right| \tag{2.40}$$

となる．式（2.39）より，フラックス密度の $\vec{\mathbf{x}} = 0$ における初期値が F_0 である平面波について

$$F = F_0 \left[\exp\left(-\vec{\mathbf{k}}'' \cdot \vec{\mathbf{x}}\right)\right]^2 = F_0 \exp\left(-2\vec{\mathbf{k}}'' \cdot \vec{\mathbf{x}}\right) \tag{2.41}$$

が成り立つ．式（2.35）から

$$|\mathbf{k}''| = \frac{\omega}{c} \mathrm{Im}\{N\} = \frac{\omega n_i}{c} = \frac{2\pi\nu n_i}{c} \tag{2.42}$$

となる．ここで ν は周波数（Hz）である．その結果，

$$F = F_0 e^{-\beta_\mathrm{a} x} \tag{2.43}$$

が得られる．ここで**吸収係数（absorption coefficient）**β_a は

$$\boxed{\beta_\mathrm{a} = \frac{4\pi\nu n_i}{c} = \frac{4\pi n_i}{\lambda}} \tag{2.44}$$

で定義される．ここで λ は真空中での放射の波長である．まとめると，$1/\beta_\mathrm{a}$ という量は，波のエネルギーが元の量の $e^{-1} \approx 37\%$ まで減衰されるのに必要な距離となる．

問題 2.6

ある物質内において，波長 $\lambda = 1\,\mu\mathrm{m}$ の電磁波が 10 cm だけ伝搬すると，その強度は元の値の 10% にまで減衰する．屈折率の虚数部 n_i を求めよ．

問題 2.7

赤色光 $\lambda = 0.64\,\mu\mathrm{m}$ の純水中での n_i は約 1.3×10^{-9} であり，$\lambda = 0.48\,\mu\mathrm{m}$ の青色光では，$n_i \approx 1.0 \times 10^{-9}$ である．典型的な家庭用遊泳プールの最深部の深さは約 2.5 m である．各波長の波について，真上から光を当てたとき（そして観察したとき），プールの底に行って返ってくる光の割合を求めよ．

この結果から（そしてプールを上から実際に観察したときの経験から）考え，「水は無色である」と通常仮定されることに対してコメントせよ．

2.6　放射の量子的特性

ここまで電磁放射の波動性に基づいた概念的モデルについて説明し，特に平面波に関してはその数学的な記述も丁寧に行った．しかし，ここでは電磁放射を波ではなく粒子とみなすべきであるという，別の概念的モデルにも触れておく．

驚いたことに，1905年のアルバート・アインシュタインのノーベル賞受賞理由は，有名な相対性理論ではなく，**光電効果（photoelectric effect）**の研究業績による．この効果は，真空中で物質表面が光にさらされると，電子がそこから弾き出される現象のことである．それまでは，「ある閾値より長波長の入射光は強度がいかに強くても自由電子を放出することがなく，逆にその閾値よりも短波長の光はその強度がいかに弱くても電子を継続して放出させることができる（少なくとも散発的には）」という，光電効果の観測事実を説明することができなかった．

アインシュタインによる説明の本質は，電磁波のエネルギーは滑らかで連続的な流れとして物質表面に注がれるのではなく，**光子（photon）**という離散的なエネルギーのかたまり（packet）として断続的に注がれるということである．光子がもつエネルギー E [J]，すなわち電子を表面から弾き飛ばす光子の能力は，電磁波の周波数 ν [s^{-1}] により

$$\boxed{E = h\nu} \tag{2.45}$$

と表される．$h = 6.626 \times 10^{-34}\,\mathrm{J\,s}$ はプランク定数である．

個々の光子を分割することはできない．したがって，低強度の光は，雨の降り始めに大きな雨滴が車のガラス面に衝突するように，離散的なエネルギーのかたまりを表面に落とすのである．このことから，波長 λ の単色光が単位面積当たり F ワットでその面に入射すると，単位面積，単位時間当たり

$$N = \frac{F}{h\nu} = \frac{F\lambda}{hc} \tag{2.46}$$

個の光子が降り注ぐことになる．大気中での典型的な大きさのフラックスでは N の値が極めて大きいので，大気放射について離散的な光子の効果を観察することは難しい．これは，雨が強いほど傘を濡らす1粒1粒の雨滴の音を区別しにくいことに喩えられよう．

問題 2.8

0.2424 μm より短波長の放射でのみ酸素分子は

$$O_2 + \text{光子} \rightarrow O + O$$

の反応により酸素原子に解離する．このことから，1つの O_2 分子の分子結合を切るために必要なエネルギーはどれくらいか？

問題 2.9

ある小さな点光源が等方的に1Wの放射を射出している．光の波長は 0.5 μm である．

(a) この光源から，単位時間当たり何個の光子が射出されるか？

(b) もしこの光源が月の上にあり，それを直径 20 cm の円形の開口部をもつ望遠鏡で地球から観察する場合，その望遠鏡は単位時間当たり何個の光子を集めるか？　大気による減光を無視し，月と地球の間の距離は $D_m = 3.84 \times 10^5$ km であるとせよ．

上述の電磁放射に関する量子論的な説明は，今まで述べてきた波動的な説明とは相入れないものである．それでも現実は両方正しいのである！　この2つの概念的モデルを頭の中で和解させようとする努力はお勧めできない．20世紀を通じて，数え切れないほどの賢人たちがこのパラドックスを多くの人が直感的に理解できるように説明することに挑戦し，失敗してきたのである．

知っておくべき重要なことは電磁放射を，1）どのような場合に波とみなすべきか，2）どのような場合に粒子とみなすべきか，そして3）どのような場合にはどちらの見方でも構わないのかということである．

一般的な経験則として，大気中の粒子（空気分子・エアロゾル・雲粒・雨粒）や地表面の**散乱および反射**（scattering and reflection）特性を計算する場合は放射の波動性が重要である．一方，光化学反応を含め個々の原子や分子による放射の**吸収と射出**（absorption and emission）を考えるときは量子化された放射の性質，したがって式（2.45）が重要になってくる．都合が良いことに，大気の放射伝達計算では，電磁放射の波動的あるいは粒子的な効果は，大気単位体積当たりの消散係数および散乱係数という，少数の巨視的パラメータの中にすべて組み込まれてしまうので，それらの効果を考慮する必要はない．

2.7 放射フラックスと放射輝度

放射フラックス密度（または**放射フラックス**[3]）とは，単位時間，単位面積当たり，ある基準面を通過する（あるいは表面に入射する）電磁放射により運ばれるエネルギーであることは既に述べた．これからこの特性に関する理解を拡張し，密接に関連した量である**放射輝度**（radiant intensity）または略して**輝度**（intensity）について考える．類書では radiance という用語も用いられている．

放射フラックスと放射輝度は，電磁放射場の強さを表す 2 つの指標であり，大気放射学において極めて重要な物理量である．以下に説明するように，この 2 つは互いに密接に関係している．

2.7.1 放射フラックス

ほぼ繰り返しになるが，放射フラックス F とは，ある基準面の単位面積当たりの，入射あるいは通過する放射エネルギーの仕事率のことである．今後，特に断わらない限り，放射フラックスは $\mathrm{W\,m^{-2}}$ という単位で表す．基準面は，実在する面の場合（たとえば地面や雲の上端など）や，仮想的な面

3） 厳密には，エネルギーフラックスの単位は W であり，フラックス密度は単位面積当たりのフラックスなので単位は $\mathrm{W\,m^{-2}}$ である．気象学では必ずといっていいほど単位面積，単位体積，単位質量当たりなどで表された値を取り扱う．ゆえに気象学者が「フラックス」というときは，それは単位面積当たりのフラックスあるいはフラックス密度のことを指すのである．

の場合（たとえば大気中での任意の高度面）がある．その面は，無限の平面と考えることが多いが常にそうとは限らない．単一の放射源（太陽など）から放射状に伸びる直線に直交する球面の一部と考える場合などもある．

W m^{-2} の単位で表される自然の（インコヒーレントな）光の放射フラックスは広帯域の量であることに注意されたい[4)]．つまり，波長の上限と下限（λ_1 と λ_2）の間のすべての波長でのエネルギーの寄与を含んでいる．この波長範囲はとりうる全波長の場合もあれば（つまり $\lambda_1 = 0, \lambda_2 = \infty$），もう少し狭い範囲の場合もある．しかし，この波長範囲がゼロ（$\lambda_1 = \lambda_2$）となることはない．なぜなら無限小の波長範囲に含まれる仕事率は無限小（ゼロ）となってしまうからである！

無限小の狭い波長範囲のフラックスを考えるため，**単色フラックス**（monochromatic flux）あるいは**分光フラックス**（spectral flux）F_λ を，極限値

$$F_\lambda = \lim_{\Delta\lambda \to 0} \frac{F(\lambda,\ \lambda + \Delta\lambda)}{\Delta\lambda} \tag{2.47}$$

で定義する．ここで $F(\lambda, \lambda + \Delta\lambda)$ は，λ と $\lambda + \Delta\lambda$ 間の波長の放射によるフラックスを W m^{-2} で表したものである．単色フラックス F_λ の次元は，単位面積当たりの仕事率でなく，単位波長・単位面積当たりの仕事率である．したがって典型的な単位は W m^{-2} μm^{-1} である．

上のように単色（あるいは分光）フラックスを定義したので，それを適切な波長範囲で積分することで広波長域 $[\lambda_1, \lambda_2]$ における広帯域フラックス

$$\boxed{F(\lambda_1,\ \lambda_2) = \int_{\lambda_1}^{\lambda_2} F_\lambda d\lambda} \tag{2.48}$$

が得られる．

問題 2. 10

ある表面に入射する 0.3 μm から 1.0 μm の波長範囲の全放射フラックスは 200 W m^{-2} である．

(a) この範囲における平均分光フラックスはいくらか？　W m^{-2} μm^{-1} の単位で答えよ．

---

4)　これは厳密に単一波長（放射がある波長範囲にわたり分布しているのではない）でも有限の仕事率を持つ人工的なコヒーレント放射については必ずしもその限りでない．

(b) もし分光フラックスが波長によらず一定ならば，$0.4\,\mu$m から $0.5\,\mu$m の波長間の全フラックスはいくらか？

(c) 正確に $0.5\,\mu$m の波長の放射の全フラックス（W m^{-2}）はいくらか？

ここでフラックスの概念を例示する．屋外の平らな地面に閉じた図形を描き，その面積に光検出器を隙間なく敷き詰めれば，そこに降り注ぐ日射量を W m^{-2} の単位で測ることができよう．これは太陽放射の地面への**入射フラックス（incident flux）**である．もし太陽の前を雲が通り過ぎると，太陽から地面に向かって伝搬される放射光が一部遮られるため，入射フラックスは一時的に減少する．また，午後には時間の経過とともに，入射フラックスは徐々に減少する．これは，太陽光が地面に対し次第に斜めに当たるようになるため，同じエネルギーがより大きな面積に分散されていくからである．

ここで重要な点は，フラックスは，基準面に対して放射がどの方向から来るかには影響されないことである．前庭に注がれる 100 W m^{-2} の光は，曇天日にすべての方角から来ようが，晴天日にある一方向（太陽の方向）から来ようが同じ 100 W m^{-2} である．そのため，ある場所における放射場を完全に記述するためにはフラックスだけでなく，そのフラックスに寄与する放射が到来する方向（あるいは出ていく方向）も知る必要がある．放射の強度と方向を表す量として，放射輝度が用いられる．

2.7.2 放射輝度

放射輝度 I は，任意の基準面に入射するフラックスに寄与する放射の強度の方向依存性について，完全な情報を含むように定義されている．放射輝度は，その光源方向を眼で見たときの「明るさ」にほぼ対応している．したがって，日中，仰向けに寝そべって空を眺めれば，放射輝度の方向分布が見え，放射輝度が高い領域がわかるはずである．この明るい領域の方向は，寝そべっている地面に入射する太陽放射フラックスに特に大きな寄与をもつ放射がやってくる方向を指している．地上の観測者にとって，晴天時の太陽は狭い方向範囲に局在する高輝度の光源であり，澄んだ空は全方位により均一に分布した低輝度の光源である．孤立した雲は，雲の厚さや太陽との相対的な角度によって，背景の空よりも高輝度のときもあれば低輝度のときもある（低

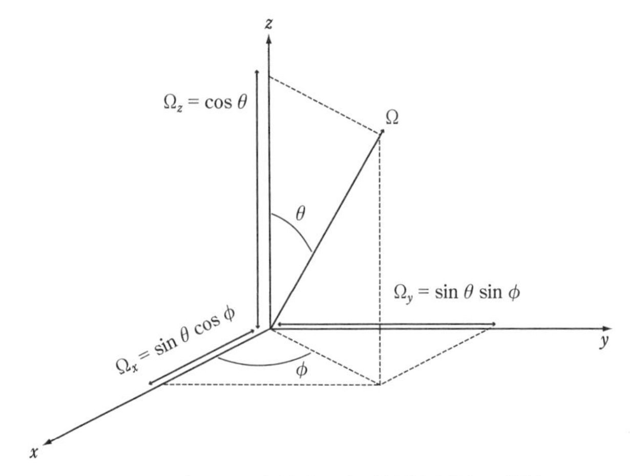

図 2.3　デカルト座標系と球面極座標系との関係

輝度のとき，雲は黒っぽく見える）.

地上の観測者と太陽の間に小さな積雲が通ると，太陽の方向からの放射輝度が大幅に減少する．しかし，空の他の領域からの放射輝度は変わらない．このため，観測される太陽放射の全フラックスは減少するが全天が曇りであるときほどには小さくならない．

放射フラックスと放射輝度は密接に関係することは明らかである．言葉だけでその関係を表すと，「ある基準面へ入射する放射フラックスは，その基準面上の観測者から見える全方位にわたり放射輝度を積分した値に相当する」ということになる．これからこの関係を数学的に表現する．

球面極座標

放射に関する議論において**方向**は常に重要な役割を果たす．方向を数学的に正しく表す方法は 1 つではないが，大気放射学では主に球面極座標系（図 2.3）に基づく方法が採用されている．この方法では，ある基準面（ほとんどの場合，地表面や等高度面）の上の観測点を原点とする局所的な球面極座標系を考え，原点（観測点）から見た任意の方向を，天頂角と方位角という 2 つのパラメータで表現する．ある方向の**天頂角**（**zenith angle**）θ とは，その方向を指す単位ベクトルが原点を通る基準面の垂線となす角度であり，定

義域は $0 \leq \theta \leq \pi$ である．ある等高度面を基準面とした場合，$\theta = 0$ は基準面上の観測点から見た鉛直上向きの方向となる．このとき，たとえば $\theta = \pi/2$ ラジアンは基準面に沿う任意の方向，$\pi/2 < \theta < \pi$ は基準面から見て下向きの任意の方向，特に $\theta = \pi$ は鉛直下向きの方向を示す．

方位角（azimuthal angle）ϕ は，基準面上に射影した方向ベクトルについて，ある基点から反時計回りに測った角度を表し，定義域は $0 \leq \phi < 2\pi$ である．基準面上のある方向を $\phi = 0$ に取ることになる．この基点方向の選び方は任意であるものの，通常，放射伝達問題の数学的扱いが最も単純になるように選ばれる（たとえば太陽の方向）．

2つの角度（θ, ϕ）の代わりに，単位ベクトル $\hat{\mathbf{\Omega}}$ によって方向を表すこともあるが，この場合は特に決まった座標系は指定されていない．

立体角

もう1つの重要な概念は**立体角**（solid angle）である．大気放射学を学び始める学生の多くはこの概念をわかりにくいと感じるようだ．分度器で測ることのできる普通の角度と違って，普段意識的にそれを使わないからかもしれない．しかし実際には大変簡単である．立体角と“普通”の角度との対比は，長さと面積の対比と同じである．立体角の大きさを測るために，“平方ラジアン”あるいは“平方度”という名前の単位を使ってもよさそうだが，実際には**ステラジアン**（steradian）という名前の単位が使われる．後で，この単位の正確な定義を説明する．

太陽の直径は km の単位で，断面積は km^2 の単位で表される．しかし，放射伝達においては，特定の観測点から，物体や放射源がどのくらい大きく見えるかという角度の次元が重要で，km 単位での直径や km^2 の単位での断面積などは重要でないことが多い．たとえば，地球に到達する太陽放射については，地球上の観測点から見た円盤としての太陽の直径の視野角（度またはラジアン単位）あるいはそれが張る立体角（単位がステラジアン）が重要である．立体角とは，全視野のうち対象物が占める視野の割合を表す．たとえば，太陽は地球から見たときよりも，水星から見たときの方がはるかに大きな立体角を張る．また地球上から見ると，月は太陽に比べはるかに小さいにもかかわらず，満月のときは太陽とほぼ等しい立体角を張る．もちろん，半月が張る立体角は満月の立体角の半分である．

ステラジアンの定義

立体角とは何かがなんとなくわかってきたと思うので，**ステラジアン（略して sr）**という単位の定義が理解できるはずである．地上にいる観測者は，仮想的な単位半径の球の中心にいるとする．単位は km でもなんでもよい．球の全表面積は 4π（単位長さ）^{2} である．同様に，観測者から見た上下左右あらゆる方向の視野の立体角を足し合わせると 4π ステラジアンとなる．半球の表面積は 2π（単位長さ）^{2} である．同様に，観測者から見た地平線上の全天空（または“天球”）の視野は 2π ステラジアンの立体角を占め，また観測者から見た地平線より下の地面が占める視野も 2π ステラジアンの立体角をなしている．

概念的には，ある物体の張る立体角を求めるためには，その物体の外形を単位球面上でなぞり［訳注：観測者はこの単位球の中心にいる］，単位球面上に描かれる閉曲面の表面積を測ればよい．このように，ステラジアンが単位球上の領域面積の測量単位であることは，ラジアンが単位円上の弧長の測量単位であることから自然に類推できる．しかし，この球面上の図形描画による立体角の表現法は，教育的ではあるものの，必ずしも数学的に扱いやすいものではない．

立体角をより柔軟に数学的に表現するため，球面極座標系における方向のパラメータを用いて，立体角の微小増分量を

$$\boxed{d\omega = \sin\theta d\theta d\phi} \tag{2.49}$$

で定義する．この関係を図 2.4 で模式的に示した．

観測者を中心とした単位球面上で，天頂角方向の長さが $d\theta$，方位角方向の長さが $d\phi$，中心位置の天頂角が θ の微小な長方形を描くと，式 (2.49) はその微小な長方形に張られる立体角となる．なぜこの式に $\sin\theta$ が現れるのか？　答えは簡単である．単位球面の両極で方位角の等値線が1点に収束するような球座標系であるため，方位角方向の微小角度変化 $d\phi$ に対応する微小距離が，$\sin\theta\, d\phi$ となるためである．

この微小な長方形で全単位球面を敷き詰めると，その立体角の総和は（予

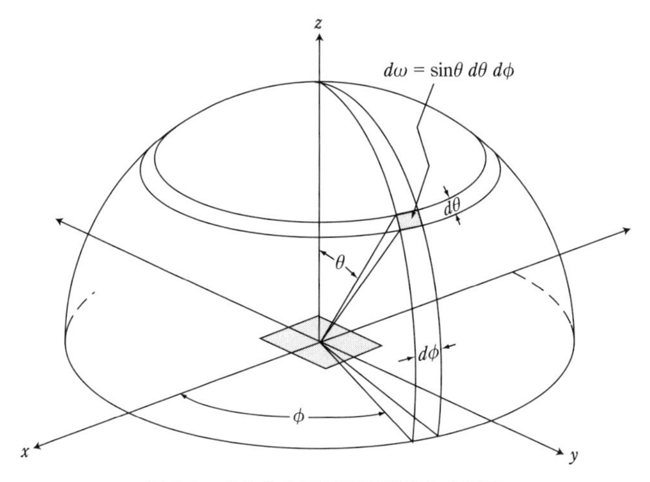

図 2.4　立体角と球面極座標系との関係

想されるように）4π ステラジアンとなる．これを数式で表すと，

$$\int_{4\pi} d\omega = \int_0^{2\pi}\int_0^{\pi} \sin\theta d\theta d\phi = 2\pi\int_0^{\pi} \sin\theta d\theta = 4\pi \tag{2.50}$$

となる．最左辺の積分中での記号は単位球面全体（4π ステラジアン）で積分するということを抽象的に表している．この記号では実際の積分計算を行ううえで用いる座標系を指定していない．左から 2 番目の式では，この抽象的な積分を実際に式（2.49）に基づき θ と ϕ を用いて二重積分の形にしている．方向を表示するのに他の座標系を用いると右辺の積分は違った形になるが，結果は座標系によらず 4π ステラジアンとなる．

問題 2. 11

地表面のある点から見たとき，空の $\pi/4 < \theta < \pi/2$ および $0 < \phi < \pi/8$ の領域を占める雲を考える．

(a) 雲によって張られる立体角を求めよ．

(b) 空の何 % がこの雲によって覆われるか？

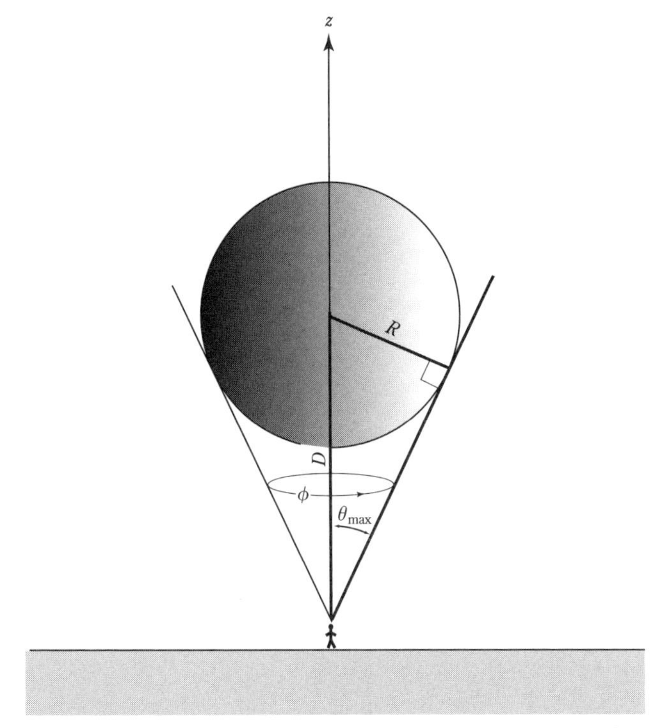

図 2.5　半径 R の球によって張られる立体角を計算するための幾何学的配置

この球の中心は観測者から D の距離にある．

問題 2. 12

月は地球から平均距離 $D_m = 3.84 \times 10^5$ km に位置し，太陽は平均距離 $D_S = 1.496 \times 10^8$ km に位置している．月の半径は $R_m = 1.84 \times 10^3$ km で太陽の半径は $R_S = 6.96 \times 10^5$ km である．

(a) 太陽と月によって張られる角直径（度）を求めよ．この問題の幾何学的配置は図 2.5 に示してある．

(b) 太陽と月によって張られる立体角を計算せよ．

(c) 地球から見るとどちらの方が大きく見えるか，また両者の立体角の差は何 % か？

(d) もし上記の値が一定であれば，皆既日食を説明することは可能か？

放射輝度の形式的定義

これまでに説明し終えた立体角の概念を用いて，放射輝度の定義を説明しよう．放射輝度 $I(\hat{\mathbf{\Omega}})$ とは，ある特定の方向 $\hat{\mathbf{\Omega}}$ に沿って伝搬するフラックス（光線に直交する面上で測られた）の，単位立体角当たりの量のことである．この定義を具体化する：

- 観測点から見て，$-\hat{\mathbf{\Omega}}$ の方向を中心軸とした微小な立体角範囲 $\delta\omega$ を定める．その立体角範囲から観測点に降り注ぐ放射が方向に依存せず一様とみなせるくらいに，$\delta\omega$ を微小にとる．

- その微小な立体角範囲 $\delta\omega$ からやってきて観測点に降り注ぐ放射について，$\hat{\mathbf{\Omega}}$ と垂直な面を通過する放射フラックス δF を測定する．立体角範囲 $\delta\omega$ は十分小さいので，フラックスの評価のために斜め入射の補正をする必要はない．このフラックス測定の際，この微小な立体角領域 $\delta\omega$ 以外の方向からやってくる放射の寄与は除外する必要がある［訳注：たとえば，不透明なボール紙でできた細長い円錐形状の筒の先端側の底に，円形の小さな光検出器を設置し，その筒の底面側を $-\hat{\mathbf{\Omega}}$ の方向に向ければ，この δF の測定が実現できよう］．

- 上記の立体角範囲 $\delta\omega$ の値と，フラックスの測定値 δF から，方向 $\hat{\mathbf{\Omega}}$ の放射輝度は

$$\boxed{I(\hat{\mathbf{\Omega}}) = \frac{\delta F}{\delta\omega}} \tag{2.51}$$

  で定義される．この定義式は一見，$\delta\omega$ が無限小の極限でしか厳密でないようにみえる．しかし実際は，放射場の方向依存性の細かさは有限であり，それを分解できる程度に $\delta\omega$ を小さくとれば，導出される放射輝度は正確となる．

問題 2. 13

大気上端に到達する太陽光の広帯域フラックスは，光線に直交する面上で測ると約 1370 W m^{-2} である．先の問題で求めた立体角と合わせて，太陽表

面における平均放射輝度を求めよ．

問題 2.14

講義などで用いられる通常のレーザーポインターは 5 mW のエネルギーを直径 5 mm のほぼ平行な光線として発する．

(a) この光線に直交するフラックス密度はいくらか？　これを快晴日の太陽光線に直交する面の典型的な太陽フラックス $1000\ \mathrm{W\ m^{-2}}$（地上での値）と比べよ．

(b) もし光線が1ミリラジアンの角直径をもつ円錐の中におさまっているとすると，光線の輝度（単位 $\mathrm{W\ sr^{-1}}$）はいくらか？　またこれを上で求めた太陽フラックスおよび太陽面の角直径が $0.5°$ という値から求まる太陽光輝度と比べよ．

放射輝度の不変性

放射源と対象物との間の距離が大きくなるにつれて，対象物が単位面積・単位時間に受け取るエネルギー，すなわち放射フラックスが小さくなることは誰でも直感で理解できる．たとえば，地球は冥王星と比べ，はるかに大きな放射フラックスを太陽放射から受けている．

放射フラックスについての経験的知識から，放射輝度も，光源と観測者の間の距離の関数に違いないと思うかもしれない．しかし放射輝度に関してはそうではない．直感に反するかもしれないが，**真空あるいは透明な一様媒質中においては放射輝度はいかなる光路に沿っても不変である**[5]．

光路に沿った放射輝度の不変性は，視覚される明るさ（眩しさ）が放射輝度に対応することを利用してすぐに体感できる．試しに，白色に輝くコンピュータの画面の一部を，両手の拳を縦に重ねて作った小さなのぞき穴を通して，片目でできるだけ近くで見てみる．そして，そのまま画面を見ながらだんだん遠ざかってみる．のぞき穴から見た画面の白色の明るさは距離に依存しないことがわかる．もし仮に，太陽の円盤よりも視野角の狭いような細い筒を通して太陽を眺めたとすると，凍える海王星から観測しても，灼熱の水星から観測しても，その明るさは変わらない．

---

5)　光線が屈折率の境界面を通過する場合には，一般に放射輝度は変わる．

輝度と偏光†

多くの応用では，既に定義した全**スカラー放射輝度**Iのみを計算すれば十分である．しかし先の議論で電磁放射の偏光特性について簡単に触れたように，これに注意する必要が生じることもある．偏光の無視はあくまで近似であるので，より正確な放射伝達計算のために偏光の考慮が重要となる場合もある（特に，氷などの粒子による散乱や，滑らかな地表面による反射が重要な場合には）．あるいはマイクロ波のリモートセンシング機器などの場合のように，ある1つの方向の偏光のみ（たとえば垂直あるいは水平の直線偏光）の放射を測定する場合である．

偏光を考慮する場合，偏光状態を完全に記述できるような放射輝度の表現が必要となる．その方法の1つが，4個の要素からなるストークスベクトルで輝度を表すものであり，

$$\boxed{\mathbf{I} = \begin{pmatrix} I \\ Q \\ U \\ V \end{pmatrix}} \tag{2.52}$$

と書ける．このストークスベクトルの要素を**ストークスパラメータ**（**Stokes parameter**）という．最初の要素Iは既に述べたスカラー放射輝度と同一である．残りの要素であるQ, U, Vは偏光度（インコヒーレントな放射の偏光度はいろいろ変わりうるが，コヒーレントな放射は常に完全に偏光していることを思い出されたい），直線偏光の向き，および偏光の特徴（円，直線，その中間）などに関係している．特に偏光度は$\sqrt{Q^2+U^2+V^2}/I$によって定義される．比$\sqrt{Q^2+U^2}/I$およびV/Iは，それぞれ直線偏光および円偏光の度合いを表す．

したがって，非偏光（偏光度ゼロ）の放射では$Q = U = V = 0$であり，完全に偏光した（偏光度1）の放射では

$$I^2 = Q^2 + U^2 + V^2 \tag{2.53}$$

となる．

各ストークスパラメータの詳細な電磁気学的な定義を述べることは本書の

表 2.1　ストークスパラメータの例

項目	[I, Q, U, V]
水平偏光	[1, 1, 0, 0]
垂直偏光	[1, − 1, 0, 0]
+ 45° で直線偏光	[1, 0, 1, 0]
− 45° で直線偏光	[1, 0, − 1, 0]
右円偏光	[1, 0, 0, 1]
左円偏光	[1, 0, 0, − 1]
非偏光	[1, 0, 0, 0]

範囲を超える[6]．ただし，いくつかの具体例を表 2.1 にまとめた．

ベクトル表記した輝度は実際どのように用いられるのだろうか？　スカラー量の場合は（つまり偏光を無視するとき），放射と物質の相互作用のほとんどは輝度をスカラー係数（これを A と記す）との積として，

$$I_{\mathrm{new}} = A \cdot I_{\mathrm{old}} \tag{2.54}$$

で表すことができる．たとえばある面からの反射を考えるとき，係数 A は 0 から 1 の反射率を表すことになる．

完全偏光の場合は，スカラー係数 A を 4×4 次元の**ミュラー行列（Mueller matrix）**$\mathbf{A}$ に置き換え，新しい輝度は行列演算により

$$\mathbf{I}_{\mathrm{new}} = \mathbf{A}\mathbf{I}_{\mathrm{old}} \tag{2.55}$$

と表すことができる．したがって，ミュラー行列は全輝度の変化だけでなく，偏光の変化も表すことができる．たとえば，

$$\mathbf{A} = \frac{1}{2}\begin{pmatrix} 1 & 1 & 0 & 0 \\ 0 & 0 & 0 & 0 \\ 0 & 0 & 0 & 0 \\ 1 & 1 & 0 & 0 \end{pmatrix} \tag{2.56}$$

のミュラー行列 $\mathbf{A}$ によって表される光学機器は任意の偏光をもつ放射束を 100% 右円偏光したものに変換する．

問題 2. 15

式（2.56）がそのような変換をすることを示せ．

6）S94 の 2.3 節に良い概説がある．

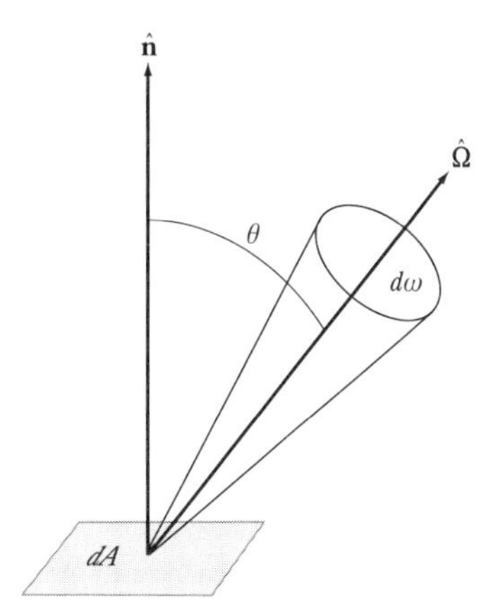

図 2.6 面積要素 dA を通る $\hat{\Omega}$ 方向の光線により運ばれる放射のフラックス密度は $\cos\theta = \hat{\mathbf{n}} \cdot \hat{\Omega}$ に比例する．

2.7.3 放射フラックスと放射輝度との関係

これまでに，放射フラックス F を単位面積に入射する全仕事率であると定義し，伝搬方向 $\hat{\Omega}$ を中心とする微小立体角要素 $d\omega$ から到達する放射フラックスの単位立体角当たりの量として放射輝度を定義した．任意の面に入射，その面を通過，あるいはその面から放出される放射フラックスは，適切な立体角の範囲で放射輝度を積分することで得られる．

まず，ある水平な面から放出される**上向き**（**upward**）のフラックスを考える．それは放射輝度 $I(\hat{\Omega})$ を上半球の全方向 2π ステラジアンにわたり積分することで得られる．しかしここで注意すべき点が 1 つある．前述したように，放射輝度は**ビームに直交した**（**normal to the beam**）単位立体角当たりのフラックスと定義されている．しかし，いま考えている水平面に関しては，ただ 1 つの方向のみが直交している．他のすべての方向からの放射はその面を斜めに通過する（図 2.6）．各方向の放射輝度の上向き放射フラックスへの寄与を求める際には，法線ベクトル $\hat{\mathbf{n}}$ と放射輝度の方向のなす角度の余弦の重み付けが必要である．したがって，上向きフラックス $F^{\uparrow}$ は

$$F^{\uparrow} = \int_{2\pi} I^{\uparrow}(\hat{\Omega})\, \hat{\mathbf{n}} \cdot \hat{\Omega}\, d\omega \tag{2.57}$$

と表される．上式は座標系によらない形式である．実際の計算では z 軸を面に垂直にとった球面極座標を用いるのが便利であり，その場合

$$F^{\uparrow} = \int_0^{2\pi} \int_0^{\pi/2} I^{\uparrow}(\theta,\ \phi) \cos\theta \sin\theta d\theta d\phi \tag{2.58}$$

となる．ここで微小立体角 $d\omega$ を θ と ϕ で表すために式（2.49）を用いた．

同様に，下向きフラックスについては下半球の立体角にわたり積分するため，

$$F^{\downarrow} = -\int_0^{2\pi} \int_{\pi/2}^{\pi} I^{\downarrow}(\theta,\ \phi) \cos\theta \sin\theta d\theta d\phi \tag{2.59}$$

のように表される．I の値は非負なので上の定義式では $F^{\uparrow}$ および $F^{\downarrow}$ は常に非負である．

キーポイント：輝度が**等方的**（isotropic）であるという特別な場合では，I は半球の全方向で一定であり，この積分を実行すると

$$F = \pi I \tag{2.60}$$

を得る．

キーポイント：**正味の放射フラックス**（net flux）は上向きと下向きのフラックスの差

$$F^{\text{net}} \equiv F^{\uparrow} - F^{\downarrow} \tag{2.61}$$

として定義される．正味の放射フラックスは，放射輝度から直接的に，

$$F^{\text{net}} = \int_0^{2\pi} \int_0^{\pi} I(\theta,\ \phi) \cos\theta \sin\theta d\theta d\phi = \int_{4\pi} I\left(\hat{\mathbf{\Omega}}\right) \hat{\mathbf{n}} \cdot \hat{\mathbf{\Omega}}\, d\omega \tag{2.62}$$

と表すこともできる．

本節を通して用いた表記法では**広域帯の輝度**（broadband intensity）と**広域帯のフラックス**（broadband flux）とが結び付けられていることに注意されたい．同一の関係式が**単色の放射輝度**（monochromatic intensity）I_{λ} と**単色フラックス**（monochromatic flux）$F_{\lambda}^{\uparrow}$ および $F_{\lambda}^{\downarrow}$ の間で成り立つ．

問題 2. 16

ある面に入射する放射輝度がすべての方向で一定値 I であるとすると，式（2.60）で示されるように放射フラックスは πI となることを示せ．これは厚い雲で覆われた空の下での地表面への下向き放射の近似表現となることに注

意されたい．また，地表面がすべての方向に一定の輝度で放射を射出する場合，面から出ていく放射フラックスと放射輝度の間の関係もこの式で表される．

問題 2.17

上で述べたように，平面に入射する放射輝度Iが等方的であればそのフラックスはπIである．ゆえに半径rの円板によって遮られる仕事率は片面のみが照らされているとすると$P=\pi^2 r^2 I$である．それでは同じ光源で照射される半径rの球によって遮られる仕事率はいくらか？［ヒント：同じ結論を得るためにいくつかの方法があり，そのいくつかは必要以上に込み入っている．最も単純で説得力のある幾何学的な解法を考えよ．］

問題 2.18

球形の太陽の半径がR_Sでその輝度が一様でI_Sとする．半径Dの軌道で回っている惑星の地上から見て，太陽が直上にある場合の，その惑星の大気上端への太陽フラックスを計算せよ．R_Sに相対的なDの大きさに仮定をしないこと．ここでは惑星の半径は軌道半径に比べて無視できるとする．次の2つの異なる方法で計算せよ．

(a) 方法1：通常のように鉛直軸に対するコサイン重み付けを行い，太陽面によって張られる立体角にわたり輝度を積分する．ここでは任意の$D > R_S$について，太陽面によって張られる立体角を厳密に求める必要がある（図2.5を参照）．

(b) 方法2：太陽表面からのフラックス密度を計算し，これから太陽から射出される全仕事率を求め，この仕事率を半径Dの球面に分配する．

2つの答えは一致するか？

2.8 気象学・気候学・リモートセンシングへの応用

全球的な気候にとって基本的に重要なことは太陽からのエネルギー流入量とその空間的および時間的な分布である．この流入量は次の2つの変数の関数である．1）大気上端に入射する太陽放射フラックス，2）この放射フラックスのうち地表面あるいは大気によって吸収される割合．2番目の変数は，大気中での雲と光吸収性気体の分布および地表面の光吸収特性に複雑に依存

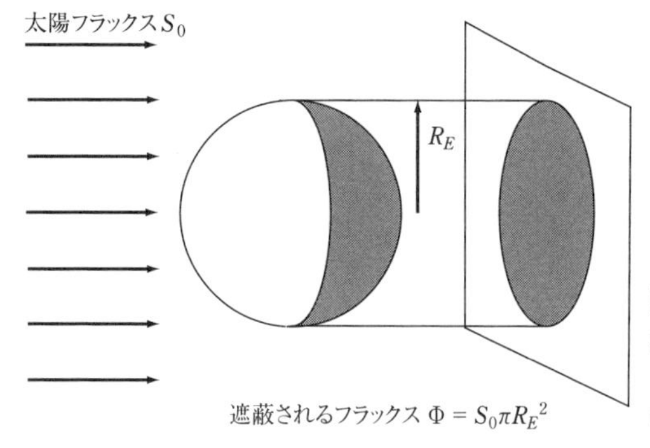

図 2.7　地球によって遮られる太陽放射の全フラックスは，入射フラックス密度 S_0 と地球の影の面積の積に等しい．

している．これらは本書の後の章で述べていく重要事項である．しかし1番目の変数については，この章で既に述べた事項により理解できる．

2.8.1　グローバルな日射量

最初の問題は，地球の大気上端に入射する単位時間当たりの太陽放射エネルギー Φ の平均値を評価することである．太陽から単位時間当たりに放出されるエネルギーのうち，どのくらいの割合が地球の円盤によって遮られるかを計算すればよい．地球軌道上の太陽放射フラックスの観測の年平均値は $S_0 = 1370\ \mathrm{W\ m^{-2}}$ であるので，この放射フラックスに，それを受け取る地球の射影面積をかければよい．平均半径が $R_E = 6373\ \mathrm{km}$ である地球の射影面積は $A = \pi R_E{}^2$ である[7]（図 2.7）ので，

$$\Phi = S_0 \pi R_E^2 = 1.74 \times 10^{17}\ \mathrm{W} \tag{2.63}$$

となる．

この結果は，太陽表面から単位時間当たりに放出される全放射エネルギーと，太陽–地球間の平均距離（$\bar{D}_S$）が $1.496 \times 10^8\ \mathrm{km}$ であることとも整合する．ただし実際の地球の軌道はわずかに楕円であり，D_S の値は毎年1月3日頃（近日点）に $1.47 \times 10^8\ \mathrm{km}$ となり，7月5日頃（遠日点）に $1.52 \times 10^8\ \mathrm{km}$ となる．よって大気上端での太陽フラックス S は季節変動し，7月に約 $1330\ \mathrm{W\ m^{-2}}$ で最も小さくなり，1月に約 $1420\ \mathrm{W\ m^{-2}}$ で最大となる．

7)　厳密に言えば，この近似が成り立つのは地球の半径がその軌道半径に比べはるかに小さいからである．

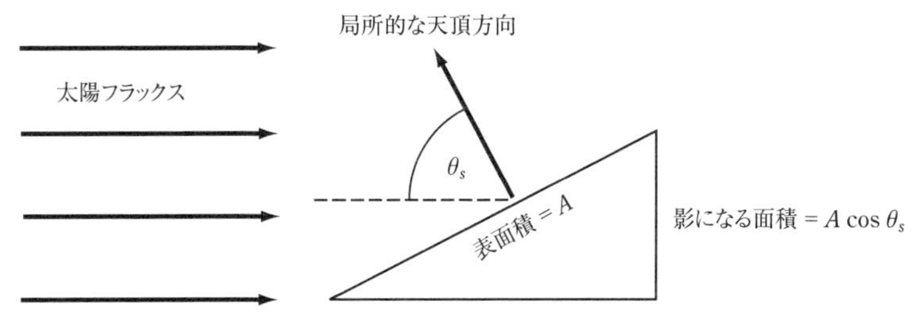

図 2.8 ある場所での太陽天頂角 θ_s と水平面への日射量との関係

問題 2. 19

S を S_0, $\bar{D}_S$ および D_S の関数として表せ．$\Delta S/S_0 \approx -2\Delta D_S/\bar{D}_S$ となることを示せ．これは D_S が 1% 増えると S は 2% 減ることを意味する．

2. 8. 2 地域的および季節的な日射量の分布

地球軌道上の太陽放射フラックスは $S_0 = 1370\ \mathrm{W\ m^{-2}}$ でほぼ一定である．ただし実際は前述のように地球の軌道は楕円であり，年間を通じて太陽–地球間距離は多少変化するので，太陽放射フラックスもこの値の周りで少し季節変動する．また太陽から放出される単位時間当たりのエネルギー P も，黒点数などに反映される太陽活動の変動によって変化する．

S_0 の小さな変動を無視したとしても，太陽放射の流入量は地球表面上で一様ではないのは明らかである．地球の夜側では太陽放射はまったく当たらない．昼側でも大気上端を通過する太陽放射フラックスは太陽の天頂角に依存する．太陽が真上にある場合（太陽天頂角 $\theta_S = 0$）放射フラックスは S_0 に等しい．$\theta_S > 0$ の場合は，太陽光線に垂直な単位面積を等高度面に射影すると，その射影面積は単位面積より大きくなる（図 2.8）．その補正を考えると，大気上端の等高度面上で測定される太陽放射フラックスは

$$F = S_0 \cos\theta_S \tag{2.64}$$

となる．

次に，地球上のある特定の場所で，大気上端における 24 時間の全日射量［単位面積当たりのエネルギー］を考える．この日射量は

$$W = \int_{t_{\mathrm{sunrise}}}^{t_{\mathrm{sunset}}} S_0 \cos\theta_S(t)\, dt \tag{2.65}$$

で与えられる．この式からわかるように（また日常経験からも），Wは2つの要因によって決まる．すなわち（1）日照時間$t_{\mathrm{sunset}} - t_{\mathrm{sunrise}}$および（2）日照時の$\cos\theta_S(t)$である．

赤道では年間を通して12時間太陽が出ているが，1日のうちの太陽の最大高度［訳注：水平面から測った太陽方向の角度］は季節変動をする．春分と秋分の年2回（それぞれ3月21日および9月21日頃）正午に太陽が真上を通過する．その他の時期では，1日のうちでの最小の天頂角は地軸の傾き（太陽に向かうか離れるか）に等しく，夏至と冬至で23°の最大となる．

緯度23°よりも高緯度の地域では，太陽が真上を通過することはない．夏季には天空での太陽の位置は日中高くなるが，冬季での位置はこれよりずっと低い．また，夏半球の方が冬半球よりも日が長い．特に緯度66°以上の北極圏および南極圏においては，冬期ではまったく日が昇らない期間が続き，逆に夏期ではそれに対応する期間に日が沈まない．極点では，地上から見た太陽の動きは極めて単純である．太陽は半年間ずっと出ており，太陽天頂角θ_Sは24時間の間ではほぼ一定である[8]．

1日当たりの日射量（大気上端での）は，日照時間の長さ，$\cos\theta_S$の変動，太陽–地球間の距離のわずかな変化などが複合して決まっている．日射量を季節と緯度の関数として，図2.9に示した．黒色の領域は，太陽が水平線上に現れないことを表している．点線（太陽の**赤緯（declination）**）は正午に太陽が直上を通過するときの日付・緯度を示している．この点線の緯度は，ほぼすべての季節にわたり，1日当たり最も高い日射量を受け取る緯度領域と一致している．ただし夏至から1〜2週間以内の期間での最大日射量は夏半球の極付近に生じる．極付近での日照時間は24時間であり，しかも1日を通じて太陽高度は23°とかなり高いためである．

ある緯度において日射量を年間で積分しそれを1年間の日数で割れば，**日**

8）大気の屈折によって，太陽は地表面から約0.5°（太陽面の直径）地平線の下にあるときでも地表面上の場所で見ることができる．ゆえに幾何学的な考察から予測されるよりも多少早く日が昇り，遅く沈むのである．そのため，たとえば北極においては，連続的な日照期間は，幾何学的予測値の6ヵ月よりも多少長い．

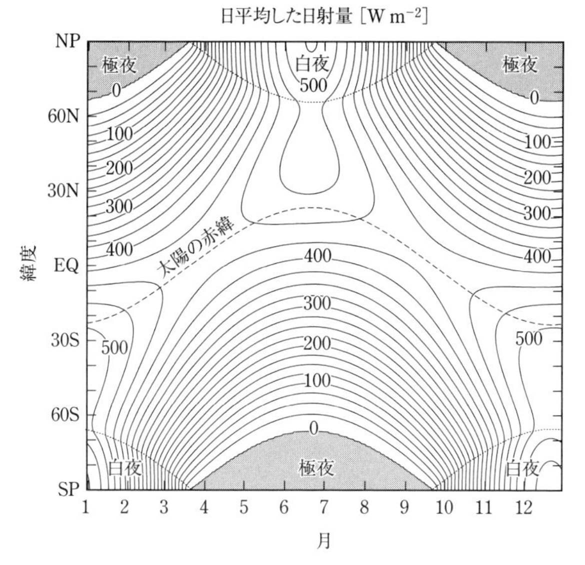

図 2.9　大気上端における日平均太陽フラックス（緯度と時間の関数としての）

等値線は W m^{-2} の単位で描かれている.

平均日射量（daily average insolation）が得られる．各緯度でのこの値を，図 2.10 に太線の「年平均」で示した．またこの図では夏至と冬至での 1 日当たりの日射量も示してある．

最後に，これまで述べてきた日射量は，大気上端に入射する太陽放射であることを想起されたい．したがって，これは地球および大気が吸収できる太陽放射量の上限である．実際はこの放射のうちかなりの部分が，雲・エアロゾル・大気分子・地表面によって反射され宇宙空間に戻っていく．次章以降の多くの箇所で，放射がどのくらい吸収・反射されるのかを決める過程を取り扱う．

問題 2. 20

大気上端における日平均の日射量［W m^{-2}］を次の 2 つの場合について計算し，図 2.9 と比較せよ．

(a) 北半球の夏至のときの北極点 (b) 春分・秋分のときの赤道．光線に

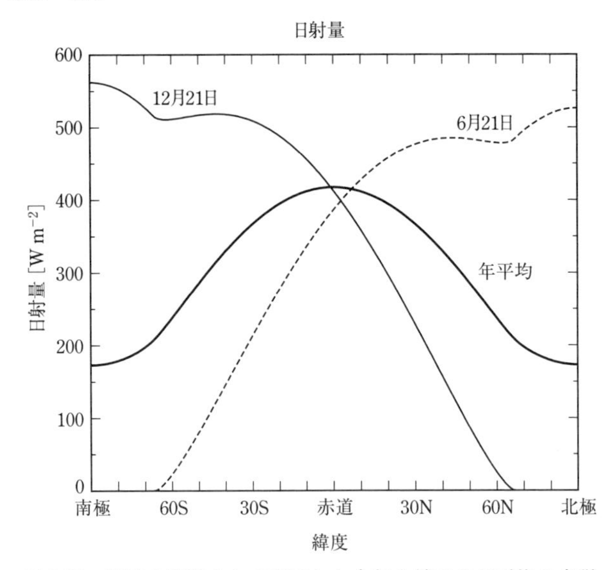

図 2.10　緯度の関数として表示した大気上端での日平均の太陽フラックス

夏至，冬至での値および年平均値を示した．

直交する面での太陽放射のフラックスは 1370 W m^{-2} の一定値と仮定し，夏至のとき北極は太陽方向に 23° 傾いているとせよ．

第3章　電磁波スペクトル

前章では，物質との相互作用の詳細には踏み込まず，純粋に物理的な視点から電磁放射の振る舞いを調べた．重要な知見の1つは，任意の放射場は複数の“純粋な”正弦波の重ね合わせとして取り扱えることである．日常生活の中で最もわかりやすい例は虹である．雨滴と相互作用する白色の太陽光はそれを構成する赤から紫までの色に分解されており，それぞれの色は狭い周波数範囲に対応する．異なる周波数または異なる方向に伝搬する放射はそれぞれ完全に独立に取り扱える．

もし対応する固有周波数をもつ振動子，あるいはその周波数の光子を生み出すのに必要エネルギー源が存在するのであれば，電磁放射が取りうる周波数には基本的制約はない．2.6節で述べたように単一の光子は周波数で決まるエネルギーをもち，任意の振動子は，その最小の固有振動数よりも小さな振動数の光子を射出することはできないのである．

真空中では，光子は吸収，散乱，反射，屈折されることなく直進するためにその周波数あるいは波長は問題の取り扱いにおいてさして重要ではない．しかし物質が存在する場合，周波数は極めて重要な特性となり，光子の最終的な行方［訳注：本書では光子が吸収，散乱，反射，屈折などで，どうなっていくかをfateと光子を擬人化して表現している］に大きな影響を及ぼす．

いくつかの理由により，大気中の放射過程において周波数の考慮は重要である．第1の理由は，光子のエネルギーが$E = h\nu$であることに関連する．大気中の分子による光子の吸収・射出率はこのエネルギーの正確な値に強く依存する．とりわけ，光子の周波数が$\nu_{\min} = \Delta E_{\min}/h$よりも小さければ，$\Delta E_{\min}$以上のエネルギー入力が必要な物理的・化学的な事象を起こすことはできない．さらに分子レベルでは，物質の量子力学的な挙動のためより多くの制約が生じる．具体的には，光子が吸収されるためには，光子のエネルギーがその分子が取りうるエネルギー準位の集合のいずれかとほぼ正確に一致しなければならない．このことは第9章で詳しく説明する．

もう1つの理由は，放射の波動性な振る舞いに関連する．この特性は放射が粒子や物体表面により散乱あるいは反射されるときに重要となる．このような相互作用は粒子の大きさが波長と比べて同程度かそれよりも大きいときに重要となる．そのため，可視波長域の放射では，大気分子による散乱は弱いが雲粒子による散乱は強い．マイクロ波帯の放射（たとえばレーダー）は雲粒子によってはほとんど散乱されないが，雨滴やひょう（雹：hailstone）粒子により強く散乱される．もっと長い波長の放射（たとえば 10^2 m オーダーの波長の AM ラジオの電波）はどんな気象条件でも妨げられず伝搬するが，丘の起伏で回折されたり超高層大気中のイオン化した気体の厚い層により反射されたりする．

3.1　周波数，波長，および波数

調和振動する電磁場の最も基本的な特性はその周波数（または振動数）$\nu = \omega/2\pi$ である．これは1秒当たりのサイクル数あるいはヘルツ（Hz）の単位で表される．観測者の場所や他の過程に影響されず，周波数 ν の放射は吸収されたり他の形態のエネルギーに変換されるまで常にこの値を保つ[1]．

実際は，周波数 ν の代わりに波長 λ を用いた方が便利なことが多い．大気科学に関係する放射の周波数（Hz）は非常に大きな値となり，表しにくいためである．2つのパラメータには

$$\boxed{c = \lambda\nu} \tag{3.1}$$

の関係がある．この等式は真空中の波長に対して成り立つことに注意されたい．空気や水といった媒質中では放射の位相速度は c よりも若干遅くなり，それに対応して波長は短くなる．屈折などの現象を理解するためには，波長の屈折率（媒質の）への依存性は重要になる．特に指示しない限り，波長という場合には真空中の波長を指す．

---

1)　これは観測者が光源から一定の距離にあると仮定している．そうでなければ周波数はドップラー効果によってシフトする．

大気放射では，波長の単位としてはナノメートル（nm $= 10^{-9}$ m），マイクロメートルまたはミクロン（μm $= 10^{-6}$ m），センチメートル（cm $= 10^{-2}$ m）のいずれかが多く使われる．その他の単位，たとえばオングストローム（10^{-10} m）は気象学では広く使われることはなくなった．

目的によっては，波長でも周波数でもなく波長の逆数である**波数**（**wavenumber**）$\tilde{\nu}$

$$\boxed{\tilde{\nu} = \frac{1}{\lambda} = \frac{\nu}{c}} \tag{3.2}$$

が用いられる．波数は通常センチメートルの逆数の単位（cm^{-1}）で表される．

3.2　主要なスペクトル帯域

電磁波スペクトルの周波数はほぼゼロのものから核反応で放出される光子のように非常に高いものまで含め，極めて幅広い範囲にわたっている．科学・工学分野では，便宜的に電磁波をいくつかのスペクトル**帯**（**バンド：band**）に分類し，電磁波をそれが属するバンドの名前で呼ぶことが多い［訳注：“帯”と“バンド”はまったく同じ意味の用語であり，本書では，この2つの用語を適宜用いる］．主要なスペクトル帯の周波数および波長を表3.1と図3.1に示した．隣り合うバンド間の境界の周波数は厳密には定義されない．多くの場合，境界の値は応用上の目的に応じてやや恣意的に決められたものである．

たとえば，波長1mm付近で，マイクロ波と赤外バンドの境界があるが，ここで放射の挙動が急変することはない．可視バンドはもちろん例外であって，その境界は普通の人の目に見える波長範囲（約0.4～0.7 μm）で定義される．他の動物ではこの周波数域の定義は異なるかもしれない．たとえば昆虫は，紫外バンドの光もよく見ることができる．

大気科学では以下の3つの過程・応用においては特定のスペクトル帯が重要となる．

表 3.1　電磁スペクトルの領域

領域	スペクトルの範囲	全太陽エネルギーに占める割合	注
X線（X ray）	$\lambda < 0.01\,\mu$m		すべての成分を光イオン化；超高層大気で吸収される
極端紫外（extreme UV）	$0.01 < \lambda < 0.1\,\mu$m	3×10^{-6}	O_2 と N_2 を光イオン化；90 km 以上の高度で吸収される
遠紫外（far UV）	$0.1 < \lambda < 0.2\,\mu$m	0.01%	O_2 を光解離；50 km 以上の高度で吸収される
UV-C	$0.2 < \lambda < 0.28\,\mu$m	0.5%	O_2 と O_3 を光解離；30～60 km 高度で吸収される
UV-B	$0.28 < \lambda < 0.32\,\mu$m	1.3%	主に成層圏の O_3 で吸収される；日焼けの原因
UV-A	$0.32 < \lambda < 0.4\,\mu$m	6.2%	地表に達する
可視光（visible）	$0.4 < \lambda < 0.7\,\mu$m	39%	大気はほぼ透明
近赤外（near IR）	$0.7 < \lambda < 4\,\mu$m	52%	主に水蒸気により部分的に吸収される
熱赤外（thermal IR）	$4 < \lambda < 50\,\mu$m	0.9%	水蒸気・二酸化炭素・オゾン・その他の微量気体により吸収・射出される
遠赤外（far IR）	$0.05 < \lambda < 1$ mm		水蒸気により吸収される
マイクロ波（microwave）	$\lambda > 1$ mm		雲は半透明

非断熱加熱・冷却：序論でも指摘したように，放射伝達は大気中での熱交換の最も重要な過程であり，また地球と宇宙の間での熱交換の唯一のメカニズムである．後に説明するように，すべてのスペクトル帯がこの過程に重要な寄与をしているわけではない．

光化学：スモッグの成因となったり，大気汚染物質を除去する成分を生成するような大気化学反応は太陽光によって駆動される．さらにオゾン層もまさに光化学反応により生成される．光子のエネルギー $E = h\nu$ により大気の光化学反応に寄与するスペクトル帯が決まる．

リモートセンシング：大気により吸収・散乱・射出されるあらゆる周波数の放射を，温度・湿度・微量成分の濃度・他の多くの変数といった大気の特性を衛星あるいは地上観測に利用できる可能性がある．

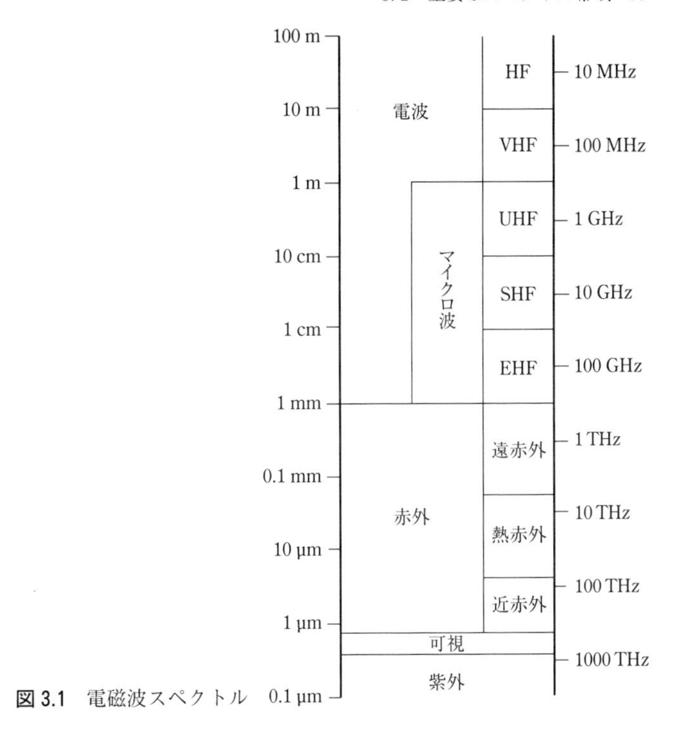

図 3.1　電磁波スペクトル

本書の内容は，主として対流圏と成層圏に関係した放射過程に限定している．このことを念頭に置いて，以下では主要なスペクトル帯を手短に概観する．

3.2.1　ガンマ線と X 線

ガンマ線と X 線は波長が約 $10^{-2}\mu$m より短い領域にあり，通常は核崩壊・核分裂・核融合・その他の高エネルギー粒子（原子を構成し，原子よりより小さな粒子）が関与する反応において生成される．これらをまとめて放射線とも呼ぶ．高エネルギーの光子である放射線は，容易に原子から電子を剝ぎとったり（イオン化），核酸などの有機化合物を壊変させるため，生命にとって極めて有害である．そのため，その最も強い自然の生成源が地球圏外にあり（いわゆる**宇宙線**），それが主に超高層大気にしか影響を与えないのは幸運なことである．大気上端から入射する放射線は，その強度が大気圧が 100 hPa 増えるたびに半分以下となり，大気下端には極めてわずかしか達しない．しかし旅客機の乗客は無視できない量の宇宙線を浴びることになる．

下部対流圏で観測されるこのスペクトル帯の自然放射のほとんどは，地殻に含まれるウランやその娘核種などの放射性物質が起源である．これらの放射源は広く分布しているものの，幸いなことに，そのほとんどは比較的弱い．

ガンマ線と X 線は，前節で定義した 3 つの重要な過程に関与しない唯一のスペクトル帯である．これらのバンドでの放射光のフラックスによる下層および中層大気の加熱・冷却効果は小さく，それを観測することはできない．地球起源の強い自然放射源がないことや超短波長の放射は大気により比較的強く減衰されることなどから，これらのバンドは対流圏および成層圏のリモートセンシングには有用ではない．また，これらのタイプの放射は化学反応を起こす能力はあるが，紫外放射と比べて地球大気におけるその役割は小さい（次項参照）．このバンドは気象学において重要でないため，本書では以後考慮しない．

3.2.2　紫外域

紫外線（UV）帯は X 線側の約 0.01 μm から可視光側の約 0.4 μm までの範囲の波長帯である．太陽は大気中における唯一の自然の紫外光源である．地球大気上端に入射する太陽放射のうち，この UV 帯に属する放射のエネルギーの割合は小さく，全エネルギーの数 % に過ぎない．それにもかかわらず，このバンドの寄与は非常に重要である．便宜上，UV 帯は以下のようにサブバンド（sub-band）に分割される．

UV-A の波長は 0.4 μm から 0.32 μm にわたる．このサブバンドの放射は太陽光の中で重要な割合を占め，海面に達する全太陽 UV 放射のうち 99% 近くを占める．人の肉眼で UV-A 放射は見えないが，いくつかの物質で蛍光発光（可視光の射出）を誘起する．たとえば，蛍光ペン・高速道路の安全コーン（標識）・黄色のテニスボールなどがある．蛍光ポスターと一緒に用いられる“ブラックライト”は UV-A の人工光源である．UV-A は可視光と比べて波長が短くエネルギーは高いものの，核酸を壊変するほどではない

表 3.2　色と波長の関係

波長範囲（μm）	色
0.39–0.46	紫色
0.46–0.49	濃青色
0.49–0.51	淡青色
0.51–0.55	緑色
0.55–0.58	黄-緑色
0.58–0.59	黄色
0.59–0.62	オレンジ色
0.62–0.76	赤色

ため生体への危険性は小さい．このことは生体にとっては幸運なことである（地球大気は UV-A に対して比較的透明であるので）．

UV-B の波長は 0.32 μm から 0.280 μm にわたる．UV-A と比べてさらに波長が短いため，その光子は光化学反応を起こすのに十分なエネルギーを持ち，組織を損傷し（たとえば日焼け）細胞の核酸にまで損傷を与える．これを浴びた人は皮膚がんになる可能性が高くなる．幸い，大部分の UV-B（約 99%）は成層圏のオゾン層によって吸収される．近年，人工の化学物質によりオゾン層の厚さが薄くなり，地表面に到達する UV-B 量が増えたと考えられている．

UV-C の波長は 0.280 μm から約 0.1 μm の範囲である．この最もエネルギーの高い紫外のサブバンドである UV-C 光は中間圏および上部成層圏ですべて吸収され，そのエネルギーのほとんどは O_2 の酸素原子への解離に使われる．残りはオゾンにより吸収される．

UV 帯の放射は，先に述べた 3 つの過程と応用のすべてにおいて重要である．前述したように，これは大気中の光化学反応の主たる駆動源である．またこのバンドを使うと，オゾンやその他の成層圏の化学物質の衛星リモートセンシングが可能になる．また，オゾンによる太陽放射の UV 帯の吸収は，成層圏と中間圏のエネルギー収支において主要な非断熱加熱項となっている．

3.2.3　可視域

波長約 0.4 μm から 0.7 μm にわたる可視バンドは，電磁スペクトルの中では驚くほど狭い領域しか占めていないにもかかわらず，人の視覚だけでな

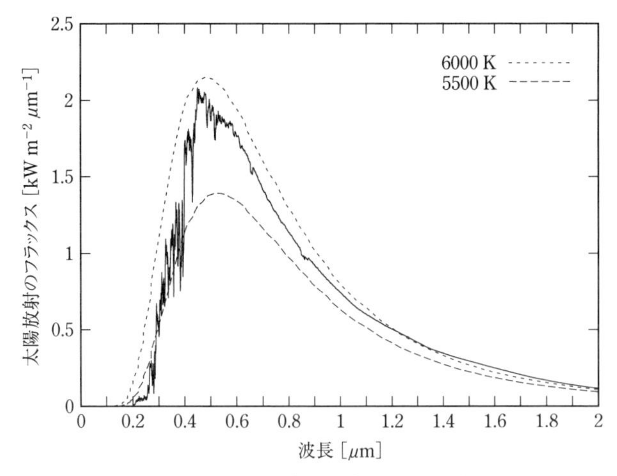

図 3.2　大気上端における中解像度の太陽放射スペクトル
点線は図中に示した温度の黒体からの射出を表している.

く，大気のさまざまな過程においても非常に重要な役割をもつ.

第1に，興味深い偶然の一致ではあるが，太陽放射スペクトルの中で最大のエネルギーをもつピーク波長は，まさに人が視覚できる可視バンド内にある（図 3.2）. 太陽放射の全エネルギーのうち半分近くが可視バンドに含まれている.

第2に，雲のない大気は可視域のほとんどの波長において，きわめて透明である. これを当たり前と思うかもしれないが，可視域以外の波長帯では，大気はこのように均一に透明ではない（図 3.3）. これは，地球による太陽可視光の吸収のほとんどは大気中ではなく地表面で起きることを意味する. 大気は主に地表面からの熱伝達により加熱され，太陽光の直接吸収による大気加熱は二次的である. もし仮に，可視域で大気の透明度がもっと低かったならば，大気の温度構造はまったく異なったものになると考えられる.

可視バンドでの雲の反射率はかなり高い. これも当然に思えるかもしれないが，可視域以外の波長帯では，その限りではない. 全球的な雲の被覆率は，全球のアルベドに大きく影響し，宇宙空間に反射されずに吸収される太陽放射の割合に極めて大きな影響を及ぼす.

可視バンドにおける衛星画像から容易に雲を検出し分類することができる.

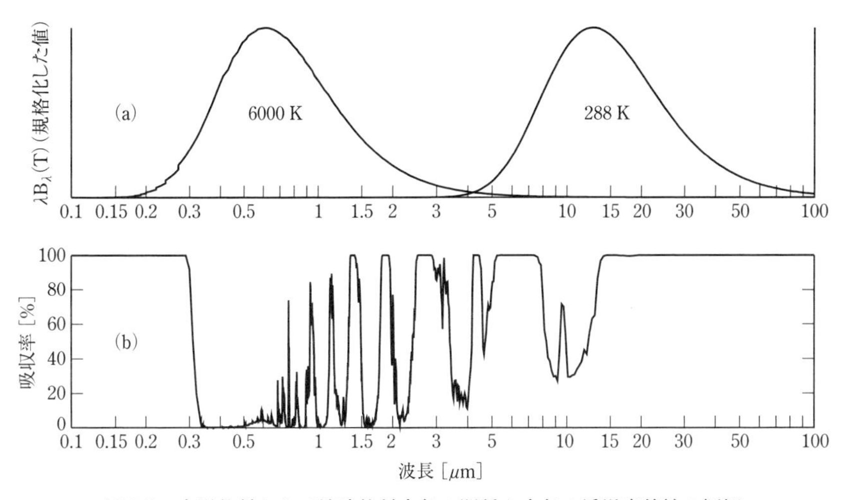

図 3.3　太陽放射および地球放射大気の関係と大気の透過率特性の概観
（a）太陽光球の近似的な温度（6000 K）と典型的な地球の温度 288 K に対応した黒体放射を規格化した曲線．（b）雲のない大気における低解像度の吸収スペクトル．

雲がないときは，可視画像により地表の特徴・植生の種類・海洋の色（生物生産に関係）や他の多くの変数の空間分布を知ることができる．

3.2.4　赤外域

赤外（IR）バンドの波長は約 0.7 μm から約 1000 μm（1 mm）にわたる．この広い波長範囲（3 桁にわたる）において，大気中での吸収と射出の特徴は大きく変化する．赤外放射は大気の下層と上層の間のエネルギーの交換を担うとともに，地球–大気系と宇宙空間との間のエネルギーの交換を担うという点においてもきわめて重要である．地球の気候の安定性は赤外バンドでの大気の吸収・射出特性に強く依存している．近年では，水蒸気，二酸化炭素，メタン，クロロフルオロカーボン（CFCs）といった赤外線を吸収する微量気体成分（“温室効果気体”）の人間活動に伴う増加に応答して気候が変化していると考えられている．

大気中の多くの重要な微量気体成分が，赤外バンドで顕著な（しばしば大変強い）吸収特性を示すことから，このバンドの詳細な観測による温度・水蒸気・多くの微量気体成分のリモートセンシングが行われている．その一方で，赤外バンドでの光子エネルギーはほとんどの分子種を壊変させる閾値よりもずっと低いことから，光化学反応において赤外バンドは重要ではない．

大気放射に関しては，赤外バンドを3つのサブバンドに分けて扱うことが多い．すなわち，近赤外バンド・熱赤外バンド・遠赤外バンドである．

近赤外バンドでの放射の主な起源が太陽であることから，近赤外バンドを可視バンドの続きと考えることもできる．これは $0.7\,\mu$m から $4\,\mu$m の波長範囲にわたっている．太陽出力の約半分はこのバンドにあるため，地球の大気上端に入射する太陽放射のすべては紫外・可視・近赤外バンドを加えたもので占められる．

しかし可視バンドの場合とは異なり，近赤外バンドの波長において大気は一様に透明ではなく，多くの特徴的な吸収構造をもっている．このため太陽からの近赤外バンドの放射の一部は大気により吸収される．ある波長，たとえば $1.3\,\mu$m 付近ではほぼ完全に吸収される．

$4\,\mu$m から $50\,\mu$m の間の波長域を熱赤外バンドと呼ぶ．文献によって熱赤外バンドの波長の上限値は異なり，短いものでは $15\,\mu$m としている．本書では，大気の放射伝達による顕著な熱エネルギーの交換が約 $50\,\mu$m まで起こることから，これを上限値とした．熱赤外バンドは，放射過程によるエネルギー交換の量が大きいことと，大気の吸収構造が極めて複雑であることから，“刺激に富んだ”バンドといえる．この熱赤外バンドについては以降の章で，もっと多くの事柄を説明する．

約 $50\,\mu$m から $1000\,\mu$m（1 mm）の間の波長域を遠赤外バンドと呼ぶ．このバンドにおける大気の放射伝達によるエネルギー輸送は，熱赤外バンド・近赤外バンド・可視バンドと比べて無視できるほど小さい．遠赤外バンドは，特に巻雲のリモートセンシングなど特殊な用途に使える可能性があるものの，それ以外には，このスペクトル領域は気象学的にはあまり重要ではない．

3.2.5　マイクロ波と電波帯

電磁スペクトルをより波長の長い（低周波数）の方向にみていくと，遠赤外バンドを離れて波長が約1 mm または周波数が300 GHz（GHz ＝ ギガヘルツ ＝ 10^9 Hz）のマイクロ波帯（microwave band）に入る．このマイクロ波帯の波長の上限値は10 cm 付近に取られる．これは周波数の下限値がおおよそ3 GHzであることに対応する．マイクロ波帯は2桁の範囲の周波数を含んでいる．さらに低い周波数は電波帯（radio band）となる．歴史的な理由により，マイクロ波帯と電波帯の放射を記述する際は，波長でなく周波数を用いることが一般的である．

観測技術的な見地からは，電波帯の放射の大きな特徴の1つとして，その周波数が低いため，標準的な電子部品と回路で構成された検出器により，電磁波をそのまま直接測定できることが挙げられる．それに対して，はるかに大きい周波数（はるかに短い波長）をもつ赤外や可視の放射では，電磁波を直接測定することはできない．測定できるのは，光学系により検出器まで導かれ，時間平均されたポインティングベクトル（光線のエネルギーのフラックス）だけである．そのため，位相など波としての特性を検出する場合は干渉計などの間接的な手法が必要となる．電波帯と可視帯の間の周波数領域にあたるマイクロ波帯の放射の検出には，専用のアンテナと超高周波電子回路が用いられる．

マイクロ波帯は，大気と地表面のリモートセンシングに有用で，近年その重要性が増している．第二次世界大戦時に初めて開発されたレーダーは，いまや極端気象のモニタリングと対流性雲システムの力学を調べるための気象学にとって主な手段となっている．マイクロ波帯のセンサーを搭載した人工衛星は1970年代中盤以降急増し，現在では研究用および運用上の面で気象衛星計画にとって大変重要な項目になっている．

マイクロ波帯では雲が比較的透明であるため（特に周波数が100 GHzより低い領域で），降雨時以外のすべての気象条件で，地表面および大気柱の特性を宇宙空間から観測することができる．

電波帯は，一部の定義ではマイクロ波帯も含んでいるが，周波数が0になるまでの長波側の全領域を指す．周波数が約3 GHzよりも低くなると，大気との相互作用がほとんどないため大気のリモートセンシングでは使い道が限られてしまう．また波長が長いため，扱いやすい大きさのアンテナでは指向性が低くなる（特に衛星上では）．

電波帯でのリモートセンシングの特筆すべき2つの例を述べておく．まず，1）約915 MHzの周波数の地上設置型ドップラーウインドプロファイラーによる乱流由来の大気密度および湿度の擾乱の観測であり，次に，2）雷放電により放射される低周波の“静電波”に敏感な雷検出システムである．これらの場合を除けば，気象学にとって電波の有用性は小さい．

3.3　太陽放射と地球放射

前節では電磁スペクトル全域を概観し，特にそれぞれの主要なバンドがどのように大気科学と関連しているかを述べた．特に重要な事柄は以下の2つである．

- 地球大気上端に入射する太陽放射のエネルギーのうち99%以上は，波長が0.1 μm から4 μm にわたる3つのバンドだけで占められる．紫外バンドは数%を占め，残りは可視バンドと近赤外バンドとでほぼ等分されている．これらの3つのバンドをまとめて**太陽放射**（**solar radiation**）あるいは**短波放射**（**shortwave radiation**）と呼ぶ．他のバンドにおける太陽放射もリモートセンシングのためにいくらかの使い道はあるものの（たとえばマイクロ波帯での海洋表面からの太陽反射），大気のエネルギー収支にとっては重要ではない．

- 地表と大気が放射するエネルギーのうち，99%以上は4～100 μm の熱赤外バンドにおいて射出される．しばしば，このバンドでの放射は**地球放射**（**terrestrial radiation**）あるいは**長波放射**（**longwave radiation**）と呼ばれる．他のバンド（主に遠赤外とマイクロ波のバンド）からの射出もリモートセンシングには有用であるが，大気のエネルギー収支にとっては無視できる．

波長4 μm 付近で太陽放射の大部分が含まれるバンドと，地球放射の大部分が含まれるバンドが明瞭に分かれていることは偶然であるが，興味深く，また放射過程の計算には大変都合がよい（図3.3）．4 μm 付近での狭い波長域では地球放射源と太陽放射源の両方を考慮することが必要であるが，ほとんどの波長域ではどちらか一方だけを考えればよい．太陽放射と地球放射の波長域がこのように分かれているのは，放射源の温度が大きく異なる（太陽が約 6000 K に対して，地球および大気は 250〜300 K）ことに起因する．この事柄の物理的な説明は第 5 章で述べる．

問題 3.1

以下の条件で，真空中での電磁波の周波数 ν を Hz で，波数 $\tilde{\nu}$ を cm^{-1} で，波長 λ を μm の単位で計算せよ．またその波長が属するスペクトルバンドはどれか．

a）$\lambda = 0.0015$ cm，b）$\nu = 37$ GHz，c）$\tilde{\nu} = 600\ cm^{-1}$，d）$\lambda = 300$ nm，
e）$\nu = 3 \times 10^{14}$ Hz，f）$\tilde{\nu} = 10000\ cm^{-1}$．

3.4　気象学・気候学・リモートセンシングへの応用

3.4.1　紫外放射とオゾン

オゾン層

2.6 節で簡単に触れたように，UV バンド放射の光子は大気分子の壊変を引き起こしうる．特に，酸素分子の光解離過程は，地球上のすべての生物にとって重要となっている．UV-C 放射は

$$O_2 + h\nu\,(\lambda < 0.2423\,\mu\mathrm{m}) \rightarrow O + O \tag{3.3}$$

の反応により酸素分子を解離する．酸素分子の気柱量［訳注：気柱量とは単位面積の円柱や角柱などの中に含まれるその分子の総量のこと］は大きいため，このメカニズムにより，0.24 μm よりも短波長の太陽放射のほぼすべてが対流圏に届く前に吸収される．

この反応によって生じた自由酸素原子は O_2 と結合し，

$$O_3 + O_2 + M \rightarrow O_3 + M \tag{3.4}$$

の反応によりオゾンが生成される．ここで M は，任意の第 3 の分子または原子である（上の反応により生じるエネルギーを運び去る働きがある）．

この反応でオゾンが生成することは我々にとって幸運なことである．そうでなければ，酸素分子だけでは吸収しきれない波長 0.24 〜 0.32 μm の UV-B 放射が地表面まで到達し，それが生命にとって脅威となるからである．オゾンは，電子遷移により 0.24 〜 0.31 μm の波長の光を強く吸収する．オゾン

は反応式（3.3）によって吸収されなかったUV-Bの大部分を大気中で“拭き取る”のである．0.32 μm よりも長波長の UV-A はオゾンには強く吸収されずに地表に到達するが，生命にとって有害ではない．

生命への影響の観点から重要なのは，大気中で完全には吸収されずに地表面まで到達する波長 0.31 ～ 0.32 μm の UV-B バンドの長波側の末端である．この非常に狭い波長帯の放射が日焼けの主な原因となる．近年，オゾン気柱量の減少が懸念されている．オゾン気柱量の減少はこの狭い UV-B の透過帯を広げることになるため，生命活動に悪影響を及ぼす可能性がある．

オゾン層は有害な UV 光を吸収すると同時に，別の面からも大気に重要な影響を及ぼす．オゾンにより吸収される太陽エネルギーはオゾンが存在しない場合に比べ，かなり高い温度にまで大気を加熱する．成層圏では高度が高くなるとともに温度が上昇し，成層圏界面で最大値となり，中間圏では再び温度が下がる理由は何であろうか？　オゾンの UV 放射の吸収による大気加熱がその要因である！

酸素原子のない大気，すなわちオゾンがない大気では温度構造はかなり単純になる．対流圏は非常に深くなり（一般的に高度が上がるにつれて温度は下がる），直接熱圏に遷移することになる．この結果，成層圏と中間圏は存在しないことになる．これは実際，ほとんど CO_2 からなる火星の大気についてあてはまる．地球では下部成層圏の温度構造が対流圏の対流および他の循環に対し非常に重要な“蓋”として作用する．対流圏界面の高度が現在の 5 ～ 15 km ではなく 50 km 付近になった場合，天気がどのように違ったものになるのか想像されたい．

光化学スモッグ

中層大気（成層圏と中間圏）において UV-C 放射と UV-B 放射を吸収する酸素とオゾンの役割について概説した．UV-C 放射は主に O_2 の光解離反応に伴い吸収され，その結果生成した O_3 により UV-B 放射が吸収される．そのため，対流圏まで到達するのは主に UV-A 放射ということになる．

UV-B や UV-C 放射に比べてエネルギーは低いものの，UV-A 放射は対流圏の化学反応で鍵となる役割を果たす．特に有機物分子（たとえば未燃の燃料の蒸気）と窒素酸化物（自動車エンジン内での高温で生成される）が関与するUV-A放射による光化学反応は，地表付近の大気中でオゾンを生成する．オゾンは成層圏中ではUVを遮蔽するため大変望ましいものであるが，地表付近の対流圏大気中では生命にとって深刻な汚染物質となる（オゾンは肺の内側などほとんどの有機物質を攻撃する強い酸化作用があるため）．このようにオゾンは光化学スモッグに含まれる主要な有害物質の1つである．

対流圏中でオゾンが生成する光化学過程について説明する．

1. 自動車のエンジン燃焼やその他の工業的な過程によって一次汚染物質が発生する．一次汚染物質とは，たとえば未燃の炭化水素（揮発性有機化合物（volatile organic compounds: VOCs）や窒素酸化物（一酸化窒素（NO）と二酸化窒素（NO_2）を合わせNO_xと呼ばれる）などである．NOはこの成分の反応過程で酸化され，NO_2の濃度はさらに上昇する．

2. NO_2がUV-A放射により以下のように光解離する．

$$NO_2 + h\nu\,(< 0.4\mu m) \rightarrow NO + O^* \tag{3.5}$$

ここでO^*は反応性の極めて高い自由酸素原子である．この酸素原子は，すぐさま普通の酸素分子と結びつき，二次汚染物質[2]の1つであるオゾンを生成する．

$$O_2 + O^* + M \rightarrow O_3 + M \tag{3.6}$$

となる．

3. オゾンと一酸化窒素との反応

$$O_3 + NO \rightarrow NO_2 + O_2 \tag{3.7}$$

で最初の状態に戻り，反応サイクルを形成する．このサイクルを図式的に表したものが図3.4である．サイクルにおける1つ1つの経路において正味でオゾンが増えるわけではないが，日中は連続的にUV-A放射の作用があるため，オゾンの生成と消失が継続し，オゾン濃度が定常的な状態になる．ここでは具体的な反応過程は説明しないが，光化学スモ

2）　一次排出物の光化学反応によって生成される他の主要な二次汚染物質としてペルオキシアセチルナイトレート（PAN）などがある．

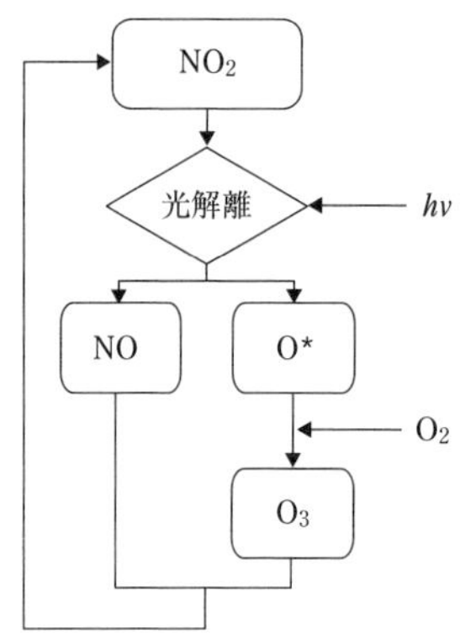

図 3.4　NO_2 の光解離と O_3 の生成

ッグにおける VOCs の 1 つの重要な作用は，NO から NO_2 を生成し，上記（図 3.4）サイクルにおける O_3 の定常状態の濃度を上昇させることである［訳注：図 3.4 の説明はオゾンが定常状態になる光化学反応に関するものである．正味オゾンが生成されるためには，NO が反応（3.7）ではなく HO_2 ラジカルなどとの反応で NO_2 に酸化されることが必要である．詳しくは『大気化学入門』（ジェイコブ，1999）を参照］．

アメリカ国内で最も代表的な光化学スモッグの発生地はロサンゼルス盆地である．そこでは，日射量が大きく・自動車数が多く・大気境界層が浅く・地表面付近の空気が山々によって取り囲まれ停滞するという，オゾンが高濃度になる条件がそろっているのである．

水酸化ラジカル

これまでは光化学過程の“良い面”（成層圏オゾンの生成）と“悪い面”（対流圏オゾンの生成）の例について見てきた．UV-A 放射と可視放射は，対流圏においてスモッグ以外の光化学反応も駆動しており，その生成物は必ずしも有害とは限らない．その中でも短寿命の水酸基（OH）ラジカルは有益である．OH ラジカルは，以下の 2 段階の反応

$$O_3 + h\nu\,(< 0.34\,\mu\mathrm{m}) \rightarrow O_2 + O^* \tag{3.8}$$

$$H_2O + O^* \rightarrow 2\,OH \tag{3.9}$$

で生成される．汚染されていない大気でも低濃度のオゾンが含まれるため，この反応は UV 放射と水蒸気があれば，どこでも起こりうる．OH ラジカル

が重要であるのは，その高い反応性により，窒素酸化物・一酸化炭素・メタン・広範な種類の揮発性有機物などを分解することである．このため，OH ラジカルは大気の“掃除屋”と呼ばれることがある．もし OH ラジカルが常に存在していなければ，大気は現在の状態に比べ大変汚れたものになるであろう．

OH ラジカルが分解できない大気汚染物質の数少ない例として，工業的に合成される CFCs が挙げられる．これらの分子は化学的に極めて安定なため，大気中で分解しないまま，1 年かそれ以上かけて対流圏から成層圏に運ばれる．成層圏で CFC 分子は強い UV-B と UV-C 放射に曝され分解する．都合の悪いことに，この分解により，オゾン分子を破壊する能力をもつ塩素原子 Cl が生じる．過去 30 年近くにわたり，CFCs が大気中に放出され続けたことで，成層圏オゾンの濃度は大きく減少した．成層圏オゾンの減少は，極域の春季に顕著に起きる．極域成層圏雲粒子と太陽光が関与した複雑な化学過程によりオゾン破壊が大きく加速されるからである．前述したように，オゾン層が遮っている UV-B 放射は生物にとって有害であり，オゾン層が薄くなることは非常に憂慮すべき事態である．幸い，CFCs の放出量を削減する取り組みが行われるようなったため，今後 30 年の間に，オゾン層は徐々に回復すると予測されている［訳注：成層圏オゾンの詳細は『大気化学入門』（ジェイコブ，1999）を参照されたい］．

第4章 均質な媒質中における反射と屈折

この章では，放射と物質の相互作用を定量的に考察する．前半では，電磁波が**均質な媒質**（homogeneous media）に入射し伝搬するときの挙動に注目する．

ここで均質とは，放射の波長と同程度のスケールで表面が滑らかで内部構造が一様なことを意味する．水・ガラス・空気・赤ワイン・メープルシロップ・液体の水銀・固体の金などはすべて，可視バンドより長波長のバンドの放射にとって均質とみなせる．たとえばガラスや水がもし均質でないなら透明ではなく濁って見えるだろう．実際，牛乳が白濁して見えるのは，可視光の波長よりも大きい粒子がその中に浮遊しているからである．

X 線やガンマ線の波長は物質を構成する原子の間隔と同程度か小さいため，物質の表面や内部はでこぼこ，すなわち**不均質**（inhomogeneous）に見える．同様に，電波やマイクロ波に対して，センチメートルあるいはメートルスケールの乱流渦によって大気が不均質に見える場合がある．一方で，直径約 10 μm の水滴の集合からなる雲はどうだろう．これは可視・赤外放射に対してはかなり不均質だが，雲粒の大きさよりもずっと長波長のマイクロ波放射に対しては均質な媒質のように振る舞う．

微視的にみると，放射と物質の相互作用は，物質が均質な媒質の場合でさえかなり複雑で，媒質中の無数の原子・分子により散乱される電磁波の強め合いと弱め合いや，他の形式のエネルギー（熱など）への変換も考慮する必要がある．しかし巨視的スケールでは，この複雑な微視的過程の総合結果を，複素屈折率 $N = n_r + i\,n_i$ というただ1つの複素数パラメータの中に押し込めることができる．第2章でも述べたように，実部 n_r は媒体中を伝搬する電磁波の位相速度を表すのに対し，虚部 n_i は伝搬に伴う振幅の減衰率を表す．複素屈折率は媒質だけでなく放射の周波数にも依存する．

媒質中の放射の位相速度は非常に大きいため，最も密度の高い媒質中でさえ，特別な機器を用いないと測ることができない．しかし，空気と水などの媒質の境界での急激な位相速度の変化が**反射**（**reflection**）や**屈折**（**refraction**）の原因となっているのである．

すべての媒質について，複素屈折率 N は媒質を構成する物質だけでなく放射の周波数（波長）にも依存する．虹が生じるのは，雨滴の n_r の値が可視バンドの中で波長に依存するためである．また，ワインが赤く見えるのは，n_i が可視バンドの中で波長に依存するためである．

すべての物質に対して n_r と n_i は互いに独立に変化するのではなく，クラマース–クローニッヒ（Kramers-Kronig）の公式によって関係づけられていることも指摘しておく．これらの具体的な関係式およびその物理学的な解釈は本書の範疇を超える．この関係式から，もしすべての周波数域で n_i がわかっていれば，任意の周波数における n_r を計算することができる（またその逆も可能）ということだけを述べておく．詳細については，BH83 の第2章を参照されたい．

4.1　複素屈折率 N の意味

4.1.1　実部

第2章で述べたように，非吸収性の媒質においては屈折率の虚部は $n_i = 0$ で $N = n_r$ となる．ここで n_r は実数で，媒質中の位相速度 c' は

$$\boxed{c' = \frac{c}{n_r}} \tag{4.1}$$

で与えられる．c は真空中での光速である．すべての物質について $n_r > 1$ であるため，真空中の光速に比べ，媒質中での光の位相速度は遅い．

水と氷の n_r の値は，波長の関数として図4.1の上段に示してある．可視バンド（$0.4 < \lambda < 0.7\,\mu$m）において，水の n_r 値は約1.33であり，より短波長側（青や紫）では長波長側（赤やオレンジ）に比べほんのわずか大きな値となる．

標準の温度・圧力での空気を媒質とすると，可視バンドで $n_r \approx 1.003$ で1にかなり近いので空気と真空との差は無視できることが多い．しかし，その

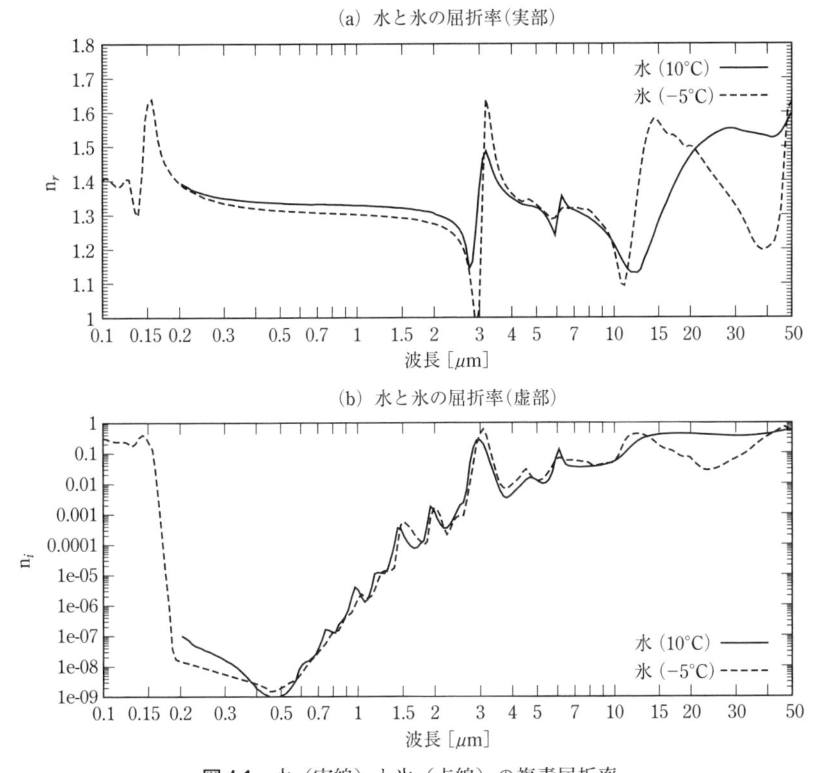

図 4.1 水（実線）と氷（点線）の複素屈折率
(a) 媒質の反射と屈折の特性に大きく影響する実部. (b) 媒質中での吸収を決める虚部.

わずかな違いが重要になることもある. たとえば, 大気の局所的な密度変化に伴い n_r が局所的に変化するために, 蜃気楼が現れたり星が瞬いて見えるのである.

4.1.2 虚部

屈折率の虚部 n_i がゼロでない場合, 電磁波が媒体中を通過する際に吸収が起きる. 実際, n_i は**吸収指数** (**absorption index**) と呼ばれることもある. 水と氷の n_i の値を波長の関数として図 4.1 の下段に示した. 両物質の n_i 値は可視バンドでは極めて小さいが, 紫外または赤外バンドでは急激に増加するということに留意されたい.

2.5節では単位距離当たりのエネルギーの減衰率が**吸収係数**（absorption coefficient）β_a（距離の逆数の次元）で与えられ，n_i とは

$$\beta_a = \frac{4\pi n_i}{\lambda} \tag{4.2}$$

の関係にあることを示した．ここで λ は真空中での波長である．既に述べたように，媒質中を x 方向に伝搬し，位置 $x=0$ で初期値が I_0 の放射輝度は

$$\boxed{I(x) = I_0 e^{-\beta_a x}} \tag{4.3}$$

で表される．この関係から，距離の関数としての媒質の**透過率**（transmittance）t

$$\boxed{t(x) \equiv \frac{I(x)}{I_0} = e^{-\beta_a x}} \tag{4.4}$$

が定義される．これは放射輝度が距離 x 進む間に吸収されずに残る割合を表す．透過しない分は吸収され，熱など他の形のエネルギーに変換される．

上の式はビーアの法則[1]（Beer's law）と呼ばれる重要なもので，単色光の放射輝度は一様な媒質を通過する間に指数関数的に減少し，その減少率は吸収係数 β_a で決まることを表している．

n_i の値が非常に小さくても，厚みがあれば強い吸収が起きることに注意しよう．たとえば1 mm厚の板状媒質が波長0.5 μm の光を1% しか透過しない場合，式（4.2）と（4.3）から $n_i = 1.8 \times 10^{-4}$ と計算される．

また**透過深度**（penetration depth）という量も定義することができ，これは $t(x) = e^{-1} \approx 37$ となるときの x の値である．これは吸収係数の逆数であり

$$D \equiv \frac{1}{\beta_a} = \frac{\lambda}{4\pi n_i} \tag{4.5}$$

と書ける．図4.1での n_i 値を式（4.5）に代入して求めた水と氷の透過深度

1）　ビーアの法則はこれと物理的に等価な関係を導いた他の科学者に敬意を払い，ビーア-ブーゲー-ランバートの法則（Beer-Bouguer-Lambert law）と呼ぶこともある．本書では公正さよりも利便性を優先し，ビーアの法則という伝統的な短い表現を用いる．他書ではこの厄介な名称問題を避け，減光則（extinction law）と呼ぶこともある．

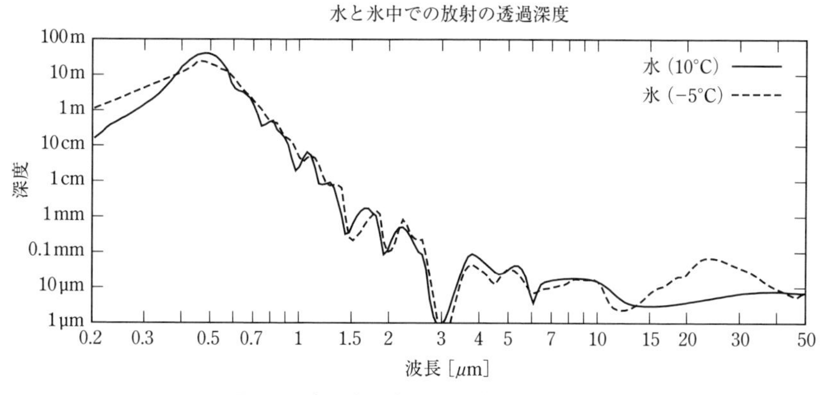

図 4.2　水と氷の中での放射の透過深度

D を図 4.2 に波長の関数として示した．可視バンドでは D の値は数十 m であるのに対し，熱赤外バンドでは数 mm もしくは数 μm にまで急減する！

問題 4.1

2 つの板として重なる物質を通る放射の全透過率はそれぞれの透過率 t_1, t_2 の積に等しいことを示せ．ただし反射は無視せよ．

4.1.3　比誘電率[†]

ある特定の波長において，媒質中における放射の伝搬速度や吸収率の特性を表すために複素屈折率 N ではなく**比誘電率**（**dielectric constant**）ϵ（**relative permittivity** とも呼ばれる）を用いた方が便利なことがある．N とこの新しい複素数パラメータ ϵ の関係は単純で，非磁性体（$\mu = \mu_0$）では

$$\epsilon = \frac{\varepsilon}{\varepsilon_0} = N^2 \tag{4.6}$$

である．物質の誘電率 ε と真空の誘電率 ε_0 は式（2.36）に関係して既に触れた．比誘電率は dielectric "constant（定数）" と呼ばれるにもかかわらず，実際には周波数，および温度・圧力（依存性は小さいが）などの関数であることに留意されたい．

実部と虚部に関して展開すれば

$$\epsilon = (n_r + n_i i)^2 = n_r^2 + 2n_i n_r i - n_i^2 \tag{4.7}$$

なので，実部と虚部を明示した N と ϵ の間の関係式は，

$$\epsilon' = \mathrm{Re}\{\epsilon\} = n_r^2 - n_i^2, \qquad \epsilon'' = \mathrm{Im}\{\epsilon\} = 2 n_r n_i \tag{4.8}$$

あるいは

$$n_r = \sqrt{\frac{\sqrt{\epsilon'^2 + \epsilon''^2} + \epsilon'}{2}} \tag{4.9}$$

$$n_i = \sqrt{\frac{\sqrt{\epsilon'^2 + \epsilon''^2} - \epsilon'}{2}} \tag{4.10}$$

と表される．もし複素数を演算できるプログラミング環境があれば，上式を考える必要はもちろんない．単純に $N = \sqrt{\varepsilon}$ または $\epsilon = N^2$ として計算できる．

ここで比誘電率を導入したのは，電磁気学のある種の計算では，屈折率を用いるよりも便利だからである．次項の主題はその一例である．

4.1.4　不均質な混合物の光学的性質[†]

本章ではいままで，放射の波長程度の空間スケールで完全に均質とみなせるような媒質を仮定してきた．しかし異なった物質が不均質に混合した物質についても，不純物の構成粒子が波長よりも十分小さければ，本項で導入する混合物の複素比誘電率を使うと，本章のこれまでの関係式はそのまま適用できる．

たとえば積雪層は氷晶の凝集体（大きさは約 1 mm）からなっている．この積雪に降り注ぐ太陽光の波長は短いため雪の微小構造の影響を受ける．目を凝らせば，肉眼によっても各々の氷の結晶を識別することができる．しかしマイクロ波など 10 cm 以上の波長をもつ放射がこの積雪に入射した場合，雪の各々の粒子の不均質さにその伝搬はほとんど影響されない．これは砂浜で砕ける波が，砂浜がきわめて不均質な砂の粒子からなるとは“感じない”のと似ている．よってマイクロ波帯では，積雪層は均質な媒質として振る舞うため，均質な媒質についての考え方や関係式をそのまま適用できる．同様に，落下する雪片のような複雑な構造体も，レーダーの後方散乱を計算する際は等価な均質粒子とみなすこともある．

混合物の**実効的な屈折率**（**effective index of refraction**）または比誘電率を表現するため，いくつかの公式が理論的に導出されている．どの関係式が適

切であるかは，各成分の混ざり方をどのように仮定するかによる．2成分の混合物では，一方の成分は**基質**（matrix），もう一方の成分を基質中に埋め込まれた**包有物**（inclusion）とみなせる場合がある．たとえば，雲は空気という基質中に埋め込まれた水の含有物（水滴）とみなすことができ，その反対に，荒天時の海面表層は海水という基質と空気の粒（小さな泡）という包有物から構成されるとみなせる．積雪層の場合では，空気も氷も孤立した塊として存在しないため氷が基質か含有物のどちらであるかは決めにくい．

不均質な混合物の実効的な比誘電率を計算するためによく使われる公式の1つとして，マクスウェル・ガーネット（Maxwell Garnett）の式

$$\epsilon_{\mathrm{av}} = \epsilon_m \left[1 + \frac{3f\left(\dfrac{\epsilon - \epsilon_m}{\epsilon + 2\epsilon_m}\right)}{1 - f\left(\dfrac{\epsilon - \epsilon_m}{\epsilon + 2\epsilon_m}\right)} \right] \tag{4.11}$$

がある．ここで ϵ_m と ϵ はそれぞれ基質と包有物の比誘電率であり，f は包有物が占める体積割合である．

他のよく用いられる公式はブラッグマン（Bruggeman）の式

$$f_1 \frac{\epsilon_1 - \epsilon_{\mathrm{av}}}{\epsilon_1 + 2\epsilon_{\mathrm{av}}} + (1 - f_1) \frac{\epsilon_2 - \epsilon_{\mathrm{av}}}{\epsilon_2 + 2\epsilon_{\mathrm{av}}} = 0 \tag{4.12}$$

である．ここで ϵ_1 と ϵ_2 は2つの成分の比誘電率で，f_1 は第1成分の占める体積割合である．この式では2つの成分は対称に扱われ基質と包有物が区別されないことに注意されたい．

上記の公式を3成分以上よりなる混合物に拡張することは容易である．これはたとえば，空気・氷・液体の水の混合物とみなせる融解した雪片によるレーダーの後方散乱を扱う場合などに有用である．マクスウェル・ガーネットの式の場合は，まず2成分の ϵ_{av} を計算する（一方を基質，もう一方を包有物とみなし）．次に，その結果を第3の成分と組み合わせる（式（4.11）を再び用いて）．ただし，3つの成分を合わせるには全部で12通りの独立の方法があり，それぞれの方法で ϵ_{av} の値が異なるという問題がある！　基質と包有物を区別しないブラッグマンの公式を用いても，どの成分を先に計算するかによって若干異なった結果になる．

一般的にブラッグマンの式からは，マクスウェル・ガーネットのさまざま

な組み合わせのうちの両極端値の間に入る値が得られる．しかし，多くの組み合わせの中でどれが“最適”かは，ほとんどの場合自明ではない．

結局，不均質な混合物の実効比誘電率を求めるいずれの公式も，その理論的導出で課された仮定が，実際の混合物ではあてはまらない可能性がある．したがって個別の応用対象について，できるかぎり計算値と実測値を比較することで公式の近似の良さを検証すべきなのである．

4.2　屈折と反射

電磁波が屈折率の異なる2媒質間の平面境界に入射すると，波のエネルギーの一部は反射され，残りは境界を透過して2番目の媒質を伝搬する（図4.3，図4.4）．透過後に媒質2を伝搬する進行方向は媒質1における元々の進行方向とは一般に異なる．これは屈折と呼ばれる現象である．他の多くの教科書にあるように，2つの媒質の境界における反射と屈折の関係式はマクスウェル方程式に適切な境界条件（電磁場の連続性）を課すことでただちに導出できる．本書ではその導出は再掲せず，鍵となる結果のみを述べる．

4.2.1　反射角

ある放射輝度の電磁波が2つの異なる媒質の平面境界に入射する状況を考える．境界面に垂直な単位ベクトルを $\hat{\mathbf{n}}$，入射光線の方向を $\hat{\mathbf{\Omega}}_i$ とすると，反射光線の方向 $\hat{\mathbf{\Omega}}_r$ は $\hat{\mathbf{n}}$ および $\hat{\mathbf{\Omega}}_i$ と同一平面上にあり，かつ境界面に対して $\hat{\mathbf{\Omega}}_i$ と逆向きである．また $\hat{\mathbf{\Omega}}_r$ と $\hat{\mathbf{n}}$ のなす角 Θ_r は $\hat{\mathbf{n}}$ と $\hat{\mathbf{\Omega}}_i$ のなす角 Θ_i に等しい．

滑らかな表面では，光線（放射輝度）はあたかも床に投げられた理想的な弾性球のように反射される．反射面に垂直な運動の成分は突然逆向きとなるが，表面に平行な成分は不変である．この規則に従う反射のことを**鏡面反射（正反射：specular reflection）**という．反射が鏡面反射となる条件は，境界面の凹凸が入射光の波長と比べてはるかに小さいことである．可視バンドの放射については，たとえば，よく研磨されたガラスや金属の表面・液体の表面などでこの条件があてはまる．

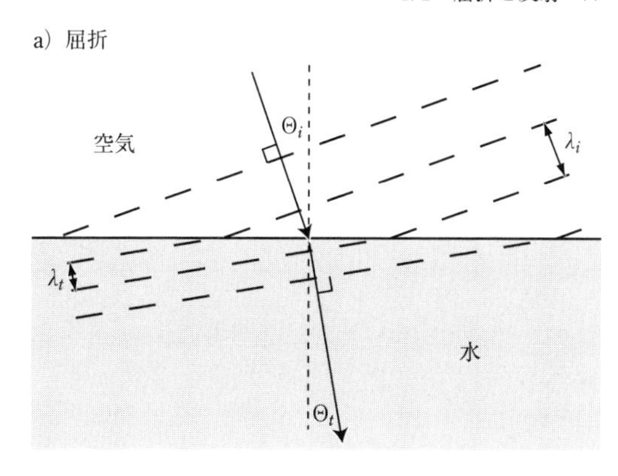

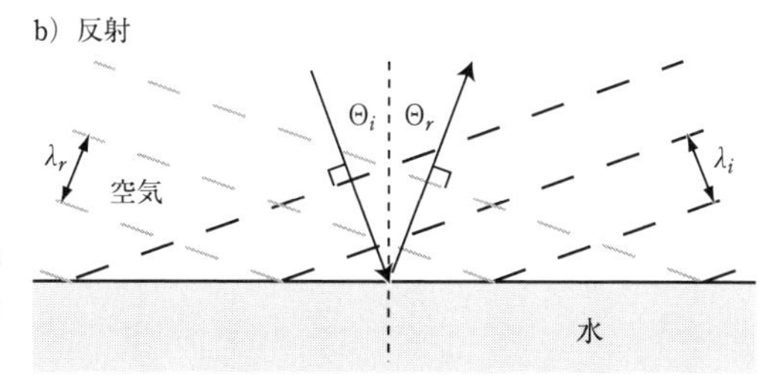

図 4.3 空気-水の境界における平面波の (a) 屈折と (b) 反射の幾何学

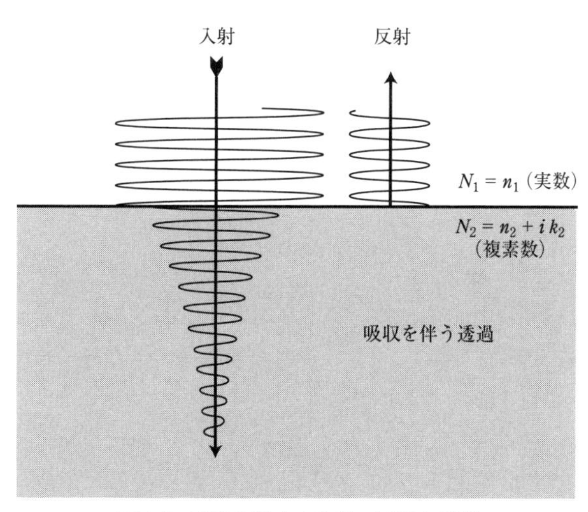

図 4.4 垂直入射する放射の反射と透過

4.2.2　屈折角

滑らかな面に入射する光線は，一般的にはすべてが反射されるわけではなく，一部は屈折を伴い透過する．一般に透過光線の方向はスネル（Snell）の法則

$$\boxed{\frac{\sin\Theta_t}{N_1}=\frac{\sin\Theta_i}{N_2}} \tag{4.13}$$

に従う．ここで N_1 と N_2 はそれぞれ1番目と2番目の媒質の屈折率を表し，Θ_t は $\hat{\mathbf{n}}$ と透過光線 $\hat{\mathbf{\Omega}}_t$ とのなす角度を表す．N_1 または N_2（あるいはその両方）が複素数のこともある．両媒質の屈折率がともに実数である（吸収がない）ときには，スネルの法則はそのまま幾何学的に解釈できる．

場合1：$\Theta_i=\Theta_t=0$．光線が表面に垂直に入射する場合，2番目の媒質に進む際に方向の変化はない．

場合2：$\Theta_i>0$；$N_2>N_1$．屈折率がより大きい媒質へ光線が斜め入射すると，垂線に近づく方向に曲がる．つまり $\Theta_t<\Theta_i$ となる．たとえば，池の表面や雨滴の外面などの滑らかな水面に太陽光線が当たる場合にあてはまる．

場合3：$\Theta_i>0$；$N_2<N_1$．屈折率がより小さい媒質へ光線が斜め入射すると，垂線から離れる方向に曲がる．つまり $\Theta_t>\Theta_i$ となる．たとえば，雨滴の内部を伝搬する太陽光線が雨滴内から空気中へ出ていくときにあてはまる［訳注：4.3節で詳しく説明される］．

場合3には入射角が**臨界角（critical angle）**Θ_0 を超えるような特別で重要な場合

$$\Theta_i>\Theta_0 \tag{4.14}$$

が含まれる．$N_2<N_1$ とした場合，臨界角は

$$\Theta_0\equiv\arcsin\left(\frac{N_2}{N_1}\right) \tag{4.15}$$

で定義される．しかしこのとき，式（4.13）に従えば $\sin\Theta_t>1$ となり，これは数学的に不可能である．このパラドックスは，臨界角を超える入射角をもつ光線は，境界を透過せずに**全反射（total reflection）**すると解釈すれば解決される．

全反射は，光線は逆進してもその経路は変わらないという法則を実感するのに好適な現象である．臨界角 Θ_0 はより屈折率の大きい媒質中で全反射が

起こるための入射角の大きさの閾値である．これと逆進する光線を考えた場合，臨界角 Θ_0 は，光線が最大限可能な角度（$\Theta_i = 90°$）で屈折率のより大きい媒質に入射するときの，Θ_t の最大値であるともいえる．

可視バンドでは水に対して $N_1 \approx 1.33$ で，空気に対しては $N_2 \approx 1$ である．よって水中では $\Theta_0 \approx 49°$ となる．

問題 4.2

N を実数としたとき，2 つの媒体の平面境界の両側で波面の交線が一致するという条件を課すと，スネルの法則（4.13）が幾何学的に導出できることを示せ（図 4.3 を参照）．

4.2.3 反射率

ここまで，2 媒質の平面境界に入射する電磁波の振る舞いに関する最も基本的な 3 つの事項を述べた．1）鏡面反射（$\Theta_i = \Theta_r$），2）屈折（スネルの法則），および 3）全反射である．ここではもう少し複雑な問題を考える．光線が境界面に対して角度 $\Theta_i < \Theta_0$ で入射するとき，入射光線のエネルギーに対して，反射光線のエネルギーはどれだけか？

この問題の答えは，境界面における平面波の電場と磁場の連続性を課すことで導かれる．ここではその導出はせず，計算結果である**反射率**（**reflectivity**）R_p と R_s についての**フレネルの関係式**（**Fresnel relations**）

$$\boxed{R_p = \left| \frac{\cos\Theta_t - m\cos\Theta_i}{\cos\Theta_t + m\cos\Theta_i} \right|^2} \tag{4.16}$$

$$\boxed{R_s = \left| \frac{\cos\Theta_i - m\cos\Theta_t}{\cos\Theta_i + m\cos\Theta_t} \right|^2} \tag{4.17}$$

を示すにとどめる．ここでスネルの法則を変形した関係式

$$\cos\Theta_t = \sqrt{1 - \left(\frac{\sin\Theta_i}{m}\right)^2} \tag{4.18}$$

を用いるとフレネルの関係式から屈折角 Θ_t を消去できる．ここで媒質 1 に対する媒質 2 の相対屈折率 m を

$$\boxed{m = \frac{N_2}{N_1}} \tag{4.19}$$

と定義した．フレネルの関係式による反射率は，滑らかな境界において，局所的な入射角 Θ_i と相対屈折率 m が与えられたとき，入射光のエネルギーのうち，反射されるエネルギーの割合を表す．

しかし，なぜ反射率に2つの定義があるのだろうか？　これは入射光線の電磁波の偏光が重要となる例の1つだからである．R_p は電場の振動面が入射面に平行な偏光成分についての反射率であるのに対し，R_s は電場の振動面が入射面に垂直な偏光成分についての反射率である．どのような電磁波も，入射面に対して平行な偏光成分と垂直な偏光成分に分解できるので，全反射率は，入射光の偏光状態に応じて R_p と R_s を適切に荷重平均することで求められる．たとえば，入射光が非偏光である場合，平行および垂直な偏光成分が同じだけ含まれるので，全反射率は

$$\boxed{R = \frac{1}{2}(R_s + R_p)} \tag{4.20}$$

で与えられる．しかし，一般的に，反射光はもはや非偏光ではないことに注意されたい．したがって，入射光が非偏光でも，複数回反射を繰り返した出力光線のエネルギーを求めるときは，一般に，偏光の影響を正しく考慮する必要がある．

$\Theta_i = 0$ となるような特別な場合には，式（4.16）と式（4.17）の2つの式は**垂直入射に対する反射率**（**reflectivity at normal incidence**）を表す単一の式

$$\boxed{R_{\mathrm{normal}} = \left| \frac{m-1}{m+1} \right|^2} \tag{4.21}$$

となる．垂直入射においては，2種類の偏光に関して境界面から見た違いはないため1つの式に帰着されるのである．

大気科学への応用では，滑らかな反射面は水平面であることが多く，最も通常的な例として海面や湖面が挙げられる．この場合，入射面に平行な偏光のことを**垂直偏光**（**vertical polarization**）といい，入射面に直交する偏光のことを**水平偏光**（**horizontal polarization**）という．垂直，水平それぞれの偏光

成分に対応する反射率をそれぞれ R_v および R_h と書く．この用語は，R_v と R_h の大きな差が実際上重要となるマイクロ波リモートセンシングの分野でよく用いられる．図 4.5（a）に，水に対する入射角の関数としての R_v と R_h（可視バンドにおける）の例を示した．フレネルの関係式が記述する反射率について，特に次の性質が注目される．

- ほぼ垂直に入射する光（$\Theta_i \approx 0$）の反射率はかなり小さい（2%）が（図 4.6），水平面をかすめる入射角度（$\Theta_i \to 90°$）では 100% にまで急激に上昇する．たとえば水面は，真昼には太陽光を反射しにくいが日没時にはよく反射する．

- 水平面をかすめる入射，および垂直入射を除けば，垂直偏光の反射率は水平偏光の反射率に比べてかなり小さい．この性質を利用し，強く水平偏光した水面からの反射光を遮蔽し，垂直偏光した光は透過する機能をもつ偏光サングラスが考案された．

- 反射光について垂直偏光した成分が消え水平偏光した成分のみが残るような入射角，**ブリュスター角（Brewster angle）**Θ_B が存在する．式 (4.16) において分子をゼロとして，これを $\sin\Theta_i$ について解くと，

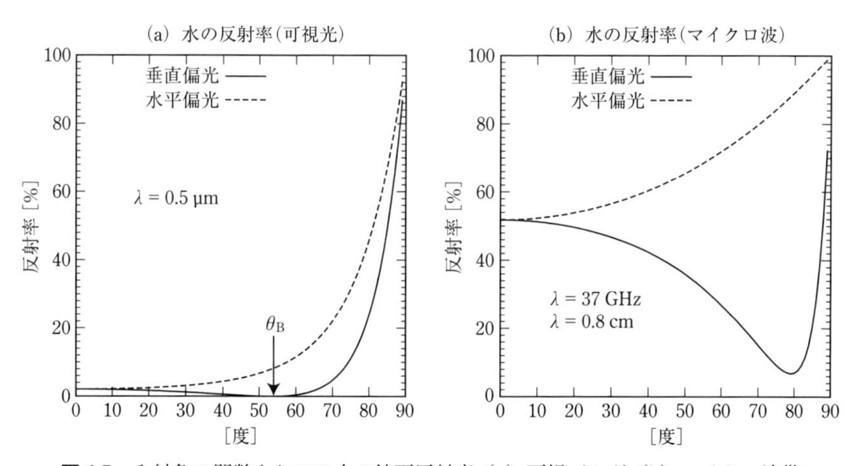

図 4.5 入射角の関数としての水の鏡面反射率（a）可視バンド（b）マイクロ波帯

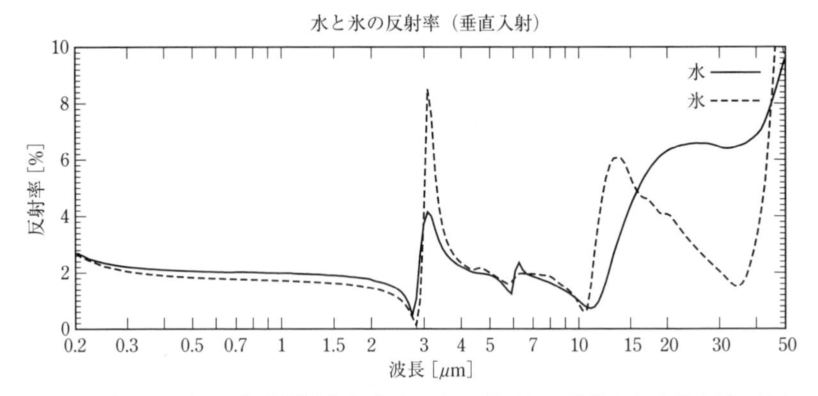

図 4.6　図 4.1 で示した複素屈折率を式（4.21）に適用して計算した垂直入射に対する水と氷の反射率（空気中での）

$$\boxed{\Theta_B = \arcsin\sqrt{\frac{m^2}{m^2+1}}} \tag{4.22}$$

を得る．可視バンドで媒質が水の場合は $\Theta_B = 53°$ である．

上で述べた反射の性質は，ほとんどの非導電性物質（n_i がゼロあるいは極めて小さい）にあてはまる．m の実部が大きいと，反射率は全体として大きく，Brewster 角 Θ_B は大きく，内部反射が全反射となる臨界角 Θ_0 は小さくなる．$N = 2.42$ と屈折率が異常に大きいダイヤモンドが魅惑的に輝いて見えるのは，このような光の反射特性に起因するのである．

問題 4. 3

（a）$N = 1.5$ であるガラスおよび，（b）$N = 2.42$ であるダイヤモンドについて，垂直入射光に対する反射率および内部反射が全反射となる臨界角 Θ_0 を求めよ．これらの物質について，周りの媒体は $N \approx 1.0$ の空気であると仮定せよ．また得られた結果を水での値と比較せよ．

導電性の物質（たとえば，金属・マイクロ波領域における液体の水など）は，m の虚部がゼロよりもかなり大きいため反射率が高い傾向がある（図

4.5（b））．しかし，垂直偏光に関する反射率はある角度 Θ_B で最小になるものの，その値はゼロにはならない．このような場合，式（4.22）を用いてその Θ_B を求めることはできない．

4.3　気象学・気候学・リモートセンシングへの応用

4.3.1　虹とハロ

幾何光学

これまで，平面上の屈折率境界に入射する光線の反射や屈折の法則を取り扱ってきた．これらの法則は，平面境界に限らず曲率半径が放射の波長よりもはるかに大きいすべての境界に対して適用できる．この場合 Θ_i，Θ_t，Θ_r，Θ_0 などは光線が境界面と交わる点での局所的な垂線から測った角度である．反射の法則の適用対象をこのように一般化すると，大気中のさまざまな固体・液体の水粒子（hydrometeors）の散乱および吸収特性を**光線追跡（ray tracing）**法，あるいは**幾何光学（geometric optics）**と呼ばれる直接的な手法で解析することができる．

残念ながら，大気中の多くの粒子のサイズは，大気放射の波長に比べて大きいとは限らず，波長に比べて同程度か小さい場合もある．これは，可視および赤外バンドにおける大気分子・エアロゾル・雲粒，またマイクロ波領域における雨滴についてあてはまる．このような場合は，粒子による散乱や吸収の特性を求めるために幾何光学は適用できず，波動方程式の解（数学的にはより高度な）を求めなくてはならない．このような手法とその解釈は第12章で概説する．

しかし，粒子サイズが波長よりもはるかに大きい場合（かつ興味深い）も数多くある．たとえば大きな氷雲粒子（$> 50\,\mu$m）や雨滴（$100\,\mu\mathrm{m} < r < 3\,\mathrm{mm}$）による太陽可視光（$\lambda < 0.7\,\mu$m）の散乱はこのような場合である．実際に虹，ハロ（halo：暈（かさ）），幻日（偽日）（parhelia, sundog）といったよく見られる光学現象は，光線が粒子表面に到達する際にどのように反射および屈折するかを幾何光学的に考えるだけで説明できる．

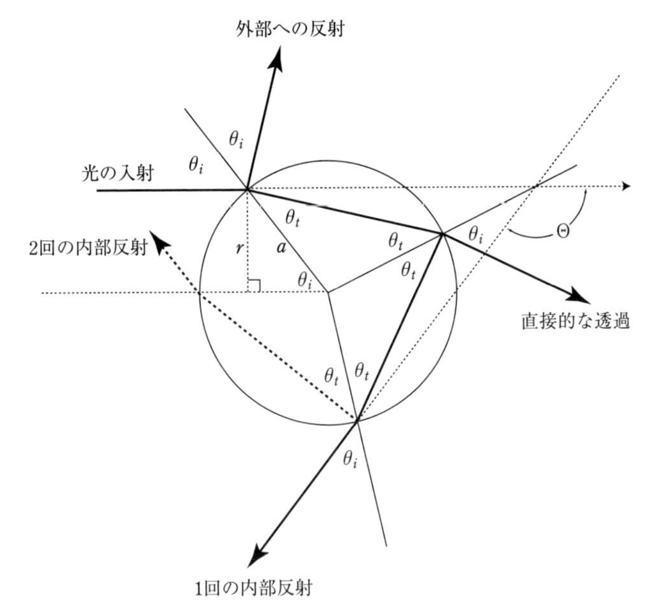

図 4.7　半径 a の球形の水滴に対して，水滴の中心を通る直線に平行に（距離 r で）入射する光線に対応する光線追跡法の幾何学
θ_i と θ_t はそれぞれ局所的な垂線に対する入射角と透過角であり，互いにスネルの法則で関係づけられる．Θ は1回の内部反射をする光線の元の方向に対する散乱角である．

虹

落下する雨滴のうち大多数の小さなものは球形とみなせる．球形の水滴が一方向から単色波で照らされる状況を考える（図 4.7）．ここで，入射光線と水滴の中心軸との距離を r，水滴の半径を a とおくと，入射光線の経路は $x \equiv r/a$ のみに依存する．ここで $x = 0$ は“ど真ん中”に入射する光線に対応し，$x = 1$ は縁をかすめる光線に対応する．

ここで，ある1本の入射光線が水滴と交差した後の経路をたどってみることにする．

1. 入射光線が水滴表面に初めて到達するとき，その一部は反射される．もし入射光が非偏光ならばその反射率は局所的な入射角 θ_{i} に対してフレネルの関係式（4.16）と（4.17）を用いて計算した値の平均である．

図 4.5 から，この反射率の典型的な値は数 % 程度であることがわかる（光線が球の縁をかすめる角度で入射する場合を除き）.

2. 入射光のうち反射されなかった部分は，透過光線として水滴中を伝搬し，局所的な垂線に対して角度 θ_t で屈折する（スネルの法則に従い）.

3. 上記の透過光線は水滴の後方に達し，そのごく一部（数 %）は再びフレネルの関係式に従って内部反射され，残りは局所的垂線に対して角度 θ_i で再び水滴の外に出ていく.

4. 内部反射されたものは，再び内側から水滴表面に達する．前と同様に，一部は内部反射され（2 回目），残りは外部に透過していく．ここで水滴の外部に出ていく光線が，**主虹（primary rainbow）**を生成する.

5. 内部反射された光線に対して上記の過程が繰り返される．しかし 2 回の内部反射の後に，入射光線の元々のエネルギーのうち残っているものの割合はわずかである．2 回の内部反射の後に水滴の外に出ていく光線が，**副虹（secondary rainbow）**を生成する.

上述のように，主虹は水滴内で 1 回内部反射を経験してから外に出ていく光線により生じるが，その光線経路の入射位置 x への依存性について詳しく見てみる．図 4.8 は，1 回内部反射される光線が取りうる経路の束を示している．水滴の中心（$x = 0$）に到達する入射光は水滴の後面で正確に後方に反射される．この光線の散乱方向は 180° である．中心軸から少しずれて水滴に到達する光線はわずかに屈折されたのち，後面で垂直から少しずれた角度で反射される．最終的には 180° に等しくはないものの，それに近い角度で水滴の外に出ていく.

図 4.8（b）の右端にある $\Theta = 180°$ のところからみていくと，各光線は x の増加に対して最初はほぼ一定の率で Θ が減少することがわかる．外に出ていく各光線の相対的強度（縦軸で示される）は，特定の経路をたどる光線のエネルギーの“残存”率をフレネル関係式から求めたものである．特定の

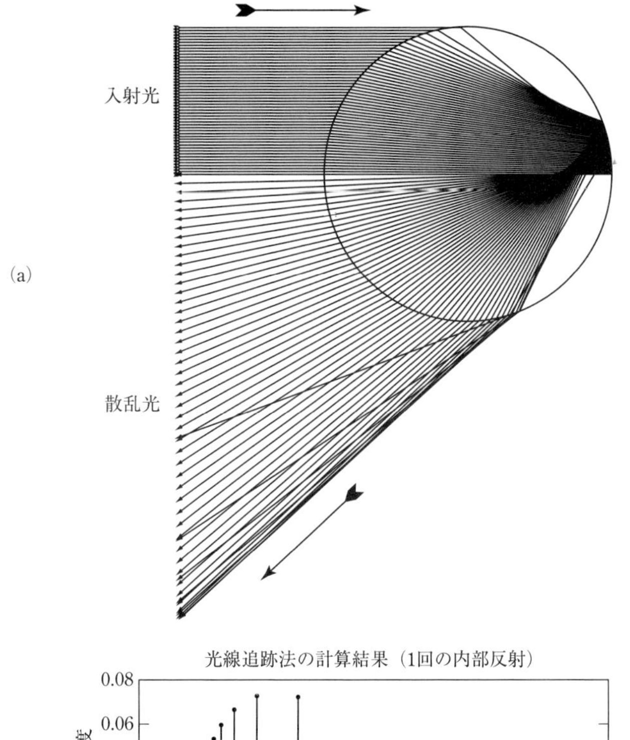

図 4.8　球形の水滴に光線追跡法を適用した模式図

（a）一様な入射光を仮定したとき，内部反射を1回経験する光線を追跡した図．（b）散乱光線の角度および相対的強度．

Θ 方向に出射する放射輝度は，個々の出射光線の相対強度と，Θ の一定増分区間内（$\Delta\Theta$ の範囲内）に存在する光線本数との積に比例する．

入射位置 x がゼロから増加していくにつれ，Θ は最初は次第に減少するものの，ある段階で最小に達し（これを Θ_0 とする），再び増加に転ずる．可視域で約1.33の屈折率をもつ水では $\Theta_0 \approx 137°$ となる．

この反転はゆっくり起きるため，かなり広いx範囲にわたる光線群の出射方向がΘ_0近くに集中する．この狭いΘ範囲にエネルギーが“集まる”ため，Θ_0方向に出射する光の放射輝度が相対的に強くなり，虹と呼ばれる明るい輪が生じるのである．もちろん虹は，にわか雨が一方向からの明るい光源（太陽光）により照らされるときのみ生じる．

Θ_0値は屈折率に依存しており（雨粒の大きさでなく），n_rが大きいほどΘ_0は大きくなる．虹の特徴は色がきれいに分解されることであるが，これは水のn_rが，赤色波長から紫色波長になるにつれて単調に増加するためである．

前述したように，はるかに弱い副虹も同様な過程により生じる（2回の内部反射により生じる）．副虹の散乱角は約130°で，副虹は主虹の7°外側に見える．

ハロおよび関連した光学的現象

薄い巻層雲の層に伴って太陽の周りに明るい輪が現れる**ハロ**と呼ばれる現象や，太陽高度が比較的低いとき（通常は巻雲に伴い）明るい虹色の領域が太陽のいずれかの側に見える**幻日**と呼ばれる現象も，虹と同様，光線追跡法により説明できる．ハロあるいは幻日のどちらにおいても，その方向と太陽方向のなす角度は通常22°である．六角晶系の氷晶に入射した太陽光線が，内部反射なしに境界面で2回屈折することで，この散乱角の出射光線が生じる．

氷晶は球形でないため，それに伴うさまざまな光学現象を光線追跡法で解析するのは，虹の場合と比べて複雑になる．したがって，氷晶の取りうるあらゆる方向について計算し，その結果を平均する必要がある．ハロは無秩序な配向の氷晶により生じるが，巻雲内部で起こる他のほとんどの現象（幻日を含む）は特定方向に配位しながら落下する氷晶により生じる．

虹とハロに関するより完全な議論についてはBH83の7.2，7.3節，およびL02の5.3節を参照されたい．

第5章　表面の放射特性

前章では，空気と水といった2つの媒質の滑らかな境界面に放射が到達するとき，どのような作用が起きるかを述べた．そして数少ない簡単な公式で，この作用の結果を定量的に表せることを見てきた．具体的には反射角（$\Theta_r = \Theta_i$），屈折角（Snellの法則），反射される放射の割合と偏光（フレネルの関係式）などである．

これらの関係式により大気中におけるかなり多くの顕著な光学的現象である，虹・光輪・幻日・静かな水面での太陽光の鏡面反射などを十分に理解することができる．しかしながら自然界における実際の地表面はそれほど単純なものではない．陸域の表面の多くは土壌・砂・植生・岩石・積雪などで覆われており，これらは滑らかでも均質でもない．水面についても通常は風波により波打つため，表面の各点において近似的には鏡面反射の法則が成り立つが，より大きな領域では太陽光の反射のパターンはぼやけ，複雑な様相を呈する．

ほとんどの場合，自然界の複雑な表面には，精密な理論を適用することができない．したがって，これらの表面の放射特性を経験的に表現する方法を取らざるをえない．たとえば，地表面が各波長でどれだけ放射を反射および吸収するか，放射がどの方向に反射されるか（入射角の関数として）といったことを直接測定し，経験則を導くのである．

5.1　平らな境界面として理想化された地表面

上述したように，自然界の地表面のほとんどは平面的な境界ではなく大変不規則で不均質である．高い高度から観察すれば森林は滑らかな緑の表面と見えるが，近づけばまったく異なって見える．森林には郡葉・枝・幹・灌木

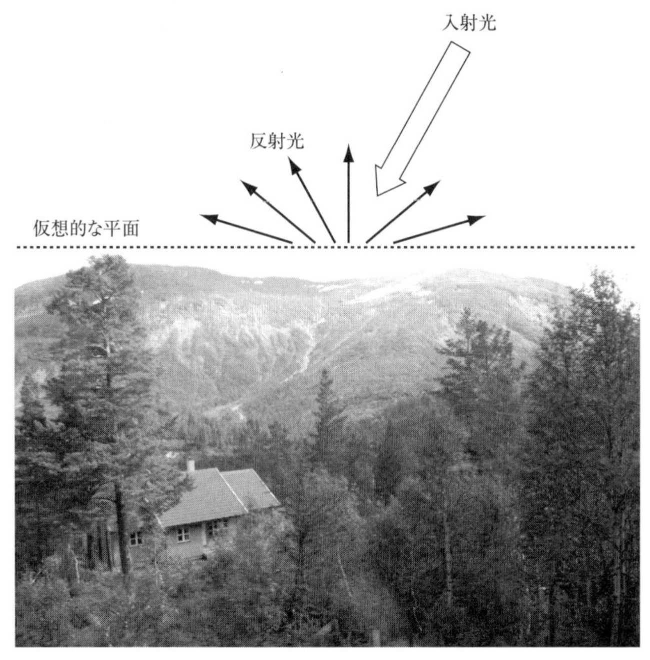

図 5.1　不規則な面を等価な水平面として扱う例

の茂み・落ち葉・土壌・10 m 以上の厚さをもつ空気の層などがある．

しかしこれ以降の議論では，森林を最も高い梢の直上にある透明な水平面とみなし，その平面より下での放射の振る舞いの詳細は無視することとする（図 5.1）．大気放射計算では，この仮想面を下向きに通過する放射（例：太陽光）の一部は，再度その面を通過する上向き放射として現れることなく吸収され，熱やその他の形のエネルギーに変換されると考えればよい．入射する放射のうち吸収されない部分はいろいろな方向に再放出され（その具体的なメカニズムを知る必要はない），大気を下側から照らす“上向き放射（upwelling radiation）”となる．

このような簡易的な取り扱いは，森林など比較的大きな面積を有する自然の“地表面”の平均的な放射効果に限定する場合には特に有用である．雲層についても，この簡易的な取り扱いが可能な場合がある．雲の内部で起きる過程を無視し，雲頂の直上あるいは雲底の直下の仮想的な水平面を通過する上向き，下向きの放射（downwelling radiation）に注目するのである．

表面からの射出を記述するこのような簡略化法を過信しない注意も必要である．後の章（第6，8章）で述べるように，成層した大気からの熱赤外放射の射出を考える際，温度をある単一の値で代表できるような十分薄い大気層についてのみ，それを等価的な面（equivalent surface）とみなすべきである．

5.2 吸収率と反射率

必ずしも滑らかではない任意の表面に入射する放射のエネルギーのうち，一部は反射され，残りは吸収される．吸収される割合のことを**吸収率**（**absorptivity**）といい，反射される割合のことを**反射率**（**reflectivity**）という．吸収率と反射率をそれぞれ a および r という記号で表す．定義から明らかなように，どちらもゼロ以上1以下の値を取る．

一般的に a と r は波長 λ に依存する．地表面によっては，ある波長では反射率が高い（$r \sim 1$）が，別の波長では吸収率が高い（$r \sim 0$）こともある．たとえば，草原やその他の植生が緑に見えるのは赤やオレンジ色の波長に比べて緑・黄・青色の波長をより強く反射するからである．波長依存性を明示するためにしばしば下付き添字 λ を用いる．

反射率や吸収率は一般に入射光の方向 $\hat{\mathbf{\Omega}} = (\theta, \phi)$ にも依存する．たとえば第4章で述べたように，滑らかな水面の反射率は（可視バンドにおいて），垂直入射（$\theta = 0$）時の2% という小さな値から，斜め入射（$\theta \to 90°$）時のほぼ100% といった値まで幅がある．

定義から明らかなように，任意の波長および方向で入射する放射の反射率と吸収率の和は1になり，

$$\boxed{a_\lambda(\theta,\ \phi) + r_\lambda(\theta,\ \phi) = 1} \tag{5.1}$$

と書ける．ほとんどの自然地表面（natural surface）は**方位角に対して等方的**（**azimuthally isotropic**）であり，太陽が東・南・西・あるいは他の方向から当たろうが，地表面はほぼ同じ量の放射を反射する．この場合，上式で ϕ 依存性は消える．

さらに森林，草原，耕作地といった粗い表面ではθ依存性さえも小さく，方向依存性を近似的にまったく無視できる．そのときは単色放射の反射フラックス$F_{\lambda,r}$と入射フラックス$F_{\lambda,0}$は

$$\boxed{F_{\lambda,r} = r_\lambda F_{\lambda,0}} \tag{5.2}$$

の関係で結ばれる．また単位時間・単位面積当たり（かつ単位波長当たり）吸収されるエネルギーは

$$\boxed{F_{\lambda,0} - F_{\lambda,r} = (1 - r_\lambda)\, F_{\lambda,0} = a_\lambda F_{\lambda,0}} \tag{5.3}$$

と表される．

5.2.1　反射率の波長依存性の例

図5.2はいくつかのタイプの自然地表面の反射率が，波長の関数としてどのように変化するかを示している．経験からわかるように，新雪の反射率は可視バンド全体にわたり高い（85%～95%）が，新しい植生・土壌・水塊の反射率は一般的に低い（< 15%）．若草と紫苜蓿（アルファルファ：alfalfa）の反射率は0.55 μm付近で大きな極大となるが，これは可視スペクトルの中の緑色領域に対応し，葉緑体（クロロフィル：chlorophyll）に起因する．その一方で乾いた藁にはこのような極大はなく全体的に明るい色をしている（スペクトルはオレンジや赤色側に偏っているが）．

この図から読み取れる重要な点は，同じ地表面のタイプでみると，可視バンドと近赤外バンドでの反射率にはあまり顕著な関係性が見出されないということである．たとえば1 μmでは，草と湿雪の反射率はほぼ同じである．そして新雪および湿雪の反射率は近赤外バンド（特に1.3 μmより長波長で）では，可視バンドでの値に比べはるかに小さい．この差は熱赤外線バンド（図示していない）ではさらに顕著になり，新雪を含むほとんどの自然地表面の反射率は5%以下となる．

5.2.2　灰色体近似

これまでみてきたように，表面の吸収率と反射率は考えている放射の波長に依存する．しかし特に大気放射の問題を初歩的に取り扱う場合，詳細な波

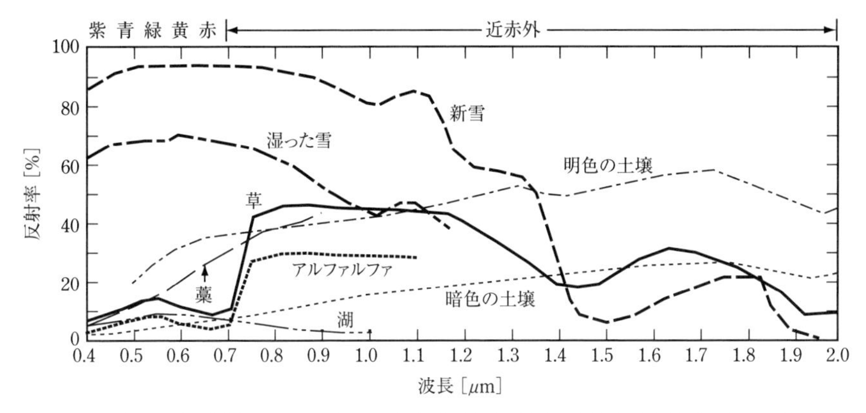

図 5.2 波長の関数としてのさまざまな自然地表面タイプの典型的な短波反射率

長依存性を無視し，広い波長領域で表面が“灰色”であると仮定することがある．つまり，吸収率の平均値を与え，この単一の値で全波長における吸収率を代表させるのである．この近似は**灰色体近似**（graybody approximation）と呼ばれる．

たとえば，ある広い波長バンドの放射の全入射フラックスを F_i，同じ波長バンドの全反射フラックスを F_r とすると，灰色体としての有効反射率は

$$\boxed{\bar{r} \equiv \frac{F_r}{F_i}} \tag{5.4}$$

で定義される．これに対応する灰色体の吸収率は $\bar{a} = 1 - \bar{r}$ である．

注意事項を述べる．一般的に $\bar{r}$ と $\bar{a}$は，入射する放射のスペクトルにも依存するので，灰色体近似はこの特性がそれなりに一定の状況でのみ使うべきである．たとえば，地表面に達する太陽光のスペクトルは日々大きく変わることはないので，太陽放射の反射および吸収を表すのに灰色体近似を用いることは理にかなっている．

灰色体近似の典型的な適用例は，全短波帯（太陽放射バンド）で単一の吸収率 a_{sw} を仮定し，長波帯（熱赤外バンド）でも単一の吸収率 a_{lw} を仮定することである．ほとんどの陸域の地表面では a_{lw} はほぼ1に近いが，a_{sw} は深雪ではほぼゼロであり，森や水塊では1に近いなど大きく変化する．

表 5.1　さまざまな地表面における短波（太陽光）の反射率（%）

新しく乾いた雪	70–90
古く湿った雪	35–65
砂，砂漠	25–40
乾燥植生	20–30
落葉性樹林	15–25
草地	15–25
海水面（低い太陽高度）	10–70
裸地	10–25
針葉樹林	10–15
海水面（高い太陽高度）	＜10

エネルギーの保存則に従い，短波吸収率 a_{sw} の補数はもちろん短波反射率 $r_{\mathrm{sw}} = 1 - a_{\mathrm{sw}}$ で，**短波アルベド**（**shortwave albedo**）と呼ばれる．通常の地表面のアルベドの例を表 5.1 に示した．

このように，短波帯と長波帯のそれぞれにおいて灰色体近似の吸収率および反射率を定義することの利便性は，後に地表面と大気の簡単なエネルギー収支を考える際に一層明確になる［訳注：第6章でこの吸収率，反射率を用いた詳しい議論がなされる］．

5.3　反射光の角度分布

本章の初めで（5.2 節）表面に入射する放射のうち反射されるエネルギーの割合を表す**反射率**という概念を導入した．エネルギーの保存則から，不透明な面での反射率と吸収率の和は1になる．つまり，各々の波長 λ について，

$$a_\lambda + r_\lambda = 1 \tag{5.5}$$

が成り立つ．この関係式は完全で，付け加えるべきことはないように思えるかもしれない．しかし，この式には，反射される放射の全エネルギーがどの方向へどの程度割り振られるのかという，重要な情報が含まれていないのである．

5.3.1　鏡面反射と等方反射

第4章では，2つの均質な媒質間の滑らかな境界で起きる鏡面反射を議論

した．この特別な場合には，反射角 Θ_r（局所的な垂線に対して）と入射角 Θ_i は厳密に等しい．さらに反射率はフレネルの関係式（式 (4.16) と (4.17)）によって与えられる．

自然界における表面はそれほど単純ではない．本当の鏡面反射を実際に見ることができるのは，非常に滑らかな水塊における鏡のような表面（まったくの無風状態の池や湖といった）に限られる．この条件では，太陽や他の物体の反射は大変にくっきりしていて鮮明である．

しかし通常は，大気に接した水面は風により生じる小波や波によって多少とも粗になっている．このため太陽光線は単一方向に反射されるのではなく，さまざまな方向へ反射される（各光線の散乱方向は光線が水面に達する場所での水面の局所的な傾斜に依存するため）．軽く波打った水面では，ほとんどの光は鏡面反射の方向を取り囲む円錐の狭い立体角内に反射される．そのため太陽からの反射は，それでもまだ肉眼（または放射計）にとっては太陽そのものと比べるとぼやけるものの，かなり集中した明るいスポットに見える．表面が粗くなるほど，ぼやける度合いは大きくなり，最終的には入射方向によらず全方向に均等に反射されるようになる．

十分な高さから眺めると，水面を除けば，野外で目にする表面のほとんどは非常に粗いのである．太陽により照らされた森やトウモロコシ畑を飛行機から眺めると，見る方向によらずほぼ一様な明るさで見えることが多い．太陽からの鏡面反射が起こると思われる方向で明瞭な“ホットスポット”が見えるということはない．

大雑把な近似として，入射方向にはよらず，上向きに反射された放射は全角度に等しく分布すると仮定することが多い．この規則に従う反射のことを**等方反射**（**Lambertian reflection**）という．鏡面反射ではすべての反射光は厳密に定義された単一方向に放出されるので，等方反射と鏡面反射はまったく両極端の反射特性になる．

問題 5. 1

壁に塗るペンキにはさまざまな種類がある．たとえば光沢のあるもの，半光沢およびつや消しのものなどである．それぞれの違いは反射される放射の角度パターンにある．これらのうち等方反射モデルで最もよく説明できるの

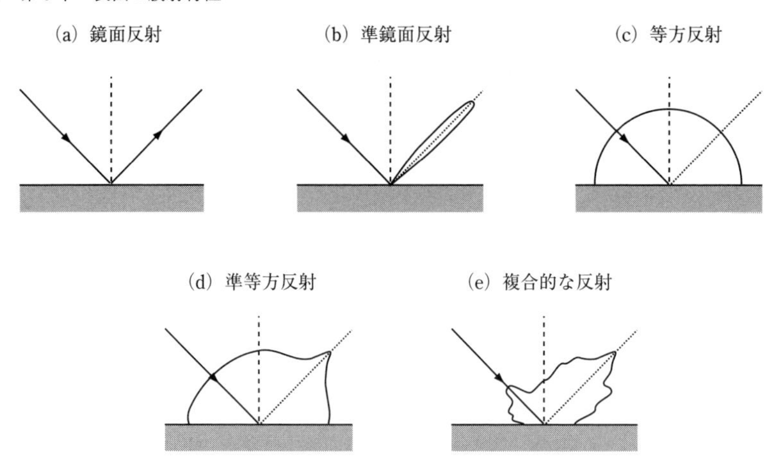

図 5.3　さまざまなタイプの表面反射

曲線と反射点の距離が放射の反射方向における放射輝度に比例するような極座標プロットを用いてある.

はどれか.

どの種類の反射についても上向き反射のフラックス F_r は反射率 r と入射のフラックス F_i の積に等しく

$$F_r = rF_i \tag{5.6}$$

となる．等方反射の場合は，定義により反射光の放射輝度 I_r は方向に依存しないので $F_r = \pi I_r$ となる．したがって反射の輝度 $I^{\uparrow}$ は入射フラックスを単に π で割った値に等しく（2.7.3 項を参照）

$$I^{\uparrow} = \frac{rF_i}{\pi} \tag{5.7}$$

となる．もし入射フラックスが天頂から角度 θ_i の位置にある太陽直達光のみによるならば，

$$I^{\uparrow} = \frac{r\,S_0 \cos\theta_i}{\pi} \tag{5.8}$$

が成り立つ．ここで S_0 は直達太陽光のフラックスである．

自然地表面による反射の角度分布は一般に，鏡面反射でもなく，完全な等方反射でもない．実際には簡単な数式によって表せることはほとんどなく，

適切な測定により経験的に求める必要がある．自然界で見られるいくつかの反射のパターンを図 5.3 に模式的に示した．どのような反射が起こりうるかを理解するための例である．鏡面反射と等方反射の性質が組み合わさったような反射のパターンが観測されることもある．実際，鏡面反射の方向に強いピークをもち，全角度にわたりほぼ一様に広がる散乱性の成分の重ね合わせとなることも多い．

5.3.2　一般の場合の反射 †

前項では，反射の方向依存性について 2 つの重要な極限について考えた．1）鏡面反射では反射方向は入射方向によって一意に定まり，2）等方反射では反射光強度の角度分布は一様であり入射方向にはよらない．この 2 つの場合は概念的にも計算上も簡単である．よって放射やリモートセンシングの専門家は，まずはどちらか一方であると仮定して問題に取り組むことが多い．

定量性が求められる場合には，より洗練された表面反射の表現方法が採用されることもある．一般的に，放射輝度の反射率は，入射方向 $\hat{\mathbf{\Omega}}_i=(\theta_i, \phi_i)$ および反射方向 $\hat{\mathbf{\Omega}}_r=(\theta_r, \phi_r)$ 双方の関数となる．そこで**双方向反射関数（bidirectional reflection function）** $\rho(\theta_i, \phi_i; \theta_r, \phi_r)$ BDRF[1] を

$$I^{\uparrow}(\theta_r,\ \phi_r)=\rho(\theta_i,\ \phi_i;\theta_r,\ \phi_r)\,S_0\cos\theta_i \tag{5.9}$$

のように定義する．ここで S_0 は直達太陽光フラックスであり，方向（θ_i, ϕ_i）に位置する太陽により地表面が照らされている状況を仮定している．しかし一方向からの入射だけではないこともよくある．たとえば，曇天の日には下向きの照射はほぼ一様にあらゆる方向からやってくる．この場合に，上の関係式は，天空の全方向から入射する下向きの放射輝度の寄与を積分して

$$\boldsymbol{I}^{\uparrow}(\hat{\mathbf{\Omega}}_r)=\int_{2\pi}\rho(\hat{\mathbf{\Omega}}_i;\ \hat{\mathbf{\Omega}}_r)\,\boldsymbol{I}^{\downarrow}(\hat{\mathbf{\Omega}}_i)\,\hat{\mathbf{n}}\cdot\hat{\mathbf{\Omega}}_i d\omega_i \tag{5.10}$$

のように一般化する必要がある．ここで $\hat{\mathbf{n}}$ は地表面に垂直な単位ベクトルで，$\hat{\mathbf{n}}\cdot\hat{\mathbf{\Omega}}_i=\cos\theta_i$ である．

この積分は 2π ステラジアンの上半球面にわたる一般的な立体角積分の表現になっている．これを 2 つの極座標 θ と ϕ で陽に表すと

1）本によっては BRDF（bidirectional reflection distribution function）と呼ぶこともある．

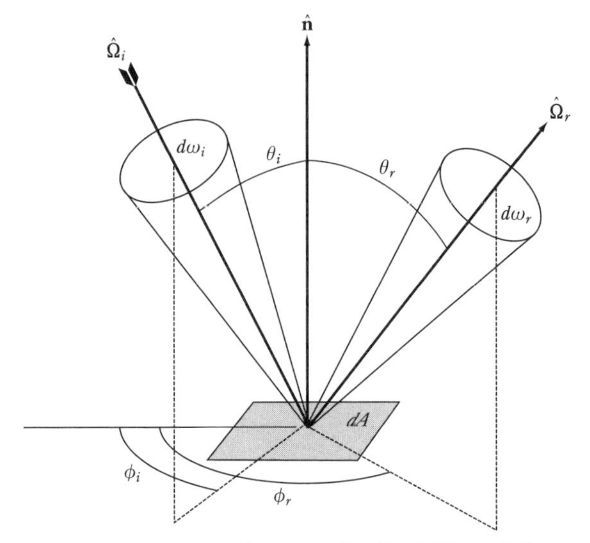

図 5.4　BDRF の定義に必要な幾何学と関係する変数

$$I^{\uparrow}(\theta_r,\ \phi_r)=\int_0^{2\pi}\int_0^{\pi/2}\rho(\theta_i,\ \phi_i;\ \theta_r,\ \phi_r)\,I^{\downarrow}(\theta_i,\ \phi_i)\cos\theta_i\sin\theta_i d\theta_i d\phi_i \quad (5.11)$$

となる．

特別な場合として，$\rho(\theta_i, \phi_i; \theta_r, \phi_r) = \rho_L$（定数）の場合を考える．この場合は，$\rho_L$ は積分の外に出せ

$$I^{\uparrow}=\rho_L\int_0^{2\pi}\int_0^{\pi/2}I^{\downarrow}(\theta_i,\ \phi_i)\cos\theta_i\sin\theta_i d\theta_i d\phi_i \quad (5.12)$$

となる．この右辺と $I^{\uparrow}$ は（θ_r, ϕ_r）に依存せず，等方反射となることは明らかである．式（2.59）と比べると，この入射方向にわたる積分は放射の入射フラックス F_i となることがわかり

$$I^{\uparrow}=\rho_L F_i \quad (5.13)$$

を得る．$I^{\uparrow}$ は等方的なのでこの両辺に π を掛けると，式（5.7）より，フラックスについての反射率

$$r=\pi\rho_L \quad (5.14)$$

を得る．

ここで任意の BDRF に対応するフラックス反射率 $r(\hat{\mathbf{\Omega}}_i)$ を求めるための

一般化をする．簡単のため，天頂角 θ_i の光源からの平行光による入射フラックス $F_i = S_0 \cos\theta_i$ と反射フラックス F_r との関係

$$F_r = r\left(\hat{\Omega}_i\right) S_0 \cos\theta_i \tag{5.15}$$

を再度考慮する．一方，反射フラックス F_r は上向きの反射輝度 $I^{\uparrow}$ を半球積分することによって，

$$F_r = \int_{2\pi} I^{\uparrow}\left(\hat{\Omega}\right) \cos\theta \, d\omega = \int_{2\pi} \rho\left(\hat{\Omega}_i,\ \hat{\Omega}_r\right) S_0 \cos\theta_i \cos\theta_r d\omega_r \tag{5.16}$$

とも表現できる．ここで式（5.9）を積分の中に代入した．式（5.15）と式（5.16）を等しいとおき，入射フラックスの項で割ると，フラックス反射率の式

$$r\left(\hat{\Omega}\right) = \int_{2\pi} \rho\left(\hat{\Omega};\ \hat{\Omega}_r\right) \cos\theta_r d\omega_r \tag{5.17}$$

を得る．

5.4　気象学・気候学・リモートセンシングへの応用

5.4.1　地表面の加熱

地表面の短波アルベドは太陽光による地表面の直接加熱に大きな影響を及ぼし，最終的には地表面と接する空気の加熱にも影響する．新しく耕された裸地（アルベド ～ 10%）は乾燥した小麦畑（アルベド ～ 30%）に比べ約 30% 多く太陽光を吸収し，乾いた新雪の層（アルベド ～ 90%）に比べ 9 倍の吸収となる．

通常，吸収される太陽放射はただちに地表面の加熱に寄与する．地表面に与えられた熱エネルギーは（1）直接的な熱伝導（**顕熱フラックス**（sensible heat flux）），（2）地表面の水分の蒸発（**潜熱フラックス**（latent heat flux）），（3）**正味の長波フラックス**（net longwave flux）により大気に輸送される．これらの輸送機構のうちどれが卓越するかは大気と地表面の状態に依存する．暖かく湿潤な大気では，地表面からの長波フラックスによる損失は小さい．湿潤な，あるいは植生に覆われた地表面は，主に潜熱フラックスとして大気に熱エネルギーを移す．

乾燥した裸地で，アルベドが大きく異なる 2 つの領域が隣り合っていると

する．このとき，より暗い地表面は太陽放射の吸収でより強く加熱され，その直上の大気は地表面からの顕熱フラックスにより暖められる．弱風ならば，時間の経過とともに2つの領域間で大気の温度差が発達し，局所的な循環が引き起こされる．暗い地表面上の暖かい空気が上昇し，それが，より明るい地表面から水平に流れ込む冷気と置き換わる．当然，この移流した冷気は上から沈み込んでくる空気で置き換わる．熟達したグライダーのパイロットは地表面アルベドの変化を利用して，飛び続けるのに必要な上昇気流を見つける術を心得ている．

問題 5.2

ちょうど融け始めているような雪原では，そこで吸収される太陽放射は主として相変化（固体から液体）に使われる（一定温度0℃で）という点で特殊である．湿雪の短波アルベドが60% であり，ある晴れた日の地表面に達する太陽放射フラックスが500 W m^{-2} であるとする．氷の融解潜熱 L_f は 3.3×10^5 J/kg で湿雪の密度 ρ_{ws} は約 200 kg m^{-3} で一定である（余分な融け水はすべて流出すると仮定する）としてよい．直接の太陽加熱により積雪が消失する速度を cm/hour の単位で求めよ．

5.4.2 可視および近赤外波長帯での衛星撮像

リモートセンシングの最も簡単かつ身近な応用例は静止および極軌道の気象衛星のセンサーによって撮られた可視（VIS）画像である．概念的には（技術的ではないが）これらの画像は宇宙空間から撮影された通常の白黒写真（普通の人は撮影の機会はないが）と似ている．地球の昼間側を衛星センサーが見ているときは可視画像により高い反射率の領域（雲・雪面・海氷・砂漠）と低い反射率の領域（植生・水・土壌）を簡単に区別できる．

最も初期の気象衛星画像（1960年4月に開始）はこのタイプであった．実際これらは宇宙で撮ったテレビ映像とほとんど同じであった．それでも，これらの画像は雲や嵐の大規模な組織化と時間発展を直接把握できる最初の鮮明な画像であった．それ以前にも地上の気象観測データの解析によりこれらの現象は研究されていたが，観測所のネットワークが特に人口過疎地域において疎すぎたため（現在も変わらない），最も大まかな様相を把握する以

図 5.5 GOES-West 静止気象衛星によって撮られた東太平洋と北米西岸の可視画像

上のことはできなかった.

問題 5.3

静止衛星による可視画像の例を図 5.5 に示した.

(a) この画像に見られる地理学的および気象学的にさまざまな特徴がある部分について, 相対的な反射率の違いの理由を述べよ.

(b) 雲の見かけ上の明るさは画像の西側に進むにつれて徐々に減っていく. なぜだろうか?

可視画像を**定量的**に使用すること（つまり観測された放射輝度をアルベドや積雪深といった特定の物理特性に変換すること）も可能であるが, この場合はかなりの注意深さが必要となる. 特に放射輝度の測定値には相対的でなく絶対的な正確さが必要であり, 観測機器類は較正されていなければならない. さらに観測対象領域に入射する太陽光の角度や放射輝度の変化も注意深く考慮する必要がある.

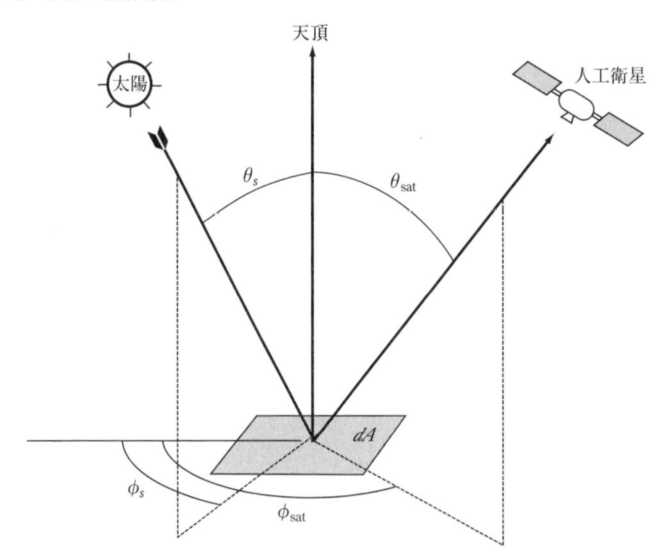

図 5.6　衛星センサーから見たときの入射する太陽放射と反射される太陽放射との関係

式（5.9）によれば，衛星が測る反射輝度 $I^{\uparrow}$ は見る角度（θ_r, ϕ_r），入射方向（θ_i, ϕ_i）および BDRF（$\rho(\theta_i, \phi_i; \theta_r, \phi_r)$）に依存する．これらのさまざまな方向は衛星の位置，地球表面での場所，そして太陽の位置（図 5.6）が与えられれば容易に計算できるが BDRF の詳細は大きく変化し，かつ多くの自然地表面での値はよくわかっていない．

ある地表面の全アルベド（overall albedo）を1方向から測定された放射輝度の値（しかも太陽の方向が単一）だけからは正確に推測できない．衛星のセンサーにより，地表面のある地点で高い放射輝度が検出された場合，(a) 雪面のような高アルベドの表面を見ているか，または (b) 反射される全放射のうち多くの割合が衛星方向に向かうような表面（BDRF の結果として），を見ているかのいずれかである．海面で反射される太陽光（sun glint）の検出は2番目の例である．水の全アルベドは小さいが，特定の方向から見れば太陽の反射像は非常に明るい．

問題 5.4

ある気象衛星が 3 月 21 日 1200 のグリニッジ標準時（GMT）に赤道を経度 50°W で横切り，このとき太陽は赤道とグリニッジ子午線の交点の直上にある．衛星に搭載されているイメージャーが太陽の海面反射を観測する可能性が最も高い地理的な位置を求めよ．衛星は地表面から高度 $H = 1000$ km にあり，太陽は地球から無限に離れていると仮定してよい（つまり太陽光線は平行）．地球の半径は $R_E = 6373$ km である．［ヒント：まず太陽の海面反射が起こる経度が満たす三角法の関係式を導け．この方程式には単純な解析解が存在しないので逐次近似により数値解を最低 1 度の精度まで求めよ.］

一部の衛星センサーは可視および近赤外の波長で 2 つあるいはそれ以上のチャンネルをもっている．大部分の地表面の BDRF の形は 2 つの近い波長では大きく変わらないため，異なった波長で観測された輝度の比率は BDRF や太陽照射の角度には大きく依存しない．このため見ている領域の色を精度良く推定できる．よく行われる応用例としては，1）土地利用の分類，2）沿岸域での植物性プランクトンの濃度推定，そして 3）植生の広がりと密度の特徴を調べることなどである．もちろんこれらの方法は大気のヘイズや雲により好ましくない影響を受ける．

問題 5.5

ある衛星センサーは 2 つの波長 λ_1，λ_2 での地表面の反射率 r_1 および r_2 を測定することを目的に開発されている．図 5.2 を利用して，衛星が異なる地表面のタイプを区別できるよう最も適切な λ_1 および λ_2 を選べ．まず横軸が r_1，縦軸が r_2 となる図を描け．各地表面のタイプに対応する点をプロットし点に名前を付けよ．r_1 と r_2 の観測値を用いて，地表面を雪面，土壌，成長期の植生，乾いた植生，水に正しく分類できる単純な数学的アルゴリズム（たとえば不等式を用いた複数のテスト）を開発せよ．このテストで用いることのできる変数としてはそれぞれのチャンネルの反射率だけでなく反射率の差，または反射率の比などがある．どのような基準を開発するにせよ，それらを r_1 対 r_2 の図上で地表面タイプを区別できるような曲線として図式的に表せ．もし 2 つの異なる地表面タイプがグラフ上で近くなるように 2 つの波長を選ぶと，このアルゴリズムを現実のデータに適用した場合，分類の間違いの起こる危険性は高くなるということに注意されたい．［ヒント：この問題に対する唯一の“正解”というものは存在しないので独自に考えよ．］

第6章 熱放射

ここまでは，外部の源からの放射が対象媒質に入射し，その媒質内では新たに放射が発生しないような作用だけを考えてきた．これらの作用だけで地球大気中の短波（太陽）放射の振る舞いはすべて理解できる．対照的に，長波放射のほとんどは地球や大気の**熱放射**（thermal emission）に起因する．この放射の射出は物質の熱のエネルギーが放射に変化する過程である．このエネルギーは大気中の他の部分で再吸収されたり，宇宙空間に逃げたりする．宇宙に逃げたエネルギーは，地球にいる観測者からみれば永久に失われたことになる．

通常，我々は身の回りから熱放射を常に浴び，吸収していることに気づかず，我々の身体が熱放射によりエネルギーを失っているなどとは思わない．その理由の1つは，我々の皮膚とその周囲環境の温度は通常は大きく異なることはなく，我々が熱放射で失うエネルギーと，周囲の熱放射から吸収するエネルギーとが，ほぼ釣り合っているからである．我々の体は普段，放射伝達よりも熱伝導により，周辺空気とのエネルギーの交換を行っているのである．

人体との温度差が大きいものからは，射出される熱放射の効果を実感できるようになる．部屋の向こうにある暖炉で薪が燃えていると，熱放射の温かみを顔に感じることができる．冬の晴天日に車を外に駐車すると，気温は氷結点よりも若干高いにもかかわらず，フロントガラスは霜ができるほど急速に冷えてしまう．物体が十分に熱くなると，熱放射は短波長でも強くなり，目に見えるようになる．赤く輝いている暖炉の中の燃え残り・バーベキューの焼き網・白熱したフィラメントなどはそのような例である．

量子力学と統計力学の第一原理に基づいて，温度と熱放射の関係式を導くことができる[1]．しかし入門書である本書の方針として回り道は避け，熱放射の一般的な特性を説明し，気象に最も関連が深いタイプの放射計算を行う方法を述べることにする．

ここで，熱放射に関する鍵となる事実をまずは言葉だけで説明する．後の節でこれらを数式で表現する．読者はこの章を読み終わる頃には熱放射の基礎を十分理解し，応用できるようになるはずである．

- 有限温度 T の物体は一般的にあらゆる波長の電磁波を射出する．しかし，いずれの波長 λ においても射出される放射量には決まった上限がある．温度 T，波長 λ においてその上限を与える関数を**プランク関数**（**Planck's function**）という．いくつかの代表的な大気中の温度に対するプランク関数の形を図6.3に示した．後で詳細に数学的な説明をする．

- プランク関数はある波長において最大値をとる．この射出が最大となる波長は温度に反比例する．これは**ウィーンの変位則**（**Wien's displacement law**）と呼ばれる事実である．地球のような冷たい物体からの放射が最大となる波長は，太陽のような高温の物体からの放射が最大となる波長に比べずっと長いものとなる．

- プランク関数を全波長で積分することで，後に述べる**シュテファン-ボルツマンの法則**（**Stefan-Boltzmann law**）が得られる．この法則によると，物体表面から射出される理論上最大の全放射フラックスはその物体の絶対温度の4乗に比例する．よって物体の絶対温度が2倍になると，射出可能な最大放射量は16倍になる．

- 任意の波長帯において，放射をよく吸収する物体は，同様によく放射を射出する．これを**キルヒホッフの法則**（**Kirchhoff's law**）という．したがって完全な反射体（吸収をしない物体）は，熱放射を射出しない．また，完全な吸収体は理論上最大の熱放射を射出し，それはプランク関数で表される．

---

1)　たとえばL02の付録Aを参照せよ．

上の4つの基本事項は記憶しておくとよい．後で同じ事を数学的に扱う際に，物理的解釈の助けになるはずである．また公式を盲目的に使うことで誤りに陥る危険も減るであろう．

6.1 黒体放射

物質から射出されうる“理論的に可能な最大放射量”について述べてきた．また，よく放射を吸収する物体はよく放射を射出する物体でもあることも述べた．物質が理論的に最大の熱放射をするためには，その物体は完全な放射体（perfect emitter）であり，同時に完全な吸収体（perfect absorber）でなくてはならない．

放射を完全に吸収する物体を**黒体（blackbody）**と呼ぶ．言い換えると吸収率 $a = 1$ である灰色体である．これは理想的な物体で自然界にはめったに存在しない．しかし，次のように驚くほど容易に，近似的な黒体を作ることができる．

大きな空のダンボール箱（たとえば1辺約60 cmの）を用意し，すべての側をテープで密閉し，その1つの面に小さな穴を開ける（直径1 cmでよい）．その穴は幅広い波長域において黒体の良い近似になっている．穴に懐中電灯のビームを照射すると，ほとんどすべての光は穴の中に消え，再び出てくることはない．つまり，穴の実効的な吸収率は1に非常に近い．なぜそうなるのだろうか．

穴の中に入った光子について考えてみる．まず光子は箱内部の反対面にぶつかる（図6.1）．このとき，光子が吸収される確率は箱の吸収率に等しい．その吸収率が0.5であり，光子が吸収される確率は半々と仮定する．たとえ光子が吸収されないとしても，はねかえって穴から直接出ていく確率は非常に小さい．穴から出るのではなく光子は別の内面に達し，半々の確率で吸収されるであろう．ここまでで光子が生き残る確率はわずか4分の1である．ここで，光子が内面で N 回反射してから穴の外に出る軌跡を考えてみよう．光子がこの軌跡で吸収されずに穴から出る確率は $(1-a)^N$ となる．ここで a は吸収率である．もし上に仮定したように $a = 0.5$ であれば N が7という

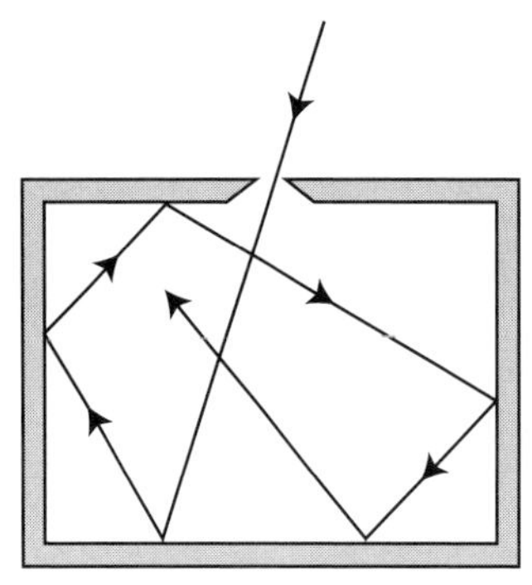

図 6.1　小さな穴から空洞に入る光子の行方（fate）の模式図

光子が壁で反射される度に吸収されずに残存する確率は減り続ける．したがって，小孔に入射する光子が再度現れる確率が無視できるような黒体の空洞を容易に作ることができる．

小さい値の場合でさえ，光子が穴から再び出ていく確率は1% よりも小さくなる．穴が小さくて箱が大きくなると，Nは非常に大きくなる．また内面を黒く塗ってaを1に近づけると，$(1-a)^N$はさらに0に近づく．

さて，この黒体で何ができるだろうか．第1に，黒体から射出される放射の特性を測定できる．室温では，この放射は主に熱赤外領域なので肉眼では見えない．しかし，この箱が鉄のような耐熱性のものでできているのなら，穴から可視光が放射されるくらいまで，それを加熱することができる．空洞の温度を数千度まで徐々に上昇させると，初めは暗赤色の輝きが見え，橙色，黄色と色が変わっていき，その間に全体の輝きが増していく．非常に高温になると（数千 K またはそれ以上），放射される光は白色になり，最終的に青白くなる．そのような高温物体は，自然界では恒星（太陽も含む）くらいしかない．

問題 6. 1

物体が黒体に近い放射を射出しているという仮定のもと，**赤外放射温度計**（infrared thermometer）でその物体の温度を離れた場所から測ることができる．通常，赤外放射温度計は放射フラックスと放射輝度のどちらを計測するように設計されているか．またそれはなぜか．

6. 1. 1　プランク関数

黒体から射出される分光放射輝度はプランク関数 $B(T)$ によって与えら

れる．これは用いる変数を波長λ，周波数ν，波数$\tilde{\nu}$のうちのどれにするかで関数の形がわずかに異なる．波長の関数で表すときは

$$\boxed{B_\lambda(T) = \frac{2hc^2}{\lambda^5 (e^{hc/k_B\lambda T} - 1)}} \tag{6.1}$$

となる．ここで$c = 2.998 \times 10^8\ \mathrm{m\,s^{-1}}$は光速，$h = 6.626 \times 10^{-34}\ \mathrm{J}$はプランク定数，$k_B = 1.381 \times 10^{-23}\ \mathrm{J/K}$はボルツマン定数である．

この関数は

$$B_\lambda(T)\,d\lambda = \text{波長区間}\ [\lambda, \lambda + d\lambda]\ \text{で射出される放射輝度} \tag{6.2}$$

と解釈される．B_λの物理次元は単位波長当たりの放射輝度であり，よく使われる単位で表すと$\mathrm{W\,m^{-2}\,\mu m^{-1}\,sr^{-1}}$である．

この解釈は前に述べたことと整合的であることに注意されたい．すなわち，$d\lambda$をゼロに近づけたら，波長区間［$\lambda, \lambda + d\lambda$］で射出される放射輝度もまたゼロに近づく．つまり，単一の波長だけを観測できる仮想的な（非現実的であるが）機器があったとしても，それは放射をまったく検出できないのである．したがって，大気リモートセンシングで使われる実際の検出器は，それが応答する波長範囲である有限な**スペクトルバンド幅（spectral bandwidth）**をもっている．他の要素を変えずにバンド幅を広げると，センサーが受け取るパワーが増加し，全体の感度も良くなる．

問題 6.2

プランク関数$B(T)$は，波長λの代わりに周波数νや波数$\tilde{\nu}$の関数で表されることもある．$d\nu$と$d\lambda$が同じ狭いスペクトル間隔に対応するとき，$B_\lambda(T)\,d\lambda$と$B_\nu(T)\,d\nu$は等しいことを考慮し，νのみを用いてB_νを正しく表現せよ．

さまざまな温度における$B_\lambda(T)$の例を，図6.2（a）と図6.3に示す．プランク関数では，その最大値に対応する波長が絶対温度の増大に伴い減少することがわかる（ウィーンの変位則）．ある任意の波長において，放射の射出パワーは温度の増加とともに単調増加する．プランク関数はその値が最大となる波長を中心にして対称に分布しているのではなく，短波長側では急激

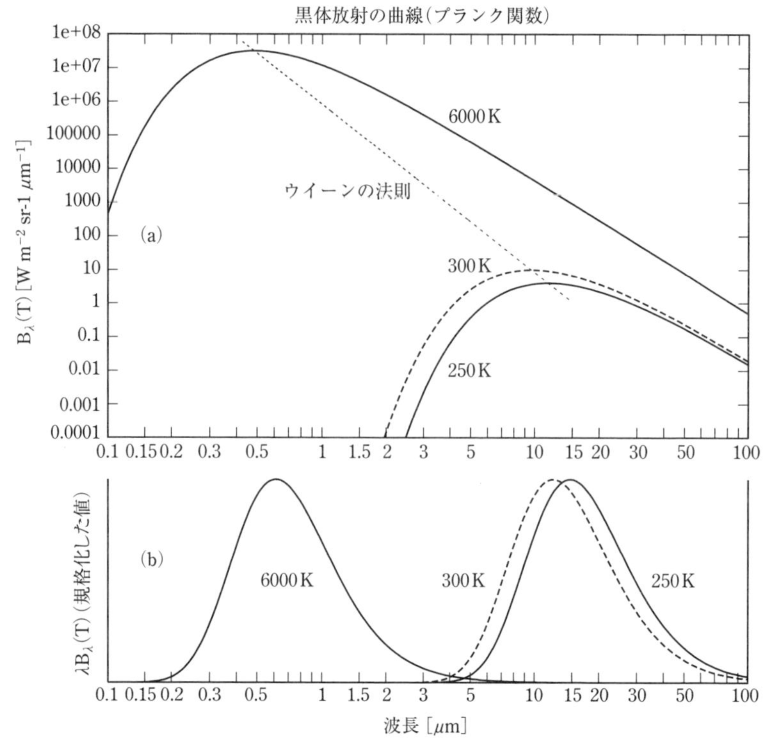

図 6.2　典型的な太陽と地球・大気の温度での黒体からの放射の射出
(a) プランク関数の実際の値を y 軸を対数にして表示．斜めの直線状の点線は式 (6.3) のウィーンの法則に対応している．(b) 各曲線で囲まれた領域の面積が等しくなるように (a) を規格化した図．この場合の y 軸は線形である．

に，長波長側ではより緩やかに減少する．

6.1.2　ウィーンの変位則

プランク関数の値が最大となる波長 $\lambda_{\max}$，つまり温度 T の黒体からの分光放射輝度が最大となる波長はウィーンの変位則

$$\boxed{\lambda_{\max} = \frac{k_W}{T}} \tag{6.3}$$

で与えられる．ここで $k_W = 2897\,\mu\mathrm{m\,K}$ である．よって，太陽の表面温度

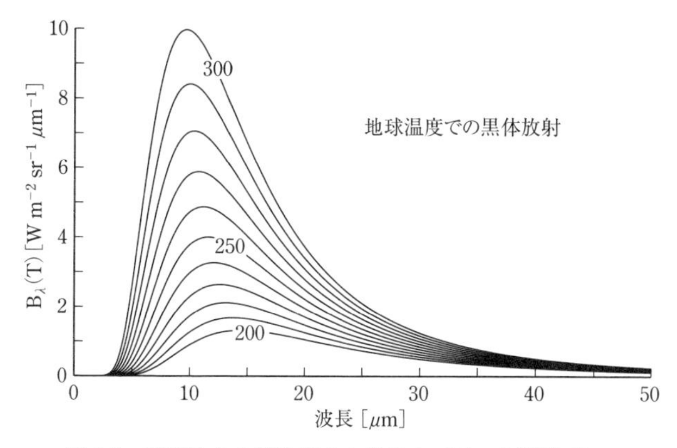

図 6.3　典型的な大気温度での黒体のプランク関数 B_λ.

6000 K では $\lambda_{\max} = 0.48\,\mu$m で，典型的な大気の温度範囲 200 ～ 300 K では $\lambda_{\max}$ は 9.6 ～ 14.4 μm となる．

問題 6. 3

a）ウィーンの定数 k_W の近似値を求めよ．まず $\exp(hc/k_B\lambda T) \gg 1$ の場合に適用できる式（6.1）の近似式を求めよ．次に微分法によりプランク関数が最大値となる波長を求めよ．$\lambda_{\max}$ を求めたら，その波長付近では常に近似が成り立つことを証明せよ．

b）プランク関数の最大輝度は温度の 5 乗に比例することを示せ．

問題 6. 4

任意の物体からの熱放射について，その放射が最大となる波長を，同じ温度の黒体から射出される分光放射輝度が最大となる波長に対応させることで，**色温度（color temperature）**が定義される．太陽放射の射出が最大となる波長は約 0.475 μm である．太陽の色温度を求めよ．

問題 6. 5

白熱電灯のフィラメントの典型的な温度は 2850 K である．(a) $\lambda_{\max}$ を求めよ．(b) 求めた波長は可視バンドにあるか．(c) この温度における B_λ を線形の軸に対しプロットせよ．グラフあるいは数値計算により，この電灯が射出する放射のうち可視のスペクトル領域（0.4 ～ 0.7 μm）の割合を推定せよ．(d) 電力消費が60 Wの電灯の，可視域の最大射出量をワット単位で計算せよ．

6.1.3　シュテファン-ボルツマンの法則

プランク関数により黒体放射の**単色の放射輝度**（monochromatic intensity）が与えられる．一方，大気中や大気-宇宙間でのエネルギー輸送において基本的な量は，黒体から射出される放射の**広帯域フラックス**（broadband flux）である．このフラックスはプランク関数を全波長で積分し，半球の立体角である2πステラジアンの領域で積分することで得られる．放射輝度が等方的であれば，後者の積分は放射輝度にπをかけるだけで済む．したがって黒体のフラックスは

$$F_{BB}(T) = \pi \int_0^\infty B_\lambda(T)\, d\lambda \tag{6.4}$$

となる．式 (6.1) のB_λを代入して解析的に積分すると，上式は

$$\boxed{F_{BB}(T) = \sigma T^4} \tag{6.5}$$

で表されるシュテファン-ボルツマンの法則となる．ここでσは

$$\sigma = \frac{2\pi^5 k_B^4}{15c^2h^3} \approx 5.67 \times 10^{-8} \frac{\mathrm{W}}{\mathrm{m^2K^4}} \tag{6.6}$$

で表される定数である．

問題6.6

以下の値を用いてシュテファン-ボルツマンの法則から太陽の有効放射温度を求めよ．地球大気上端の太陽定数は$S_0 = 1370\ \mathrm{W\ m^{-2}}$，地球軌道の平均半径は$1.496 \times 10^8$ km，太陽光球の半径は6.96×10^5 kmである（ここでの値は，先の問題で得た色温度とはいくぶん異なることに注意されたい）．

問題6.7

B_λを解析的に積分して，シュテファン-ボルツマンの法則を導け．[ヒント：$x = hc/k_B\lambda T$として，$\int_0^\infty [x^3/(e^x - 1)]\, dx = \pi^4/15$の関係式を利用せよ．]

6.1.4　レイリー–ジーンズの近似

大気のマイクロ波のリモートセンシングを考える場合には，対象となる波長は非常に長くなる（$\lambda \sim 1\,\mathrm{mm}$ またはそれ以上）．プランク関数の値が最大となる波長に比べて長い波長の極限では，プランク関数すなわち黒体の単色放射輝度は近似的に

$$B_\lambda(T) \approx \frac{2ck_B}{\lambda^4}T \tag{6.7}$$

と表すことができ，その大きさは絶対温度に比例する．このいわゆる**レイリー–ジーンズの近似**（**Rayleigh-Jeans approximation**）により，マイクロ波帯における放射伝達計算やセンサーの較正のための関係式が単純化される．

問題 6.8

式（6.1）の $\exp(hc/k_B\lambda T)$ を級数に展開し，2次以上の項を無視することによってレイリー–ジーンズの近似式（6.7）を導け．この近似が成り立つための条件を述べよ．また $T = 300\,\mathrm{K}$ のとき，この近似が 1% 以内の精度で成り立つ波長の最小値を求めよ．

6.2　射出率

プランク関数 $B_\lambda(T)$ は黒体からの熱放射を表し，それは物体から放出されうる理論上可能な最大の放射強度である．実在の物体から射出される熱放射については，理想的な黒体に比べた射出強度の比率を，**射出率**（**emissivity**）として考慮する必要がある．

実在物体からの熱放射の定量的記述は，特に 1）放射輝度の分光測定によるリモートセンシング，2）広帯域放射フラックスによるエネルギー伝達の計算という，2つの目的のために重要である．それぞれの目的で，1）各波長における単色の射出率，2）広帯域で平均された灰色体の射出率が用いられる．

6.2.1　単色の射出率

温度 T の物体の表面から射出される熱放射の，ある波長 λ での単色の放

射輝度をI_λとすると，その表面の**単色の射出率**（**monochromatic emissivity**）は

$$\boxed{\varepsilon_\lambda \equiv \frac{I_\lambda}{B_\lambda(T)}} \tag{6.8}$$

で定義される．ここでε_λは，場合によっては射出方向や温度など，さまざまな変数の関数である．一般に$0 \le \varepsilon_\lambda \le 1$である［訳注：物体が波長と同程度の小さな粒子である場合には，単色の射出率は1を超えることもある］．$\varepsilon_\lambda = 1$ならば，表面はその波長では黒体とみなせる．

6.2.2　灰色体の射出率

全波長にわたり積分した熱放射フラックスについて，**灰色体射出率**（**gray-body emissivity**）εが定義される．これは，実際の表面から射出される広帯域フラックスFと，シュテファン–ボルツマンの関係式による熱放射フラックスの上限値との比

$$\boxed{\varepsilon \equiv \frac{F}{\sigma T^4}} \tag{6.9}$$

で定義される．

すべての電磁波スペクトルに対して一様に“灰色”であるような表面は存在しない．したがって，灰色体射出率（あるいは吸収率）を用いた放射過程の計算は，実際の放射過程を大胆に簡略化したものとなる．ただし手早い概算のためにこの簡略化は便利である．

灰色体射出率の定義を，有限の波長範囲［λ_1, λ_2］の場合に一般化する．すなわち，これを

$$\varepsilon(\lambda_1,\ \lambda_2) \equiv \frac{F(\lambda_1,\ \lambda_2)}{F_B(\lambda_1,\ \lambda_2)} \tag{6.10}$$

と定義する．ここで$F(\lambda_1, \lambda_2)$は実際の表面から射出される放射フラックスをλ_1とλ_2の波長区間で積分した値である．また$F_B(\lambda_1, \lambda_2)$は

$$F_B(\lambda_1,\ \lambda_2) \equiv \pi \int_{\lambda_1}^{\lambda_2} B_\lambda(T)\, d\lambda \tag{6.11}$$

で与えられる．たとえば，地球大気の放射平衡の簡易計算のためには，熱赤外バンドでの射出率を用いればよいのである．赤外射出率の例を表6.1に示した．

表 6.1 さまざまな表面における典型的な赤外射出率（%）

水	92–96
新しく，乾燥した雪	82–99.5
氷	96
乾燥した砂	84–90
湿った土壌	95–98
乾燥し，耕された土壌	90
砂漠	90–91
森林，灌木	90
人間の肌	95
コンクリート	71–88
光沢のあるアルミニウム	1–5

6.2.3 キルヒホッフの法則

ある波長における熱放射の射出率は，その波長の電磁波の吸収率と密接に関係している．このことは，白色の石と黒色の石を高温の窯の中に入れ，両者を同じ温度に熱して観察すれば容易に確かめられる．周囲を暗くしてそれぞれの石が窯の中で赤く輝いている様子を観察してみよう．このとき白色の石は黒色の石よりもはるかに暗く見える．もし石が可視波長全域で完全に非吸収性であれば，どれだけ熱してもその輝きはまったく見えない．

定量的には，吸収率 a と射出率 ε の間の関係は，次のキルヒホッフの法則

$$\boxed{\varepsilon_\lambda(\theta,\ \phi) = a_\lambda(\theta,\ \phi)} \tag{6.12}$$

で表される．この等式は，物体表面における電磁波の吸収率と熱放射の射出率が，各波長 λ，各方向 (θ, ϕ) について等しいこと表す［訳注：ここでの吸収率は，熱放射の射出光線を逆にたどり物体表面に向かって入射する光線について定義したもの］．

ここでは，キルヒホッフの法則の導出はしない．もしこの法則が成り立たないならば，閉じた熱平衡系において自発的なエネルギーの流れが起きうることになり，熱力学第二法則に反すると述べるにとどめる．

単色の射出率に限らず，灰色体の射出率や，ある波長範囲で平均した射出率にも，キルヒホッフの法則はあてはまる．物体による，ある波長帯の放射

の吸収量は，外から入射する放射の角度やスペクトル分布にも依存する．一方，同じ波長帯で射出される熱的放射の総量は射出率と温度のみで決まり，入射光の強さには依存しない．

注意事項：局所熱力学平衡

キルヒホッフの法則は，大気放射過程において当然成り立つものと仮定され，とくに断りなしに使用されることも多い．意図しない誤用をさけるために，キルヒホッフの法則は，**局所熱力学的平衡（local thermodynamic equilibrium: LTE）**[2]のもとでのみ成立する法則だということを指摘しておく．ある物体おいてLTEが成り立つ状況は，その物体を構成する多数の原子・分子同士の衝突やその他の相互作用によるエネルギー交換が，外界の放射場や他のエネルギー源とのやりとりに起因する交換に比べて，非常に速く起こっているような場合である．分子間の衝突の頻度が小さくかつ強い外部光源にさらされる超高層大気は，LTEの状態にはないこともあるため，必ずしもキルヒホッフの法則は成り立たない．また，レーザー・蛍光灯・ガス封入放電管・発光ダイオード（LED）などの発光部位では，分子中の平均電子エネルギー準位がさまざまな方法で分子の熱力学的温度から期待される分布よりも，はるかに高い値に人工的に励起されているので，LTEの状態にはない．このような系からの放射の射出は，特定の波長において黒体よりもはるかに強く（だからこそこれらの機器が有用である！），したがってプランクの法則やキルヒホッフの法則はあてはまらない．大気中の非局所熱力学平衡の放射源の例としては，雷放電やオーロラが挙げられる．

6.2.4　輝度温度

プランク関数は，黒体の温度と単色放射輝度との間の一意的な関係式である．すなわち，黒体から射出される放射輝度 I_λ がわかれば黒体温度 T がわかり，その逆も成り立つ．この対応関係から，あらゆる単色の放射輝度を等価な黒体温度，すなわち**輝度温度（brightness temperature）**

2)　より詳しい内容についてはGY89（pp. 30–32）を参照せよ．

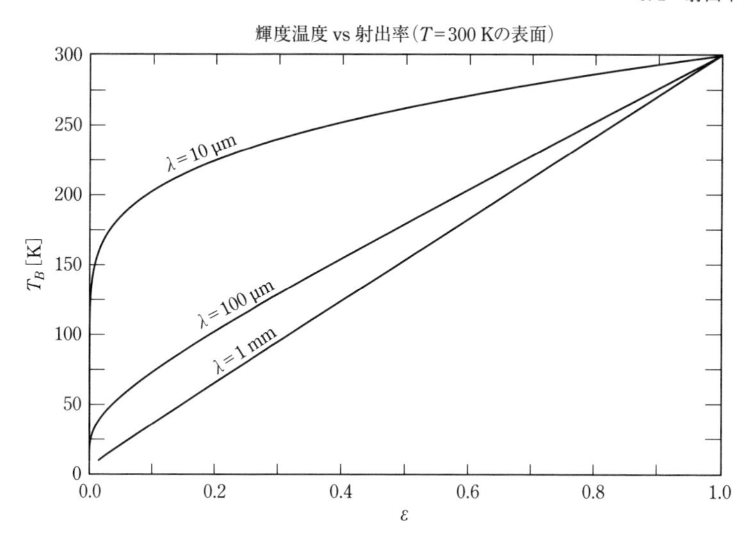

図 6.4 物理的な温度 300 K の表面の射出率 ε と輝度温度 T_B との関係を 3 つの異なった波長で示した．

$$\boxed{T_B \equiv B_\lambda^{-1}(I_\lambda)} \tag{6.13}$$

に変換することができる．ここで B_λ^{-1} は波長 λ におけるプランク関数の逆関数である．

輝度温度は，赤外やマイクロ波の波長領域におけるリモートセンシングで有用である．たとえば，熱赤外バンドにおいては，ほとんどの陸地や水の表面・厚い雲層での射出率は $\varepsilon \approx 1$ であり，透明な大気を通して観測すると，これらの表面の輝度温度は実際の温度に非常に近い（図 6.4）．

問題 6.9

地表面を見る衛星が雲のない条件で $12\,\mu$m の波長での輝度として $6.2\ \mathrm{W\ m^{-2}}\,\mu\mathrm{m}^{-1}\,\mathrm{sr}^{-1}$ の値を観測した．(a) 輝度温度 T_B を求めよ．(b) 大気が完全に透明で，この地表面の同じ波長での射出率が 0.9 であると仮定して実際の温度を求めよ．(c) 実際の温度に対する輝度温度の比は射出率に等しいだろうか．

一方でマイクロ波領域では，表面によっては射出率が1よりかなり小さくなり（特に水や氷河の氷），その場合の輝度温度は実際の温度よりもかなり小さくなる（図6.4）．しかしマイクロ波で有効なレイリー–ジーンズ近似によると（6.1.4項を参照）輝度I_λと輝度温度T_Bとは比例関係にある．したがってマイクロ波のリモートセンシングの放射伝達の計算においてもI_λとT_Bは相互に変換できる．

問題 6. 10

先の問題で，波長1 cmでの輝度が2.103×10^{-10} W m^{-2} μm^{-1} sr^{-1}であるとき，(c) の答えはどのように変わるだろうか．

問題 6. 11

ある日，陸地面の物理的な温度は300 Kであった．この地表面を11 μmのチャンネルの赤外放射計と19 GHzのチャンネルのマイクロ放射計を搭載した衛星で観測した．両波長において地表面の射出率εは0.95である．(a) 赤外，マイクロ放射計によって測定された輝度温度はいくらか．(b) 陸地面の射出率の推定には通常2～3%の誤差があることを考慮すると，地表面の正しい物理的温度をおおまかに見積もるには，どちらの波長域を使った方がよいか．

雲のない大気においてほとんど不透明な波長帯がある．この場合，宇宙から観測された輝度温度は地表面の見かけの物理的温度とは解釈できず，むしろ視線方向におけるすべての大気温度の加重平均と考えられる．大気が不透明になるほど観測されるT_Bへ最も寄与する大気領域の高度は高くなる．この原理は宇宙から大気温度を推定するための衛星観測技術の基礎となる．この問題については後の章で詳細に説明する［訳注：8.3.2項に詳しい説明がある］．

問題 6. 12

図6.5の不規則な実曲線は，雲のない日に衛星が海洋上を通ったときに実際に得られた放射輝度のスペクトルである．滑らかな曲線はさまざまな温度に対するプランク関数の値である．(a) 11 μmにおける輝度温度を推定せよ．

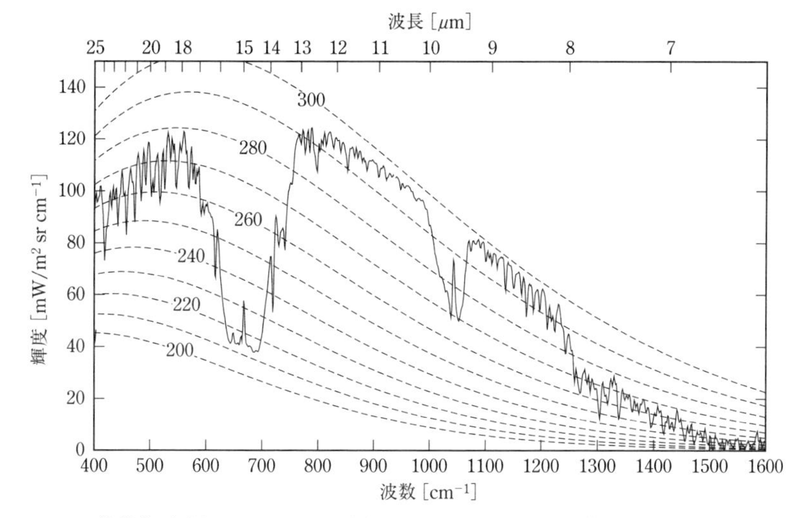

図 6.5　熱帯太平洋上でニンバス 4 号衛星により観測された赤外で射出される放射スペクトルの実例

点線はケルビン単位で示した温度における黒体の放射輝度．NASA ゴダード EOS DAAC からの IRIS のデータと Rudolf A. Hanel 博士の厚意による．

(b) 15 μm における輝度温度を推定せよ．(c) どちらの波長の方が地表面からの放射を主に見ているだろうか．(d) 地表面を見ていない波長において，観測された輝度温度に対応する大気のおおよその高度を見積もれ．気温減率は 6.5 K/km とする．

6.3　熱放射はどのような場合に重要か

局所熱力学平衡にあるすべての物質は射出率とプランク関数に従い熱放射を射出している．しかし日常体験だけからは，地表面や大気からの熱放射（地球放射）は気にするほどのものではないように思える．たとえば，眼で見える自然光はすべて地球外起源の太陽放射である（雷・火山・蛍は例外だが！）．そうでなければ日没後に暗闇とならないであろう．

どのような状況で地球放射の寄与は無視できたり，できなかったりするのだろうか？　単純な答えは，ある閾値より短い波長では，地球大気において地球放射の寄与は太陽放射の寄与に比べて無視できる程度に小さい．その閾

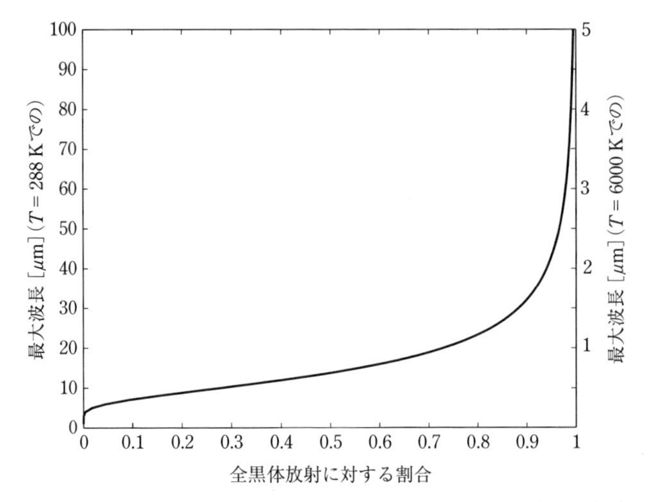

図 6.6　閾値（y 軸の値）より短波長での黒体からの総射出と全波長での総射出の比

x 軸は $\pi\left[\int_0^\lambda B_\lambda(T)\,d\lambda\right]\Big/(\sigma T^4)$ の値．左の y 軸は $T = 288$ K，右の y 軸は $T = 6000$ K の黒体に対応．Ackerman による図を修正．

値より長波長では，太陽放射と地球放射の両方を考慮する必要がある．さらに長波長では，しばしば（いつもではないが）熱放射に比べ太陽放射の寄与を無視することができる．

この閾値となる波長はどれくらいであろうか？　この疑問に答えるには太陽表面の温度（約 6000 K）と地表面や大気の典型的温度（200〜300 K）の，2 つの異なる温度の黒体の射出スペクトルを比較すればよい．プランク関数の曲線下の面積が等しくなるように規格化すると，驚くべきことに，放射輝度に主要な寄与をする波長域は，2 つの黒体でほとんど重なり合わない．実際，$\lambda \approx 4\,\mu$m の閾値により太陽放射と地球放射を分離することができる．$4\,\mu$m より短い波長領域は全太陽放射の 99% を占め，それより長い波長領域は，全地球放射の 99% 以上を占める（図 6.6）．

上の議論ではいくつかの重要な事実が見落とされる可能性がある．第 1 に，図 6.2（b）では地球と太陽からの放射スペクトルの**相対的**な分配がよく表現されているが，両曲線下の面積が等しくなるように規格化したことを思い出してほしい！　この規格化をしなければ，あらゆる波長で，太陽温度の黒体から射出される放射輝度は，それより大変低い地球温度の黒体から射出される放射輝度よりもはるかに大きいのである．

問題 6.13

プランク関数を用いて，温度 6000 K と 255 K の 2 つの黒体表面から射出される放射輝度を，地球放射の典型的な波長 12 μm において比較せよ．

この 2 つの光源の相対的寄与を詳しく議論するためには，波長の閾値に加えて下記事項への注意も必要である．1）考えている放射量は放射フラックスか放射輝度のどちらであるか．2）もし放射輝度であればどの方向を見ているのか．3）もし見ている方向が太陽方向でないならば，地表や大気の反射特性はどのようなものなのか．

おおまかには，波長 4 μm は確かに地球放射と太陽放射を区別する適切な閾値である．明らかな例外は，衛星搭載の熱赤外やマイクロ波の放射輝度センサーが，滑らかな地表面（海面など）を，太陽放射の反射光の方向から観測するときである．このような場合，4 μm よりも長波長領域においても，地表面から射出される地球放射に比べ太陽放射の反射光の寄与が無視できなくなる．この影響を考慮しないと，リモートセンシング観測に大きな誤差が生じる．

問題 6.14

12 μm での太陽反射光の上向きフラックスを計算せよ．太陽（温度は 6000 K，立体角 $\Delta\omega = 6.8 \times 10^{-5}$ sr）は真上にあって地表面（フラックス）反射率は $r_\lambda = 0.1$ であるとせよ．また求めたフラックスと 300 K の地球からの射出によるフラックスとの比率を求めよ．

6.4 気象学・気候学・リモートセンシングへの応用

本節では，これまでに導入した法則や簡単な関係式のみにより，長波帯における放射エネルギー輸送の仕組みやリモートセンシングの原理を大づかみに理解することを試みよう．

以下の議論では，地表面や大気層が吸収したり射出したりする短波と長波それぞれの放射フラックスについて灰色体近似を仮定する．灰色体近似の吸収率は短波，長波についてそれぞれ a_{sw}，a_{lw} とおく．キルヒホッフの法則によれば，長波の射出率 ε は a_{lw} に等しく，温度 T の物体から射出される長波フラックスは $\varepsilon\sigma T^4$ と表せる．多くの物体では，長波帯については $\varepsilon \approx 1$ と仮定してよい．地表面や大気からの短波の射出は無視できるものとする．

放射平衡（radiative equilibrium） とは，各部分系で放射フラックスの流入と流出が釣り合う状態のことである．もしある部分系が放射平衡にないならば，その部分系の加熱率あるいは冷却率はゼロとはならない．

上に述べたごく少数の設定条件からの演繹により，幅広いさまざまな問題を考察することができる．まずは最も簡単な系（たとえば単一表面）から始め，地表面–大気の結合モデルにまで議論を進める．

問題 6. 15

典型的な人体の表面積は約 2 m^2 である．(a) 素肌の温度が 32℃（普通は深部体温の 37℃ よりいくぶん低いことに注意）とすると，射出率 0.97 において身体は何 W（ワット）の熱放射をするだろうか．(b) その人が 20℃（ほぼ室温）の環境にいる場合，放射のみによる正味の熱損失を求めよ．(c) (b) の結果を 1 日当たりのカロリー（1 kcal = 4180 J）を用いて表せ．(d) 成人のエネルギー消費量（新陳代謝および物理的な熱損失）は 1 日平均で 2000 ～ 3000 kcal である．この情報を考慮し，人体から周囲へ熱エネルギーが散逸するメカニズムと，その寄与の大きさについて意見を述べよ．

6. 4. 1　真空中での放射平衡

月には大気や海洋がなく，熱を効率的に水平方向に再分配するメカニズムがない．さらに，月の地面のうち比較的浅い層のみが熱エネルギーの貯蔵と放出の役割を果たしている．そのため，良い近似として，月表面の**平衡温度（equilibrium temperature）** は，太陽からの短波放射の吸収と，宇宙に射出される長波放射との釣り合いで決まる．表面の短波アルベドは一定だとすると，吸収される短波放射フラックスは太陽天頂角のみの関数である．一方で長波放射フラックスは，温度の上昇とともにシュテファン–ボルツマンの法則

(6.5) に従い急激に増加する．

したがって，長波放射の射出が短波放射の吸収より小さいと表面温度は上昇する．この温度上昇は，長波放射の射出が増加し短波放射の吸収と釣り合うまで続く．逆に，長波放射の射出が短波放射の吸収より大きいと，両者が釣り合うまで温度が減少する．したがって，月の表面の放射平衡の条件は

$$(1-A)\,S_0\cos\theta=\varepsilon\sigma T^4 \tag{6.14}$$

となる．ここで A は表面の短波アルベド，θ は太陽天頂角，ε は長波射出率である．これを T について解くと平衡温度は，

$$T_E=\left[\frac{S_0(1-A)\cos\theta}{\varepsilon\sigma}\right]^{\frac{1}{4}} \tag{6.15}$$

と表せる．

問題 6.16

アルベド $A=0.10$，射出率 $\varepsilon=1$，太陽定数 $S_0=1370\ \mathrm{W\ m^{-2}}$ として平衡温度 T_E を天頂角 $0\le\theta\le 90^\circ$ の関数としてプロットせよ．

式 (6.15) はもちろん月の表面が放射平衡にあると仮定して導かれているが，実際には任意の時刻において放射平衡に達しているとは限らない．また，ここでは短波放射の光源が他にはないことも仮定しているが，実際には，地球による日光の反射と星の光（弱い効果）により月の放射平衡温度は夜間でも絶対零度よりは高くなる．

問題 6.17

(a) 月の表面での正味のフラックス F_{net} を実際の温度 T と式 (6.15) で使ったパラメータの関数として表せ．(b) $A=0.10$, $\theta=45^\circ$, $T=300\ \mathrm{K}$, $\varepsilon=1$ の場合の F_{net} の値を求めよ．

次に，完全な黒色で半径 r の小さい球体が大気圏外にあり，太陽放射 S_0 を受けると考えよう（球体と地球は太陽から同じ距離だけ離れている）．球体の放射平衡温度 T_E は，入射する太陽放射と射出される長波放射の釣り合いを考えることで求められる．前者は球体の断面積と太陽フラックスの積と

して，

$$\Phi_{\mathrm{SW}} = S_0 \pi r^2 \tag{6.16}$$

と表される．後者はシュテファン–ボルツマンの関係式と表面積との積である，

$$\Phi_{\mathrm{LW}} = 4\pi r^2 \sigma T_E^4 \tag{6.17}$$

となる．2つのフラックスが等しいとすると，

$$S_0 = 4\sigma T_E^4 \tag{6.18}$$

を得る．すなわち，放射平衡温度は

$$T_E = \left[\frac{S_0}{4\sigma}\right]^{\frac{1}{4}} \tag{6.19}$$

となる．$S_0 = 1370\ \mathrm{W\ m^{-2}}$ と $\sigma = 5.76\ \mathrm{W/(m^2\ K^4)}$ を代入すると $T_E = 279$ K となる．

問題 6. 18

先ほど議論したような球状の物体で半径 $r = 10$ cm，熱容量 $C = 1 \times 10^4$ J/K であるものを考える．(a) $T \neq T_E$ であるときの加熱率 dT/dt を T の関数として表現せよ．(b) 温度が平衡に達した後，太陽放射が突然ゼロになることを考える（たとえば物体が惑星の影に隠れて）．先の解を用いて物体の温度 T を時間 t の関数として求めよ．ただし熱伝導率が有限であることの効果は無視する．(c) (b) で得た解を用いて物体が 100 K，10 K，1 K に冷えるまでの時間を求めよ．

問題 6. 19

(a) 上で得た解を一般化し，短波アルベドが A，長波射出率が ε である球体の放射平衡温度 T_E を求めよ．

(b) $A = 0.10$ で $\varepsilon = 0.95$ としたときの T_E 値を計算せよ．(c) もし (a) の解が正しければ，$\varepsilon \to 0$ のとき $T_E \to \infty$ となる．これは長波では反射率が高く（つまり ε が低い）かつ短波では反射率が低い物体は真空中で太陽放射を当てるだけで任意の高温にできることを示唆しているようにみえる．しかし，太陽自身の温度は有限（$T \approx 6000$ K）なので，熱力学第二法則が破綻するように思える．この主張の論理的欠陥を述べよ．［ヒント：この問題においてウィーンの変位則が示唆することを考えよ．］

6.4.2　大気上端での全球的放射平衡

上述の月や球形の固体に比べ，地球は大変に複雑なシステムである．とりわけ，大気と海洋により熱が水平方向に速く輸送される．さらに，大気自身が太陽光や長波を吸収したり射出したりする．地表面での放射平衡は大気の放射平衡と独立に考えることはできない．これらの理由で，**局所的表面温度**（**local surface temperature**）を求めるにあたっては，上で議論したような簡易的な放射平衡の考えを用いることができない．しかしながら，数十年，数世紀を通して定常状態である全球規模の気候に対しては，**全球平均**の太陽放射吸収と**外向き長波放射**（**outgoing longwave radiation: OLR**）が釣り合うという原理を**大気の上端**（**top of the atmosphere**）で適用できるはずである．

先に球形物体について行ったように，太陽光の全吸収フラックス（ワットの単位）は地球の断面積，太陽定数 S_0，$1-A_p$ の積である．ここで $\boldsymbol{A_p}$ は観測された**平均惑星アルベド**で約 30% である（これには地表面のアルベドと雲による重要な寄与も含んでいる）．

外向きの全長波フラックスは吸収される短波フラックスに等しい（図 6.7）．この OLR は単一温度の単純な表面からの放射の射出を表すわけではないが，平均 OLR の大きさを，黒体からの射出（つまり $\varepsilon=1$）を仮定して**有効放射温度**（**effective emitting temperature**）

$$T_{\mathrm{eff}}=\left[\frac{S_0(1-A_p)}{4\sigma}\right]^{\frac{1}{4}} \tag{6.20}$$

で表現するのは有用である．地球に対して適切な値を代入すると $T_{\mathrm{eff}}=255\,\mathrm{K}$ となる．

この T_{eff} の値は平均表面温度の観測値である約 288 K より 33 K 低いことに注意されたい．しかし観測される OLR は地表面からのものだけではなく，さまざまな高度の大気からも射出され，それらの温度は地表よりもかなり低いことを想起されたい．したがって，大気上端の簡単な放射平衡を用いるだけでは大気温度の鉛直分布は求まらないということを理解すれば，計算された T_{eff} に矛盾はない．

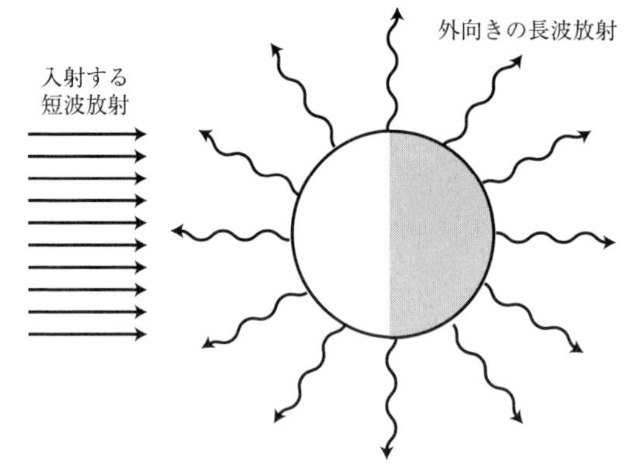

図 6.7　球形の物体に入射する太陽放射と外向きの熱赤外放射との関係

問題 6. 20

さまざまな惑星のアルベドと太陽からの距離を下の表に示した．

惑星	太陽からの距離（AU）	アルベド
水星	0.39	0.11
金星	0.72	0.65
地球	1.00	0.30
火星	1.52	0.15
木星	5.20	0.52
海王星	30.0	0.41
冥王星	40.0	0.30

(a) 太陽が唯一のエネルギー源と仮定してそれぞれの惑星の有効放射温度を計算せよ．

(b) 観測された木星の有効放射温度は 140 K である．この違いは明らかに木星内部の熱源による．この熱源の強さを $\mathrm{W\ m^{-2}}$ の単位で求めよ．

問題 6. 21

大気や海洋の流体運動による緯度方向の熱輸送がなければ，ある緯度での平均気温は入射する太陽放射と外向きの長波放射との局所的平衡で決まる．帯状平均した太陽放射吸収量が図 1.1 の値をとると仮定して（これは雲，氷，植生の変化によるフィードバックを無視している非現実的仮定であるが），シュテファン–ボルツマンの法則を用いて赤道と極での有効な平均放射温度（大気上端から見ての）を推定せよ．そしてそれに 33℃ 加えて対応する地表面温度を推測せよ（これも平均気温減率と大気透過率が現在の値と変わらないという非現実的な仮定であるが).

問題 6.22

極軌道上の気象衛星は典型的には地表から高度 1000 km に位置する．一方で地球静止軌道上の衛星は高度 3 万 5800 km にある．それぞれの軌道上で衛星の真下方向と直交する平面を通過する地球の長波放射フラックスを計算せよ．地球の有効放射温度は一様で 255 K とする．

問題 6.23

太陽が現在よりも熱く（そして，より青色がかっている），放射の射出が最大となる波長が 0.475 μm ではなく 0.400 μm であるとする．アルベドは変わらないとして地球の平衡放射温度の変化を求めよ．簡単のため，太陽の放射はプランクの法則に従うと仮定せよ．[ヒント：初めに式 (6.3) と式 (6.5) を結び付けて新しい太陽定数と現在の S_0 との比を求める．次にこれを用いて新しい平衡温度を現在の温度と 2 つの波長の関数として表現せよ.]

6.4.3　大気の簡易放射モデル

単一層で非反射性の大気

不透明な地表面とそれを覆う薄く半透明で一様な温度をもつ大気から形成される系を考える．地表温度を T_S，大気温度を T_a とする．そして地表面の長波射出率は $\varepsilon = 1$ で短波アルベドは A とする．大気の長波と短波の吸収率をそれぞれ a_{lw}，a_{sw} とする（当面，大気は放射を散乱あるいは反射しないものと仮定する)．また，太陽から大気上端に入射する全球平均した短波フラックスは $S = S_0/4$ である．

これらのパラメータを用いて，大気上端と大気–地表間での上向きと下向きの長波，短波フラックスを表現する．これらのフラックスの模式図を図 6.8 に示し，それらの物理的意味を以下にまとめた．

F_1　太陽からの入射短波フラックス
F_2　F_1 のうちで大気を透過した部分
F_3　F_4 のうちで大気を透過した部分
F_4　地表面で反射された短波フラックス

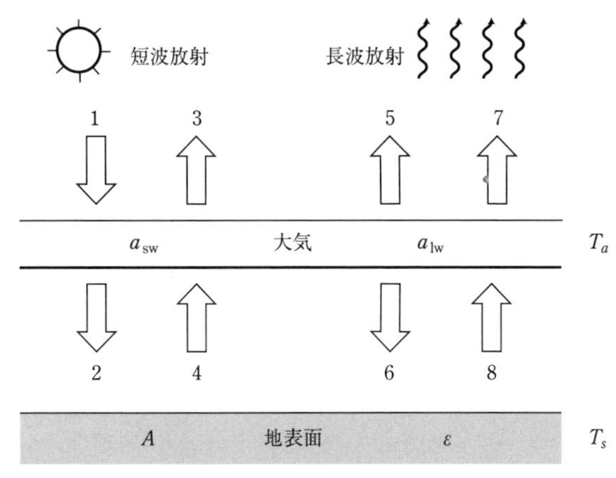

図 6.8　地表面と薄い等温大気との間での放射結合の模式図

F_5　大気による長波の上方への射出

F_6　大気による長波の下方への射出

F_7　F_8 のうちで大気を透過した部分

F_8　地表面における長波の射出

もし地表面で $\varepsilon = 1$ と仮定しない場合は，地表面での F_6 の反射による上向きフラックスを表す項も含める必要があることに注意されたい．

この節で定義したパラメータを用いて，これらのフラックスについて，

$$F_1 = S \tag{6.21}$$

$$F_2 = (1 - a_{\mathrm{sw}})\, F_1 = (1 - a_{\mathrm{sw}})\, S \tag{6.22}$$

$$F_3 = (1 - a_{\mathrm{sw}})\, F_4 = A(1 - a_{\mathrm{sw}})^2 S \tag{6.23}$$

$$F_4 = AF_2 = A(1 - a_{\mathrm{sw}})\, S \tag{6.24}$$

さらに，

$$F_5 = a_{\mathrm{lw}} \sigma T_a^4 \tag{6.25}$$

$$F_6 = F_5 = a_{\mathrm{lw}} \sigma T_a^4 \tag{6.26}$$

$$F_7 = (1 - a_{\mathrm{lw}})\, F_8 = (1 - a_{\mathrm{lw}})\, \sigma T_S^4 \tag{6.27}$$

$$F_8 = \varepsilon \sigma T_S^4 = \sigma T_S^4 \tag{6.28}$$

の関係式が成り立つ．これらの関係式が正しいことを自ら確認しておくこと！　大気からの長波放射にはキルヒホッフの法則，つまり射出率は吸収率

と等しいことを用いている．放射平衡が成り立つ場合，大気上端および地表面–大気間の正味のフラックス（短波と長波を足し合わせたもの）は共にゼロとなる．もしそうでない場合は，時間経過とともに大気や地表面がエネルギーを正味として得たり失ったりするので，加熱や冷却が起きる．

上の表のフラックスが正数であるとすると，放射平衡の条件は，

$$F_{\mathrm{net,top}} = F_3 + F_5 + F_7 - F_1 = 0 \tag{6.29}$$

$$F_{\mathrm{net,sfc}} = F_4 + F_8 - F_2 - F_6 = 0 \tag{6.30}$$

という 2 つの等式で表される．ここにそれぞれのフラックスの表式を代入すると

$$A\,(1-a_{\mathrm{sw}})^2 S + a_{\mathrm{lw}}\sigma T_a^4 + (1-a_{\mathrm{lw}})\,\sigma T_S^4 - S = 0 \tag{6.31}$$

$$A\,(1-a_{\mathrm{sw}})\,S + \sigma T_S^4 - (1-a_{\mathrm{Sw}})\,S - a_{\mathrm{lw}}\sigma T_a^4 = 0 \tag{6.32}$$

となる．さらに整理すると

$$(1-a_{\mathrm{lw}})\,\sigma T_S^4 + a_{\mathrm{lw}}\sigma T_a^4 = S\,[1-A\,(1-a_{\mathrm{sw}})^2] \tag{6.33}$$

$$\sigma T_S^4 - a_{\mathrm{lw}}\sigma T_a^4 = (1-A)(1-a_{\mathrm{sw}})\,S \tag{6.34}$$

となる．$x = \sigma T_S^4$ と $y = \sigma T_a^4$ を定義すると，未知数 x と y に対して 1 組の連立一次方程式が得られることに注意されたい．まず x と y について解き，それを σ で割り，その 4 乗根をとると，T_S と T_a の表式

$$T_S = \left\{\frac{S}{\sigma}[1-(1-a_{\mathrm{sw}})A]\left(\frac{2-a_{\mathrm{sw}}}{2-a_{\mathrm{lw}}}\right)\right\}^{\frac{1}{4}} \tag{6.35}$$

$$T_a = \left\{\frac{S}{\sigma}\left[\frac{(1-A)(1-a_{\mathrm{sw}})a_{\mathrm{lw}} + [1+(1-a_{\mathrm{sw}})A]a_{\mathrm{sw}}}{(2-a_{\mathrm{lw}})a_{\mathrm{lw}}}\right]\right\}^{\frac{1}{4}} \tag{6.36}$$

を得る．これらの式は複雑そうにみえるが，T_S だけに注目し，いくつかの極限的場合を考えることで，全球の地表面温度を支配する大気の役割についての理解が得られる．

最も簡単な場合は $a_{\mathrm{lw}} = 0$，$a_{\mathrm{sw}} = 0$ のときである．これは大気がまったくないことと等価である．なぜなら短波放射と長波放射からみると大気はまったく見えないからである．実際これらの値と $S = S_0/4$ を式（6.35）に代入して整理すると，予想通り式（6.20）が得られる．

次に地表面が完全に黒体（つまり $A = 0$）で a_{lw} と a_{sw} がゼロでない場合を考える．この場合には

$$T_S = \left[\frac{S_0}{4\sigma}\left(\frac{2-a_{\mathrm{sw}}}{2-a_{\mathrm{lw}}}\right)\right]^{\frac{1}{4}} \tag{6.37}$$

となる．この式は興味深いのでその意味を考えてみる．$a_{\mathrm{lw}} > a_{\mathrm{sw}}$ ならば，この簡単な系における地表面温度は大気がない場合（$a_{\mathrm{lw}} = a_{\mathrm{sw}} = 0$）や，より一般的に $a_{\mathrm{lw}} = a_{\mathrm{sw}}$ の場合での温度よりも高いことがわかる．

実際，現実の大気は太陽からの短波放射に対しては比較的透明であるのに対し，熱赤外域ではかなりの吸収性を示す．$a_{\mathrm{sw}} = 0.1$ および $a_{\mathrm{lw}} = 0.8$ とすることで地球大気を近似できる．したがって，大気による長波放射の吸収や再射出によって地表面がかなり昇温することがわかる．大気の存在によるこの温暖化の効果を一般に**温室効果**（**greenhouse effect**）と呼ぶ．

上の解析において，大気は入射する太陽放射を透過または吸収するが，反射はしないと仮定している．この仮定をそのまま用いて平衡地表面温度を現実的に推測することはできない．しかし，雲などの反射による太陽放射の入射フラックスの損失は，S を $S\ (1 - A_p)$ で置き換えることで考慮できる．ここで $A_p = 0.30$ は以前に式（6.20）による計算で使われた惑星アルベドの観測値である．ここでは太陽放射の雲などによる宇宙空間への反射はすべて，太陽放射が地表面や大気に吸収される前に実効的に大気上端で起きると仮定する．この簡単な仮定をするだけで，新たに地表面の温度 286 K が得られる．この値は，同じ惑星アルベドで大気のない場合の地表温度である 255 K（既に求めた）とは大きく異なる．大ざっぱなモデルであるにもかかわらず，この温度は実際の観測値に驚くほど近い！

現在，短波放射には透明であるが長波放射を強く吸収する二酸化炭素や他の“温室効果気体”を人類が放出するため a_{lw} の値が増加し，それにより全球地表面温度の放射平衡値が温暖な方向にシフトしている．このことこそ，今日の気候学者が最も懸念する事柄の１つである．

もちろん，この問題を詳細に研究するためには，流体の運動，雲や水蒸気のフィードバック，他の複雑な過程などを取り入れた精巧な大気数値モデルが必要である．これらは**大気大循環モデル**（**general circulation models: GCMs**）と呼ばれ，今日では気候や気候変動を理解するための基本的な道具となっている．しかし実際の大気放射と他の物理過程はきわめて複雑であり，現在の最も強力な計算機を用いてもそれらを包括的かつ詳細に計算することはできない．そこでGCMではこれらの諸過程を大幅に単純化して表現しており，そのことがモデル予測の誤差の要因となりうる．計算機の能力に限度があるなか，放射過程や他の物理・化学的な素過程のパラメータ化（parameterization）をより高精度なものにすることは，現在の大気科学の主要な研究課題である．

問題 6.24

上の例では地表面のアルベド A をゼロにして太陽入射 S を 30% 減らすことで，太陽放射が地球–大気間によって吸収されるのではなく反射されるということを表現した．同様に $S = S_0/4$ とし，ゼロより大きい A を選ぶことで，ちょうど $1 - A_p = 70\%$ の太陽放射が地表面か大気によって吸収されるようにすることができる．

(a) この新しい考え方に基づき，適切な A の表現（A_p，a_{sw} を用いた）を求めよ．

(b) $A_p = 0.30$，$a_{sw} = 0.1$ を用いて A の値を計算せよ．

(c) 上記のパラメーターと $a_{lw} = 0.8$ が与えられたとき，T_S の値を計算せよ．

問題 6.25

n 層からなる大気を考え，それぞれの大気層は短波放射には透明だが長波帯では不透明（$\varepsilon = 1$）であるとする．この系における放射平衡での地表面温度は

$$T_0 = T_n (n + 1)^{1/4}$$

となることを示せ．ここで T_n は最上層の温度である．

6.4.4 夜間の放射冷却

前節では，簡易的な 2–レベルのモデルで放射平衡について論じた．その際に，地球から出ていく長波フラックス（長期にわたり全球平均した）と，太陽から受け取る短波フラックス（長期にわたり全球平均した）が釣り合うことを仮定した．より小さな時空間スケールでみると，どの場所でも太陽の入射は時間的に一定ではなく夜間はゼロで正午に最大になる．また緯度や季節によっても変動する．また地表面での短波，長波フラックスも，上空の温

度・湿度・雲量によって顕著に変わる．2–レベルのモデルは現実を大胆に近似したものではあるが，そこから短期的，局所的な放射過程についての知見も得ることができるのである．

その一例として，曇りの日よりも晴れた日の夜の方が露や霜が降りやすいという，よく知られた現象について考察する．露や霜は地表面が空気の露点や霜点より冷たくなるときに生じる（しばしば，地表面付近の空気は露点や霜点よりも暖かいにもかかわらず）．この観測事実は地表面が冷却する原因は，直接的な熱伝導（空気と地表面との物理的接触を通した）ではないことを意味している．なぜなら熱は常に暖かい物体から冷たい物体に移動するからである．唯一考えられる原因は明らかに放射効果である．

いまは夜間を考えているので，短波フラックスについて考える必要はない．また放射平衡が成り立つ条件を問題にするのではなく，非平衡状態での地表冷却率を推定するのである．したがって図 6.8 のフラックスの 6 と 8 の成分だけを考えればよい．ここでの議論のために，これらのフラックスを $F^{\downarrow}$，$F^{\uparrow}$ と簡易的に表現すると

$$F^{\downarrow} = a_{\mathrm{lw}} \sigma T_a^4 \tag{6.38}$$

$$F^{\uparrow} = \varepsilon \sigma T_S^4 = \sigma T_S^4 \tag{6.39}$$

が成り立つ．ここで前と同様に地表面の長波射出率を $\varepsilon \approx 1$ とした．

地面の冷却率は正味のフラックスに比例して

$$F^{\mathrm{net}} = F^{\uparrow} - F^{\downarrow} = \sigma T_S^4 - a_{\mathrm{lw}} \sigma T_a^4 \tag{6.40}$$

または

$$F^{\mathrm{net}} = \sigma (T_S^4 - a_{\mathrm{lw}} T_a^4) \tag{6.41}$$

となる．雲がない大気での a_{lw} の有効値は，冬期の北極での約 0.7 から熱帯地方の約 0.95 までの範囲で変わる．水蒸気は熱赤外バンドの多くの波長域で放射を強く吸収するので，この変動は主に大気の湿度による．対応する有効大気温度 T_a は 235 K（北極の冬）から 290 K（熱帯）の値をとり，典型的な晴れの状態での下向きの長波フラックス $F^{\downarrow}$ の値は約 120 W m^{-2} の最小値から約 380 W m^{-2} の最大値の範囲に入る．

ここでは中緯度の冬の典型的な値として，$a_{\mathrm{lw}} = 0.8$，$T_a = 260$ K，地表温度 T_S の初期値を 275 K とする．これらの値を式（6.41）に代入すると，正味で 117 W m^{-2} の正の（上向きの）フラックスを得る．無風状態の平地

では，この地面での熱損失は地表に接する空気からの熱伝導ではほとんど補償されないため，地表面温度は急速に低下する．

土壌中の熱伝導が実際かなり遅いことを考慮して，この温度低下の速度を大ざっぱに推定してみる．日変化（昼夜）のサイクルに伴い，地表面から数センチの厚さの層のみが温度変動をすると考える．平均的な冷却を表す有効的な深さを $\Delta Z = 5\,\mathrm{cm}$ として（やや恣意的ではあるが），典型的な熱容量（単位体積当たりの）を $C \approx 2 \times 10^6\,\mathrm{J\,m^{-3}\,K^{-1}}$ とすると

$$\frac{dT}{dt} \approx \frac{-F^{\mathrm{net}}}{C\,\Delta Z} \approx -4.2\,\mathrm{K/hr} \tag{6.42}$$

を得る．これより，短時間の間に地面温度が地面直上の空気の氷点や霜点より低くなり，直接地表面に霜が降り始める（昇華が起きる）ことがわかる．

この計算は雲のない大気を仮定している．ここで地表面より 2 ～ 3℃ 低い温度の不透明な低層雲があるときはどうなるだろうか．$a_{\mathrm{lw}} = 1$，$T_a = 270\,\mathrm{K}$ とすると，地表の正味のフラックスはわずか $22\,\mathrm{W\,m^{-2}}$，つまり晴れているときの 5 分の 1（あるいはそれ以下）しかない．地表面の温度低下率は同じ割合だけ減少するため，わずか 0.8 K/hr の値になる．雲の存在でこれほど違った結果になるのである！

もちろん，地表での潜熱と顕熱フラックスのような他の過程が，わずかではあるが（それなりの風が吹いていなければ！）この簡易解析で推定された放射冷却の一部を相殺する．それにもかかわらず，かなりの短時間スケールの気象学的現象においてさえも放射は観測可能な効果を及ぼしうることが納得できたであろう．

6.4.5 雲頂での放射冷却

同様な解析を，海洋上の下層の層積雲のような，水平方向に平たく広がった雲層の上端にも適用することができる．このような雲は，カリフォルニア・ペルー近くの東太平洋あるいは北アフリカ・イベリア半島近くのアゾレス諸島周辺など，中緯度亜熱帯の高圧帯における比較的寒冷な海洋上でよくみられる．

これらの雲層が長時間安定に維持されるプロセスは複雑で，それを理解するためには，顕熱や水蒸気の乱流フラックスも考える必要がある．しかし，

少なくとも全体のエネルギー収支の中での一要素として，放射フラックスの潜在的な役割を評価することは可能である．

まず，長波放射に対して雲層は不透明でほとんど反射しないので，雲層には射出率が $\varepsilon \approx 1$ の2つの“表面”があると考えることができる．海洋性層積雲の雲底の高さ Z_{base} は一般的に300 m付近で，これより低い高度では気温の高度分布は，乾燥断熱減率9.8 K/kmに従う．これは雲底と海表面の間の温度差がわずか3 Kしかないことを意味する．海面温度を $T_S = 288$ K とすると，$T_{\mathrm{base}} = 285$ K となり雲底での正味の上向き長波フラックスは

$$F_{\mathrm{net,\,base}} < \sigma\,(T_S^4 - T_{\mathrm{base}}^4) \approx 16\ \mathrm{W\,m^{-2}} \tag{6.43}$$

となる．不等号‘<’は右辺が雲底での正味のフラックスの上限であることを示すために用いられている．なぜなら，雲底に届く放射のすべてが海面から来るわけではなく，その一部は海面より高い高度（少し低温）の大気から放射されるためである（この大気は波長によっては不透明なので）．

雲内部での温度勾配は約6 K/kmの湿潤断熱減率となる．したがって，一般的には高度が約1 kmにある雲頂は雲底よりも約4 K低温の $T_{\mathrm{top}} \approx 281$ K となる．海洋性層積雲は典型的には上空からの下降流がある高圧帯で生じるので，雲頂より上空の大気はしばしば暖かく乾燥している．上空の大気からの放射の下向きフラックスは $a_{\mathrm{lw}}\sigma T_a^4$ となる．ここで $T_a \approx 280$ K と $a_{\mathrm{lw}} \approx 0.8$ を仮定すると

$$F_{\mathrm{net,\,top}} \approx \sigma\,(T_{\mathrm{top}}^4 - a_{\mathrm{lw}} T_a^4) \approx 75\ \mathrm{W\,m^{-2}} \tag{6.44}$$

を得る．まとめると，雲頂ではかなりの放射冷却が起きるが（$\sim 75\ \mathrm{W\,m^{-2}}$），雲底での放射加熱は比較的弱い（$\sim 16\ \mathrm{W\,m^{-2}}$）．よって雲層全体では正味で $\sim 59\ \mathrm{W\,m^{-2}}$ の放射冷却となる．ところで，上空の大気層が冷えると常に温度減率が増大することに留意されたい．その温度減率が断熱減率（この場合は湿潤断熱減率）を超えると大気層が不安定になり，鉛直対流が生じることになる．下方から大気を暖める場合でも同じことが起きる．その結果，雲により生じる正味の放射冷却は，最終的には海面から雲頂まで広がる大気境界層（または大気混合層）全体に分配されていくことになる．この例では $\sim 59\ \mathrm{W\,m^{-2}}$ の冷却が厚さ1 kmの大気に分配されることになる．この冷却率は

$$\left.\frac{dT}{dt}\right|_{\text{rad}} \approx \frac{F_{\text{net, base}} - F_{\text{net, top}}}{c_p \rho \Delta z} \approx -4.2\ \text{K/day} \tag{6.45}$$

で計算される．ここで $c_p = 1004\ \text{J kg}^{-1}\ \text{K}^{-1}$ は空気の定圧比熱，$\rho \approx 1.2\ \text{kg m}^{-3}$ は地表近くの空気の密度で，$\Delta z = 1\ \text{km}$ である．

現実には海洋の境界層の温度はほぼ定常状態にあるので，海面では潜熱フラックス，雲頂では顕熱フラックスおよび乱流フラックスの形で流入するエネルギーが放射冷却を打ち消していることを意味している．実際，雲頂での放射冷却による対流は雲と暖かく乾燥した上空の空気の間での混合を引き起こす．これは境界層の質量とエネルギーの釣り合い全体に重要な役割を果たす．また，上から見ると層積雲は平らな層状ではなく，むしろロール状やセル状の形をしているという観測事実は，このことに起因するのである．

6.4.6 宇宙からの赤外撮像

熱赤外やマイクロ波帯の中には，雲のない大気がかなり透明であるような波長域がある．このような領域のことを**スペクトルの窓**（spectral window）と呼ぶ．熱赤外バンドで最も重要なスペクトルの窓は，11 μm 付近を中心とする波長域にある．

ほとんどの現業の気象衛星はこの窓のチャンネルを少なくとも 1 つはもっており，地心方向の地表面空間分解能は約 4 km である．図 6.9 は静止衛星から撮像された標準的な 10.7 μm の衛星画像の例である．大部分の極軌道衛星からも同様の画像が得られている．

大気中の気体はこの波長でほとんど透明なので（水蒸気のわずかな吸収を除いて），この波長の衛星赤外撮像では地表面や雲頂からの熱赤外放射が測定されていることになる．この結果を輝度温度で表すと便利である（6.2.4 項参照）．観測視野内の射出率が ε で温度が T である地表面の輝度温度は

$$T_B = B_\lambda^{-1}[\varepsilon B_\lambda(T)] \tag{6.46}$$

で表される．$\varepsilon \approx 1$ のときは上式は $T_B \approx T$ となる．陸面・水面・ほとんどの雲（薄い巻雲は除く），また雪で覆われた陸面さえもが熱赤外波長ではほとんど黒体（$\varepsilon \approx 1$）なので，観測される輝度温度は物理的な温度の良い指標となる［訳注：図 6.4 を参照］．

衛星からの赤外画像は最も低い輝度温度には白や明るい灰色，最も高い輝

図 6.9　波長 10.7 μm での東部太平洋と北米西海岸の画像（GEOS-West 静止気象衛星による撮像）

度温度には黒や暗い灰色がよく用いられる．よって，夏（特に昼間）の熱い陸面（≈ 310 K かそれ以上）は黒く見え，冬の冷たい陸面（$T < 250$ K）は中間的な灰色に見える．

しかし最も低温の領域はしばしば地表面ではなく，高高度の巻雲や深い対流性の雷雨域において観測される．そこでは雲頂の温度が時に 200 K（−73 ℃）以下になる．この深い対流性の雷雨域の雲と周囲の浅い（より暖かい）雲の頂との間の輝度温度の大きな違いから，現業として発達中の悪天候を検知し，降雨量を推定することもできる点で赤外画像は特に有用である．この点で衛星による赤外撮像法は可視撮像法（すべての雲を雲頂高度に関係なく相対的に明るく描く）と相補的である．また，赤外撮像により日射の有無にかかわらず昼夜ともに雲システムの高品質画像が得られる．

問題 6. 26

赤外イメージャーにより $T_B = 240$ K の雲層を観測した．この雲は黒体放射をし，雲付近の地表の空気温度は 15℃ である．

(a) 標準的な大気温度減率 $\Gamma = 6.5$ K/km を仮定して雲頂高度を求めよ.

(b) 雲頂が長波帯全域で黒体と仮定して，雲の直上を飛ぶ飛行機で観測される長波放射の上向きフラックス（OLR）を計算せよ.

全日またはより長期間の GOES 赤外映像の動画を見ると，温帯低気圧や雷雨などによる雲の発達だけでなく，地表面温度の変化も確認できる．陸面の温度が昼と夜の間で急激に変わることは珍しくなく，一方で海面温度は長期間にわたり相対的に安定している様子が見える.

問題 6.27

図 6.9 の画像がどの季節の何時頃のものか調べてみよ．そう考える理由も述べよ.

赤外撮像法は現在では高精度で（0.1 K 近い）海面水温の 2 次元分布を得るための主要な方法となっている．これによってメキシコ湾流などにおける，気候・気象予報，漁業・海洋物理学研究などにとって重要なデータが得られる．特に世界の広い領域での大きなスケールの気象パターンに劇的な影響を与えることでよく知られるエルニーニョ現象は，東部熱帯太平洋の海面水温の急激な上昇として現れる．ブイや船を使った海面水温の直接観測はこの地域ではまばらであり，今日では赤外撮像法はエルニーニョの発生や発達を観測する主な方法となっている.

しかし正確な表面温度の赤外観測は雲のない領域でのみ可能で，わずかではあるものの大気の効果（ほとんどが水蒸気）を注意して補正することが必要であることに留意されたい．水蒸気による干渉のみを取り出して補正する 1 つの方法は，波長が近接し水蒸気吸収の感度が異なる 2 つのチャンネルを用いることである．2 つの画像間での輝度温度の違いが水蒸気の存在量の指標になる．このスプリット・ウィンドウ法（split window technique）と呼ばれるアルゴリズムを適用することで，海面水温と水蒸気の気柱全量（total column water vapor）すなわち**可降水量（precipitable water）**が同時に導出される．この 2 つの変数は気象学にとって大変重要である.

たとえ薄い千切れ雲であっても，それがある場合は赤外撮像では地表面の特性を正確に測定することができない．実際，地球の多くの地域の多くの時間帯でこのような雲がある．雲の存在下で地表面を観測するためにはマイクロ波帯を用いる必要がある．

6.4.7　宇宙からのマイクロ波撮像法

受動的なマイクロ波リモートセンシングは，地球や大気から自然に射出される放射を衛星から観測するという点において赤外リモートセンシングと似ている面が多い[3]．特に波長が 3 cm 以上（周波数が 10 GHz 以下）では，大気の影響はかなり小さく，この場合に観測される主要な変数は地表面からの熱放射である．赤外画像との重要な違いがいくつかある．

まず，非常に厚い雲でない限り，マイクロ波撮像法による地表面観測はその影響を受けない．赤外撮像法が薄い雲があるだけで観測できないことと対照的である．実際，低周波数のマイクロ波では，観測の障害となるのは降雨を伴う厚い雲だけである．

また赤外域とは対照的に，自然界の地表のマイクロ波域の射出率はしばしば 1 よりかなり小さく，地表面の種類ごとに大きく変動する．特に海面の射出率は 0.25 〜 0.7 と小さく，陸面では典型的には 0.8 〜 0.95 の範囲にある．この地表面の射出率の変動のため，マイクロ波撮像法により地表面温度を正確に推定することは困難である（不可能ではないが）．しかしこの変動を利用して，地表面の他の特性の情報を得ることができる．

とりわけ有用なマイクロ波帯の特性は 6.1.4 項で述べたレイリー–ジーンズの近似が適用できることである．マイクロ波帯では黒体の輝度と温度の間には正確な比例関係があるので，式（6.46）の T，ε，T_B との間のやや複雑な関係式は

$$T_B = \varepsilon T \tag{6.47}$$

と簡易化される．

本書では放射の偏光特性を無視することが多いが，マイクロ波リモートセンシングでは偏光を無視することはできない．特に，海洋を斜めから見たとき，海面の射出率は鉛直偏波の方が水平偏波よりもかなり高い．実際，水面

---

3)　能動的リモートセンシングもマイクロ波帯が用いられている．これは人工光源の後方散乱の測定を利用している．レーダーが最も知られている例である．

が完全に滑らかである場合，反射率 r と射出率 $\varepsilon = 1 - r$ は第 4 章で述べたフレネルの関係式から得られる．図 4.5（b）に 37 GHz のマイクロ波の周波数における水のフレネル反射率を示した．水面を典型的な天頂角 $\sim 50°$ で観測する衛星センサーでは，水平偏波での射出率は $\varepsilon_h \approx 0.35$ なのに対して鉛直偏波は $\varepsilon_v \approx 0.65$ である．したがって物理温度が $T = 283$ K の場合，海面の輝度温度は，水平偏波では約 100 K で，鉛直偏波では約 185 K となり，85 K の差が生じる．

海面のマイクロ波射出率はすべての周波数で一定ではなく，海面温度 T_S に弱いながらも依存し（海水の複素屈折率 N の変化に起因して），また海面近くの風速 U に対応する波立ち，泡立ち具合にも依存する．したがって観測される輝度温度は

$$T_{B,p} \approx \varepsilon_p(T_S,\ U)\, T_S + \Delta_{\mathrm{atmos}} \tag{6.48}$$

で表される．ここで p は偏波（V または H）であり，Δ_{atmos} は大気補正を表し，低周波数のマイクロ波では通常は小さい値（< 10 K）となる．

海面の風速の増加に対する典型的な T_B の上昇は水平偏波では 1 m/s 当たり 1 K のオーダーで，容易に観測できる．一方，海面温度の変化に対する正味の T_B の感度は非常に小さく，周波数によっては負の値にさえなりうる．これは T_S の上昇に伴い，ε が減少する傾向にあるからである．

観測を複数のマイクロ波周波数や偏波で行い，$\varepsilon_p(T_S, U)$ と Δ_{atmos} をかなり正確に表現するモデルがあれば，海面温度 T_S を 0.2 ～ 0.3℃ の精度で，海面付近の風速 U を誤差 $\pm$ 2 m/s 以内の精度で測定することが可能である．

陸域では，マイクロ波輝度温度 T_B と陸面特性の関係を簡潔に表現することはより困難である．一般的にいえば，ほとんどの陸面では地表面の射出率はかなり高くなるが，土壌の種類・湿り具合や植生の密度によって著しく変動する．これらのすべての変数は衛星マイクロ波イメージャーを用いて推定することができるが，その精度は一様ではない．さらに，雪の存在によってより高いマイクロ波周波数での輝度温度が著しく下がるので，マイクロ波撮像により，曇天下においても積雪面積や積雪深の全球分布を観測することが可能である [4]．

---

4)　今述べた地表面の特性に加えて，海洋上での水蒸気の気柱全量，雲水量，地表降水強度といった大気の特性も，約 18 GHz かそれ以上の周波数のマイクロ波チャンネルを用

リモートセンシングにおけるマイクロ波帯の欠点は，波長が長いために衛星センサーによる地球観測の“鮮明度”すなわち空間分解能が悪くなることである．熱赤外撮像では高度約3万6000 kmの静止衛星からでも4 kmもの分解能は容易であるが，現世代の低高度軌道（典型的には高度800～1000 km）からのマイクロ波撮像では海面水温のパターンを約30～50 kmでしか分解できない．

問題 6.28

注意：この問題における計算は簡単な計算機プログラム，できれば複素変数や演算が扱えるものを用いることで容易になる．

Advanced Microwave Scanning Radiometer（AMSR）による観測の周波数における海水の複素屈折率を以下に示す．

周波数（GHz）	屈折率（10℃）	屈折率（20℃）
6.93	$8.095 + 2.371i$	$8.211 + 2.144i$
10.65	$7.431 + 2.708i$	$7.745 + 2.416i$
18.70	$6.164 + 2.980i$	$6.712 + 2.819i$
23.8	$5.566 + 2.958i$	$6.151 + 2.901i$
36.5	$4.575 + 2.721i$	$5.123 + 2.831i$
89.0	$3.115 + 1.842i$	$3.433 + 2.083i$

(a) 温度，周波数，偏波（水平と垂直）のそれぞれの組に対し，滑らかな海面の輝度温度 T_B (K）を計算せよ．大気効果を無視して入射角を55°とし，レイリー–ジーンズの近似を用いよ．

(b) 上の温度変化の範囲で海面温度 T_S に対する12チャンネル（6V, 6H, 10V, 10Hなど）の平均感度 $\Delta T_B/\Delta T_S$ を求めよ．周波数23.8 GHz以上では大気の変動が大きな誤差要因になることに留意し，海面温度を宇宙からの観測で推定するのにどのチャンネルが最も有用であるかを考察せよ．

いて観測できる．これらのチャンネルでは宇宙から観測される射出に対する大気の寄与（これらの変数に強く依存する）を無視することができない．

第7章　大気の透過率

物質と放射の相互作用に関するこれまでの議論は主に，実際の，あるいは“仮想的”な**表面**での反射・屈折・吸収・射出についてであった．たとえば第6章では放射収支を簡易的に取り扱うために，大気を半透明，灰色，かつ等温な“表面”と大胆に仮定した．

一方，媒質の**内部**を通して伝搬する放射の振る舞いに関しては，2.5節で，屈折率の虚部がゼロでない一様な吸収性媒質中の電磁波の吸収についてのみ簡単にふれた．この吸収性媒質の中で単色の放射輝度 I_λ は

$$I_\lambda(x) = I_{\lambda,0} \exp(-\beta_\mathrm{a} x) \tag{7.1}$$

のように距離とともに指数関数的に減少することを指摘した．ここで β_a は媒質の物理特性や波長に依存する吸収係数である．

式（7.1）を，実大気という複雑な媒質に適用できるように一般化するには，以下の2つの事項を考慮する必要がある．

1. 実大気において，放射輝度は吸収（すなわち，放射エネルギーの熱・化学エネルギーへの変換）だけではなく，散乱（粒子との相互作用による放射の伝搬方向の変化；図7.1）によっても減衰する．したがって，前述の吸収係数 β_a の代わりに，より一般化された**消散係数**（**extinction coefficient**）β_e を定義する必要がある．

2. 吸収や散乱による減衰の強さは放射の伝達経路によって大きく変化する可能性を考え，数学的には式（7.1）と等価な微分形から出発する必要がある．微分形では，放射が無限小距離 ds（この間では消散係数が一定と仮定できる）を通過するときの放射輝度の微小変化を考える．

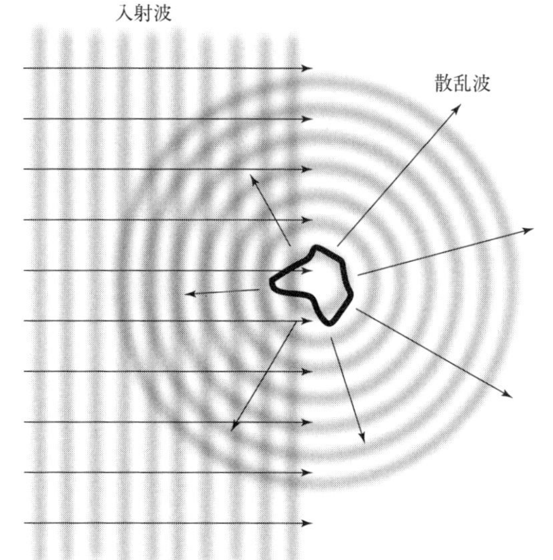

図 7.1　単一粒子による入射波の散乱

これら2つの事項に加え，もう1つ考慮すべき重要なことがある．他の方向から散乱されてきた放射が，いま考えている放射輝度の伝搬方向に入ってくることでその放射輝度が強まる現象についてである．この多重散乱と呼ばれる現象は後の第13章で詳説する．本章では多重散乱の影響はとりあえず無視し，単一光路上の透過・減衰の考察に焦点を絞る．この場合には，放射輝度の変化は，その光路上の媒質の特性のみで表される．

古典的な実験[1)]を利用して，先の2点のうち，第1の点を例示することから始める．部分的に水で満たした3つの透明なシャーレをオーバーヘッド・プロジェクターの上に置き，シャーレを透過した白熱光をスクリーンに投射する．水もシャーレも透明なので，ほとんどの光が減衰せずに透過し，シャーレの影はほとんど見えない．

次に，シャーレの1つに2，3滴の墨汁を，別のシャーレにはスプーン1杯程度の牛乳を加える（図7.2 (a)）．この場合，2つのシャーレの暗い影が写り，プロジェクターからの光がかなり減衰される（attenuated），あるい

1)　C. Bohren, 1987: Clouds in a Glass of Beer, Wiley, New York を参照.

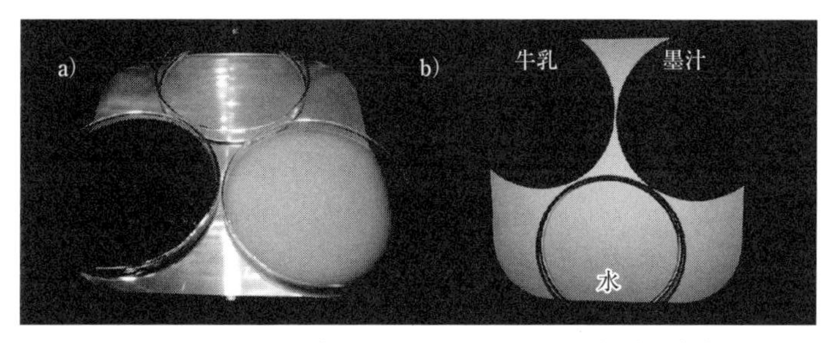

図 7.2 オーバーヘッド・プロジェクターを用いた，放射の消光を示す実験

(a) プロジェクターの光源の上に液体の入った3つのシャーレを置く．透明な液体は水，黒色の液体は希釈した墨汁（吸収性の媒体），白色の液体は希釈した牛乳（散乱性の媒体）である．(b) プロジェクターで投射された3つのシャーレの像．牛乳と墨汁の像が暗くなるのは吸収と散乱が放射の透過を減衰させるのに等価な効果があることを示している．

は消散される（extinguished）ことがわかる（図 7.2 (b)）．しかし，消散のメカニズムは大きく異なる．墨汁の場合，光のエネルギーの大部分は吸収され，熱エネルギーに変換される．白い牛乳の場合，元のビーム（光束，光線）から失われた光は吸収されたのではなく，単に元々の伝搬方向とは異なったあらゆる方向に散乱されたにすぎない．

次の2つの方法により，上述したことが真実であると納得することができる．

- 上の方から直接シャーレを眺めてみる．プロジェクターの白熱灯の照射により，牛乳の入ったシャーレは背景より強く輝いて見えるが，墨汁の入ったシャーレはほとんど輝かない．これは元々のビームの光が牛乳の場合には観察者の方向に散乱され，墨汁の場合は散乱されないことを示している．

- 墨汁と牛乳のシャーレそれぞれに温度計を差し，温度の時間変化をモニターしてみる．墨汁入りのシャーレの方が牛乳入りのものより速く温度が上昇するので，墨汁の方が光ビームのエネルギーの吸収率が高いことがわかる．

元の光ビームを消散させるメカニズムの違いはあるが，どちらの場合でも，消散する放射輝度は入射する放射輝度に比例すると考えられる（常識的に）．言い換えると，照射がゼロのとき（プロジェクターを消す），消散もゼロである（存在しないビームからエネルギーを奪うことはできない！）．同様に，照射輝度を2倍にすると，吸収（墨汁の場合）や散乱（牛乳の場合）で消散する放射輝度は2倍になる．

上記のような実験で確認できる消散と呼ばれるこの現象は，数学的には式(7.1)の形式（あるいはその微分形）で表される．つまり，吸収係数β_aの代わりに，吸収，散乱のいずれか，あるいは両者の複合による減衰を表現できる消散係数β_eに置き換えればよいのである．この式の微分形は，多重散乱が無視できる場合には，雲のような非一様な媒質にも適用できる．

さて，牛乳溶液を入れたシャーレに1，2滴の墨汁を滴下すると何が起きるのか考えてみよう．もはやこの溶液は白でも黒でもなく灰色である．この滴下前に十分な光量がシャーレを透過していたならば，この滴下により光はさらに減衰する．この減衰のうち，いくらかは吸収，残りは散乱に起因する．

7.1　消散係数・散乱係数・吸収係数

全消散における散乱と吸収のそれぞれの寄与は，消散係数を吸収係数と散乱係数の和として定義し，

$$\boxed{\beta_e = \beta_a + \beta_s} \tag{7.2}$$

と表すことができる．牛乳溶液の場合，$\beta_a \approx 0$であり$\beta_e \approx \beta_s$となる．墨汁溶液の場合，$\beta_s \approx 0$であり$\beta_e \approx \beta_a$となる．これら3つの係数はいずれも長さの逆数の次元を持つことに注意されたい．

媒質中での吸収に対する散乱の相対的な重要性を表すため，放射伝達の分野では

$$\boxed{\tilde{\omega} = \frac{\beta_s}{\beta_e} = \frac{\beta_s}{\beta_s + \beta_a}} \tag{7.3}$$

で定義される**単一散乱アルベド（single-scattering albedo）**と呼ばれる量が用

いられる．$\tilde{\omega}$ の値は 0（吸収のみの媒質）から，1（散乱のみの媒質）の範囲をとる．牛乳と墨汁の根本的な差は墨汁で $\tilde{\omega} \approx 1$ となり，牛乳で $\tilde{\omega} \approx 0$ となることである．牛乳と墨汁を混ぜると，単一散乱アルベドは 0 から 1 の間の値となる．

媒質の特性に関するパラメータ（この章で取り扱う）は通常，考えている波長に強く依存することに注意されたい．牛乳や墨汁はやや特殊で，β_e や $\tilde{\omega}$ などは可視の全波長域でほぼ一定である．そうでなければ白・灰色・黒以外の色に見えるはずである．

問題 7.1

以下の物質の見た目から β_e と $\tilde{\omega}$ の波長依存性の特徴を述べよ．赤ワイン・チョコレートミルク・1つの雲・ディーゼルトラックからの排気・雲のない大気（日没時の太陽の色から判断せよ）．

7.2 有限長光路における消散

7.2.1 基本的な関係式

現実大気の状況のように，光路上で消散係数が位置に依存する場合に，式 (7.1) をどのように一般化すればよいか考えてみよう．x 軸に沿った距離 x の代わりに任意の方向の光線に沿った幾何学的距離 s を用いる（図 7.3）．さらに無限小の光路 ds での放射の減衰を考える．ここで ds は十分小さく，こ

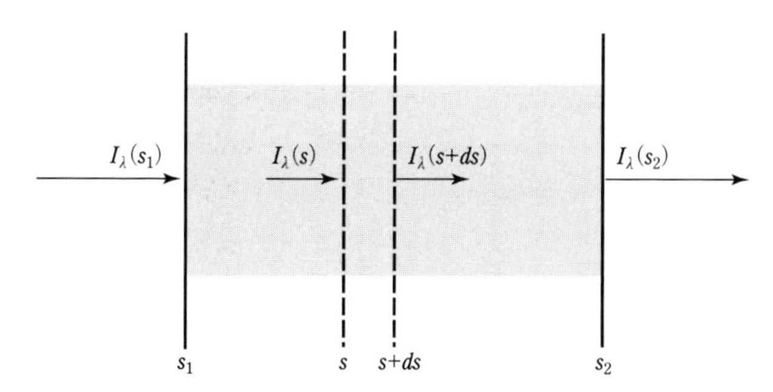

図 7.3 放射を減衰させる特性のある媒質中で無限小光路 ds を通過する放射の消失

の微小区間内では消散係数β_eが一定で，入射する放射は無限小量dI_λだけ減衰すると仮定すると，

$$dI_\lambda \equiv I_\lambda(s+ds) - I_\lambda(s) = -I_\lambda(s)\beta_e(s)ds \tag{7.4}$$

が成り立つ．これを書き換えると

$$\frac{dI_\lambda}{I_\lambda} \equiv d\log I_\lambda = -\beta_e ds \tag{7.5}$$

を得る．

この式は，ある場所における消散係数と無限小の光路長dsとの積は，その場所における無限小の放射輝度の減少dI_λと放射輝度I_λの比に等しいことを意味する．

点s_1とs_2（$s_2 \geqq s_1$）間の有限光路上での消散は，積分により

$$\log[I_\lambda(s_2)] - \log[I_\lambda(s_1)] = -\int_{s_1}^{s_2} \beta_e(s)ds \tag{7.6}$$

と表される．これを書き換えると

$$\boxed{I_\lambda(s_2) = I_\lambda(s_1)\exp\left[-\int_{s_1}^{s_2}\beta_e(s)ds\right]} \tag{7.7}$$

となる．この式はビーアの法則の一般形である．

以下，ビーアの法則から導かれる重要な定義や関連事実を述べる．本書を読み進める前にこれらをしっかり覚えておくことを勧める．

- 式（7.7）右辺のカッコ内の積分量は，点s_1とs_2間の**光学距離（光路長）**（optical path）と呼ばれ

$$\boxed{\tau(s_1, s_2) \equiv \int_{s_1}^{s_2}\beta_e(s)ds} \tag{7.8}$$

　と定義される．大気中を鉛直方向に積分した場合は**光学的深さ**（optical depth）や**光学的厚さ**（optical thickness）と呼ばれる．光学距離は，超越関数 exp（　）の変数であることからもわかるように無次元量である．光学距離はあらゆる非負値をとりうる．それは$s_1 = s_2$あるいは$\beta_e = 0$（s_1

とs_2の間で）のときにゼロとなる．それ以外の場合は正値となる．

- 光学距離τの指数をとると，s_1とs_2の間における**透過率**（**transmittance**）として

$$\boxed{t(s_1,\ s_2) \equiv e^{-\tau(s_1, s_2)}} \tag{7.9}$$

を得る．透過率は無次元量であり，0（$\tau \to \infty$）から1（$\tau = 0$）の範囲の値をとる．式（7.7）から

$$\boxed{I_\lambda(s_2) = t(s_1,\ s_2)\, I_\lambda(s_1)} \tag{7.10}$$

が成り立つ．したがって，$t \approx 1$の場合，s_1とs_2の間におけるビームの減衰は非常に弱く，$t \approx 0$の場合はビームがほぼ完全に減衰することを意味している．どれほどτが大きくなっても，透過率が厳密にゼロとなることはない（ゼロに非常に近くなることはあるが）．

- β_eがs_1とs_2の間において一定の場合，式（7.8）は

$$\boxed{\tau = \beta_e(s_2 - s_1)} \tag{7.11}$$

と簡略化される．

- 光学距離が1（無次元）増えるごとに，放射輝度I_λは元の値の$e^{-1} \approx 37\%$に減少する．

- s_1からs_Nまでの拡張された光路に沿って伝搬する光線を考える．その光路をいくつかの細分した光路（s_1からs_2, s_2からs_3, s_{N-1}からs_Nなど）に分割すると，式（7.8）から全光学距離は

$$\boxed{\tau(s_1,\ s_N) = \tau(s_1,\ s_2) + \tau(s_2,\ s_3) + \cdots + \tau(s_{N-1},\ s_N)} \tag{7.12}$$

で表され，対応する透過率は

$$\boxed{t(s_1,\ s_N) = t(s_1,\ s_2) \cdot t(s_2,\ s_3) \cdots\cdots t(s_{N-1},\ s_N)} \tag{7.13}$$

となる．つまり，(1) 全光学距離は個々の光学距離の**和**に等しく，(2) 全透過率は個々の透過率の**積**に等しい．

● $\tau(s_1, s_2) \ll 1$ の光学距離上での光線の伝搬を考える．つまり，この距離間で比較的透明な媒質を考えることにする．これは幾何学的距離 Δs が十分短いか，消散係数 β_e が十分小さい場合に起きる．この場合，透過率は

$$t = \exp(-\tau) \approx 1 - \tau(s_1, s_2) = 1 - \beta_e(s_2 - s_1) \tag{7.14}$$

で近似できる．ここで右辺の等号が成り立つのは β_e が一定の場合である．

● 媒質中で散乱が起きない場合 ($\tilde{\omega} = 0$)，光路上の非透過光はすべて吸収されることを意味する．したがって，この場合の**吸収率 (absorbance)** は

$$\boxed{a = 1 - t} \tag{7.15}$$

となる．媒体中で散乱が起きる場合 ($\tilde{\omega} > 0$)，吸収率は一般的には上で定義した値より小さくなるが，簡単な公式では計算できない．

問題 7.2

ある雲層の β_e の鉛直プロファイルは雲底 z_{base} と雲頂 z_{top} 間で高度 z の2次関数であり，雲の中心の高度で最大値 $\beta_{e,m}$ の値をとる．また雲底と雲頂で $\beta_e = 0$ である．

(a) 雲層中での $\beta_e(z)$ を表す2次式を求めよ．

(b) 雲層を鉛直積算した全光学距離 τ の表式を求めよ．

(c) 薄い雲層に入射する太陽放射における上記のパラメーターの典型的な値は $z_{base} = 1.0$ km，$z_{top} = 1.2$ km，$\beta_{e,m} = 0.015\ \mathrm{m}^{-1}$ である．この場合の全光学距離を計算せよ．

(a)-(c) の答えに基づき，雲層を通した鉛直方向の透過率 t を計算せよ．

7.2.2　質量消散係数

幾何学的距離 Δs を通過する際に，吸収と散乱により放射が減衰する程度を表す指標として消散係数 β_e という概念を導入した．しかし，幾何学的距離ではなく，物質の質量や粒子数を用いて輝度の消散を表すことが可能であり，場合によってはその方が望ましいことがある．

再度，オーバーヘッド・プロジェクターに乗せた透明なシャーレの例を考えてみる．まずはシャーレを純水で半分満たし，墨汁を 10 滴落としてみる．墨汁と水がよく混ざると，シャーレを通過する光は水溶液で大きく減衰される．透過率 t とシャーレ中の水溶液の深さを測れば，この 2 つの情報から式 (7.9) と式 (7.11) を用いて，墨汁と水の混合液の消散係数 β_e を計算できる．

問題 7.3

墨汁と水の溶液の入ったガラス容器の透過率が 70% であり，溶液の深さが 10 cm としたときの β_e を計算せよ．

ここでシャーレが完全に満たされるまで水を加えると考える．先ほどと同様に透過率と水溶液の深さを計測すると，水溶液の深さは 2 倍になったにもかかわらず透過率は変わらないことがわかる！　新しい消散係数 β_e の値は先ほどの値の半分になっている．墨汁を純水で希釈しても，水溶液の底面積が一定であれば（つまり，容器に鉛直方向の壁があれば），溶液柱の全透過率は一定である．

さらに，水をすべて取り除き，墨汁だけをシャーレの底に均一に広げてみるとする（これを実際に行うことは困難だが）．この場合，液の深さは非常に小さく，β_e は非常に大きいが，先ほどと同様に全透過率は変わらない．

少し考えてみれば，この実験で一定に保たれているのはシャーレの単位底面積当たりの墨汁の総質量であることがわかる．なぜなら，純水による希釈により墨汁は鉛直方向に広がるだけで，水平方向へは広がらないからである．さらに深く考察すれば，**質量消散係数**（**mass extinction coefficient**）k_e と呼ばれる新たな量を定義できることがわかる．これにより体積消散係数 β_e を，その物質の質量濃度 ρ に結び付けることができ，

$$\boxed{\beta_e = \rho\, k_e} \tag{7.16}$$

となる．墨汁での実験での ρ は，希釈された溶液中の墨汁色素の質量濃度である．その ρ は

$$\rho = \frac{M}{HA} \tag{7.17}$$

で与えられる．ここで M はシャーレに加える墨汁の色素（濃縮された）の質量，H は水溶液の深さ，A はシャーレの底面積である．純水を加えると H は大きくなるが，A や M は変化しないため，溶液が薄まると ρ は減少する．

溶液を通過する鉛直方向の全透過率は

$$\begin{aligned} t &= \exp(-\tau) = \exp(-\beta_e H) \\ &= \exp\left[-k_e\left(\frac{M}{HA}\right)H\right] = \exp\left[-k_e\left(\frac{M}{A}\right)\right] \end{aligned} \tag{7.18}$$

で与えられる．また，

$$\tau = k_e \frac{M}{A} \tag{7.19}$$

が成り立つ．H が式（7.18）の右辺に現れないことがわかる．これは，M と A が一定であれば，どれだけ多く（少なく）希釈しても全透過率は不変であった上記の実験結果と一致する．

k_e の次元は単位質量当たりの面積である．これは**単位質量当たりの消散断面積**（extinction cross-section per unit mass）とみなせる．一方，任意の物体の消散断面積とは，放射を遮る量（その物体による）が等しくなる不透明な遮蔽板の面積と考えることができる．つまり，仮に墨汁色素の質量消散係数 k_e が $100\ \mathrm{m^2\,kg^{-1}}$ であるとすると，大量の純水に溶かした墨汁色素 1 kg は，$100\ \mathrm{m^2}$ の不透明な金属箔と同じ程度の放射の遮蔽効果がある[2)]．より広い断面積に墨汁色素が拡散すると，各点での遮蔽は弱まるが，全減衰量は変わらない．

物質の特性だけでなく濃度にも依存する体積消散係数とは異なり，質量消

2）　厳密には，この関係は墨汁が十分に薄く広がり（たとえば，広範囲に十分広がり），透過率がどこでも 100% 近くになる場合にのみ満たされる．

散係数は濃度には依存しない．とりわけ水蒸気のように濃度が大きく変動する大気成分を扱うときには，このように，物質の特性と濃度の影響を分離する考え方が役に立つ．

7.2.3 消散断面積

粒子の濃度（密度）が既知の場合には消散に関する別の変数もよく用いられる．そのような粒子として，吸収性の気体分子，雲内の水滴，煙中のすす粒子などが挙げられる．

先の思考実験では，体積消散係数 β_e と質量濃度 ρ の比例関係を見出した．その代わりに β_e と墨汁色素の微小粒子の**数密度**あるいは**数濃度**（**number density** あるいは **number concentration**）N との関係を考えてみる．その比例関係を

$$\boxed{\beta_e = \sigma_e N} \tag{7.20}$$

と表すと，比例定数 σ_e は面積の次元をもつ．したがって，σ_e は消散断面積（k_e と同様の物理的解釈ができる）であるが，この場合は単位質量濃度当たりの量ではなく単一粒子当たりの量である．この結果

$$\boxed{\sigma_e = k_e m} \tag{7.21}$$

が成り立つ．ここで m は**1粒子当たりの質量**（**mass per particle**）である[3)]．1粒子当たりの消散断面積 σ_e の考え方が特に有効でわかりやすいのは，雲粒についてである．可視と赤外の波長領域において，半径 r の単一の雲粒は，その幾何学的な断面積 πr^2 によく似た消散断面積をもつ．ここで，粒子の幾何学的断面積を A とすると，**消散効率**（**extinction efficiency**）Q_e を

$$\boxed{Q_e \equiv \frac{\sigma_e}{A}} \tag{7.22}$$

で定義できる．球形粒子の場合 $A = \pi r^2$ である．

Q_e は 0 から 1 の間の値を取ると考えるかもしれない．言い換えると，粒

---

3) 式（7.20），（7.21）ではすべての粒子の特性は同一と仮定する．後で異なった特性の粒子の分布に一般化する．

子の消散断面積は幾何学的断面積を超えない，あるいは，実物以上の大きさの影を作ることはないと考えるかもしれない．しかしながら，後でわかるがこの直感は正しくない．可視域での波長に対し，雲粒では平均的に $Q_e \approx 2$ であり，波長域によってはそれ以上の値になる！　このパラドックスの理由は第12章で詳細に述べる．当面は，これが放射の波としての振る舞いに起因するものだと知っていればよい．

7.2.4　散乱および吸収への一般化

前項では，以前に定義した体積消散係数と対比するため，消散だけを取り扱い，質量消散係数と消散断面積を定義した．ところで，消散は吸収と散乱の和であるため，これら2つの過程についても，まったく同様の物理量を

$$\boxed{\beta_a = \rho k_a = N\sigma_a \qquad \beta_s = \rho k_s = N\sigma_s} \tag{7.23}$$

で定義できる．ここで k_a と k_s はそれぞれ質量吸収係数と質量散乱係数で，σ_a と σ_s はそれぞれ吸収断面積と散乱断面積である．後者は吸収効率 Q_a，散乱効率 Q_s を用いて

$$\boxed{\sigma_a = Q_a A \qquad \sigma_s = Q_s A} \tag{7.24}$$

で表される．ここで A は単一粒子の幾何学的断面積である．

これらの量を用いて単一散乱アルベドを

$$\boxed{\tilde{\omega} = \frac{\beta_s}{\beta_e} = \frac{k_s}{k_e} = \frac{\sigma_s}{\sigma_e}} \tag{7.25}$$

で表すことができる．

問題 7.4

以下の表で，各列の情報を用いて，それと同じ列において欠けている値を求めよ．

	(a)	(b)	(c)	(d)
k_e [m^2/kg]	3.89×10^2	?	0.45	?
N [m^{-3}]	?	?	80	10^9
A [m^2]	2.8×10^{-19}	7.07×10^{-14}	?	3.14×10^{-10}
Q_e	?	0.2	0.6	?
$\tilde{\omega}$	0	0.1	?	0.9
m [kg]	7.3×10^{-26}	1.41×10^{-17}	?	4.19×10^{-12}
ρ [kg/m^3]	4.8×10^{-4}	?	3.35×10^{-4}	?
σ_e [m^2]	?	?	1.89×10^{-6}	?
β_e [m^{-1}]	?	1.41×10^{-4}	?	0.628
β_s [m^{-1}]	?	1.41×10^{-5}	6.03×10^{-5}	?

7.2.5　任意の大気組成への一般化

ここまでの議論では，牛乳にせよ墨汁にしろ，単一の吸収あるいは散乱物質を取り扱ってきた．これらの事例では簡単のために，実際には2つの物質の混合であるという点を無視してきた（もう1つの物質は水である）．可視の波長において水はほとんど散乱や吸収をしないので，先の実験においてはこのことを無視できたのである．

大気では多種多様な気体，雲，エアロゾルから成る混合物を扱う必要がある．このような混合物を適切に考慮するため，前述の関係式を一般化する必要がある．混合物に対する全体積消散係数・全体積散乱係数・全体積吸収係数は，個々の成分の対応する係数の和に等しいので一般化は容易であり，

$$\boxed{\begin{aligned} \beta_e &= \sum_i \beta_{e,i} = \sum_i \rho_i k_{e,i} = \sum_i N_i \sigma_{e,i} \\ \beta_a &= \sum_i \beta_{a,i} = \sum_i \rho_i k_{a,i} = \sum_i N_i \sigma_{a,i} \\ \beta_s &= \sum_i \beta_{s,i} = \sum_i \rho_i k_{s,i} = \sum_i N_i \sigma_{s,i} \end{aligned}} \tag{7.26}$$

で表される．ここで ρ_i と N_i はそれぞれ，媒質中における i 番目の成分（たとえば分子の）の質量濃度と数濃度であり，下付添字の付いたそれ以外の変数は，対応する放射の係数である．

混合物の単一散乱アルベドは混合物の β_s と β_e を求め，その比を計算することで求まる．

7.3　平行平面近似

ここまで，任意の媒質内での放射伝達に関する基本的な概念と変数を導入してきたので，手始めにこれらを大気へ適用してみる．7.2節では，任意の光路に沿った有限距離における放射の透過率を記述する式を導入した．これは，まず始点から任意の方向を決め，終点までの光路上で消散係数 β_e を積分し，ビーアの法則を用いて2点間の透過率を計算するという考えである．光路に沿った幾何学的距離を表す変数 s を用いてきた．ここで始点を s_1，終点を s_2 としている（$s_2 \geqq s_1$）．この方法は大気中での位置（水平および鉛直方向での）に依存した β_e の変化について何も仮定していない点で一般的である．

実際，大気は通常はよく成層している．つまり，圧力・密度・温度・組成などの特性は水平方向（x, y 方向）に比べ，鉛直方向（z 方向）でより急激に変化する．たとえば，高度方向に1 kmだけ移動するだけで温度は約7℃変化するが，水平方向では同じ温度変化が起きるには100 kmか，それ以上の距離移動が必要である．同様に，水平方向の圧力勾配は一般に1 hPa/20 kmより小さいが，鉛直方向では1 hPa/8 mのオーダーである．空気密度は理想気体の状態方程式

$$\rho = \frac{p}{R_d T} \tag{7.27}$$

から主として気圧と（絶対）温度により決まる．ここで R_d は気体定数である．そのため，密度も水平方向よりも鉛直方向でより急激に変化する．

この法則に対する明らかな例外は雲である．多くの雲では鉛直方向と同様に，水平方向にも大きく変化する．しかしながら，雲（特に**層状雲（stratiform clouds）**，すなわち層雲・層積雲・乱層雲・高層雲・巻層雲）は大きなシート状になることが多く，この水平方向のスケールは鉛直方向の厚さよりもはるかに大きなものとなる．アメリカを横断する飛行機のフライトで窓の外を眺めた経験のある人は，特に総観規模擾乱の近くでは，眼下に切れ目なく何百kmも広がる雲の上をときどき通過することに気付かれたであろう．したがって，常にではないが，雲層でも水平より鉛直方向の変化が急峻であ

るとして取り扱える場合がある（また大変に便利でもある）．

以上の理由から，放射の観点から大気を**平行平面（plane parallel）**として近似することが多い（たぶんこれは多過ぎる！）．すなわち大気構造の水平方向の変化は無視し，関連するすべての放射特性は鉛直座標 z だけに依存すると仮定する．

また，平行平面近似では地球の曲率も無視する．地平線方向に近い入射光線でなければ，地球の曲率は無視できるからである．この近似の妥当性を推定する良い経験則は $H/\cos\theta \ll R$ である．ここで θ は入射光の天頂角，H は大気の有効深度（多くの場合 $H \sim 10$ km），$R \approx 6373$ km は地球半径である．明らかに，θ が 90° に近づく（$\cos\theta$ が非常に小さくなる）と，この基準を満たさない．しかし，通常，鉛直放射フラックスに主に寄与するのは天頂角がそれほど大きくない方向範囲の放射輝度であるので，鉛直方向のエネルギー輸送に着目する場合は，大気の球面性に伴う影響は無視できる．

7.3.1　定義

数学的には，平行平面近似は

$$\beta_\mathrm{e}(x, y, z) \approx \beta_\mathrm{e}(z) \tag{7.28}$$

$$T(x, y, z) \approx T(z) \quad \text{など} \tag{7.29}$$

の単純化された表現で表される．すべての変数は鉛直方向の距離 z だけに依存するので，光路に沿う透過率の計算の際に既に用いた光路距離 s（図 7.4）は

$$\boxed{s = \frac{z}{\mu}} \tag{7.30}$$

と表現される．ここで簡便のため，

$$\boxed{\mu \equiv |\cos\theta|} \tag{7.31}$$

の新しい定義を導入した．前述のように，θ は光線の伝搬方向と天頂方向との間の角度である（図 7.4）．ただし，光線の伝搬方向が上向きでも下向きでも $0 \leqq \mu \leqq 1$ であることに注意されたい．

これらの定義を，先の透過率や光学距離などの表現と結びつけると，平行

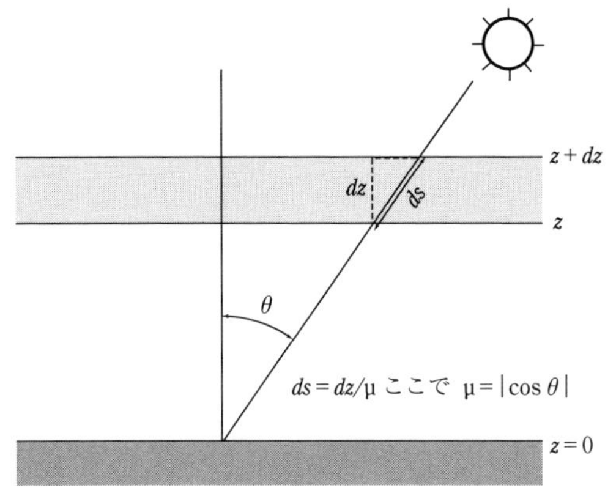

図 7.4　平行平面大気における鉛直と斜め入射の光路の間の関係

平面大気で近似した高度 z_1 と z_2 の間の**光学的厚さ（optical thickness）**は

$$\boxed{\tau(z_1,\ z_2) = \int_{z_1}^{z_2} \beta_e(z)\, dz} \tag{7.32}$$

で表される．方向 μ へ伝搬する光線の透過率は

$$\boxed{t(z_1,\ z_2) = \exp\left[-\frac{1}{\mu}\tau(z_1,\ z_2)\right]} \tag{7.33}$$

となる．ここで，$z_2 > z_1$ である．

平行平面大気での光学的厚さは，伝搬の方向 μ に依存しないように定義したことに注意されたい．太陽が真上にあろうと（$\mu = 1$），水平線の近くにあろうと（$\mu \to 0$），高度 z_1 と z_2 の間の大気の光学的厚みは同じである．しかしながら，2 つの高度間を通過する太陽光線の透過率 t を計算する際には，当然 μ を考慮する必要がある．なぜなら，太陽高度が低いときには光線は大変長い光学距離を通過するからである．

上記のすべての定義では単色放射を仮定していることに注意されたい．すなわち，明示はしていないが，β_e，τ，t などはすべて波長の関数である．

問題 7.5

雲のない大気の光学的厚さ（可視バンド中でのある波長での）は $\tau^* = 0.2$

である．太陽が水平線から 10° の高度にあるとき，この波長での太陽光の透過率を計算せよ．

問題 7.6

いま平面平行の雲層の雲水密度が $\rho_w = 0.1\,\mathrm{g\,m^{-3}}$ であり，その厚さは $\Delta z = 100\,\mathrm{m}$ であるとする．ある波長での雲粒の質量消散係数は $k_{e,w} = 150\,\mathrm{m^2/kg}$ であり，単一散乱アルベドは $\tilde{\omega}_w = 1.0$ である．しかし，雲粒が浮遊している空気自体はこの波長では吸収性であり，その体積吸収係数は $\beta_{a,v} = 10\,\mathrm{km^{-1}}$，単一散乱アルベドは $\tilde{\omega}_{a,v} = 0$ である．(a) 雲粒と空気の混合物の β_e，β_a，β_s，$\tilde{\omega}$ を計算せよ．(b) 雲層の光学的厚さ τ を計算せよ．(c) 雲頂に輝度 $I_{\lambda,\mathrm{top}}$ の放射が天頂角 $\theta = 60°$ で入射するとき，透過する直達光の輝度 $I_{\lambda,\mathrm{bot}}$ を計算せよ．

7.3.2　鉛直座標としての光学的深さ

平行平面大気中では式 (7.32) を用いると，大気中の任意の高度 z を選び，z と z より高い高度 z_{top} との間の光学的厚さを算出することができる．β_e は非負なので（ある高度では実効的に 0 になることはあっても），光学的厚さは必ず非負の量である．さらに，z が z_{top} に近づいていくと光学的厚さは増加しなくなる．z_{top} を放射の消散に寄与しうる大気がない宇宙空間（実効的に無限大の距離）にとると，**光学的深さ**は z のみの関数として

$$\boxed{\tau(z) \equiv \lim_{z_{\mathrm{top}}\to\infty} \tau(z,\ z_{\mathrm{top}}) = \int_z^{\infty} \beta_e(z')\,dz'} \tag{7.34}$$

と定義できる．

$\tau(z)$ の重要な特性は，海面で正の値 $\tau^* \equiv \tau(z=0)$ をとり，高度とともに減少し大気上端[4] で 0 になることである．

この特性のため，放射伝達の目的では $\tau(z)$ を鉛直座標として用いることができる．すなわち，雲頂高度は $z = 4\,\mathrm{km}$ という代わりに $\tau = 0.4$（無次元量）にあると表現することもできる．平行平面大気中での放射は，幾何学的単位での鉛直高度ではなく，放射の伝搬経路上に吸収性の大気がどのくら

4)　厳密には大気には上限はないが，数百 km 高度での気体は極めて希薄になり，放射の消散にはほとんど寄与しない．

いあるかということに“関心がある”のである．したがって，伝搬するビームに及ぼす正味の効果を表すのにはzよりもτの方が便利である．

この議論に基づき，透過率などの定義（前述の）の表現形式を変えてみる．高度z_1とz_2（$z_2 > z_1$）の間における光学的厚さは

$$\boxed{\tau(z_1, z_2) = \tau(z_1) - \tau(z_2)} \tag{7.35}$$

で与えられる．ここで右辺のτの変数として1つの高度だけが現れるが，問題にしている高度と大気上端の間で光学的厚さを決めていることを思い出されたい．

同様に，高度z_1からz_2の間をμ方向に伝搬する光線の透過率は

$$\boxed{t(z_1, z_2) = \exp\left[-\frac{1}{\mu}\tau(z_1, z_2)\right] = \frac{t(z_1)}{t(z_2)}} \tag{7.36}$$

となる．ここで高度zから大気上端までの透過率は当然

$$\boxed{t(z) \equiv e^{-\frac{\tau(z)}{\mu}}} \tag{7.37}$$

である．

7.4　気象学・気候学・リモートセンシングへの応用

7.4.1　大気の分光透過率

前節では，大気を通過する放射の透過率と，光路上の各点での大気の物質的な特性とを関連付ける仕組みを考察してきた．少なくとも1次のオーダーでは，これらの特性は体積消散係数β_eと単一散乱アルベド$\tilde{\omega}$で表現され，この2つの量は一般的には位置（3次元の）と波長λの関数となる．β_eと$\tilde{\omega}$が既知であれば，β_sとβ_aは簡単に求められ，逆も成り立つので，大気の放射特性を表現する“正しい”方法は1つではない．また，質量で規格化したk_eや，粒子数で規格化したσ_e等の方が便利な場合もある．しかし，関連する成分の量（質量濃度ρあるいは粒子の数濃度N）が既知であれば，これらの量とβ_e等の間の変換は容易である．

これで，観測されたさまざまな波長での大気の透過特性を概観するための

表 7.1　対流圏・成層圏中での重要な大気成分

成分	乾燥空気に対する体積混合比	重要な吸収帯	注
N_2	78.1%	—	
O_2	20.9%	UV-C, 60 と 118 GHz 付近のマイクロ波 可視と赤外の弱い吸収帯がある	
H_2O	(0–2%)	赤外で多くの強い吸収帯 183 GHz 付近のマイクロ波	大きな時空間変動
Ar や他の不活性気体	0.936%	—	単原子分子
CO_2	400 ppm	2.8, 4.3, 15 μm 付近	2018 年での値，1.6 ppm/年で増加
CH_4	1.7 ppm	3.3, 7.8 μm 付近	人間活動で増加中
N_2O	0.35 ppm	4.5, 7.8, 17 μm 付近	
CO	0.07 ppm	4.7 μm 付近（弱い）	
O_3	$\sim 10^{-8}$	UV-B, 9.6 μm 付近	大きく変動；成層圏・汚染大気中で高濃度
$CFCl_3$, CF_2Cl_2 他	$\sim 10^{-10}$	赤外	化学合成された成分

準備は整った．これ以降の説明では，次の基本的な疑問に答えることに専念する．

- 雲のない大気において，どの波長の放射がよく透過するか？
- 雲のない大気において，どの波長の放射がよく吸収され，またその吸収はどの成分に起因するのか？
- 雲の消散と散乱特性は，放射の波長によりどのように変化するか？

後の章では，これらの疑問をより詳細に考察する．

大気中の気体による吸収

短波長の可視や紫外の波長域（そこでは気体分子による散乱が重要となる）を除くと，雲のない大気における全透過率は，主としてさまざまな気体成分の吸収によって支配されている．吸収が強い領域では，透過率は小さい．吸収が弱い，あるいはゼロの領域では，透過率は 100% 近くになる．表 7.1

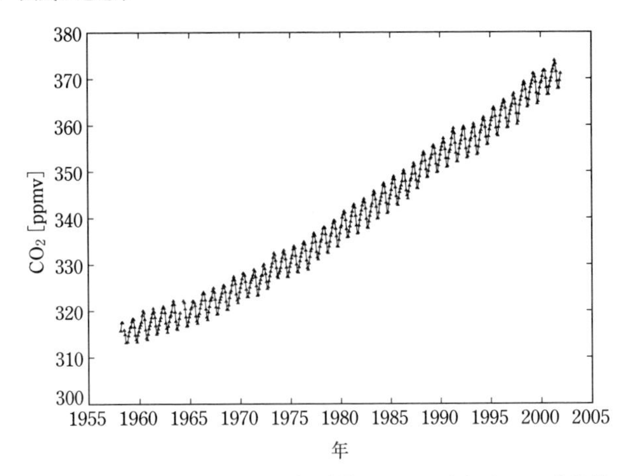

図 7.5　ハワイのマウナロア観測所における大気中の二酸化炭素の濃度の測定（カリフォルニア大学の C. D. Keeling と T. P. Whorf の厚意による）

に放射にとって重要な成分と，おおまかな存在量を列挙した．ここで2点を強調しておく必要がある．

- 数種類の成分が大気の全質量の大半を占めている．実際，窒素（N_2）と酸素（O_2）だけで全質量の約99%を占める．二酸化炭素（CO_2）・メタン（CH_4）・オゾン（O_3）などの他の多くの成分は少量しか存在しない．しかし，すぐ後に述べるように，微量な多くの成分が大気の透過率に影響しているのである．

- 窒素・酸素・アルゴン（Ar）など，いわゆる永久気体と呼ばれる成分の大気中での濃度はほとんど変化しない．一方で水蒸気（H_2O）やオゾンなどの他の成分の濃度は時空間的に大きく変動しうる．大気中の CO_2 濃度は場所によって大きく変化しないが，人間による化石燃料の使用の結果，濃度が定常的に上昇する傾向にある（図7.5）．大気放射の観点からは，濃度が変化する多くの成分の方が永久気体よりも重要であり，この事実は気候変動を考える際には非常に重要となる．

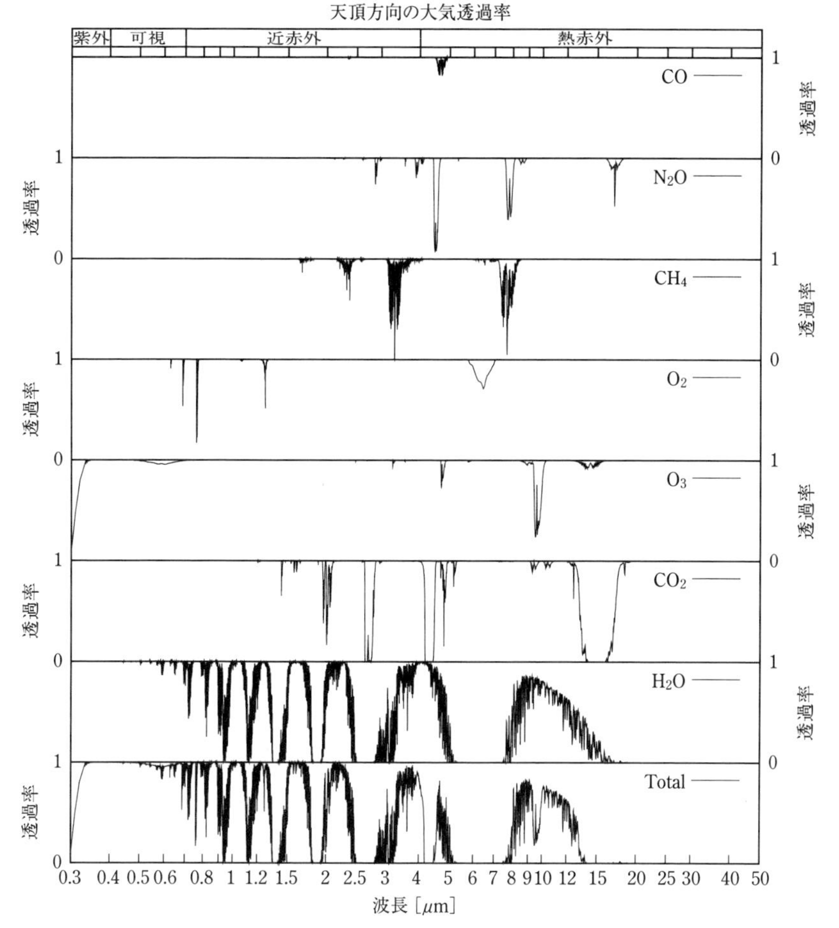

図 7.6 晴天でエアロゾルがない状態での夏の中緯度における典型的な天頂方向の大気の透過率

最下部以外の図は，単一の大気成分による吸収を表す．最下部の図はすべての成分の効果を足し合わせたものである．0.5 μm より短波長で重要になる分子の散乱効果はこれらの図では考慮されていない．

図 7.6 に雲とエアロゾルがない大気の可視からマイクロ波帯における鉛直方向の透過率を波長の関数として示した[5]．また，それぞれの吸収性気体の

5) この図では吸収効果のみを考慮しており，分子による散乱は無視している．

透過スペクトルを個別に表示している（その成分だけが存在するとして）．**すべての成分による大気の全透過率は，各成分の透過率の積で計算できることを想起されたい**．したがって特定の波長において，ある成分の吸収が強い場合，他の成分による吸収がなくても，大気はその波長において実効的に不透明になる[6]．

まず紫外のバンドを考えてみると，$0.3\,\mu\mathrm{m}$ 以下の波長の放射に対して，大気はほぼ完全に不透明である．この吸収は，UV-C バンドの大変短い波長域では酸素，UV-B バンドではオゾンに起因する．一方，UV-A バンドの大部分では大気はかなり透明である．

問題 7.7

1つの O_2 分子の吸収断面積は波長 $0.24\,\mu\mathrm{m}$ で $7 \times 10^{-29}\,\mathrm{m}^2$ である（より短波長では急速に増加する）．標準海面高度での気圧は $p_0 = 1.01 \times 10^5\,\mathrm{Pa}$ で酸素のモル分率は 21%，空気の平均分子量 $\bar{m}$ は 29 kg/kmole，重力加速度は $g = 9.81\,\mathrm{m/s^2}$，アボガドロ定数は $N_\mathrm{A} = 6.02 \times 10^{26}\,\mathrm{kmole^{-1}}$ である．次の値を計算せよ．(a) 単位面積の気柱当たりに含まれる空気の質量（静水圧平衡を仮定して），(b) 単位面積の気柱当たりに含まれる酸素分子の数，(c) 波長 $0.24\,\mu\mathrm{m}$ における酸素分子による光学的厚さと鉛直透過率．

酸素やオゾンによる2〜3の弱く狭い吸収バンドを除くと，可視バンド（$0.4\,\mu\mathrm{m} < \lambda < 0.7\,\mu\mathrm{m}$）の大部分では大気は大変透明である．

近赤外バンド（$0.7\,\mu\mathrm{m} < \lambda < 4\,\mu\mathrm{m}$）から吸収構造は興味深いものになる．この比較的狭い波長域では，ほとんど完全に透明な領域と完全に不透明な領域とが数度にわたり交互に入れ替わっている．ほとんどの吸収は水蒸気によるが，CO_2，CH_4，N_2O による寄与も重要である．

前述したように，水蒸気は大気中で大きく変動する成分である．図 7.6 では，中緯度のある地点における夏の典型的な大気条件で求めた値が用いられている．より寒冷で乾燥した環境では水蒸気の気柱全量は極めて小さく，スペクトルバンドによっては，この図よりも大気はかなり透明になる．また湿

---

6)　この図では平滑化した大きな吸収構造のみを示してある．第9章で述べるように，大気の吸収バンドは高分解能のスペクトルで見ると極めて複雑である．

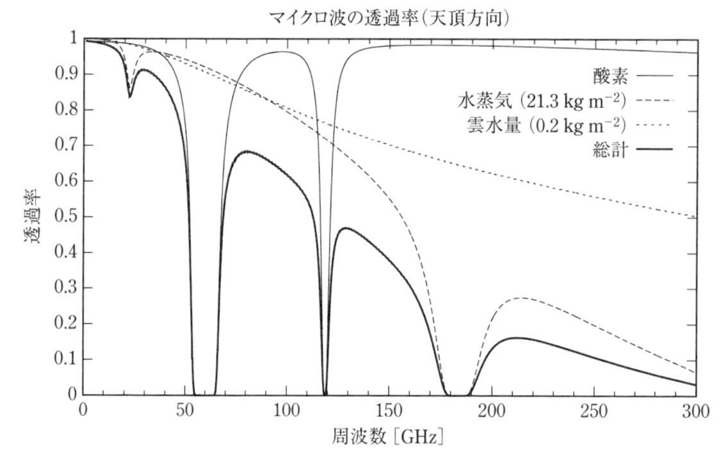

図 7.7 典型的な中緯度の条件におけるマイクロ波帯における天頂方向の大気の不透明度

中程度の厚さの非降水性の雲層の効果を含む.

潤な熱帯の環境では逆の状態になる.

熱赤外バンド（$4\,\mu$m $< \lambda <$ $50\,\mu$m）には，CO_2（$4\,\mu$m 付近），水蒸気（5 〜 $8\,\mu$m から），オゾン（$9.6\,\mu$m 付近），CO_2（$\lambda >$ $13\,\mu$m）の吸収に伴い，ほぼ完全吸収が起きる広域バンドが存在する．一方で大気が比較的透明な広域バンドが 8–$13\,\mu$m にある．この波長域にはオゾンの吸収バンドがあり，$12\,\mu$m 以上では水蒸気による吸収が増加してくる［訳注：水蒸気のこの特性については 9.5.1 項の 247 頁を参照のこと］.

遠赤外バンド（$50\,\mu$m $< \lambda <$ 1 mm）は大気の放射フラックスの計算ではさほど重要ではなく，リモートセンシングでもそれほど用いられていない．この 2 つの理由から，このバンドでの大気の透過率のプロットはあまり見かけない．しかし，経験則として，このバンドの大部分で水蒸気が支配的な吸収成分であるといえる.

マイクロ波帯は主としてリモートセンシングの観点から重要である（主に 300 GHz 以下で）．図 7.7 に，このバンドの吸収スペクトルの主たる特徴を示した．60 GHz を中心として酸素による強い吸収バンドが見られる．このバンドは気温を衛星で推定する際に重要な役割を果たす．次に 118 GHz にもやや狭い酸素の吸収バンドがある．183.3 GHz を中心とする水蒸気の非常に強い吸収バンドが存在する．この吸収バンドは衛星による大気の湿度プロファイルの推定に用いられる．

この3つのマイクロ波吸収帯での吸収は強く，バンドの中心付近では大気は完全に不透明になる．しかし，酸素バンドと水蒸気バンドの違いは，前者の吸収は常にほぼ一定なのに対し，後者の吸収は変動の激しい水蒸気の存在量に依存することである．したがって，非常に乾燥した北極大気では，183.3 GHz のバンドは図 7.7 で示した値よりかなり弱くなる．

最後に，22 GHz 付近に水蒸気による弱い吸収線があることにふれておく．吸収が弱いにもかかわらず（実際のところ部分的にはその理由により），大気の水蒸気の鉛直積算量の推定のためには，この周波数でのマイクロ波観測はこれまできわめて重要であった．

先ほどの主要な吸収バンドとは異なり，図 7.7 では周波数の増加とともに大気がより不透明になるという強い傾向が見え，標準的な中緯度大気では 300 GHz までにはほぼ不透明になる．この傾向はいわゆる水蒸気の**連続吸収**（**continuum absorption**）に起因しており，それは2～3の分離した吸収線あるいはバンドに集中したような吸収によるものではない．水蒸気の連続吸収が卓越することもあり，対流圏の水蒸気の高濃度領域より上にある巻雲の観測以外には，300 GHz 以上の周波数はリモートセンシングには有用ではない．

先に議論した主要なバンドの中では，雲のない大気が比較的透明になるスペクトルの窓領域が存在する．たとえば，可視バンド全体は窓領域であり，同様に熱赤外バンドの 8–13 μm 域，マイクロ波帯の 80–100 GHz と 0–4 GHz 域も窓領域である．雲がない場合，上方伝搬する窓領域の放射輝度の衛星観測により，ある程度直接的に地表面を測定することができる．また，熱赤外バンドの中の窓領域内におけるある波長域では，地表面から射出される放射は宇宙空間にそのまま逃げていくので，これらの窓領域は地表面の冷却に重要な役割を果たしている．

多くの窓領域では，大気は完全には透明ではなく，水蒸気や他の成分による吸収がある程度生じる．このような領域はしばしば“**汚れた窓**（**dirty windows**）”と呼ばれる．なぜなら，地表からの放射は宇宙から観測可能であるが，大気による吸収と射出の補正が必要だからである（特に大気が湿潤の場

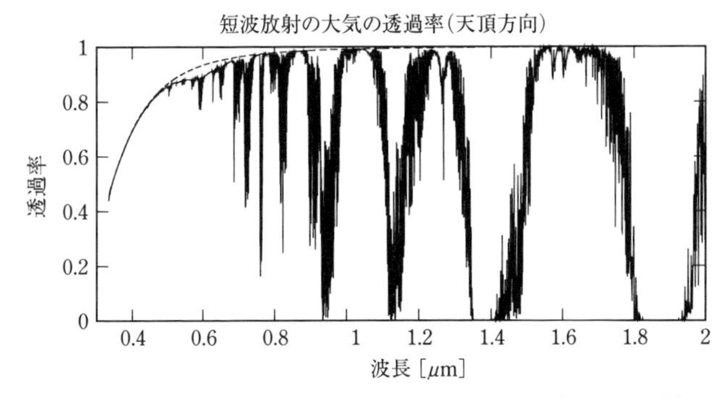

図 7.8 夏の中緯度における天頂方向の大気の透過率（短波領域での）

大気分子の散乱効果はこの図では考慮されている（左側の点線と滑らかな曲線との比較からわかるように）.

合は).

ここまで議論した気体の吸収の特徴について，最後に重要なコメントが1つある．前のプロットは透過率の実際の波長依存性を簡略化したものである．先に議論した吸収バンドのいずれかを拡大してみると，多くの密集した吸収線が複雑に集まったものだということがわかる．非常に狭い波長バンド内に，そのような線が数百も存在する．各線の間隙においては，図 7.6 で示したものより大気は透明である．同様に，孤立した狭い吸収線（いわゆる“汚れた窓領域”にあるものも含め）の中心では，大気は図で示した値より不透明になる．吸収線のスペクトルが極めて複雑であることの理由とその取り扱い法については後の章で述べる［訳注：第 9 章で分子分光学的な説明がなされる］.

清浄な空気による散乱

前項では大気中の気体による吸収の主要な特徴を概説した．雲がない場合，大気の全般的な不透明度は気体の吸収により支配される．しかしながら短波長域（可視域とそれより短波長域）では，空気分子は電磁波をかなり散乱する．そのような散乱の詳細は第 12 章で述べることにするが，空気分子の散乱断面積 σ_s はおよそ λ^{-4} に比例することはここで述べておく［訳注：第 12 章では電磁波と分子の電気双極子との相互作用の議論がなされる］．したがって，波長0.4 μm（可視バンドの短波長側の下限）での分子散乱による消散は，波長0.7 μm（長波長側の上限）に比べて9.3倍も強くなる．分子散乱は，赤外バンドの大部分では無視できるが，紫外バンドではより強くなる．図7.8に示した包絡曲線から，大気の鉛直透過率が分子散乱により減衰される様子がわかる．

エアロゾルと雲による消散と散乱

大気の大部分を構成する気体分子に加えて，ダスト・海塩・水・その他の物質からなる多数の小粒子が空気中に浮遊している．ある種類の粒子（目に見える雲を構成する水滴のような粒子）は比較的大きい（直径10 μm程度）が，多くの種類のエアロゾルは典型的には1 μmよりかなり小さい．

これらの粒子は，大きさや組成に依存して放射を散乱・吸収（一般的には両方）する．可視バンドでは，雲は太陽光を強く散乱するが，吸収は非常に弱い．このため雲はかなり不透明ではあるが白く見える．一方で森林火災の煙は典型的な水雲と異なり，光学的に厚くはないが，上から見ると通常は灰色か茶色をしており，少なくともいくらかの吸収があることを示唆している．

エアロゾルの濃度や組成は大きく変動するため，その体積消散係数への寄与は一定ではない．大気全体の光学的厚さ τ^* に対する“バックグラウンド”エアロゾルの寄与は可視の波長域で $10^{-2} \sim 10^{-3}$ より大きくなることは稀であり，赤外やより長い波長域ではさらに小さい（図7.8）．エアロゾルの光学的厚さが比較的大きな値（～1かそれ以上）に達するのは，森林火災・火山噴火・ダストストーム・深刻な大気汚染現象などが生じる場合である．

一方，雲はこれとは様相が異なる．雲粒は他の大部分のエアロゾルと比べて大きく，液水や氷の全質量（気柱積分量）も大きいので（$0.1 \sim 1\,\mathrm{kg/m^2}$ のオーダー），その光学的厚さは，しばしば太陽の直達光線を完全に遮るほどにまで大きくなる．マイクロ波帯では雲はより透明であるが，その放射効果を完全に無視できることには決してならない．

通常の雲はほぼ純粋な水滴や氷粒子から成っているが，雲による放射の吸収（散乱に加え）の大きさは，第4章で議論したように，水あるいは氷の屈折率の虚部 n_i の関数となる．ある波長で $n_i = 0$ のとき，その波長での放射に対し散乱のみが起きる．n_i が0でない場合，少なくともある程度の放射を吸収する．この問題については後の第12，13章で詳しく論じる．当面，雲は可視バンドでは放射をほぼ純粋に散乱する（$\tilde{\omega} \approx 1$）が，赤外バンドとそれより長い波長域では強く吸収する（$\tilde{\omega} < 1$）というように，波長により急激に変化することを理解しさえすればよい．しかしながら，液体の水と氷とではこの変化の様子に多少の違いがある．水雲には氷雲より吸収がかなり弱い波長が存在するのである（たとえば1.7 μm 付近；図4.1を参照）．このため適切な波長のチャンネルをもつ衛星センサーでは，この差を利用して水雲と氷雲を区別することができる．

7.4.2 太陽放射輝度の地上測定

大気上端での太陽フラックス S_0 が地球と大気の放射収支に極めて重要であるということは既に述べた．さらに，大気による太陽放射の吸収は波長の関数であるので，太陽放射輝度が波長によってどのように変化するのか正確に知ることは重要である．

太陽スペクトルを計測する機器を搭載した衛星の登場以前には（比較的最近まで），太陽放射輝度を直接測定することは不可能であった．地上観測では，太陽光が大気の吸収と散乱により減衰する影響をある程度受けることは避けられない．大気の透過率が既知であれば，減衰を受けていない太陽放射輝度を地上観測データより計算できるが，光源の放射輝度の知見なしに透過率を求める直接的な方法はない．このことは大気科学者や天文物理学者にとって古典的なジレンマであった．しかし，最初の衛星観測が行われる以前に，太陽スペクトルはかなりの精度で推定されていた．どのような方法によってであろうか？

大気が平行平面で，大気の特性は1日の間で一定であると仮定する．この仮定は一般に湿度や地上気圧などがほとんど変化しない快晴の日でのみ成り立つ．ある任意の波長 λ に対し，この問題における2つの未知数は太陽放射の輝度 S_λ と大気の光学的深さ τ_λ である．その日のどの時間帯においても，ビーアの法則によれば海面高度で観測される太陽放射の輝度は

$$I_\lambda = S_\lambda e^{-\frac{\tau_\lambda}{\mu}} \tag{7.38}$$

で表される．ここで $\mu = \cos\theta$ で θ は太陽天頂角である．両辺の対数をとり

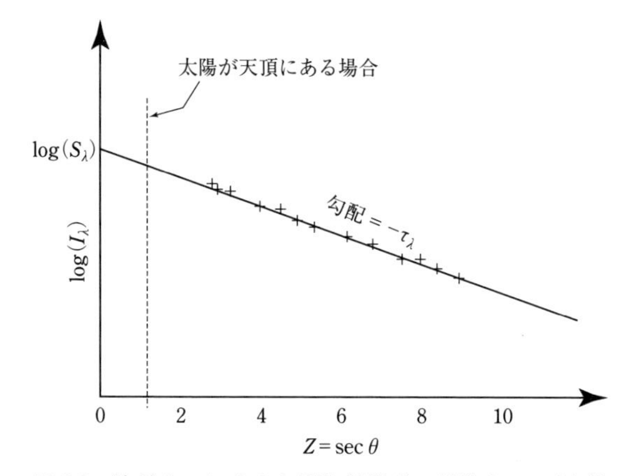

図 7.9　波長λにおける太陽放射輝度の対数と sec（太陽天頂角）との関係を表す模式図

大気の光学的深さはτ_λである．＋記号は日中の異なった時刻での測定を表し，その値を用いた最小2乗直線の勾配と切片が求まる．

$$\log(I_\lambda) = -\frac{\tau_\lambda}{\mu} + \log(S_\lambda) \tag{7.39}$$

を得る．$Z = 1/\mu = \sec\theta$と定義すると，この式は$Y = mZ + B$の形の直線の式になる．ここで$Y \equiv \log(I_\lambda)$，傾き$m \equiv -\tau_\lambda$，Y切片$B = \log(S_\lambda)$である．ここで必要なものは異なるZ値（すなわち，1日の中での異なる時刻（日の出時刻，θが最小になる正午，日の入時刻など）でのZ値）でのYの一連の観測値である．グラフにこれらの観測値をプロットすることで傾きmと切片Bがわかり，さらにこれらをそれぞれS_λとτ_λに変換することができる．図7.9はこの原理を示している．

問題 7.8

波長$\lambda = 0.45\,\mu$m で作動する地上設置型放射計を，太陽放射輝度$I_\lambda(0)$の測定に用いる．太陽天頂角$\theta = 30°$で$I_\lambda(0) = 1.74 \times 10^7\ \mathrm{W\,m^{-2}\,\mu m^{-1}\,sr^{-1}}$であり，$\theta = 60°$で$I_\lambda(0) = 1.14 \times 10^7\ \mathrm{W\,m^{-2}\,\mu m^{-1}\,sr^{-1}}$であった．この情報から大気上端での太陽放射輝度$S_\lambda$と光学的深さ$\tau_\lambda$を求めよ．

7.4.3 指数関数形の密度プロファイルをもつ大気の透過率

大気密度 ρ はかなり良い近似で

$$\rho(z) \approx \rho_0 e^{-\frac{z}{H}} \tag{7.40}$$

のように高度 z とともに指数関数的に減少する．ここで ρ_0 は海面高度での大気密度で $H \approx 8\,\mathrm{km}$ は**スケールハイト**（scale height; 密度が $1/e$ になるような高度の変化）である．二酸化炭素のように，ある種の大気成分がよく混合されているとすると，その成分の密度は

$$\rho_1(z) \approx w_1 \rho_0 e^{-\frac{z}{H}} \tag{7.41}$$

で与えられる．ここで w_1 は混合比（単位質量の空気中に存在する，その成分の質量）である．

簡単のために，この成分の質量吸収係数 k_a は λ に依存するが，気温，気圧，w 等には依存しないとする（後で述べるように，実大気中での吸収成分ではこの仮定が成り立つことは稀であるが，k_a の環境変数依存性は λ 依存性に比べはるかに弱い）．また，この波長では大気による散乱は起きないとし，$k_\mathrm{e} = k_\mathrm{a}$ とする．

式（7.41）と式（7.16）を組み合わせて，体積消散係数を高度の関数として

$$\beta_\mathrm{e}(z) = k_\mathrm{a} w_1 \rho_0 e^{-\frac{z}{H}} \tag{7.42}$$

で表現する．これらの情報から，以下の疑問に答えることができる．

1. 高度 z と鉛直座標としての光学的深さ τ（7.3.2 項で議論した）にどのような関係があるのか？
2. 大気上端から任意の高度 z までの透過率はどうなるのか？
3. 大気上端に放射（たとえば太陽光）が入射するときに，どこで吸収され，どの高度で吸収率が最大になるのか？

それぞれの疑問に対する回答は，1つ前の疑問への回答によるので順番に検討していくことにする．

光学的深さ

式（7.34）と式（7.42）から，

$$\tau(z) = \int_z^\infty \beta_e(z')\,dz' = k_a w_1 \rho_0 \int_z^\infty e^{-\frac{z'}{H}} dz' \tag{7.43}$$

を得る．これは

$$\tau(z) = k_a w_1 \rho_0 H e^{-\frac{z}{H}} \tag{7.44}$$

と表すこともできる．式（7.35）からわかるように，上式を使い任意の高度 z_1 と z_2 の間の大気層の光学的厚さ $\tau(z_1, z_2)$ を決めることもできる（$\tau(z_1, z_2) = |\tau(z_1) - \tau(z_2)|$ なので）．

大気の**全光学的深さ**（大気全層の光学的深さ）は

$$\tau^* \equiv \tau(0) = k_a w_1 \rho_0 H \tag{7.45}$$

となる．τ は大気上端で0であり，地表面に向け下方にいくに従いより大きく増加し，地表面で最大値 τ^* に達する．

ところで，式（7.43）は

$$\tau(z) = k_a u(z) \tag{7.46}$$

とも書ける．ここで $u(z)$ は

$$u(z) \equiv \int_z^\infty \rho_1(z')\,dz' \tag{7.47}$$

で定義される．これは高度 z から大気上端までの，対象となっている成分の**積算質量**（**mass path**）である．この量の次元は単位面積当たりの質量である．式（7.47）による定義は，その成分の濃度の関数形 $\rho_1(z)$ に依存しない．$z = 0$ を式（7.47）に代入すると，ある成分の**全積算質量**（**total mass path**）u_{tot} が得られる．

大気科学の文献では，同じ量に対して，多くの等価な名称や記号が用いられる．たとえば水蒸気の場合では，大気中の水蒸気の全積算質量は**全可降水量**（**total precipitable water**），**気柱積分水蒸気量**（**column-integrated water vapor**），**水蒸気全量**（**water vapor burden**），**水蒸気積算質量**（**water vapor path**）などと呼ばれ，使い方は著者や文脈による．

透過率

式（7.37）より，高度 z と大気上端の間の透過率は（放射が上下どちらに伝搬するかによらず）光学的厚さ $\tau(z)$ と天頂角（あるいは天底角）の余弦 $\mu = |\cos\theta|$ により決まり，

$$t(z) = \exp\left[-\frac{\tau(z)}{\mu}\right] = \exp\left[-\frac{k_a w_1 \rho_0 H}{\mu} e^{-\frac{z}{H}}\right] \tag{7.48}$$

と表される．指数関数の中に指数関数が含まれる点で，この表現は珍しく思えるかもしれないが，計算上の問題はまったくない．

吸収

先に指摘したように，非散乱性の大気では，光路に沿った吸収率は1から光路上の透過率を差し引いたものに等しい．したがって，高度zと大気上端の間の全吸収は$a = 1 - t(z)$ である．しかし，さらに興味深く重要な問題は，どこで吸収が起きているのかである．

高度z_1からz_2（$z_2 > z_1$）の間の層での太陽放射の吸収を考える．これは高度z_1と大気上端の間の吸収と，高度z_2と大気上端の間の吸収との差に等しくなるので

$$a(z_1, z_2) = [1 - t(z_1)] - [1 - t(z_2)] = t(z_2) - t(z_1) \tag{7.49}$$

と表される．ここで$\Delta z = z_2 - z_1$と定義すると，**単位高度当たりの局所的な吸収（local absorption per unit altitude）**は

$$W(z) = \lim_{\Delta z \to 0}\left[\frac{a(z, z+\Delta z)}{\Delta z} = \frac{t(z+\Delta z) - t(z)}{\Delta z}\right] \tag{7.50}$$

で与えられる．当然これは

$$\boxed{W(z) = \frac{dt(z)}{dz}} \tag{7.51}$$

となる．

上記の関係は非常に重要なので，次に進む前にこの式が示唆することを熟考されたい．これは，大気上端に入射する放射の大気中での局所的な吸収率は，高度zから大気上端までの透過率の局所的な変化率に等しいことを意味する．

さらに考えを進めてみる．ここで$t(z) = e^{-\tau(z)/\mu}$なので

$$W(z) = \frac{d}{dz} e^{-\frac{\tau(z)}{\mu}} = -\frac{1}{\mu} e^{-\frac{\tau(z)}{\mu}} \frac{d\tau(z)}{dz} \tag{7.52}$$

が成り立つ．さらに $\tau(z)=\int_z^\infty \beta_e(z')\,dz'$ なので，

$$\frac{d\tau(z)}{dz}=-\beta_e(z) \tag{7.53}$$

を得る．したがって

$$W(z)=\frac{\beta_e(z)}{\mu}e^{-\frac{\tau(z)}{\mu}}=\frac{\beta_e(z)}{\mu}t(z) \tag{7.54}$$

が成り立つ．すなわち，$W(z)$ は高度 z における局所的な消散係数と高度 z から大気上端までの透過率との積と等しい［訳注：この項の最後で $W(z)$ を**吸収の荷重関数**（**absorption weighting function**）と呼んでいる］．

前出の式（7.51）と式（7.54）の関係は吸収係数 $\beta_a(z)$ の特定の高度プロファイルに関する仮定にまったく依存しないことに留意されたい．ここまでは，密度が高度とともに指数関数的に減少するというような仮定をしていないのである．実際に，これらの式を任意の非散乱性の，非平行平面大気中での任意の光路に対しても適応できるように

$$W(s)=\frac{dt(s,\ s')}{ds}=\beta_e(s)\,t(s,\ s') \tag{7.55}$$

として一般化して表すことができる．ここで s は $s=s'$ にある放射源に向かう光路に沿った距離で，$t(s, s')$ は s と s' 間の透過率である．

局所的な吸収と透過率の変化率を結ぶこの関係性は，物理的に見て合理的なものだろうか？　完全に透明な大気では，予想通り，すべての高度 z で透過率 $t(z)$ は一定で 1 であり，$dt/dz=0$ となり，単位距離当たりの局所的な吸収も 0 である．一方，強い吸収性の大気において放射が下向きに伝搬する場合，大気上端近傍以外のすべての高度 z で $t(z)\approx 0$ かつ $dt/dz\approx 0$ となり，大気上端に入射する放射の局所的な吸収はない．言い換えれば，より高い高度で既にすべて吸収されているので，それ以下の高度で吸収されるべき放射は残っていないのである．

まとめると，透過率の定義により，透過率が 1 近くから 0 付近まで減少する高度領域で入射する放射の大部分が吸収される．当然，透過率が最も急激

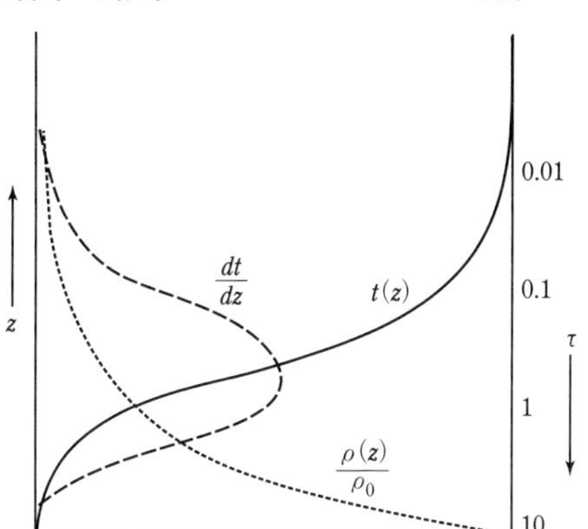

図 7.10　大気上端と高度 z 間の透過率 t と吸収／射出の荷重関数 $W(z) = dt/dz$ との関係

大気密度 $\rho(z)$ は高度 z の増加とともに指数関数的に減少する．

に変化する場所こそが，吸収が最も強い場所である[7]．

上の議論を密度が指数関数的に高度変化する大気に適用してみる．そのために，式（7.42）と式（7.48）で表される $\beta_a(z)$ と $t(z)$ の表現を式（7.54）に代入すると

$$W(z) = \frac{1}{\mu} k_a w_1 \rho_0 e^{-\frac{z}{H}} \exp\left[-\frac{k_a w_1 \rho_0 H}{\mu} e^{-\frac{z}{H}}\right] \tag{7.56}$$

が得られる．式（7.45）をこの式に代入すると，より単純な式

$$W(z) = \frac{\tau^*}{H\mu} e^{-\frac{z}{H}} \exp\left[-\frac{\tau^*}{\mu} e^{-\frac{z}{H}}\right] \tag{7.57}$$

が得られる．図 7.10 に $W(z)$ の特性的な形状を点線で模式的に示した．上で説明したように，大気密度が非常に小さい高い高度では，ほぼ 0 になる．放射が到達できる最大の深さより下の高度でも 0 となる．もちろん，$W(z)$ はその間の高度で最大値をとり，そこで $t(z)$ が最も急激に変化する．

定性的には，吸収が極大となる高度は，吸収の強度（すなわち，考えている波長での k_e の値）に依存すると予想される．k_e が小さければ大気は比較的透明で，低高度（場合によっては地上高度）に至るまで吸収率は小さく，放射は低高度まで透過できる．k_e が大きいと，密度が小さいような高い高

7）　ある特定の波長と入射角の太陽放射が吸収される大気層，即ち $W(z) > 0$ の領域のことを，それを研究したチャップマンにちなんで**チャップマン層**（Chapman layer）と呼ぶことがある．

度で吸収が強くなるため，低高度では吸収される放射は残されていない．

標準的なやり方で $W(z)$ の極大高度を決めることができる．$W(z)$ を z で微分し，それを0とした式を z について解くと

$$\frac{dW(z)}{dz} = \frac{d}{dz}\frac{\tau^*}{H\mu}e^{-\frac{z}{H}}\exp\left[-\frac{\tau^*}{\mu}e^{-\frac{z}{H}}\right] = 0 \tag{7.58}$$

$$e^{-\frac{z}{H}}\exp\left[-\frac{\tau^*}{\mu}e^{-\frac{z}{H}}\right]\left[\frac{\tau^*}{\mu}e^{-\frac{z}{H}} - 1\right] = 0 \tag{7.59}$$

を得る．この等式は

$$\frac{\tau^*}{\mu}e^{-\frac{z}{H}} = 1 \tag{7.60}$$

の条件で成り立つ．式（7.44）と式（7.45）を用いると，この条件は

$$\frac{\tau(z)}{\mu} = 1 \tag{7.61}$$

と書ける．これは大気上端から入射方向に積分した光学距離が1になる高度 z において**吸収の荷重関数**が極大となることを意味している．

宇宙から観測される放射における各高度での射出の寄与は**射出の荷重関数**（**emission weighting function**）で与えられる．吸収の荷重関数は，これと同じものになることを後で示す［訳注：8.1節で説明されている］．ここでは，この結果はキルヒホッフの法則の自然な帰結であると指摘するにとどめる．

問題 7.9

3つの異なった波長 λ_1，λ_2，λ_3 での，ある大気成分の吸収係数の高度プロファイルは

$$\beta_e(z) = k_n\rho_0\exp[-z/H] \tag{7.62}$$

で与えられる．ここで $\rho_0 = 4\,\mathrm{g/m^3}$ はその成分の海面高度での濃度，$H = 8\,\mathrm{km}$ はスケールハイトである．波長に依存する質量消散係数 k_1，k_2，k_3 の値は0.05，0.10，0.15 $\mathrm{m^2\,kg^{-1}}$ である．太陽天頂角 θ で大気上端に入射する放射の吸収に対する荷重関数 $W(z)$ が極大となる高度 z_n を求めよ．

問題 7.10

温度がほぼ一定のとき，8～13 μm のスペクトルの窓領域での水蒸気の質量吸収係数は近似的に $k_a \approx A\rho_v$ となる．ここで ρ_v は水蒸気濃度である．一

方 ρ_v の高度プロファイルは $\rho_v = \rho_{v,0}\exp(-z/H_v)$ と表される．ここで $\rho_{v,0}$ は海面高度での水蒸気濃度，H_v はスケールハイトである．(a) 水蒸気の体積吸収係数 $\beta_a(z)$ の表現を求めよ．(b) 光学的深さ $\tau(z)$ の表現を求めよ．(c) f を高度 z_{fm} 以下での気柱水蒸気量と全気柱水蒸気量 V_{tot} との比とする．全光学的深さに対する，光学的深さの割合が f となる高度 z_{ft} を求めよ．(d) 全光学的深さ τ^* を H_v と全気柱水蒸気量 V を用いて表せ．(e) $H_v = 2$ km，$V = 30$ kg m^{-2} で（中緯度の典型的な値），スペクトル窓領域における特定の波長での天頂方向の透過率 t が 95% となる場合，A の値を求めよ．

7.4.4 雲層の光学的厚さと透過率

雲は大気中に浮遊する多数の非常に小さい水滴や氷晶から成る．水雲の場合，典型的な雲粒の大きさは 5 ～ 15 μm であるが，それよりも小さかったり大きかったりすることはある（100 μm 程度の大きさの雲粒は**霧雨**（**drizzle**）として雲から落下するので雲粒というよりむしろ降水とみなされる）．水雲の粒の典型的な数密度は 10^2 ～ 10^3 cm^{-3} である．

多くの水雲は太陽直達光をほぼ完全に遮るほどの厚さをもつ．太陽と観測者の間に雲があると，しばしば太陽の位置がわからなくなる．その状況では，太陽放射がさまざまな方向に何度も散乱され，雲底から出てくる拡散された光だけを見ることになる．雲の内部で散乱される放射の多くは，雲底ではなく雲頂から出ていく．

雲層の上端に入射する太陽光の光子は，以下の 4 つのうち，いずれかの命運をたどる．

1. 雲によって一度も散乱・吸収されずに通過する．入射光子フラックスのうち，真直ぐに通過する光子のフラックスの割合を**直達透過率**（**direct transmittance**）t_{dir} と呼ぶ．
2. 1 回以上散乱された後，雲底から出てくる．入射フラックスに対するこのフラックスの割合を**拡散透過率**（**diffuse transmittance**）t_{diff} と呼ぶ．
3. 1 回以上散乱された後，雲層の上端から出てくる．入射フラックスに対するこのフラックスの割合を**反射率**（**reflectance**）あるいは**アルベド** r と呼ぶ．前章で議論した表面反射との類比に由来する名称である．
4. 透過も反射もせず雲層に吸収される．このフラックスの割合を雲内の

吸収率（**absorbance**）a と呼ぶ.

明らかに4つの項の和は1であり,

$$\boxed{t_{\mathrm{dir}} + t_{\mathrm{diff}} + r + a = 1} \tag{7.63}$$

が成り立つ. 直達透過率と拡散透過率をまとめると便利であり, その場合, **全透過率**（**total transmittance**）t は

$$\boxed{t = t_{\mathrm{dir}} + t_{\mathrm{diff}}} \tag{7.64}$$

で表される. また, これを用いると

$$\boxed{t + r + a = 1} \tag{7.65}$$

を得る.

雲のこれらの特性は大気の放射収支にとって極めて重要である. 特に雲層の反射率 r は, 大気上端に入射した太陽放射が, 直接的に宇宙空間に反射される量を決めるのに役立つ. 反射される放射は地球・大気におけるエネルギー収支にはまったく関与しないことになる. 全透過率 t は, 地表面を直接加熱できる太陽放射の量の上限を決める. また雲内での吸収率 a は, 雲が存在する大気層の直接加熱に寄与する割合を決める.

どのような雲であっても, 上記の4つの変数の値は, 雲の光学的厚さ τ^*, 単一散乱アルベド $\tilde{\omega}$, 雲粒によりどのように散乱されるか［訳注：特に散乱の角度依存性］ということに依存する. 3つの特性 t_{diff}, r, a すべてに雲内での放射の**多重散乱**（**multiple scattering**）による寄与が含まれている. 多重散乱を取り扱う道具立てについては後の章で述べる［訳注：第13章で興味深い議論が具体的に示される］.

しかしながら, 雲粒の半径 r, 数密度 N, 消散効率 Q_e を用いて雲層の光学的厚さ τ^* を評価するための道具は既に準備できている. 直達透過率 t_{dir} は式（7.33）から,

$$\boxed{t_{\mathrm{dir}} = e^{-\tau^*/\mu}} \tag{7.66}$$

で表される.

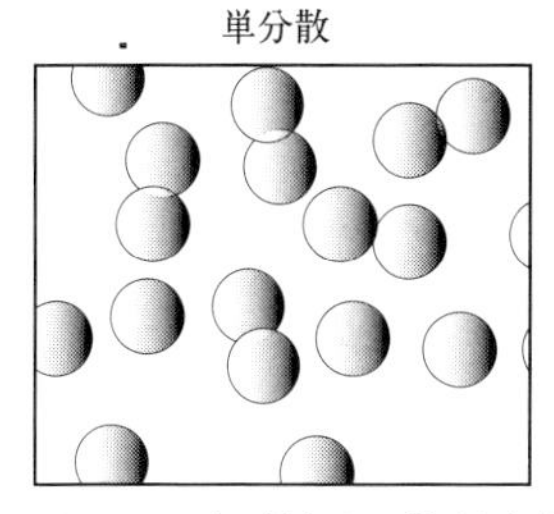

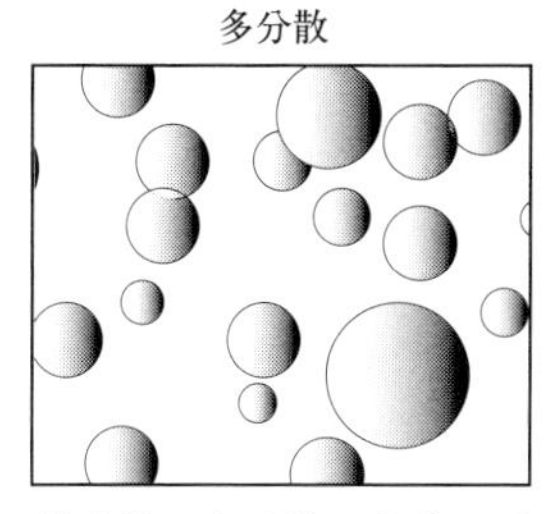

図 7.11 水雲粒子の粒径分布における単分散，多分散の定義を示す模式図

単分散の雲

まずは単位体積当たりの N 個の数濃度で，単一半径 r の雲粒から成る理想的な平行平面状の雲を考える．同じ大きさの雲粒から成る雲を**単分散**（monodisperse）と呼ぶ．これに対し，実際の雲は**多分散**（polydisperse）の雲粒から成っている（図 7.11 参照）．式（7.20）と式（7.22）から，単分散の雲の体積消散係数は

$$\beta_{\mathrm{e}} = N Q_{\mathrm{e}} \pi r^2 \tag{7.67}$$

となる．

通常は N や r を直接測定することは困難であるが，雲水密度（cloud water density）ρ_w（空気単位体積当たりの雲水の質量）は比較的容易に測定・推定することができる．ρ_w の典型的な値は 0.1 ～ 1 g/m^3 である．上昇流の弱い層状雲の中では ～ 0.1 g/m^3 程度の小さな値をとり，1 g/m^3 を超える大きな値は対流性の強い上昇流の中心核内でしばしば見られる．

ここで考えている単分散の雲では，雲水密度は雲粒の数濃度と単一の雲粒の水の質量の積であり，

$$\rho_w = N \frac{4}{3} \pi r^3 \rho_l \tag{7.68}$$

となる．ここで純水の密度は $\rho_l \approx 1000$ kg/m^3 である．式（7.16）と式（7.67）を組み合わせて，体積消散係数

$$\beta_{\mathrm{e}} = N Q_{\mathrm{e}} \pi r^2 = k_{\mathrm{e}} \rho_w = k_{\mathrm{e}} N \frac{4}{3} \pi r^3 \rho_l \tag{7.69}$$

を得る．このことから質量消散係数は

$$k_{\mathrm{e}} = \frac{3Q_{\mathrm{e}}}{4\rho_l r} \tag{7.70}$$

で表される．

この結果は興味深いものであるが，ある程度予想できることでもある．この式は，水の質量が同じ場合，粒子半径が小さく数が多くなるように分割した方が，半径が大きく数が少ない場合よりも，放射の消散が大きいことを示している．

式（7.70）は日常経験と一致するのだろうか？　中程度の強度の降水と濃霧を考えてみよう．どちらの場合でも可視光の波長帯で $Q_{\mathrm{e}} \approx 2$ とする．しかし雨の場合には雨滴の半径 r は 1 mm 程度で，霧粒はそれよりも 100 倍も小さく 10 μm 程度である．これらの値を式（7.70）に代入すると雨粒で $k_{\mathrm{e}} \approx 1.5\ \mathrm{m}^2/\mathrm{kg}$，霧で $k_{\mathrm{e}} \approx 150\ \mathrm{m}^2/\mathrm{kg}$ となる．ここで，雨でも霧でも水の密度 ρ_w は大気中で $0.1\ \mathrm{g/m}^3$ 程度である．したがって，体積消散係数 β_{e} は雨で $0.15\ \mathrm{km}^{-1}$，霧で $15\ \mathrm{km}^{-1}$ 程度となる．この結果，雨の場合には 1 km の光路の透過率は 86% であるが，霧では実質的に 0 となる！

雲層の光学的厚さを求める問題へ戻ろう．光学的厚さは雲底 z_{bot} から雲頂 z_{top} までの雲水の密度の高度分布 $\rho_w(z)$ を用いて，

$$\tau^* = \int_{z_{\mathrm{bot}}}^{z_{\mathrm{top}}} \beta_{\mathrm{e}}(z)\, dz = \int_{z_{\mathrm{bot}}}^{z_{\mathrm{top}}} k_{\mathrm{e}} \rho_w(z)\, dz \tag{7.71}$$

と表される．ここで k_{e} は一定と仮定しているので，積分記号の外に取り出すことができ，

$$\tau^* = k_{\mathrm{e}} L \tag{7.72}$$

と書ける．ここで**積算雲水量（liquid water path）**（鉛直積分した単位面積当たりの雲水の質量）は

$$L \equiv \int_{z_{\mathrm{bot}}}^{z_{\mathrm{top}}} \rho_w(z)\, dz \tag{7.73}$$

で定義される．式（7.72），式（7.70）および $Q_{\mathrm{e}} \approx 2$ を用いて

$$\tau^* \approx \frac{3L}{2\rho_l r} \tag{7.74}$$

を得る．まとめると，平行平面状の雲層の全光学的深さは積算雲水量 L に

比例し，雲粒の半径に反比例する[8]．

典型的な L の値は実質ゼロから厚い層状雲の $0.5\,\mathrm{kg/m^2}$ 程度の範囲となる．$r = 10\,\mu\mathrm{m}$ とすると，後者の光学的厚さは 75 程度になる．入射光の内 1% が直接透過するような雲の光学的厚さ τ^* の最大値は，

$$\tau^*_{1\%} = -\mu \ln (0.01) \approx 4 \tag{7.75}$$

となる．これは雲水量 L がわずか $0.03\,\mathrm{kg/m^2}$ 程度であることに相当する．$\rho_w = 0.1\,\mathrm{g/m^3}$ と小さな値を仮定すると，この L の雲層の厚さは 300 m ということになる．したがって，非常に薄い雲でも直達光はほとんど透過しないことがわかる．一方，拡散光の透過率は光学的に厚い雲においても重要である［訳注：このことは第 13 章で定量的に示される］．

雲凝結核と雲の光学的厚さ

まだ厳密には示していないが，予想されるように，他の要因が同じならば，光学的に厚い雲は薄い雲よりも多くの太陽光を反射する［訳注：このことは第 13 章で示される］．また光学的厚さは積算雲水量 L に比例し，雲粒の粒径 r に反比例することを示した（式 (7.74)）．

一般的に，積算雲水量 L は雲が占める空間スケールの動力学・熱力学（雲生成領域の空気の）により支配される．具体的な要素は気温・湿度・局所的な上昇速度・混合などである．たとえば，飽和した空気塊がある気温・気圧の状態から湿潤断熱的に持ち上げられる際に凝結する水の総質量は，標準的な熱力学ダイアグラム（Skew-T/log-P チャートなど）を用いて，極めて容易に予測することができる．

マクロな熱力学だけでは予測できない要素は，凝結した水から成る雲粒のミクロな特性（相対的に少数で大きな粒子の集まりか，多数で小さな粒子の集まりか）である．雲のこの特性は**雲凝結核**（**cloud condensation nuclei: CCN**）の数によって決まる．主に雲ができ始める段階で CCN は雲粒へと活性化される．

清浄な大気中での雲凝結核の数濃度は低いため，生成する雲粒の数濃度は低く，雲粒半径は相対的に大きいものとなる（他のすべての要因が同じであ

8）雲内での空気による吸収はすべて無視している．ただし太陽放射スペクトルのうち，特定の波長帯では水蒸気や他の成分による吸収を無視できない．

れば）．大陸性大気・汚染大気中では雲凝結核数濃度は 10 〜 100 倍も高いので，生成する雲の雲粒数濃度はこれに応じて高くなり，雲粒半径も小さくなる．雲粒の大きさが一定と仮定すると，光学的厚さと雲粒数の関係は，

$$\tau^* = Q_e \left[\frac{9\pi L^2 H}{16\rho_l^2} N \right]^{\frac{1}{3}} \tag{7.76}$$

の関係が成り立つことが示される．ここで H は雲層の幾何学的な厚さである．この関係式は，雲層の厚さと積算雲水量が一定の場合，光学的厚さは $\tau^* \propto N^{1/3}$ となることを意味する．

この関係式は学術的な観点からの興味だけではなく気候変動の点からも重要である．人間活動に伴い大気中に雲凝結核として作用するエアロゾルが多量に放出されていることがわかっている．また，この人為起源エアロゾルが雲の平均的な反射率を高め，地表面や大気で吸収される太陽放射の割合を減らしていることが明らかになっている［訳注：雲は光学的に厚いほど，その反射率が高いことが 179 頁で述べられており，またこのことは第 13 章で示される］．二酸化炭素濃度の増加による温室効果の増大とは異なり，人為起源エアロゾルは全球の平均気温を低下させる効果がある．エアロゾルによる間接的な冷却効果が二酸化炭素増加による気温上昇を部分的に打ち消していると考えられている．実際，現在観測されている温暖化は，このエアロゾルの効果がないと仮定した条件の気候モデル予測値よりも系統的に小さい．実際に，温室効果気体による温暖化の影響を緩和するという点で，エアロゾルの効果は有益であると考える人もいる．しかし，エアロゾルと二酸化炭素の放射の影響には地域・季節・高度依存性などの違いがあるため，この楽観的な考えは早計である．人為起源エアロゾルが全球的な放射影響を部分的に打ち消すとしても，それがもたらす領域的な気候の応答の効果も考える必要がある．

問題 7.11

式（7.76）を導出せよ．

問題 7.12

ある雲の幾何学的厚さは $H = 0.1$ km であり，積算雲水量は $L = 0.01$ kg m^{-2} である．$Q_e \approx 2$，太陽天頂角は $\theta = 60°$ として，直達透過率 t_{dir} を次の

条件で計算せよ．(a) $N = 100\ \mathrm{cm}^{-3}$（清浄な海洋性大気での典型的な値），(b) $N = 1000\ \mathrm{cm}^{-3}$（大陸性大気での典型的な値）．

多分散の雲†

雲粒の数濃度と粒径が雲層の光学的厚さに及ぼす影響についての議論では，これまで，雲粒半径はすべての雲粒で同一（単分散）であるものと仮定してきた．この簡略化は実際，雲層の放射特性の支配要因を定性的に把握する目的で使われることが多い．しかし，現実の雲についての定量的な議論のためには粗すぎる仮定である．

実際，実大気中の雲粒の半径は，ある有限の範囲に広がりをもって分布している（多分散）．一般に，多分散の粒子の集まりについては，以下の関数 $n(r)$

$$n(r)\,dr = \{\text{粒径区間}\ [r, r+dr]\ \text{にある粒子数　(単位体積当たり)}\} \tag{7.77}$$

により，その**粒径分布（drop size distribution）**が定義される．$n(r)$ の次元は"単位体積当たり，r の単位間隔当たりの個数"すなわち，長さ$^{-4}$であり，しばしば $[\mathrm{m}^{-3}\,\mu\mathrm{m}^{-1}]$ の単位で表される．

この $n(r)$ から，いくつかの関係する量が定義される．たとえば，粒子の総数濃度は

$$N = \int_0^{\infty} n(r)\,dr \tag{7.78}$$

となる．ある半径 r' より小さな粒子の総数濃度は

$$N(r < r') = \int_0^{r'} n(r)\,dr \tag{7.79}$$

で表される．半径 r の単一粒子の表面積と $n(r)$ の積をすべての半径にわたり積分することで，粒子の総表面積（単位体積当たり）

$$A_{\mathrm{sfc}} = \int_0^{\infty} n(r)\,[4\pi r^2]\,dr \tag{7.80}$$

が得られる．単分散を仮定したときの結果を，多分散の場合に一般化することは容易である．たとえば，局所的な雲水質量密度は

$$\rho_w = \int_0^{\infty} n(r)\left[\rho_l \frac{4\pi}{3} r^3\right] dr \tag{7.81}$$

で与えられる．また，局所的な体積消散係数は

$$\beta_e = \int_0^\infty n(r)\,[Q_e(r)\,\pi r^2]\,dr \tag{7.82}$$

で与えられる．ここで角括弧内の式は半径 r の単一粒子の消散断面積である．この場合，質量消散係数は

$$k_e \equiv \frac{\beta_e}{\rho_w} = \frac{\int_0^\infty n(r)\,[Q_e(r)\,\pi r^2]\,dr}{\int_0^\infty n(r)\left[\rho_l \frac{4\pi}{3} r^3\right]dr} \tag{7.83}$$

で表される．再びすべての雲粒半径 r に対して $Q_e \approx 2$ とすると（波長に対して粒径が大きい場合にあてはまる），上式は

$$k_e \approx \frac{3}{2\rho_l r_{\mathrm{eff}}} \tag{7.84}$$

のように簡単になる．ここで，雲粒の**有効半径** r_{eff} は

$$r_{\mathrm{eff}} \equiv \frac{\int_0^\infty n(r)\,r^3 dr}{\int_0^\infty n(r)\,r^2 dr} \tag{7.85}$$

と定義される．このとき，雲層の全光学的深さは，

$$\tau^* \approx \frac{3L}{2\rho_l r_{\mathrm{eff}}} \tag{7.86}$$

で近似できる．ここで L は式（7.73）と式（7.81）で定義された積算雲水量である．この表現は，単分散の雲についての先の式（7.74）と同一である（半径 r が有効半径 r_{eff} に置き換わったこと以外は）．したがって，r_{eff} は光学的厚さ τ^* の多分散の雲と同一の光学的厚さをもつ単分散の雲の雲粒半径と解釈できる．

ここで定義した有効半径 r_{eff} は，Q_e が r に強く依存しないときのみ有効であることを強調しておく．この条件は常には成り立たず，特に，全雲水質量に主要な寄与をする粒径範囲が波長に比べてあまり大きくない場合（すなわち $x \gg 1$ でない場合）には成り立たない．また光学的厚さ τ^* は，雲層全体の反射率や透過率を決めるいくつかの放射パラメーターの1つにすぎない［訳注：第13章で具体的に示される］．したがって，有効半径が r_{eff} となる多分散の雲と $r = r_{\mathrm{eff}}$ となる単分散の雲は，放射の観点から互いに等価であると

は限らない.

広域の雲の微物理特性を観測する方法論の1つとして，2つ以上の波長における雲頂の反射率の衛星観測から，その雲の r_{eff} を推定することが一般的に行われている．また，先に述べた気候影響の観点から，r_{eff} と人為起源のエアロゾルとの相関を調べる多くの研究が行われてきている.

問題 7.13

雲粒の粒径分布としてガンマ分布（gamma distribution）がよく用いられる．この分布は

$$n(r) = ar^{\alpha}\exp(-br)$$

で定義される．これがガンマ分布と呼ばれるのは

$$\int_0^{\infty} r^k \exp(-br)\,dr = \frac{\Gamma(k+1)}{b^{k+1}}$$

が成り立つためである．ここで $\Gamma(x)$ はオイラーのガンマ関数（Euler gamma function）である．正の整数 x に対し $\Gamma(x+1) = x!$ なので，$\Gamma(x)$ は階乗 $n!$ を連続関数に一般化したものである．これより，$\Gamma(x+1)/\Gamma(x) = x$ が成り立ち，下記の問題を解く際に有用である.

次の量をパラメーター a, b, α を用いて表せ.

a）単位体積当たりの全粒子数 N

b）平均の雲粒子半径 $\bar{r}$

c）単位体積当たりの粒子の表面積 A_{sfc}

d）雲水密度 ρ_w

e）可視域での消散係数 β_{e}. ここで $Q_{\mathrm{e}} \approx 2$ とせよ.

f）有効半径 r_{eff}

g）以下の雲粒分布の特性を再現するように a, b の値を決めよ．$N = 100\ \mathrm{cm}^{-3}$, $r_{\mathrm{eff}} = 10\ \mu\mathrm{m}$, $\alpha = 3$.（a と b の値をそれぞれ $\mathrm{cm}^{-3}\,\mu\mathrm{m}^{-4}$ と $\mu\mathrm{m}^{-1}$ の単位で表すと数値計算上便利である．これは空気の体積を cm^{-3} の単位で，半径を $\mu\mathrm{m}$ の単位で表すことと等価である.）

h）r を $\mu\mathrm{m}$ 単位，$n(r)$ を $\mathrm{cm}^{-3}\,\mu\mathrm{m}^{-1}$ の単位にとり $n(r)$ のグラフを描け.

i）得られた a と b の値を用いて（b)-(e）で得られた特性の数値を求めよ．計算するにあたり標準的な単位，あるいは便利な単位を用いよ.

第8章 大気放射

前章では，まず，単色の放射が大気とどのように相互作用するかについて考察した．そこでは気体成分や雲による放射の消散（あるいはその逆の透過）に焦点を当てた．もし大気の役割が，太陽のような外部放射源からの放射を減少させるだけであれば，大気放射の議論は実に単純なものになる．しかし，第6章において既に，大気は放射を吸収・射出することを示した．また，キルヒホッフの法則は大気に対してもあてはまり，大気の吸収率と熱放射の射出率が等価であることも述べた．

本章では，消散と熱放射の両方の過程を考慮できるように，放射伝達の数学的扱いを拡張する．一般には多重散乱の効果（視線方向に沿う放射源として重要な）も考慮する必要があるが，それは後の章で述べる．本章では一貫して，散乱が無視できると仮定する．この仮定は，熱赤外・遠赤外・マイクロ波領域を含む多くの実際問題において有効である．

8.1 シュワルツシルトの式

波長λの放射が，その伝搬方向に沿って微小厚さdsの空気層を通過する状況を考える．放射輝度が初めにIであったとすると，吸収によるIの減少量は

$$dI_{\mathrm{abs}} = -\beta_{\mathrm{a}} I\,ds \tag{8.1}$$

となる．これは式（7.4）において単一散乱アルベド$\tilde{\omega} \approx 0$（ゆえに$\beta_{\mathrm{e}} = \beta_{\mathrm{a}}$）の条件を適用したものである．

$\beta_{\mathrm{a}}\,ds$という量は吸収により入射光が失われる割合を表すので，微小厚の空気層の吸収率aと考えることができる．キルヒホッフの法則によれば，局所熱力学平衡（LTE）にあるどんな物質の吸収率も同じ物質の射出率に

等しい．それゆえ，この微小厚の空気層が射出する微小の放射輝度は

$$dI_{\mathrm{emit}} = \beta_{\mathrm{a}}\, B\, ds \tag{8.2}$$

となる．ここで記号 B はプランク関数 $B_\lambda(T)$ を略記[1)] したものである．ゆえに放射強度の正味の変化は

$$dI = dI_{\mathrm{abs}} + dI_{\mathrm{emit}} = \beta_{\mathrm{a}}\,(B - I)\, ds \tag{8.3}$$

となる．書き換えると

$$\boxed{\frac{dI}{ds} = \beta_{\mathrm{a}}\,(B - I)} \tag{8.4}$$

を得る．この方程式は**シュワルツシルトの式**（**Schwarzschild's equation**）と呼ばれ，非散乱性の媒質中での放射伝達過程を記述する最も基本的な式である．シュワルツシルトの式によれば，ある視線方向の放射輝度は，$I(s)$ が $B[T(s)]$（$T(s)$ は点 s での温度）よりも小さければ増加し，大きければ減少する．

シュワルツシルトの式を使って，伝搬経路上の任意の観測点におかれた検出器で測定される放射輝度を表す式を導出しよう．以前，平行平面大気に対して導入したように，任意の点 s と観測点 S との間の光学距離を

$$\tau(s) = \int_s^S \beta_{\mathrm{a}}(s')\, ds' \tag{8.5}$$

で定義する．この定義より，$\tau(S) = 0$ となる．式 (8.5) を s について微分して

$$d\tau = -\beta_{\mathrm{a}}\, ds \tag{8.6}$$

を得る．これをシュワルツシルトの式に代入し，

$$\frac{dI}{d\tau} = I - B \tag{8.7}$$

を得る．$I e^{-\tau}$ を τ で微分すると

$$\frac{d}{d\tau}[I\, e^{-\tau}] = e^{-\tau}\frac{dI}{d\tau} - I\, e^{-\tau} \tag{8.8}$$

となる．式 (8.7) の両辺に積分因子 $e^{-\tau}$ を掛け，この式と組み合わせると

---

1)　本章では放射伝達に関するすべての関係式は単色光に対し適用されるので，I や他の量を示す際に添字 λ を省略していることに注意されたい．

$$e^{-\tau}\frac{dI}{d\tau}-I\,e^{-\tau}=-B\,e^{-\tau} \tag{8.9}$$

を得る．これを変形して

$$\frac{d}{d\tau}[I\,e^{-\tau}]=-B\,e^{-\tau} \tag{8.10}$$

を得る．この式を $\tau=0$ にある検出器と任意の点 τ' との間で τ について積分し，

$$\int_0^{\tau'}\frac{d}{d\tau}[I\,e^{-\tau}]\,d\tau=-\int_0^{\tau'}B\,e^{-\tau}d\tau \tag{8.11}$$

を得る．これは

$$[I(\tau')\,e^{-\tau'}]-I(0)=-\int_0^{\tau'}B\,e^{-\tau}d\tau \tag{8.12}$$

となり，並び替えると

$$\boxed{I(0)=I(\tau')\,e^{-\tau'}+\int_0^{\tau'}B\,e^{-\tau}d\tau} \tag{8.13}$$

になる．

一旦ここで立ち止まってこの式を吟味してみる．というのも，放射伝達について，この式に含まれる内容やその応用は非常に広範囲に及ぶからである．左辺の $I(0)$ は，$\tau=0$ に置かれた検出器で観測される放射輝度である．右辺には次の 2 つの項がある．

1. 位置 $\tau=\tau'$ での輝度 I と，検出器と τ' の間の透過率 $t(\tau')=e^{-\tau'}$ との積．この項は，検出器から離れたある位置 τ' にある放射源の寄与を表している．たとえば下方視の衛星センサーでは，$I(\tau')$ は地球表面からの射出を表していて，この場合，$e^{-\tau'}$ は視線に沿った全大気透過率（大気全層の透過率）である．

2. 検出器と位置 $\tau=\tau'$ の間の径路上に位置する各点 τ からの熱放射の寄与 $B\,d\tau$ を，視線に沿って積算した量．検出器と τ' 間に位置する各点（τ）からの寄与は，それぞれの光学距離（検出器と τ 間の）の透過率に応じた減衰を受ける．被積分関数中の $t(\tau)=e^{-\tau}$ はこの減衰効果を表

す．

多少の抽象的な数式操作が必要であったが，得られた式の解釈は常識的な理解と一致する．とりわけ重要な点は，式（8.13）によれば，光路上のある点と検出器の間の大気が不透明（$t \approx 0$）な場合，$I(0)$ はその点からの射出の影響を受けないのである．また，光路上のある点からの射出が効果的であるためには，その点での β_{a} がゼロであってはならないこともわかる．そうでなければ，$d\tau$，したがって $B\,d\tau$ がゼロになってしまうからである．

キーポイント：大気中（散乱が無視できる）での射出と吸収に関するほとんどすべての放射伝達問題は式（8.13）を用いて理解できる [2]**．**

式（8.13）を異なった形式に書き直すことにより，この式について更に理解を深めることにする．まず $t = e^{-\tau}$ を用いて

$$dt = -e^{-\tau} d\tau \tag{8.14}$$

を得る．これを式（8.13）に代入し，

$$\boxed{I(0) = I(\tau')\,t(\tau') + \int_{t(\tau')}^{1} B\,dt} \tag{8.15}$$

を得る．この式から，検出器に向かう光路上の透過率の微小増分区間 dt からの熱放射は，t によらない同じ重み（荷重）付きで，$\tau = 0$ での全放射輝度へ寄与することがわかる．

最後に，射出の相対的寄与を光路上での幾何学的距離 s の関数として考える．

$$dt = \frac{dt}{ds} ds \tag{8.16}$$

であるので，これを式（8.15）に代入し

$$I(S) = I(s_0)\,t(s_0) + \int_{s_0}^{S} B(s) \frac{dt(s)}{ds} ds \tag{8.17}$$

2）唯一の例外は局所的な熱力学平衡（LTE）が成り立たない場合である（6.2.3 項を参照）．

を得る．ここで s_0 は上記積分における下端（光学的な）である．この形を式（7.55）と比較して，右辺の積分は

$$\int_{s_0}^{s} B(s)\frac{dt(s)}{ds}ds = \int_{s_0}^{s} B(s)W(s)\,ds \tag{8.18}$$

と書き直すことができる．つまり，**幾何学的距離の微小増分区間が寄与する熱放射の荷重関数は，逆向きに伝搬する放射についての吸収の荷重関数 $W(s)$ とまったく同じなのである．**

射出の荷重関数に関する余談†

上述の結果が実際にどれくらい一般的であるのかを示してみよう．本章は大気を対象としているが，$W(s) = dt(s)/ds$（これは光路上の位置 s からの射出の相対的寄与を示す量）の有効性は大気に限定されない．たとえば，位置 s' にある不透明で完全吸収する媒質の表面を考える．媒質表面の点と任意の s の間の透過率は

$$t(s) = \begin{cases} 1 & s > s' \\ 0 & s < s' \end{cases} \tag{8.19}$$

の階段関数となる．この場合，任意の $s \neq s'$ に対して $dt(s)/ds \equiv W(s) = 0$ で，$s = s'$ に対しては無限大である．これより

$$W(s) = \delta(s - s') \tag{8.20}$$

が成り立つ．$\delta(x)$ はディラックの δ 関数である．手短にいえば，この関数の重要な特性は

$$\delta(x) = \begin{cases} \infty & x = 0 \\ 0 & x \neq 0 \end{cases} \tag{8.21}$$

にまとめられる．言い換えれば，$\delta(x)$ は，$x = 0$ を除いてゼロで，$x = 0$ では無限に高く無限に狭いスパイクである．これらの特異な性質にもかかわらず，この曲線より下側の面積は有限で 1 に等しく，

$$\int_{-\infty}^{x} \delta(x - x')\,dx' = \begin{cases} 0 & x < x' \\ 1 & x > x' \end{cases} \tag{8.22}$$

と定義される．これはもちろん式（8.19）や式（8.20）と整合している．

ここで，もう少し考えると，$\delta(x - x')$ と $f(x')$ の積は同じ δ 関数であるが，$f(x = x')$ の値を乗じたものに等しいことがわかる．ゆえに，式

(8.22) から

$$\int_{x_1}^{x_2} \delta(x-x') f(x') dx' = \begin{cases} f(x) & x_1 < x < x_2 \\ 0 & \text{他の区間} \end{cases} \tag{8.23}$$

が成り立つ．式 (8.20) の仮定のもと，式 (8.18) を用いると式 (8.17) は

$$I(S) = I(s_0) t(s_0) + \int_{s_0}^{S} B(s) \delta(s-s') ds \tag{8.24}$$

のように表される．ここで，s_0 を位置 s' にある媒質の背面にある任意の点とすると，$s_0 < s' < S$ となる．仮定によって，この媒質は不透明であるので透過率 $t(s_0) = 0$ であり，残る項は

$$I(S) = \int_{s_0}^{S} B(s) \delta(s-s') ds \tag{8.25}$$

となる．さらに式 (8.23) を用いると，

$$I(S) = B(s') \tag{8.26}$$

を得る．回り道ではあったが，この解析から前述の重要な点を再確認できたのである．すなわち，不透明な黒体からの射出輝度は黒体表面でのプランク関数の値になるということである．このように，式 (8.17) は極めて一般的であり（非散乱性で非反射性の媒質に対して），光路に沿っての透過率 t が距離の不連続関数の場合でも成り立つのである．

8.2　平行平面大気の放射伝達

それでは，式 (8.17) を平行平面大気に適用してみる．初めに，検出器が地表面 ($z = 0$) にあって，大気から下向きに射出される放射を観測する場合を考える．この場合の放射伝達方程式は

$$\boxed{I^{\downarrow}(0) = I^{\downarrow}(\infty) t^* + \int_0^{\infty} B(z) W^{\downarrow}(z) dz} \tag{8.27}$$

の形となる．ここで，$z = \infty$ は大気上端より上の任意の点であり，$t^* \equiv \exp(-\tau^*/\mu)$ は地表面から大気上端までの透過率である．$B(z)$ は $B_\lambda[T(z)]$ ($T(z)$ は大気温度の高度分布) を簡略化したものであることを想起されたい．地表面と高度 z の間の透過率 $t(0, z)$ は z が増えるにつれて

減少するので，荷重関数 $W^{\downarrow}(z)$ は

$$\boxed{W^{\downarrow}(z) = -\frac{dt(0,\ z)}{dz} = \frac{\beta_{\mathrm{a}}(z)}{\mu} t(0,\ z)} \tag{8.28}$$

で与えられる．

検出器が地球圏外の放射源（太陽のような）の方を向いているのでなければ，$I^{\downarrow}(\infty) = 0$ である．この場合，右辺の第 1 項は消え，観測される下向きの放射輝度は，大気の温度と吸収係数の高度分布のみの関数となる．

ここで，大気上端より上にある検出器が地表面の方向を見ているとする．このとき，

$$\boxed{I^{\uparrow}(\infty) = I^{\uparrow}(0)\, t^{*} + \int_0^{\infty} B(z)\, W^{\uparrow}(z)\, dz} \tag{8.29}$$

が得られる．ここで

$$\boxed{W^{\uparrow}(z) = \frac{dt(z,\ \infty)}{dz} = \frac{\beta_{\mathrm{a}}(z)}{\mu} t(z,\ \infty)} \tag{8.30}$$

が成り立つ．

式（8.27）と式（8.29）は大変似ていることに注意されたい．どちらの式も，大気の下端および上端で観測される放射輝度は，1）観測点に向かって大気に入射し大気を透過してきた放射と，2）大気中の各高度 z からの射出を重み付けしたものの和という 2 つの寄与を加えたものになっているのである．

8.2.1　大気の射出率

$T(z) = T_a$ である等温大気の事例を考える．このとき，$B[T(z)] = B(T_a) =$ 一定であり，式（8.28）を用いると式（8.27）は

$$I^{\downarrow}(0) = I^{\downarrow}(\infty)\, t^{*} + B(T_a) \int_0^{\infty} -\frac{dt(0,\ z)}{dz} dz \tag{8.31}$$

になる．積分は $t(0, 0) - t^{*} = 1 - t^{*}$ となるので，

$$\boxed{I^{\downarrow}(0) = I^{\downarrow}(\infty)\, t^{*} + B(T_a)[1 - t^{*}]} \tag{8.32}$$

が成り立つ．同様にして，式（8.29）と式（8.30）から

$$I^{\uparrow}(\infty) = I^{\uparrow}(0)\, t^* + B(T_a)[1 - t^*] \tag{8.33}$$

を得る．前述したように，非散乱性の大気層の吸収率は1から透過率を引いたものに等しく，またキルヒホッフの法則によって吸収率は射出率に等しい．上記の2つの方程式の解釈は実に明解である．すなわち，**全放射輝度は，(a) 観測点に向かってくる放射（放射源からの）の透過輝度と，(b) プランク関数と大気全体の射出率の積，を加えたものである．**

実際には大気は決して等温ではない．しかし，観測される放射輝度に対する大気の寄与を表すために式（8.32）や式（8.33）に似た形の式

$$I^{\downarrow}(0) = I^{\downarrow}(\infty)\, t^* + \bar{B}^{\downarrow}[1 - t^*] \tag{8.34}$$

$$I^{\uparrow}(\infty) = I^{\uparrow}(0)\, t^* + \bar{B}^{\uparrow}[1 - t^*] \tag{8.35}$$

を用いるのは便利である．ここで，

$$\bar{B}^{\downarrow} = \frac{1}{1 - t^*}\int_0^{\infty} B(z)\, W^{\downarrow}(z)\, dz \tag{8.36}$$

$$\bar{B}^{\uparrow} = \frac{1}{1 - t^*}\int_0^{\infty} B(z)\, W^{\uparrow}(z)\, dz \tag{8.37}$$

は，大気全体に対するプランク関数の値の**荷重平均**（**weighted average**）である．

問題 8. 1

$1 - t^* \ll 1$ であるとき，$W^{\downarrow}(z) \approx W^{\uparrow}(z) \approx \beta_{\mathrm{a}}(z)/\mu$ であり $\bar{B}^{\downarrow} \approx \bar{B}^{\uparrow}$ となることを示せ．

8. 2. 2　単色放射フラックス†

問題とする対象が輝度ではなくフラックスであることもある．たとえば，地球圏外の放射源を無視すれば（長波帯では適切），式（2.59）によって1半球分の立体角で $I^{\downarrow}\cos\theta$ を積分することで地表面での下向きの単色フラックスを

$$F^{\downarrow} = -\int_0^{2\pi}\int_{\pi/2}^{\pi} I^{\downarrow}(\theta,\ \phi)\cos\theta\sin\theta\, d\theta\, d\phi$$

で計算することができる．これに式（8.27）を代入する前に，2つの簡単化

を行う．まず，平行平面大気を考えているので ϕ 依存性がなく，ただちに方位角方向に積分でき，

$$F^{\downarrow} = -2\pi \int_{\pi/2}^{\pi} I^{\downarrow}(\theta) \cos\theta \sin\theta \, d\theta \tag{8.38}$$

を得る．

2つ目には，天頂角を記述する変数として $\mu = |\cos\theta|$ を用いることができる．下向きの放射に対しては，$\cos\theta < 0$ であるので，$\mu = -\cos\theta$ で $\mathrm{d}\mu = \sin\theta \, d\theta$ である．式（8.27）を用いて

$$F^{\downarrow}(0) = 2\pi \int_0^1 \left[\int_0^{\infty} B(z) W^{\downarrow}(z, \mu) \, dz \right] \mu \, d\mu \tag{8.39}$$

を得る．$W^{\downarrow}$ だけが μ に依存するのでは積分の順序を入れ替えて，

$$F^{\downarrow}(0) = \int_0^{\infty} \pi B(z) W_F^{\downarrow}(z) \, dz \tag{8.40}$$

を得る．ここで，

$$W_F^{\downarrow}(z) \equiv 2 \int_0^1 W^{\downarrow}(z, \mu) \, \mu \, d\mu = -2 \int_0^1 \frac{\partial t(0, z; \mu)}{\partial z} \mu \, d\mu \tag{8.41}$$

は，**フラックスの荷重関数**（**flux weighting function**）である．式（8.40）にある $\pi B(z)$ という項は不透明な黒体（高度 z での温度における）から射出される単色フラックスである．これを少し変形して

$$W_F^{\downarrow}(z) = -\frac{\partial}{\partial z} \left[2 \int_0^1 t(0, z; \mu) \, \mu \, d\mu \right] = -\frac{\partial t_F(0, z)}{\partial z} \tag{8.42}$$

を得る．ここで，高度 z_1 と z_2 の間の単色光の**フラックスの透過率**（**flux transmittance**）t_F は

$$t_F(z_1, z_2) \equiv 2 \int_0^1 t(z_1, z_2; \mu) \, \mu \, d\mu = 2 \int_0^1 e^{-\frac{\tau(z_1, z_2)}{\mu}} \mu \, d\mu \tag{8.43}$$

で定義される．

問題 8.2

大気中の任意の高度 z における下向きと上向きフラックスについて，式（8.40）-（8.42）に類似した数式を求めよ．

式（8.43）の積分は数値的に計算するのは容易であるが，簡単な解析解は存在しない．しかし，上述した t_F の表式は光線の透過率 $t = \exp(-\tau/\mu)$ と非常に似た振る舞いをする．すなわち，τ がゼロから無限大に動くにつれて，t_F は 1 から 0 に準指数関数的に減少する．それゆえ，その積分を扱うために，

$$t_F = 2\int_0^1 e^{-\frac{\tau}{\mu}}\mu\, d\mu \approx e^{-\tau/\bar{\mu}} \tag{8.44}$$

の近似がよく用いられる．ここで，$\bar{\mu}$ は光線の透過率が 2 つの高度の間のフラックス透過率に近似的に等しくなるような**有効天頂角**（**effective zenith angle**）に対応する．

問題 8. 3

(a) 任意の τ に対して，式（8.44）を満足する $\bar{\mu}$ の値が 0 と 1 の間に常に存在することを示せ．

(b) $\tau \ll 1$ の場合に成り立つ $\bar{\mu}$ の表式を導出せよ．

$\bar{\mu}$ の値は厳密には τ の関数であるが，数値計算によれば

$$W_F^{\downarrow}(z) \approx -\frac{\partial t(0,\ z;\ \bar{\mu})}{\partial z} \tag{8.45}$$

の近似式と厳密な式（8.42）が全般によく一致するように，1 つの定数を選ぶだけですませられることがよくある．最も一般に使われている値は $\bar{\mu} = 1/r$ であり，ここでの $r = 5/3$ は**散光因子**（**diffusivity factor**）と呼ばれる（フラックス透過率の理論的な解析で現れる）．

問題 8. 4

数値積分ができるソフトウェアを利用できるならば，$0 < \tau < 2$ に対して $t_F(\tau)$ のグラフを描け．正確な計算結果と $\bar{\mu}$ に上述の値を用いて得られた結果とを比較せよ．

8. 2. 3　上向き放射輝度への地表面の寄与

式（8.29）は大気上端から下方を見たときの単色放射の輝度を表す．この

方程式に現れる項の1つは地球表面での上向き放射輝度 $I^{\uparrow}(0)$ である．これは，$\beta_{\mathrm{a}}(z)$ や $T(z)$ の値からだけでは直接計算できない唯一の項（与えられた波長 λ と観測方向 μ に対する）である．そのため，$I^{\uparrow}(\infty)$ についての完全な表式を得るためには $I^{\uparrow}(0)$ を具体的に表現する必要がある．

$I^{\uparrow}(0)$ の表現は仮定する地表面の性質に依存する．どのような仮定をするにせよ，2つの寄与を考慮する必要がある．すなわち，1）地表面からの射出，2）地表面に入射する大気放射の上向き反射である．

鏡面反射をする下端境界（specular lower boundary）

はじめに最も簡単な場合を考察する．すなわち，射出率が ε である鏡面反射性の表面である．この場合，反射率は $r = 1 - \varepsilon$ であり，

$$I^{\uparrow}(0) = \varepsilon B(T_S) + (1-\varepsilon) I^{\downarrow}(0) \tag{8.46}$$

が成り立つ．この式で T_S は地表面温度（表面気温と同じである必要はない！）で，$I^{\downarrow}$ は $I^{\uparrow}$ と同じ μ における輝度である．ここで $I^{\downarrow}(0)$ に対しての表式，すなわち式（8.27）は既に導出していることを想起されたい．式（8.27），式（8.29），式（8.46）を組み合わせることで

$$I^{\uparrow}(\infty) = \left[\varepsilon B(T_S) + (1-\varepsilon)\int_0^{\infty} B(z) W^{\downarrow}(z)\, dz\right] t^* + \int_0^{\infty} B(z) W^{\uparrow}(z)\, dz \tag{8.47}$$

を得る．ここでは，注目している方向に鏡面反射として寄与する下向き放射源がない（すなわち太陽反射を見ていない）と仮定している．荷重関数 $W^{\uparrow}$ と $W^{\downarrow}$ を適切に与えれば，下方視の衛星センサーによって観測される放射輝度の完全な表現が得られる．

前節で導出した積分が陽に現れない記法を用いれば式（8.47）は

$$I^{\uparrow}(\infty) = [\varepsilon B(T_S) + (1-\varepsilon)\bar{B}^{\downarrow}[1-t^*]]\, t^* + \bar{B}^{\uparrow}[1-t^*] \tag{8.48}$$

となる．

以下に示すように3つの極限的な事例を考えることで，これまでの解析が整合的であることを確かめてみる．1つ目は完全に透明な大気（$t^* = 1$）で，この場合，この式は地表面からの射出のみに依存し（予想されるように），

$$I^{\uparrow}(\infty) = \varepsilon B(T_S) \tag{8.49}$$

を得る．

2つ目は，完全に不透明な大気（$t^* = 0$）である．この場合，地表面での

射出と反射の項は消え，

$$I^{\uparrow}(\infty)=\bar{B}^{\uparrow}=\int_0^{\infty}B(z)\,W^{\uparrow}(z)\,dz \tag{8.50}$$

を得る．

3つ目は地表面が非反射性であるときである．すなわち$\varepsilon=1$でこの場合には

$$I^{\uparrow}(\infty)=B(T_S)\,t^*+\bar{B}^{\uparrow}[1-t^*] \tag{8.51}$$

が成り立つ．式（8.51）では$I^{\uparrow}$と大気の透過率t^*の間に線形関係があるように見えるが，$\bar{B}^{\uparrow}$も大気の不透明度に依存することを想起されたい．一般には，**大気がより不透明になるほど，$\bar{B}^{\uparrow}$はより上層（より寒冷な高度）の大気からの射出を表すことになる**［訳注：7.4.3項での$W^{\uparrow}$に関する説明，特に式（7.61）を想起されたい．またこのことは8.3.1項での説明に密接に関係している］．

等方反射をする下端境界（Lambertian lower boundary）

第5章で議論したように，鏡面反射の正反対が等方反射であり，あらゆる方向から入射してきた放射はすべての方向に等しく反射する．等方反射する地表面の場合，地表面での上向きの放射輝度$I^{\uparrow}(0)$はすべての方向からの下向き放射の反射による寄与を含んでいる．式（8.29）に，式（5.7），式（8.40）を組み合わせると，

$$I^{\uparrow}(\infty,\,\mu)=\left[\varepsilon B(T_S)+(1-\varepsilon)\int_0^{\infty}B(z)\,W_F^{\downarrow}(z)\,dz\right]t^*+\int_0^{\infty}B(z)\,W^{\uparrow}(z,\,\mu)\,dz \tag{8.52}$$

を得る．この式では$I^{\uparrow}(\infty)$と$W^{\uparrow}(z)$のμへの依存性を明示した．

問題 8.5

式（8.52）を導出せよ．

問題 8.6

式（8.52）では地球圏外の放射源がないと仮定している．直達光線に垂直な面で測定したときの単色フラックスがSである太陽放射源も含まれるようにこの式を一般化せよ．放射源の天頂角の余弦はμ_0とする．

問題 8.7

式（8.27)–(8.30）はそれぞれ大気の下端と上端で観測される放射輝度について導かれた式である．大気中の任意の高度 z での下向きと上向きの輝度 $I^{\downarrow}(z)$ と $I^{\uparrow}(z)$ を表現するように，これらの式を一般化せよ．ここでは $\beta_{\mathrm{a}}(z)$ などを用いて新しい荷重関数 $W^{\downarrow}(z)$ と $W^{\uparrow}(z)$ を明示的に表現せよ．

8.3　気象学・気候学・リモートセンシングへの応用

この章では，放射を散乱せずに吸収・射出する大気における単色光の放射伝達を記述する関係式を導入した．これらの条件はどのような場合に満たされるであろうか？

一般的な指針として，波長が長くなるとともに，より大きな粒子でも散乱効果が無視できるようになる（詳細は第 12 章参照)．赤外やマイクロ波帯の波長では，大気分子による散乱は問題なく無視できる．近赤外帯のほとんどの波長で水雲や氷雲の粒子による散乱効果は無視できないくらい大きいが，熱赤外や遠赤外帯の波長では水雲は（やや程度は低いが氷雲も）散乱のない黒体として振る舞うようになる．マイクロ波帯では，散乱効果が無視できないのは降水粒子（雨粒・雪片・ひょう粒子など）に限られる．

一言でいえば，通常は熱赤外やマイクロ波帯では本章で導いた関係式を用いることができる（降水粒子以外）が，太陽（短波）放射の波長領域では，これらの関係式を適切な精度で用いることはできない．

すでに述べたように，熱赤外バンドは，大気中，大気–地表面の間，大気–宇宙空間の間でのエネルギー交換に重要な役割を担っている．大気中の任意の高度で広帯域の放射フラックスを求めるには，原理的には単色光の輝度に対して導いた関係式を波長と立体角で積分するだけでよい．しかし，$\beta_{\mathrm{a}}(z)$ の波長依存性が極めて複雑なため（第 9 章で述べるように)，実際の計算はそれほど容易ではない．そのため，大気中の長波（広帯域）フラックスやその発散を効率的に計算する特別な手法を開発する必要がある．第 10 章ではこれらの手法の概略を述べる．

それゆえ，本章で先に導いた関係式は赤外やマイクロ波帯のリモートセンシングにおいて最も有用となる．これらの波長帯を利用している衛星センサーのほとんどは放射のフラックスではなく輝度を観測しており，その大部分は非常に狭い波長範囲（高い波長分解能）で観測するので，多くの場合，観測される放射輝度は準単色と考えてよい．

次に，実大気の射出スペクトルを観察し，そこから温度や水蒸気の高度分布を導出するための原理を述べることにする．この課題では，さまざまな大気組成の吸収スペクトルが密接に関係してくるので，図 7.6 に示した主要な吸収帯を見直すことで理解が容易になる．

8.3.1　大気の熱放射スペクトル

分光器（spectrometer）は放射輝度を波長の関数として測定する装置である．人工衛星に搭載された赤外分光器により，上空から下方に向けての大気観測が行われている．あるいは地上の固定・移動観測所に設置された赤外分光器により，地表に到達する大気からの射出スペクトルが測定されている．さらに，分光器は研究用の航空機に搭載され，下向き，上向きあるいは双方向の観測が行われている［訳注：後で観測例が示されるようにウィスコンシン大学は高精度で絶対較正された航空機搭載用の赤外分光計を維持管理し，衛星観測の検証に用いている］．

上方視の地上設置分光器に対しての最も一般的な放射伝達方程式は，式 (8.27) であるが，ここでは地球外の放射源がないと仮定すると

$$I^{\downarrow}(0) = \int_0^{\infty} B(z)\, W^{\downarrow}(z)\, dz \tag{8.53}$$

となる．下方視の衛星のセンサーに対しては，

$$I^{\uparrow}(\infty) = B(T_S)\, t^* + \int_0^{\infty} B(z)\, W^{\uparrow}(z)\, dz \tag{8.54}$$

が成り立つ．ここでは，地表面は非反射性で，その温度が T_S であるとしており，その結果 $I^{\uparrow}(0) = B(T_S)$ となる．

以後の議論においては，荷重関数 $W^{\uparrow}(z)$ と $W^{\downarrow}(z)$ の詳しい形状を考慮する必要はない．重要な点は，大気が非常に不透明な場合は，測定される放射は非常に近接した大気層からの射出によるものが主になるということである．あまり不透明でないときには，対応する荷重関数にはより離れた大気層からの射出も寄与することになる．また，大気が大変透明な場合は，装置は

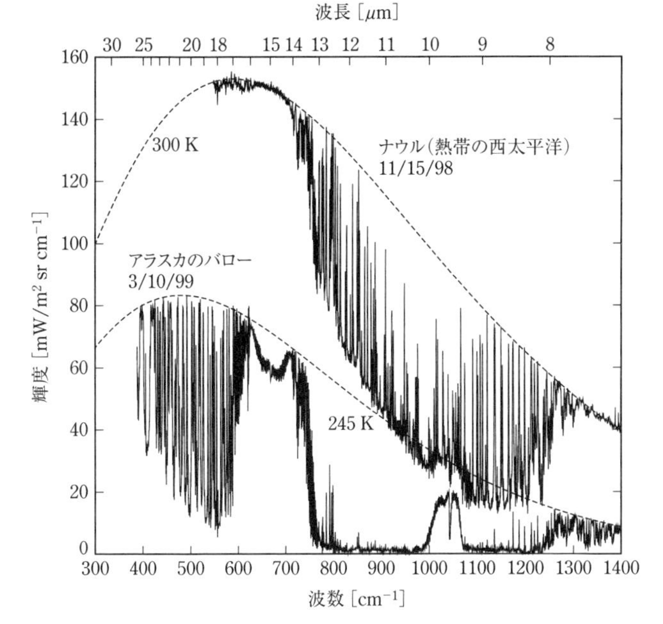

図 8.1 地上から上空を観測することで得られた大気の射出スペクトルの 2 例

地表での気温に対応するプランク関数の値を点線で示した（データはウィスコンシン大学の Robert Knuteson の厚意により提供された）.

大気を“見透かし”，遠方からの放射輝度の寄与（もしあれば）を測定することになる．遠方とは，下方視の装置では地表面であり，上方視の場合は“冷たい宇宙”のことである．

もちろん，測定する放射輝度の放射源が何であれ，式 (6.13) に従ってその放射輝度を常に輝度温度 T_B として解釈することができる．輝度の測定波長において大気が不透明な場合には，輝度温度は荷重関数が極大となる大気層の実温度のよい推定値となる．

図 8.1 は 2 つの異なる条件下における地上観測から得られた，比較的高い波長分解能の赤外スペクトルである．1 つは温暖で高湿度の熱帯の西太平洋で観測され，もう 1 つは極低温で，水蒸気量が小さい北極域の晩冬季に観測されたものである．いずれも晴天下での観測である．

見慣れていない読者にはこれらのスペクトルは複雑に見えるかもしれない

が，実際のところ解釈は容易である．それでは，スペクトルの特徴を1つ1つ調べていこう．

- 2つの破線は，上空から観測地点に到達する下向き放射の射出に寄与する大気のうち，**最も暖かな**大気の層を代表する温度でのプランク関数を示している．熱帯では300 Kで，北極では245 Kである．各々の破線が，各地点で測定された放射輝度スペクトルのおおよその**上限値**を与えることに留意されたい．

- 熱帯の場合には，測定された放射輝度が300 Kの参照曲線に大変近いスペクトル領域が2つある．1つは$\lambda > 14\,\mu\mathrm{m}$（$\tilde{\nu} < 730\,\mathrm{cm}^{-1}$），もう1つは$\lambda < 8\,\mu\mathrm{m}$（$\tilde{\nu} > 1270\,\mathrm{cm}^{-1}$）の領域である．これらの波長領域においては，大気が極めて不透明であると推察できる．輝度温度からわかるように，この波長領域の放射は最も温暖な（最も低高度の）大気層から射出されているからである．7.4.1項の図7.6を参照すると，これらの特徴は（a）15μm付近のCO_2による強い吸収，（b）15μmより長波長域での水蒸気による強い吸収，（c）5μmと8μmの間での水蒸気による強い吸収と整合的である．

- 上述した2つの水蒸気の吸収帯は北極での射出スペクトル（このデータでは最大測定波長は25μmである）にも現れている．しかし，この事例では大気が大変乾燥しているので，これらのスペクトル帯で一様に不透明とはならず，測定された放射輝度は大きく変動している．実際に17μmから25μmの間では，いわゆる「小窓」（microwindows）で分離された強い水蒸気吸収線が多く存在することが特徴である．最も透明な領域は18μm（560 cm^{-1}）付近である．

- 熱帯で得られたスペクトルの8μmと13μmの間では，観測された輝度温度は地表面温度よりかなり低く，240 Kまで下がることもある．この広いスペクトル領域はいわゆる「汚れた窓」である．すなわち，大気は全体としてかなり透明であるが，水蒸気による吸収線が多数存在する．

● 北極では水蒸気（放射を吸収・射出する）の気柱量が小さいため，スペクトルにおける上述の窓は十分に“開いて”いる．それゆえ，8 μm と 13 μm の領域で観測された放射輝度は概して極めて低い．すなわち，装置は実効的には冷たい宇宙を見ているのである（大気で遮られることなく）．

● 9 μm と 10 μm 間の領域（北極で観測される）は上述の議論とは大きく異なっている．図 7.6 をもう一度参照すると，この原因は 9.6 μm に中心をもつオゾンの吸収帯であると推察できる．この吸収帯は完全には不透明ではないが，射出強度は十分に大きく，輝度温度は 230 K 付近まで上昇し，周囲の窓領域よりもかなり高温となる．オゾン吸収帯の中心にある“冷たい”スパイクは相対的に透明な孤立した領域に相当している．

● 熱帯で得られた射出スペクトルを丁寧に調べると，9.6 μm のオゾンの吸収帯の存在が同じように確認される．しかし，この事例では周りの窓領域の透明度がかなり低く，その結果，熱帯でのオゾンの吸収帯は北極に比べて弱く見えることになる．

● ここで，北極で得られたスペクトルの CO_2 の吸収帯を詳しく見てみる．15 μm では，測定された輝度温度の約 235 K は 14 μm と 16 μm 付近に位置する吸収帯の端での輝度温度（最大値は約 245 K）よりもかなり低い．しかし，吸収帯の中心では，吸収は最も強く，観測された放射は装置に最も近接した高度（大気の最下層数 m）から射出されたものであると説明してきた．この一見して矛盾と思われることはどのように説明されるであろうか？　これは矛盾ではなく，地表面近くの温度の高度分布に現れる強い**逆転層**（**inversion**；すなわち大気の最下層数百メートル内で高度とともに温度が急激に上昇すること）の効果によるものである[3]．CO_2 の吸収帯の中心では，分光器は地表面直上の最も寒冷な空気

3）他の地域ではあまり見られないが，深い地上逆転層は冬季の極域で一般的である．

からの射出を観測しているのである．吸収帯の端では，空気の不透明度がより低く（透明度がより高く），境界層上端の暖かい空気の層からの射出を観測しているのである．この例から，大気の射出を遠隔測定することで大気の温度構造を推定する可能性が示唆される．すぐ後にこの話題に戻る．

上空から下方視しているか，地上から上方視しているかによって，大気の射出スペクトルがどのように変化するかを見てみよう．図 8.2 は，同じ大気状態を 2 つの視点から比較した稀な事例である．(a) 20 km 高度で航空機から上向きの射出スペクトルを測定し，それと同じ時間・位置で，(b) 地上での上方視観測装置が下向き放射のスペクトルを測定した，という結果を示したものである．この測定は北極の氷床上で行われ，それゆえ，いくつかの点では前述の北極でのスペクトルに対応するものである．次の問題を解くことで，この観測結果を物理的に解釈せよ．

問題 8. 8

図 8.2 の測定されたスペクトルに基づいて次の問いに答えよ．

(a) 氷床表面のだいたいの温度を求めよ．計算方法を述べよ．

(b) 地表面付近のだいたいの気温を求めよ．計算方法を述べよ．

(c) 航空機の高度 20 km でのだいたいの気温を求めよ．計算方法を述べよ．

(d) 双方のスペクトルにおいて，9 μm と 10 μm 間の領域で見られる特徴を述べよ．

(e) 図 8.1 により，地表面付近での強い逆転層の証拠が示された．図 8.2 から同様に逆転層の存在が示されるか，説明せよ．

最後に，地球上での比較的極端な環境を衛星観測した 4 つの事例（図 8.3）を調べ，大気の射出スペクトルについての論考を締めくくることにする．再び，物理的解釈のほとんどは練習問題に委ねる．ここでは，地上および航空機で測定されたスペクトルについての，これまでの議論では現れなかった新しい点を 1 つだけ説明する．4 つのすべての図で，15 μm の CO_2 の吸収帯の中心に観測された顕著な狭いスパイクが見られる．熱赤外帯での吸収

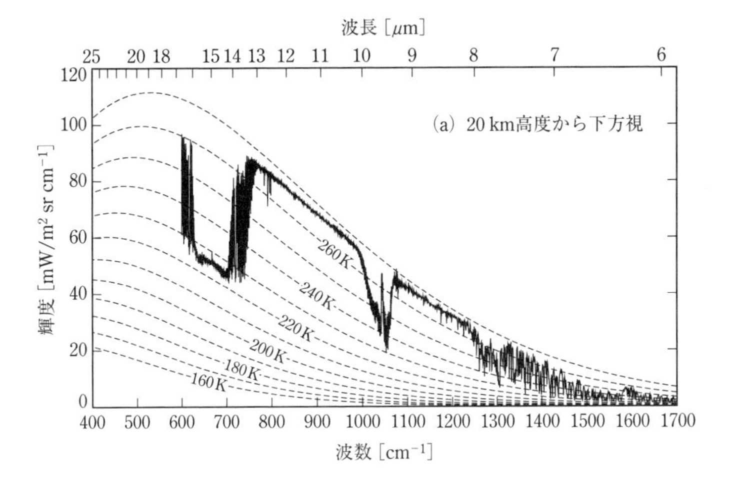

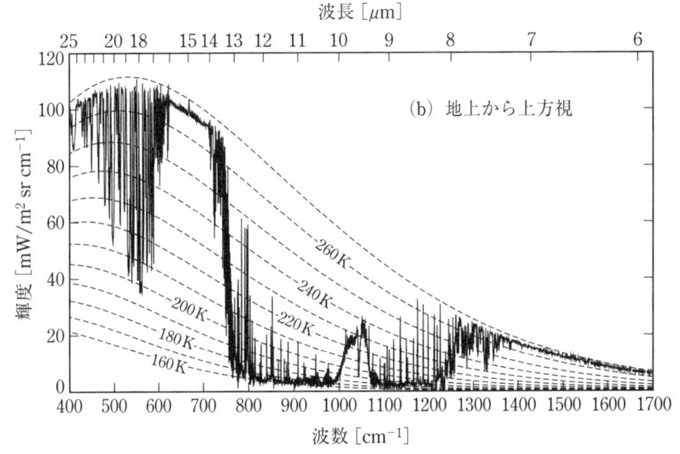

図 8.2 同時観測された晴天大気における赤外の射出スペクトル

(a) 北極の氷床を 20 km の高度から下方視で観測したもの．(b) 地上から上方視で観測したもの（データはウィスコンシン大学の David Tobin の厚意により提供された）．

が最も強い波長域でこのスパイクが生じている．衛星センサーによる下方視の観測では，この波長での射出はほとんどが成層圏に起源をもつ[4]．その一

---

4) **対流圏（troposphere）**は地表面に最も近い大気層で，通常は高度とともに温度が下がるのがその特徴である．対流圏の厚さは典型的には数 km から 15 km であり，緯度や季節に依存する．対流圏の上にある厚い大気層である**成層圏（stratosphere）**では一

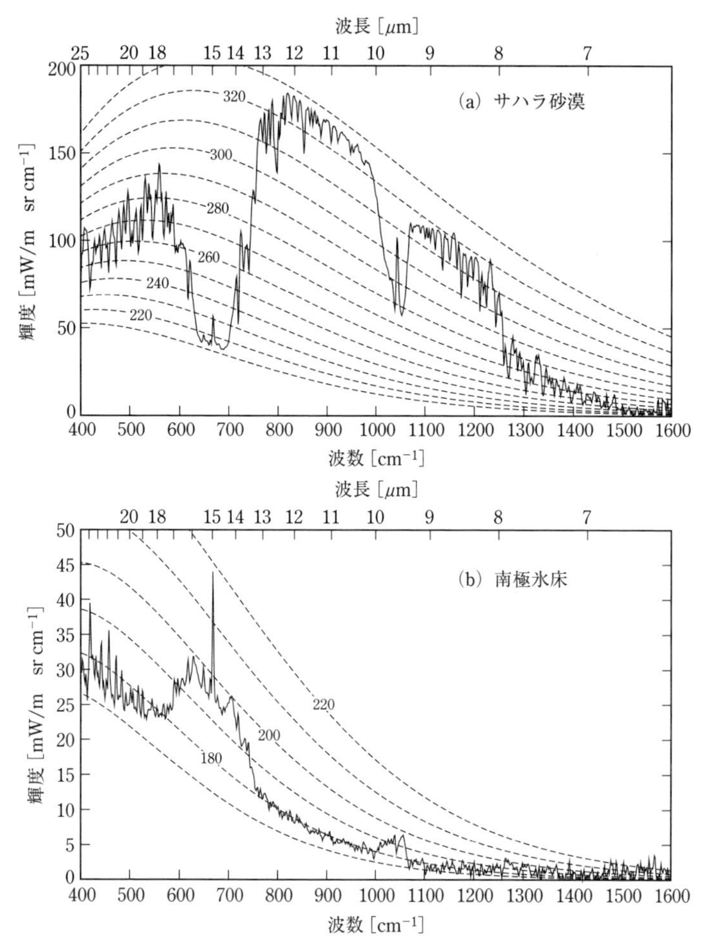

図 8.3　人工衛星に搭載された分光計で測定された晴天状態での中分解能の赤外スペクトル

(c) では雷雨付近の“かなとこ雲 (anvil)”の観測例もラベル付けして示した (Nimbus-4 IRIS データは NASA ゴダードの EOS DAAC と測定チームのリーダーの Rudolf A. Hanel 博士の厚意により提供された).

般に高度とともに温度が上がる．対流圏と成層圏の境界は，**対流圏界面（tropopause）**と呼ばれており，高度 40 km 以下の大気においてはしばしば（常にではないが）最も低温となる．成層圏内の 15 ～ 30 km の高度領域でオゾン濃度が最大になる．詳細は，WH77 の第 1 章ないし L02 の 3. 1 節を参照のこと．

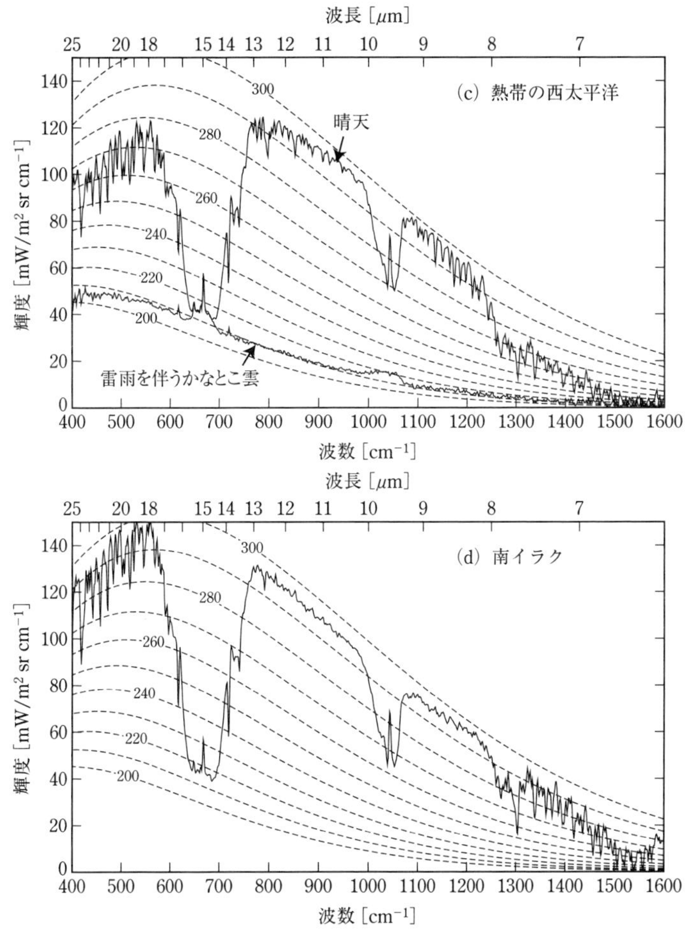

波長 [μm]
25 20 18 15 14 13 12 11 10 9 8 7
(c) 熱帯の西太平洋
晴天
雷雨を伴うかなとこ雲
300
280
260
240
220
200
輝度 [mW/m^2 sr cm^{-1}]
0 20 40 60 80 100 120 140
400 500 600 700 800 900 1000 1100 1200 1300 1400 1500 1600
波数 [cm^{-1}]
波長 [μm]
25 20 18 15 14 13 12 11 10 9 8 7
(d) 南イラク
300
280
260
240
220
200
輝度 [mW/m^2 sr cm^{-1}]
0 20 40 60 80 100 120 140
400 500 600 700 800 900 1000 1100 1200 1300 1400 1500 1600
波数 [cm^{-1}]

図 8.3　（続き）

方で，それ以外の波長での射出のほとんどは主に地表面や対流圏からのものである．

まとめると，CO_2 吸収帯の端から中心に移るにつれて衛星で観測されたスペクトルの一般的な傾向は通常，(i) 対流圏のより高い（冷たい）高度で射出の荷重関数 $W^{\uparrow}$ が極大に達するので輝度温度は減少し，(ii) 強い吸収帯の中心ではこの傾向は急激に逆転する．そこでは荷重関数は比較的暖かい成層圏高度で極大になる．

問題 8.9

15 μm の CO_2 の吸収帯の中心にある狭く暖かいスパイクに対する上述の説明と，図 8.3 の複数のパネルで見たような 9.6 μm のオゾンの吸収帯の中心にある似た形で現れている暖かいスパイクに対する説明を対比して説明せよ．

問題 8.10

図 8.3 を参照して，次の各問に答えよ．

(a) 4 つの図それぞれについて，地表面温度を推定せよ．

(b) 地表面が大気よりもかなり低温である（上空のすべての高度で）と推定されるのはどの図か．

(c) 南イラクとサハラ砂漠上空での水蒸気量を比較し，その推定の理由を説明せよ．

(d) 熱帯の西太平洋での雷雨の雲頂温度を推定せよ．隣接する晴天大気領域に比べ，ここからの射出スペクトルがかなり滑らかである理由を述べよ．観測に見られる輝度温度の小さな変動を説明せよ．

(e) 9.6 μm のオゾンの吸収帯の温度は南極域ではその周囲の波長域に比べ高温であるが，他の図では相対的に低温となる理由を説明せよ．

8.3.2　衛星観測による温度プロファイルの導出

7.4.1 項や 8.3.1 項で見たように，大気成分の中には特定の波長域で強い吸収線や吸収帯があり（その効果が最も著しいのは CO_2・水蒸気・オゾン・酸素である），そこでは大気は不透明になる．CO_2 や O_2 のような大気成分は対流圏や成層圏を通じて“よく混合”している．つまり，それらの成分の質量とすべての大気成分の質量の比 w が一定である．大気密度のプロファイ

ル $\rho(z)$ がわかっていれば，吸収性の成分の密度は $\rho'(z) = w\rho(z)$ で求められる．その成分の質量吸収係数 $k_a(z)$ がわかっていれば，光学的深さ $\tau(z)$ や射出の荷重関数 $W^{\uparrow}(z)$（式（8.29）の積分の中に含まれる）を計算することができる．

問題にしている波長での吸収の相対的な強度により，$W^{\uparrow}(z)$ が極大となる高度が決まる．その成分の強い吸収線や吸収帯の端領域（CO_2 に対しては 15 μm 付近）において，狭い間隔で並んだ波長 λ_i の列に対応する放射輝度 I_λ を衛星センサーで測定することを考える．その場合，それぞれの波長チャンネルでは，異なった大気層からの熱放射が測定されることになる．その波長が吸収線中心に近いほど，荷重関数の極大高度は高くなる．射出の強度は，当然その大気層の温度で決まる．

原理的には，それぞれの波長チャンネルで観測された放射輝度 I_λ に整合的となる温度の高度プロファイル $T(z)$ を推定することができる．典型的には，“第 1 推定（first guess）”のプロファイルをまず与えて，それぞれのチャンネルでの輝度を式（8.29）を用いて計算する．それから，計算した輝度を観測された輝度と比較して，両者の差が小さくなるようにプロファイルを調節する．すべてのチャンネルでの差が I_λ の測定・モデル計算の精度の範囲に収まるまでこの過程を繰り返す．

上述の手続き（以下に述べるような注意が必要であるが）は定常的に行われている衛星観測による温度プロファイルの導出方法に近い．リモートセンシングの理論の厳密な取り扱いは本書の目的ではないので，別の講義や教科書を参照されたい．ここでは，放射伝達の原理（本章で先に議論した）が，現代気象学への重要で実用的な応用と密接に結び付いていることを理解できれば十分である．

図 8.4 に高度プロファイルを導出するための物理的基礎を模式的に示した．まず，最も単純であるが最も現実的でないのが左の図（図 8.4（a））である．荷重関数が δ 関数のように非常に鋭い場合，つまり，それぞれの波長 λ_i で観測されるすべての放射が単一高度から射出される場合には，観測値を“逆変換”するのは単純である．この場合には，観測される輝度温度 $T_{B,i}$ は対応する高度 h_i の物理的温度に正確に対応する．この推定には計算はまったく不要である．もちろん，各高度の間での温度変化は求まらないが，各高度

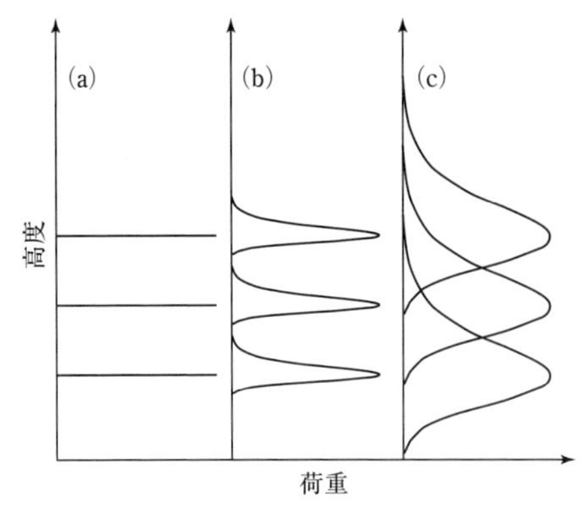

図 8.4　気温の高度プロファイルを推定するための人工衛星センサーの荷重関数を理想化した模式図

(a) δ 関数に似た各チャンネルの荷重関数であり，各チャンネルで観測される放射は単一の高度から射出される．(b) 観測される放射は各層からの平均的な射出を代表するが，各チャンネルの荷重関数の重なりはない．(c) 実際の場合の荷重関数であり，観測される放射は各層の平均的な射出を代表し，各チャンネルの荷重関数は重なり合う．

の間を内挿することは可能である．もし可能であれば，この間隙を埋めるためにセンサーに新しいチャンネルを加えればよい．

図 8.4 (b) に示した有限な幅をもつ荷重関数は，より現実的なものであり，観測される輝度温度は高度 h_i における一意的な温度 T_i ではなく，有限の厚さの大気層で平均した $B_\lambda[T(z)]$ に対応している．あるチャンネルで測定される放射は単一の大気高度から射出されたものではないので，温度の逆変換には曖昧さが生じる．この場合に求まるのは，各チャンネルに対応した気層の平均温度である．それでも，各チャンネルに含まれる情報は完全に独立である（荷重関数間に重複がない）ため，その高度プロファイルの推定は直截的であることに変わりはない．

残念なことに，実大気の荷重関数は式 (8.30) からわかるように，物理法則に従うように拘束されている．このことから，大気の吸収係数 β_a が並外れて鋭い高度変化をしない限り，荷重関数は大変幅広くなるのである．最悪，考えている成分の質量吸収係数が高度に対してほぼ一定の場合には，荷重関数のプロファイルは 7.4.3 項で議論したように，指数関数的なプロファイルをもつ吸収係数から予測されるようなものとなる．この状況は，吸収線の端（あるいは 2 つの吸収線の間）を観測するチャンネルを用いればある程度は改善される．というのは，**分子衝突による吸収線の広がり**（**pressure broadening**，第 9 章参照）効果により，下方に向かって k_a が増加するため荷重関数がより鋭くなるからである．それでも，状況が大幅に改善されることにはならない．

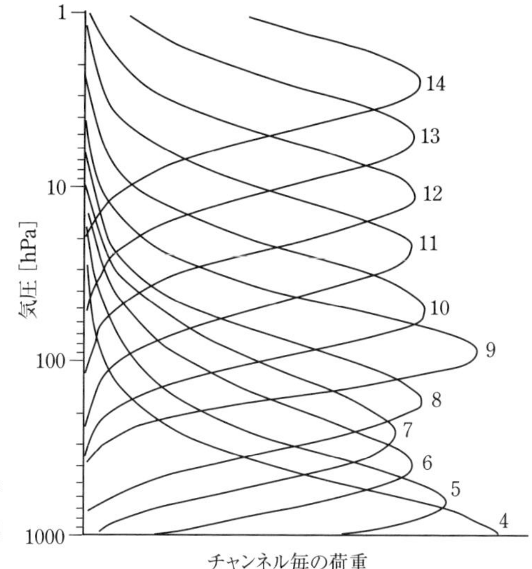

図 8.5　高性能マイクロ波サウンダー（AMSU）のチャンネル 4–14 の荷重関数

それゆえ，多数のチャンネルを用いても，隣接するチャンネルの荷重関数はかなり重なってしまうのである（模式的な図 8.4（c）を参照）．図 8.5 は高性能マイクロ波サウンダー（Advanced Microwave Sounding Unit（AMSU））に対する荷重関数を示している．この装置では 60 GHz 近くの強い O_2 の吸収帯（図 7.7 参照）の端を 11 チャンネルで測定している．どの衛星観測装置にも特有のチャンネルの組があり，それに対応した荷重関数の組が一意的に決まるものであるが，AMSU のチャンネルや荷重関数は，赤外やマイクロ波帯における現世代の大部分の温度計測器の中でもかなり典型的なものである．

まとめ：AMSU のような測器で観測される放射輝度には，温度の高度構造に関する情報が確かに含まれている．その一方で衛星観測から整合的・実用的な品質の温度プロファイルを推定することの技術的な困難さを過小評価すべきではない．主な問題の概略を以下に列挙する．

- 一般に，任意の温度プロファイルを正確に記述するためには，典型的な衛星の測器ユニットに載っているチャンネルよりもずっと多くの変数が必要になる．このことは，未知数よりも測定は少なく，逆問題は**劣決定**

(underdetermined) であることを意味している．それゆえ，問題は単に測定に整合する温度プロファイルを決めるということではない．本当の問題は物理的に許容される無限にある可能性の中から，最も尤もらしい解を1つ取り出すという点にある．

- 隣接する荷重関数が鉛直方向にかなり重なり合っているので，各チャンネルに含まれている温度の情報は他のチャンネルから得られる情報と完全には独立ではない．言い換えれば，Nチャンネルあったとしても，N個の独立なプロファイルの情報が得られることにはならない（N個未満の何らかの情報が得られるが）ので，前の項で述べた問題は更に悪性なものとなる．

- どんな測定もある程度ランダムな誤差（雑音：noise）に影響されるので，これらの誤差が最終的に決定されるプロファイルに過度に影響しないように推定を行うことが重要である．

- 個々の荷重関数が鉛直方向に大きな幅を持っているので，大気の温度構造に関する衛星観測は必然的に“ぼやけた”ものになる．すなわち，温度プロファイルの微細な鉛直構造を解像することは不可能である．放射輝度の観測値 $I_{\lambda, i}$ と**物理的に整合性のある**解であっても，そのプロファイルに大きな振動が見られることが多い（現実の温度構造ではありえないような）．良い解（潜在的に）を保持しながらこれらの悪い解を効率的に排除するためには，推定したプロファイルが“滑らか”なものとなり，第1推定からの偏差が許容範囲に入るような制約を課すことが必要である．

もちろん，上述の課題を扱うための方法は既に確立しており，毎日，全世界の何千もの地点で衛星観測による温度プロファイルが得られている．これらの推定値により数値気象予測モデルに不可欠な現在の大気状態の情報が得られるのである．温度構造の衛星観測がなければ，どのような場所でも中・長期の正確な予報（3日，それ以上）は不可能であり，また短期予報でさえも海洋上や他のデータが疎な地域では信頼性が乏しくなる.

8.3.3 水蒸気量分布の撮像

前項では，大気中で“よく混合された”成分からの射出を衛星観測した事例について述べた．その仮定が成り立つ場合は，吸収成分の鉛直分布は本質的には既知となり，輝度温度の変動はそれぞれのチャンネルに対応した大気層での温度変動によるものとなる.

これとは逆の状況も考えられる．温度プロファイルは（上述の衛星観測などから）既知であるが，吸収・射出成分の濃度が未知であり，時空間的に大きく変動する場合である．約 5 ～ 8 μm の間の波長域での赤外画像ではこれがあてはまる．この波長域では 6.3 μm を中心とした水蒸気の吸収により，大気の射出・吸収が極めて強いものとなる.

最も一般的に衛星撮像に使われている，この吸収帯での波長は 6.7 μm である．多くの場合，この波長では水蒸気の吸収が強く地表面からの射出が途中で吸収されつくされる．その一方で成層圏や上部対流圏での少量の水蒸気による吸収は弱いため，対流圏を“探査する”ことが可能となる.

CO_2 や O_2 の場合と異なり，水蒸気濃度は一様ではなく，水平にも鉛直方向にも激しく変動する．このため，6.7 μm における射出の荷重関数 $W^{\uparrow}$ も大きく変動し，乾燥大気では低高度（あるいは地表面）で極大となり，湿潤な熱帯大気中や高層雲がある場合には上部対流圏で極大となる.

これまで説明してきたように，観測される輝度温度 T_B は荷重関数の極大付近における大気温度の関数である．そのため輝度温度の変動は，荷重関数が極大となる高度の強い関数となる.

したがって，**乾燥**した晴天の気団の輝度温度は典型的に**暖かい**ものとなる．この場合は，暖かい大気下層からの射出を観測することになるからである．一方で，**湿潤**な気団での輝度温度は**冷たい**ものとなる．この場合は，寒冷な上部対流圏からの射出を主に観測することになるからである．実際，全球的にみると，6.7 μm における輝度温度と大気温度はしばしば反相関している．それは平均的には，冷たい中緯度の気団に比べ，暖かい熱帯性の気団では水蒸気量が大きく，また対流圏界面の温度が冷たいからである.

6.7 μm 画像の例を図 8.6 に示す．この例で最も大きな特徴は太平洋亜熱

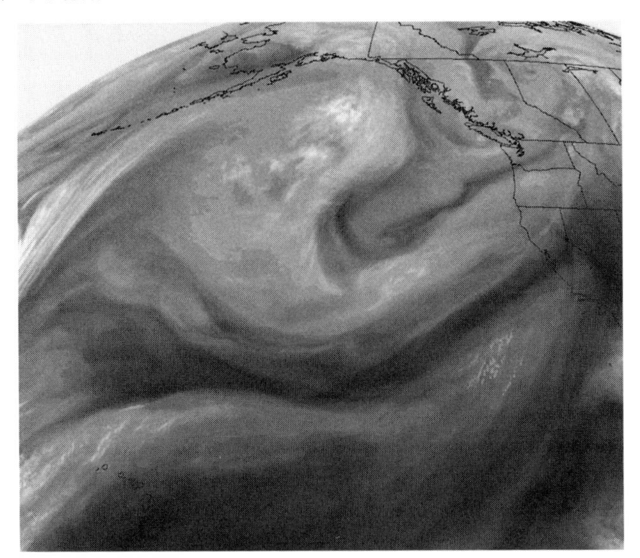

図 8.6　GOES-West 静止気象衛星で得られた東部太平洋および北米大陸西岸の波長 6.7 μm における画像
この波長は 6.3 μm を中心にした水蒸気の強い吸収帯の中に位置する．

帯域を横切って蛇行している大変暗い（暖かい）帯である．これらの帯は亜熱帯高圧帯での強い沈降（下降運動）領域に位置している．沈降により極端に乾いた空気が上部対流圏から低高度に運ばれ，最下層 1 ～ 2 km からの暖かい射出が撮像されているのである．その他のところでは，深い湿潤域や衰退している温帯低気圧に伴う上層雲によって相対的に冷たい輝度温度の帯が形成される．この画像は全体として，最も湿潤な大気層の上端（3 次元的な"表面"）を表している．この水蒸気の構造はもちろん，従来の可視画像や赤外画像（これと同時刻で得られた図 5.6 および図 6.9 を参照）では見ることができない．

観測された輝度温度は水蒸気量や詳細な鉛直分布，および大気の温度構造に依存するので，このチャンネルからだけでは定量的な水蒸気の情報を推定することは一般的にはできない．しかしながら，水蒸気の吸収に対して異なる感度をもついくつかのチャンネルがあれば，温度を観測するチャンネルと併用することで水蒸気の鉛直分布を得ることができる．もちろん温度プロファイルの推定で概説したような実用上の困難はここでも存在する．どちらかといえば，問題はより深刻である．というのは，過飽和を避けることを除けば，“非現実的な”水蒸気プロファイルと“現実的な”水蒸気プロファイルを区別するための有効な基準がほとんどないからである．さらに，温度プロファイルを完全に正確に推定することはできないので，温度プロファイルの誤差は水蒸気プロファイルの推定に“影響を及ぼし”，更なる誤差要因となるからである．

第9章　大気の気体成分による吸収†

前章では，非散乱性の大気における，吸収・射出過程を含む単色光の放射伝達を表現する数学的な方法について述べた．特に，平行平面大気で吸収プロファイル $\beta_a(z)$ と温度プロファイル $T(z)$ が与えられると，(8.27) から (8.30) までの式を用いて放射輝度（地表の上方視あるいは衛星の下方視観測により得られる）への大気の寄与を計算することができる．これにわずかな修正を加えるだけで，地表面と大気上端の間の任意の高度 z における単色放射の輝度を計算することができる．

これらの式において，任意の波長での吸収・射出と大気中の成分とを直接結びつけるのは吸収係数 β_a にほかならないのである．7.4.1 項では大気の吸収・射出スペクトル中での重要な特徴の大部分は水蒸気，二酸化炭素，他の 2, 3 の微量気体など比較的少数の成分によることを見てきた．しかし，なぜある気体が特定の波長の放射を強く吸収するのか，そしてどのようにしてそれらの吸収特性が温度と圧力により影響されるかということには触れなかった．

放射の専門家ではない読者が，大気が放射を吸収する理由やその過程まで学ぶ必要があるのかという疑問をもつのは当然のことである．たとえそれを知らなくても，単色放射輝度を立体角や波長で積分することで広帯域フラックスなどを計算することに何ら支障は生じないのである．必要なことは各成分の $\beta_a(\lambda, p, T, ...)$ を適切な精度で与えることであって，そのようなモデルは既にいつでも使えるように整備されている．

飛行の物理的な原理を理解していなくても，技術的には飛行機の操縦の仕方を手順に従い習得することができる．しかし，我々はこの原理をよく理解している操縦士の方を信頼し，命を託すのではないだろうか．大気放射学においては原理を無視しても飛行機の操縦の場合ほど重大な問題は生じないが，話は基本的には同じである．よく試行された他人のモデルを使うときでさえも，より多くを知ることで厄介事を減らすことができるのである．

一方，これまで述べてきた数式を広帯域フラックスの計算（大循環モデルや天気予報モデルで必要となる）に用いることは原理的に可能であるが，この“力任せ”の方法は現実の計算において実用的ではないことに注意されたい．多くの場合，計算量を可能な限り最小にするという制約下で十分な精度でフラックスを計算する必要がある．そのためには放射の吸収・射出を高度に単純化した**パラメータ化**（**parameterization**）を適用する必要がある．そのような方法を用いた結果に読者の研究者生命が懸かっているならば（多くの大気科学者はそのことを認識すらしていないが！），その結果がどのようにして得られ，どれほど信頼できるのかを理解したくなるのは当然である．

大気リモートセンシングは典型的には準単色の放射輝度の計算に依存している．これは明らかに広帯域フラックスの計算に比べはるかに単純である．しかしながら，チャンネルの最適波長・スペクトル幅・機器の他の特性などはさまざまな気体分子の詳細な吸収特性によって決まるのである．リモートセンシングのデータや測定機器に携わる人々は，少なくともこれらの基礎を理解すべきである．

9.1　分子による光の吸収・射出の基礎

第 2 章では電磁放射には波動性と粒子性があることを指摘した．放射が波と考えられる場合があり，$E = h\nu$ のエネルギーをもつ量子化された粒子の流れと考えられる場合もあり，そしてどちらの見方をしても問題ないという場合もある，ということを思い出されたい．

気体による放射の吸収においては放射の量子性（粒子性）が重要になってくる．簡潔に述べると，放射と個々の気体分子との相互作用（吸収あるいは射出）は，ある基準を満たすエネルギーをもつ光子でしか起きない．その基準は大きくは量子力学の法則（神秘的で時に直観に反するような）で支配されている．しかしこの法則を理解していなくても困惑することはない．本書が目標としている内容を理解するには，この法則の帰結を理解しさえすればよいのであり，そのこと自体は容易なのである．

光子がある系により吸収されると，もともと光子がもっていたエネルギーにより，その系の内部エネルギーはその分増加しなければならない．同様にして光子が射出されるとき，系の内部エネルギーは光子のエネルギーと等価な量だけ減少しなければならない．内部エネルギーの増減はさまざまな形で起きる．以下にその例を挙げる．

- 分子の並進運動エネルギー（つまり温度）の変化
- 多原子分子の回転運動エネルギーの変化
- 多原子分子の振動エネルギーの変化
- 分子内の電荷分布の変化．これには静電気力によって結ばれていた分子の解離や再結合も含まれる

気体分子同士の衝突により，気体の全内部エネルギーは上記の形態のエネルギーとして均一に分配されるようになる．たとえば，仮に酸素分子のような二原子分子から成る気体を並進運動エネルギーだけをもち，回転や振動エネルギーをまったくもたない状態にすることができたとしてみる．その後の分子間の衝突によってただちに，分子の多くが回転，振動するようになる．そして全内部エネルギーはすべての分配可能なエネルギー蓄積のモードに分配され，再び局所熱力学平衡（LTE；6.2.3 項を参照）の状態になる．

LTE は大気密度が比較的高くて分子衝突が極めて頻繁に起こる下層および中層大気では成り立つと考えてよい．このため媒質の物理的な温度がわかれば，総内部エネルギーが**すべての**可能なモードへどのように分配されるかということが正確に予測できるのである．またあらゆる放射エネルギーの吸収・射出に対応して，そのエネルギー変化に相当する物理的な温度の変化が起きることになる

しかし，通常はある光子の吸収・射出によって**即座に**変化するのは単一分子の内部エネルギーであることに注意されたい．たとえば気体からの単一の光子の射出により，気体中の単一の分子の回転エネルギーの減少が起きる．また別の光子がある分子で吸収されると瞬時に，その分子の振動および回転エネルギーが同時に増加することもある．さらに，吸収により分子内のある電子の静電ポテンシャルエネルギーが増加することもある．しかし，これら

のエネルギー変化は結果的に近傍にある分子同士の衝突によって再分配される．よって気体の内部エネルギーがどのようにすべての可能な蓄積モードへ分配されるかということは，常に予測できるのである．

さて，ここで重要なことを述べよう．分子あるいはそれ以下のレベルでのエネルギー蓄積のモードのほとんどは**量子化されている**（quantized）．つまり，分子は任意の振動エネルギーをもつことはできず，量子力学の法則で許容される**離散化されたエネルギー準位の集合**（discrete set of energy levels）E_0, E_1, ..., E_∞のうちの1つしかもてないのである．同様のことが分子の回転や電子の励起といった他のモード（エネルギー蓄積の）にもあてはまる．量子化されないのは分子スケールの空間に束縛されていない粒子の並進運動エネルギーのみである．

9.2　吸収・射出の線スペクトル

エネルギー状態の量子化により生じる結果は広範囲に及ぶ．基本的には，相互作用により分子が元の状態から許容される状態の1つに遷移することが起きるときのみに，光子は吸収あるいは射出される．したがってE_0のエネルギー状態にある分子は，$\Delta E = E_n - E_0$のエネルギーをもつ光子しか吸収できない．さらに，エネルギー状態がE_1の分子は$\Delta E = E_1 - E_0$のエネルギーをもつ光子しか射出できない．なぜなら分子エネルギーが減少するような他の許容遷移はないからである．基底状態E_0にある分子は光子を射出することができない．しかしLTEが成り立つならば，絶対零度より高い温度では，許されるいずれのエネルギー状態にある気体分子の存在確率をも計算することができる．これにより巨視的な気体の試料［訳注：たとえば1 m^3中にアボガドロ数以上の分子が含まれる空気塊など］では許容遷移（吸収・射出の）を常に予測することができるのである．

E_0, E_1, E_2の3つのエネルギー状態しかもたない仮想的な分子を考えてみる（図9.1 (a)）．入射する光子が吸収されるための遷移は$E_0 \rightarrow E_1$, $E_0 \rightarrow E_2$, $E_1 \rightarrow E_2$の3つである．これらの遷移は特定の光子のエネルギーΔEに対応し，したがって吸収が起きる特定の波長$\lambda = c/\nu = hc/\Delta E$にも対応する（式 (2.45) から）．この分子は他の波長の光子を吸収しない．

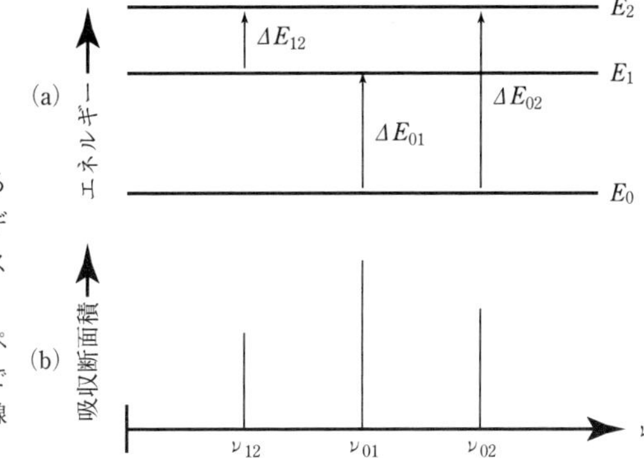

図 9.1 3つの許容準位だけがある仮想的な分子における，エネルギー準位の遷移と吸収・射出の線スペクトルとの関係

(a) 許容遷移，(b) 対応するスペクトル中の線の位置．ここで $\nu_{ij} = \Delta E_{ij}/h$ である．(b) における線強度のスケールは任意である．

この仮想的な分子について吸収断面積を波長の関数としてプロットしてみると図 9.1 (b) のような**吸収の線スペクトル** (absorption line spectrum) が得られる．吸収線の**位置** (position) は許容遷移に伴うエネルギーの変化量によって決まる．線の**相対強度** (relative strength) は，a) 遷移の初期状態にある分子の割合と，b) 遷移可能なエネルギーをもつ光子が遷移に必要なエネルギー状態にある分子と遭遇する際，その遷移が実際に起きる確率により決まる[1]．

エネルギー変化量が等しければ，複数の遷移が同一の吸収線を作り出すことが可能である．たとえば，仮想分子のエネルギー準位（上述の）の間隔が等しければ，$E_0 \rightarrow E_1$ と $E_1 \rightarrow E_2$ の遷移による光子の波長は等しい．よって吸収スペクトルは 3 つではなく 2 つになり，1 つの吸収線の波長は他の波長の半分になる．この例での長い波長の吸収線は**縮退している** (degenerate) と呼ばれ，これは 2 つの線が 1 つに重なることである．実際の気体中で多重の縮退が起きることがある．縮退した吸収線は縮退していない近隣の線より

---

1) 吸収線の存在は放射や分子のエネルギー遷移の量子的な性質によって説明されるが，減衰する調和振動子によるエネルギーの吸収という古典物理学的な類推も可能である．外部波の振動数が振動物体の共鳴振動数と一致すると吸収が起き，一致しない場合は吸収が起きない．この類推により吸収線の特徴のいくつかを古典論的に説明することができる（TS99 の 3.3 節などを参照）．このため，上述の吸収線のことを**共鳴吸収** (resonant absorption) と呼んだり，対照的に吸収線が現れない吸収スペクトルのことを**非共鳴吸収** (nonresonant absorption) あるいは**連続吸収** (continuum absorption) と呼ぶこともある．

も，しばしば非常に強いものになる．

問題 9. 1

N 個のエネルギー準位 E_i をもつ仮想的分子を考える．

(a) 光子の吸収が起きることが可能な遷移の総数を求めよ．

(b) エネルギー準位の間隔が等しい場合，異なる吸収線（遷移に伴う）の数はいくつになるか．

大気科学が扱う光子のエネルギー範囲は，マイクロ波帯の$\sim 10^{-23}$Jから遠紫外帯の$\sim 10^{-18}$Jと5桁にも及ぶ．原子や分子の量子化されたエネルギー状態はエネルギーを蓄えるモードによって大きく異なるので，異なった波長帯は異なったタイプの遷移に対応している．

たとえば，ほとんどの分子の回転エネルギー準位は互いに近接しているので，回転状態の間の遷移では遠赤外やマイクロ波帯など，低エネルギーの光子が吸収・射出される．対照的に，原子の内殻中で強く束縛された電子が，より高いエネルギー準位に励起されるためには多大な量のエネルギーが必要となる．したがって，この種の遷移は主にX線の吸収・射出において重要となる．中間的なエネルギーは外殻電子の遷移や振動状態の遷移に対応する．各波長帯とそれに対応する主要な遷移のタイプを下の表にまとめた．

波長	吸収帯	主要な遷移
$> 20\,\mu$m	遠赤外，マイクロ波	回転
$1\,\mu$m－$20\,\mu$m	近赤外，熱赤外	振動
$< 1\,\mu$m	可視，紫外	電子遷移

後述するように，回転などによる低エネルギー遷移は振動や電子励起などによる，より高エネルギーの遷移と同時に起こることがよくある．エネルギーの総変化は個々の変化の和であるので，この相互作用によって‘純粋’な振動や電子遷移による吸収線に微細スケールの構造が加わることになる．

本書は量子物理学を未習の読者を想定している．そのため量子化されたエネルギー遷移については簡明な文章で説明するようにした（いくつかの簡単な場合では数式を用いているが[2)]）．ここでの目的は，1）実大気の吸収スペ

2)　より詳細な取り扱いはS94（3.2節），TS02（4.5節），GY95（3章）を参照のこと．

クトルにおけるさまざまな特徴が生じる理由と，2）CO_2 などの特定の微量成分が窒素などの主要成分よりも放射にとって重要となる理由，を定性的に理解することにある．まずは回転・振動・電子遷移による吸収線スペクトルの物理的基礎を個別に調べ，さらにそれらを組み合わせたものも考える．その後，吸収線の形や幅について議論し，最後に大気中の主要な吸収性の成分を調べることにする．

9.2.1 回転遷移

分子の慣性モーメント

まずは初等物理学で馴染みのある関係式から復習しよう．分子を含むすべての物体には質量がある．ニュートンの法則によると，質量 m は物質の並進加速（linear acceleration）への抵抗の尺度となり

$$F = ma \tag{9.1}$$

と表される．F は加えられた力で a は生じた加速度である．また，質量は物体の並進運動エネルギー

$$E_{kt} = \frac{1}{2}mv^2 \tag{9.2}$$

にも現れる．ここで v は速度である．気体分子の場合，平均並進運動エネルギーは気体の絶対温度に比例する．また並進運動量（linear momentum）は

$$p = mv \tag{9.3}$$

で与えられる．この関係式は質量をもつ物体の並進運動すべてにあてはまる．まったく同様の関係式が回転運動でも成り立つ．特に，質点以外のすべての物体は**慣性モーメント**（**moment of inertia**）をもつ．並進加速度における質量の役割と同様に，慣性モーメント I は力のモーメント（トルク）T が加わったときに生じる回転加速への抵抗を表す尺度となり

$$T = I\,\frac{d\omega}{dt} \tag{9.4}$$

の関係式が成り立つ．同様に**回転運動エネルギー**（**rotational kinetic energy**）は

$$E_{kr} = \frac{1}{2} I \omega^2 \tag{9.5}$$

となり，**角運動量（angular momentum）**は

$$L = I\omega \tag{9.6}$$

と表される．

慣性モーメント I は質量 m だけでなく，物体の重心の周りの質量分布にも依存する．すなわち，物体中の各体積要素の質量 δm_i と回転軸からの距離 r_i の2乗との積の総和

$$I = \sum_i r_i^2 \delta m_i \tag{9.7}$$

である．

よって，2つの物体の質量が同じであっても，よりコンパクトな物体の方が慣性モーメントは小さい．フラフープとソフトボールはだいたい同じ質量だが，1秒間に1回転するフラフープの方が同じ回転角速度のソフトボールよりもはるかに大きいエネルギーと角運動量をもつ．

エネルギーや運動量の点では回転運動と並進運動とはよく似ている．実際，並進と回転運動における加速度・運動エネルギー・運動量の式は似た形をしている．しかし，2つの点において回転運動の方が並進運動より複雑である．

まず第1に，並進運動は量子化されていない．分子はあらゆる速度をもつことができる（並進運動に対する絶対的な座標系がないのだから，これは当然である）．一方で，量子力学の法則から分子レベルでの回転運動は量子化されている．そしてエネルギーと角運動量の状態が離散化されるため，回転遷移による吸収線・輝線が生じるのである．

第2に，すべての物体の質量は1つであるが，物体には3つの主慣性モーメント I_1, I_2, I_3 がある．これらは3つの直交する回転軸に対応し，その軸の向きは物体の質量分布（形）によって決まる．実際の回転軸は慣性主軸と必ずしも一致するわけではないが，全体の角運動量・回転運動エネルギーは角速度ベクトルを3つの主軸へ射影したものを用いて解析することができる．

単純な対称性をもつ物体では，主軸方向や対応する慣性モーメントを容易に推定することができる．たとえば直方体は，各面に直交し重心を通る主軸をもつ．それらに対応する慣性モーメントの値は主軸ごとに異なる．直方体を通過する最も長い軸の周りの慣性モーメントは最小となり（質量分布が最

もコンパクトなので)，直方体を通過する最短の軸の周りの慣性モーメントは最大となる（軸からより遠いところに質量が分布しているから).

多くの一般的な形状をした物体では，1つあるいはそれ以上の慣性モーメントが同じ値をもつ．鉛筆を例にとると，長さ方向の軸の周りの慣性モーメントは非常に小さく，その軸に直交する2つの軸の周りの慣性モーメントは非常に大きい（かつ等しい)．円板においては，面に垂直な軸の周りの慣性モーメントは大きく，円板上で互いに直交する軸の周りの2つの慣性モーメントは等しく，小さな値となる．一様な球や立方体は3つの同一の慣性モーメントをもつ．これらの場合，どの軸の周りの回転も等価なので，慣性モーメントは主軸の定義の仕方に無関係となる.

これで今まで述べた概念を分子にあてはめる準備が整った．まずは孤立した原子を考える．原子の全質量は実質原子核に集中しており，分子のスケールではその半径は無視できる．大気放射に関する応用においては単一原子のあらゆる回転軸の周りの慣性モーメントは実効的にゼロと考えてよい，つまり $I_1 = I_2 = I_3 \approx 0$ である．よって孤立した原子では回転遷移が起きないことになる.

一方，二原子分子は2つの束縛された原子から構成され，有限の質量の原子が有限な距離にある．さらに，2つの原子間の距離は個々の原子核の半径に比べて非常に大きい．1つの回転軸を2つの核を通るようにとることができる．この軸の回転モーメントは $I_1 = 0$ である．残り2つの軸は互いに直交し，最初の軸にも直交する．それらのモーメントはゼロでなく $I_2 = I_3$ である．これらの性質は直線形の多原子分子（つまりあらゆる構成原子が一直線上に並んでいる分子）にもあてはまる.

最後に非直線形の多原子分子を考える．これは3つのゼロでない慣性モーメントをもつ．分子の対称性により，分子の形は3種類に分類される．1）すべてのモーメントが等しい**球対称こま**（spherical top）形分子．2）2つが等しく1つが異なる**対称こま**（symmetric top）形分子．3）3つとも異なる**非対称こま**（asymmetric top）形分子である.

この分類は分子のとりうる異なる回転モードの数を決めるにあたって重要となる．$I = 0$ の主軸の周りの回転エネルギーはゼロで，放射の吸収・射出が起きない．回転エネルギーが等しい回転軸に関してはエネルギー的に区別

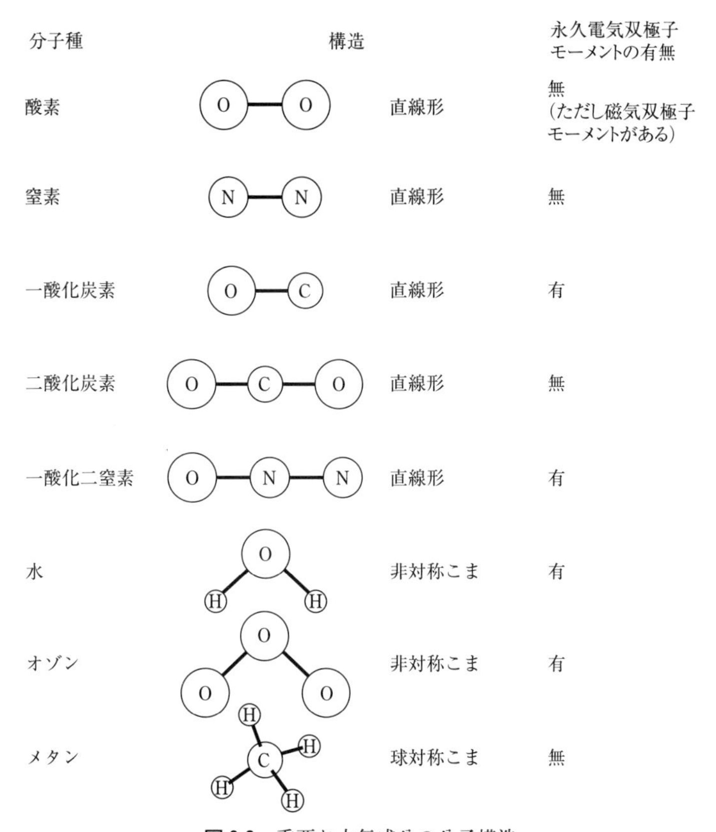

図 9.2　重要な大気成分の分子構造

分子の永久電気双極子モーメントの有無も示している．酸素には永久磁気双極子モーメントがあることに注意されたい．

できないので，同一の吸収スペクトルが生じる．したがって，直線形分子や球対称こま形分子は回転モードの数が最も少なく，回転遷移による吸収スペクトルは最も単純なものとなる．一方で，非対称こま形分子は最も多数の遷移が可能であり，吸収スペクトルは最も複雑なものとなる．

次の表では異なったタイプの回転対称性を複雑さの順にまとめ，それぞれのカテゴリーの中で最も重要な大気分子を挙げてある（図 9.2 を参照）．

分子の形	慣性モーメント	対応する大気分子
単原子	$I_1 = I_2 = I_3 = 0$	Ar
直線	$I_1 = 0; I_2 = I_3 > 0$	N_2, O_2, CO_2, N_2O
球対称	$I_1 = I_2 = I_3 > 0$	CH_4
対称	$I_1 \neq 0; I_2 = I_3 > 0$	NH_3, CH_3Cl, CF_3Cl
非対称	$I_1 \neq I_2 \neq I_3$	H_2O, O_3

角運動量の量子化

二原子分子は $r = r_1 + r_2$ の距離にある質量 m_1 と m_2 の原子から構成される，2体の剛体回転子と考えることができる．ここで r_i は m_i の質量の回転軸からの距離である．自由に回転するあらゆる物体において重心は回転軸上にあり，この例では $m_1 r_1 = m_2 r_2$ が成り立つ．式（9.7）より慣性モーメント $I_2 = I_3 = I$（直線形分子の場合は $I_1 = 0$ であることを想起されたい）は

$$I = m' r^2 \tag{9.8}$$

となる．ここでいわゆる**換算質量**（reduced mass）

$$m' \equiv \frac{m_1 m_2}{m_1 + m_2} \tag{9.9}$$

を導入した．

分子が角速度 ω で回転しているとき，その回転運動エネルギーは

$$E = \frac{1}{2} I \omega^2 = \frac{L^2}{2I} \tag{9.10}$$

となる．ここで

$$L = I\omega \tag{9.11}$$

は角運動量である．量子力学（シュレディンガー方程式）によると，剛体分子の角運動量は離散化され

$$L = \frac{h}{2\pi}\sqrt{J(J+1)} \tag{9.12}$$

の値をとる．ここで $J = 0, 1, 2, \cdots$ は**回転量子数**（rotational quantum number）である．この式と式（9.10）より離散化されたエネルギー準位の集合が

$$E_J = \frac{1}{2} I \omega^2 = \frac{J(J+1)h^2}{8\pi^2 I} \tag{9.13}$$

で与えられる．

問題 9.2

式（9.11）と式（9.12）によると，物体の角速度 ω は離散化（量子化）された値しかとることができない．これに対してフリスビーやフラフープなどのマクロな物体の回転に対してはこの量子化がみられない理由を説明せよ．

回転の吸収スペクトル

隣接したエネルギー J と $J+1$ との間の遷移においては（量子力学によれば他の遷移は許されない），それに伴うエネルギー変化量は

$$\Delta E = E_{J+1} - E_J = \frac{h^2}{8\pi^2 I}\left[(J+1)(J+2) - J(J+1)\right] \tag{9.14}$$

あるいは

$$\Delta E = \frac{h^2}{4\pi^2 I}(J+1) \tag{9.15}$$

と表される．これに対応する光子の振動数 ν は

$$\nu = \Delta E/h = \frac{h}{4\pi^2 I}(J+1) \tag{9.16}$$

または

$$\nu = 2B(J+1) \tag{9.17}$$

と表される．ここで B は

$$B = \frac{h}{8\pi^2 I} \tag{9.18}$$

で定義される**回転定数（rotational constant）**である．

式（9.17）より単純な二原子分子の回転吸収線スペクトルは $\Delta\nu = 2B$ の等間隔に並んだ線で構成される．

問題 9.3

酸素分子（O_2 の分子量は 32.0 kg/kmol）は回転吸収帯の最低周波数が 60 GHz である二原子分子である．

(a) この節で求めた関係式を用いて分子内での酸素原子間の距離 r を求めよ．

(b) $J=1$ のときの O_2 分子の1秒当たりの回転数を求めよ．

ここまで，最も簡単な場合での回転エネルギーの量子化とそれに伴う線スペクトルを議論してきた．つまり，ただ1つのゼロでない慣性モーメント I と回転量子数 J をもつ二原子分子の場合である．同様な関係が非直線形の分子にも成り立つ．非直線形分子は最大3つの異なる慣性モーメント I_n とそれに伴う回転量子数 J_n をもつ．それぞれの回転量子数 J_n は n ごとに固有なエネルギー準位をもち，その間隔は I_n の値によって決まる．しかし光子の吸収や放出に伴い，2つあるいはそれ以上の回転量子数が同時に変化する場合がよくある．同時遷移が起きることがあるため，非直線形分子の回転線スペクトルは直線形分子のものよりもかなり複雑で不規則なものになる．

他の複雑な要素について簡単に述べる．たとえば，振動や回転運動により慣性モーメント I_n が変化しうるのである（原子間の平均距離 r がわずかに引き伸ばされることにより）．これらの相互作用によって，スペクトル線の位置が純粋な場合に比べわずかにシフトする．この変化の影響自体も量子化されているので，結果として純粋な1本の線は通常，密接した複数の線の集合に分離する．

双極子モーメント

上述の議論において回転スペクトル線の基本的な性質を示した．しかし，最後にもう1つ考慮すべきことがある．分子が回転遷移を通して電磁波と相互作用するには，磁気的または電気的な双極子モーメントをもたなくてはならない．つまり，外部の磁場や電場が分子に力のモーメントを作用できることが必要である．

たとえば羅針盤の針は磁気双極子モーメントをもっている．地球の磁場が針に力のモーメントを作用するので，針は磁場と同じ向きになるまで回転する．同様に正味の電荷はなくとも内部で正負の電荷が非対称に分布している分子は，電気双極子モーメントをもつので外部電場に応答し，向きが変化する．

等核二原子分子（homonuclear diatomic molecule），つまり同一種類の2つの原子からなる分子（例：N_2，O_2）は，分子内の正負の電荷分布が対称なので永久電気双極子モーメントをもたない．同様のことが静止した対称直線形三原子分子（CO_2 などの）にもあてはまる．一酸化炭素（CO）といった**非等核二原子分子（heteromolecular diatomic molecule）**は一般的に永久電気双極子モーメントをもつ．H_2O，N_2O，O_3 などの大気放射で重要となるすべての三原子（またはそれより大きい）分子は構造が非対称であるので，永久電気双極子モーメントをもつ（CO_2 と CH_4 は対称構造であるが大気放射で重要であるという点で例外である）．

以下に大気分子による回転吸収の要点をまとめた．

- 上述したように，アルゴン（Ar）や他の希ガスといった単原子分子は慣性モーメント I が実効的にゼロであり，回転遷移が起きない．

- 大気中に最も豊富に存在する窒素分子（N_2）は電気双極子モーメントも磁気双極子モーメントももたないので，回転吸収スペクトルが存在しない．

- 酸素分子（O_2）もまた電気双極子モーメントをもたないが，多くの他の二原子の気体とは異なり永久磁気双極子モーメントをもつ．この特性により 60 GHz と 118 GHz に回転吸収帯が生じる．

- 二酸化炭素（CO_2）とメタン（CH_4）は電気双極子モーメントも磁気双極子モーメントももたないので，純粋な回転遷移に対しては放射的に不活性である．しかし変角振動により分子の直線対称性が崩れ，振動双極子モーメントが誘起され，より短い波長で振動回転の許容遷移が生じる（9.2.2 項を参照）．

- 他の主要な大気分子にはすべて永久電気双極子モーメントがあるので，主要な回転吸収帯が存在する．

9.2.2　振動遷移

分子中の2原子間の共有結合は静電気力の引力と斥力とのバランスによっ

て生じる．2原子が比較的遠く離れていれば引力が働き，原子が近くに押し込まれると正に帯電した原子核によって斥力が働く．分子中の原子が静止状態に配置されている場合にはすべての引力と斥力が打ち消し合っている．

二原子分子

分子結合は固定されたものではなくバネのような振る舞いをする．特に，十分に小さい変位に対し二原子分子中の2原子間に働く力は

$$F = -k(r' - r) \tag{9.19}$$

である．ここで k はバネ定数のようなものであり，F は原子間距離 r が平衡間隔 r' からずれているときに働く復元力である．原子は質量をもつので，古典物理学的に考えれば，分子は調和振動子として振る舞い，その共鳴振動数は

$$\nu' = \frac{1}{2\pi}\sqrt{\frac{k}{m'}} \tag{9.20}$$

で与えられる．ここで m' は式（9.9）で定義された換算質量である．

しかしながら，量子力学では振動子の実際の振動数は

$$\nu = \left(v + \frac{1}{2}\right)\nu' \tag{9.21}$$

で表されるように量子化されている．ここで v（ギリシャ文字のニューではなく‘ブイ’である）は**振動量子数（vibrational quantum number）**を表し，回転量子数 J のように非負の整数値をとる．

ある振動数 ν におけるエネルギーは同じ振動数の光子と同じで，

$$E_v = h\nu = \left(v + \frac{1}{2}\right)h\nu' \tag{9.22}$$

となる．したがって，振動遷移 $\Delta v = \pm N$ によりエネルギー変化が起き，その量は

$$|\Delta E_v| = Nh\nu' \tag{9.23}$$

であり，驚くべきことに遷移に伴う光子の振動数は古典物理学的な調和振動子の共鳴振動数 ν' の整数倍となる．

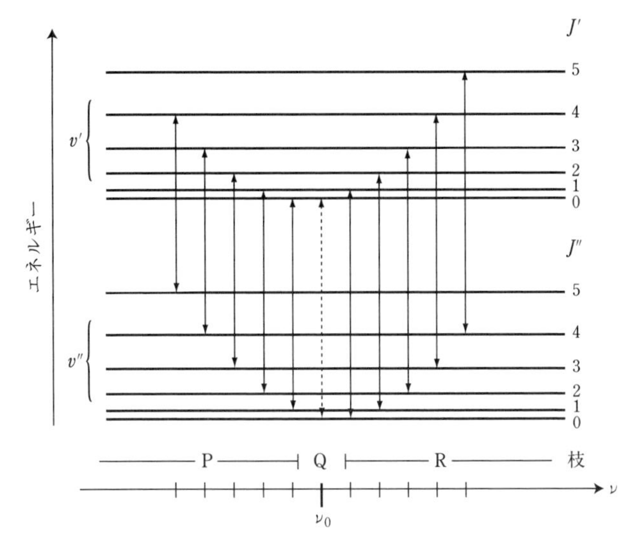

図 9.3　$\Delta v = \pm 1, \Delta J = [-1, 0, +1]$ に対応する振動–回転遷移

スペクトル中での遷移の相対的な位置を示した．P 枝は $\Delta J = -1$ の遷移に，R 枝は $\Delta J = +1$ の遷移に対応する．Q 枝がある場合は $\Delta J = 0$ の可能なすべての遷移に重ね合わせを表し，周波数 $\nu_0 = \Delta E/h$ 付近にある．ここで ΔE は純粋な振動遷移に伴うエネルギーである．

振動／回転スペクトル

ここでは2つ重要な点がある：

- 振動遷移は回転遷移に比べ，かなり大きなエネルギー変化を伴う．よって振動遷移による吸収・射出スペクトルは純粋な回転遷移によるスペクトルに比べ，はるかに短い波長（熱赤外や近赤外）で生じる．純粋な回転遷移による吸収・放出は一般に遠赤外やマイクロ波帯で起きる．

- 振動と回転遷移はしばしば同時に起きる．既に述べたことから考えると，振動と回転が結び付いた遷移に伴うエネルギー（および光子の波長）は純粋な振動遷移のエネルギーに比べてわずかに大きかったり，小さかったりする（その遷移により回転量子数 J が増えるか減るかにより）．このため回転遷移によって振動吸収線は密な間隔で並んだ吸収線に分裂することになる．

図9.3に上記の第2点を図示しており，この図で$\Delta v = \pm 1$と$\Delta J = [-1, 0, +1]$が組み合わさった遷移に対応する線の位置が示されている．純粋な振動遷移（$\Delta J = 0$）による周波数はこの図ではν_0で示してあり，その値は遷移に伴うJの値によらずほぼ一定である．この遷移に伴う吸収線・輝線は（それが存在する場合は），分光学では振動・回転スペクトルの**Q枝（Q branch）**と呼ばれる[3]．

$\Delta J = -1$，$\Delta J = +1$でかつ$\Delta v = 1$という遷移に対応する吸収線は，ν_0のわずか上下の周波数に広がる分布となる．各回転エネルギー準位の間隔は一定ではないのでこれらの線は重なり合うことはない．$\Delta J = -1$の遷移に伴う吸収線の集まりは**P枝（P branch）**と呼ばれ，$\Delta J = +1$の遷移は**R枝（R branch）**と呼ばれる．

分子配置によっては$\Delta v = \pm 1$の遷移では回転遷移はゼロであってはならない（典型的には$\Delta J = \pm 1$）という量子力学的な要請がある．このような場合，Q枝はなくなり，吸収スペクトルはP枝とR枝だけで構成される．

多原子分子

二原子以上の多原子分子になると可能な振動モードの種類は増え，一般的に原子間結合の変角および伸縮振動の結合で構成される．これにより，それぞれの分子構造において物理的に許されるあらゆる振動運動は，有限個の**基準モード（normal mode）**の重ね合わせで表現できる．これら基準モードは互いに独立で，各モードにはそれに特有の振動エネルギー準位の集合がある．この状況は非対称球こま形分子には3つの異なる回転量子数があることに似ているが，可能な振動モードの数の場合は，分子構造の関数になっているのである．

前述の二原子分子では，唯一可能な振動モードは分子軸に沿った伸縮運動からなる．よってこの振動エネルギー準位は1つの振動量子数vのみで表現できる．

---

3) 実際には，分子の回転速度が振動エネルギー準位にわずかに影響を与えるため，Q枝は非常に微細に（多くの重なり合った線に）分離される（図9.3では描かれていない）．

二原子分子（N_2, O_2, CO）

直線形三原子分子（CO_2, N_2O）

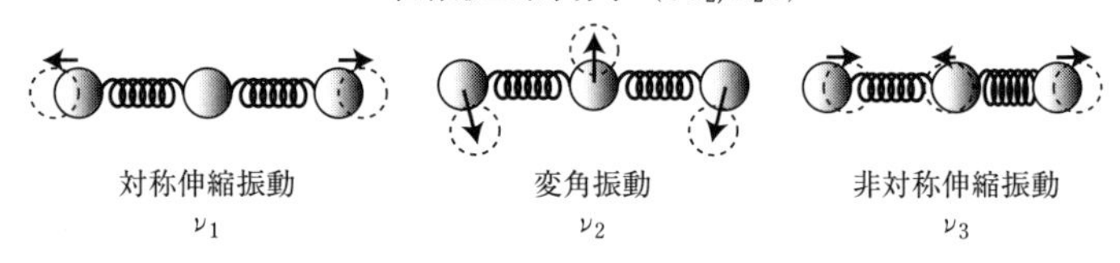

非直線形三原子分子（H_2O, O_3）

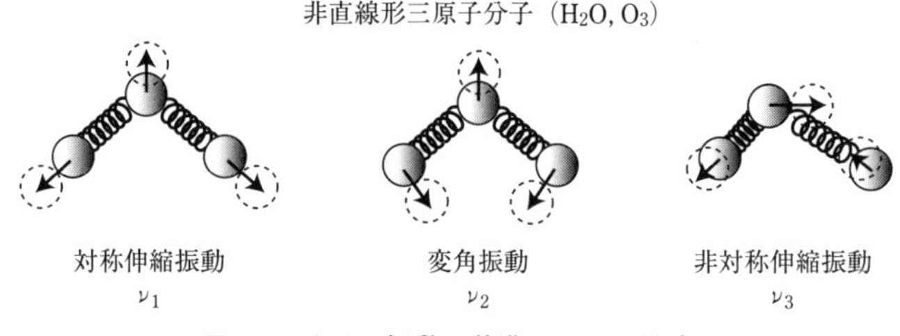

図 9.4　分子の振動の基準モードの模式図

三原子分子ではエネルギーが異なる3つのモードがある：(1) 対称伸縮，(2) 非対称伸縮，(3) 変角振動の3つである[4)]．これらの振動モードの性質を図9.4に示した．この場合には，すべての振動エネルギー準位を表すために3つの振動量子数 v_1, v_2, v_3 が必要となる．光子の吸収・射出に際し，これら3つの量子数のうちの1, 2, あるいは3つが同時に変化する遷移が起きうる．その結果，三原子分子の振動吸収スペクトルは二原子分子に比べかなり複雑になる［訳注：9.5節で述べられるように，一般的に伸縮モードの方が変角モードに比べ吸収・射出される放射の波長が短い．これは伸縮運動に伴うエネルギーがより大きいためである］．

4またはそれ以上の数の原子からなる分子（メタン（CH_4）やクロロフル

---

4)　CO_2 のような直線形分子では，実際は変角振動に対して2つの基準モードがある（2つの直交する平面上での振動）．しかし，これらのモードはエネルギー的には等価であるので区別しないことにする．

オロカーボンなど）になると基準モードの数が急増し，それに伴って吸収スペクトルも非常に豊富なものになる．一般的には $n>1$ 個の原子からなる分子には非直線形ならば $N=3n-6$ 個，直線形ならば $N=3n-5$ 個の基準モードがある．

問題 9.4

クロロフルオロカーボン（CFCs）は赤外域に強い吸収帯がある人工の化合物である．最も単純な CFCs の 1 つは $CFCl_3$ である．この非直線形の分子振動の基準モードはいくつあるか．

問題 9.5

ある分子には N 個の異なる振動量子数 v_i があると仮定する．v_i ごとに $\Delta v_i=\{-1, 0, 1\}$ の遷移が起こるとすると，1 つまたは複数の変化が同時に起こるときのエネルギー遷移は何通りあるか．

9.2.3 電子遷移

回転と振動遷移について述べたので，次に 3 番目の遷移，つまり原子核の周りの電子軌道にある電子のエネルギー準位の遷移を考えてみる．人工衛星の軌道の高度を持ち上げるためにはエネルギーを加える必要があるように，電子も原子核から離れるに従い電子のエネルギーは増加する．前述のように，電子軌道の許容エネルギー準位は量子化されている．さらに，電子と原子核との結合が強くなるほど，準位間のエネルギー差 ΔE は大きくなる．

一般的に，光子はそのエネルギーが，電子がより高いエネルギー状態へ励起されるのに必要なエネルギーと等しいときに吸収される．励起された電子がより低エネルギーの状態に戻るときには，これに相当する波長の光子が射出される．

本書が対象とするのは主に最外殻電子である．というのは，その電子が基底状態と次の励起状態の間で遷移する際に吸収・射出される光子の波長は，近赤外，可視，紫外領域にあるからである．原子核からより強い引力を受ける内殻電子のエネルギー遷移では，非常に短い波長帯の光子が吸収・射出される．

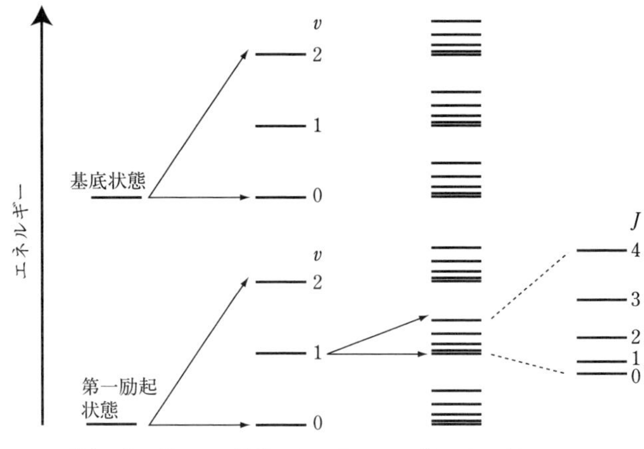

図 9.5　電子，振動，回転エネルギー準位を重ね合わせた模式図
分子の吸収スペクトルは準位の組（右の列に示した）の間での非禁制遷移で決まる．

通常の気温においては，分子同士の衝突に伴うエネルギーでは電子を励起状態にするには不十分である．ごく稀に励起されたとしても分子衝突により光子を射出せずに脱励起される．このため，自然界では励起状態にある電子はほとんどないし，電子励起された電子が定常状態に戻るときの自発的な光の射出の確率はさらに小さいのである．この事実はもちろん，熱放射（すなわちプランク関数）が短波長側で急激に減少するということと整合的である．

大気分子中の電子軌道が励起状態にあるとしたら，それは太陽などからの適切なエネルギーをもつ光子が吸収されることが原因である．そのため，回転・振動遷移と同様に，より高いエネルギーの電子軌道への許容遷移に伴う離散的な吸収線が存在すると予測できる．

9.2.4　エネルギー遷移の組み合わせとそれに伴うスペクトル

前項でも述べたように，それぞれの大気分子には電子・振動・回転の量子状態に対応した多くの離散的エネルギー準位がある．電子エネルギー状態の準位間隔は最も広いので，その遷移に伴う光子の吸収・射出は最も短い波長で起きる．振動と回転の遷移には，それぞれ中程度のエネルギー，低エネルギーの準位の変化が伴っている．

これら3つの励起モードが組み合わさり，図9.5に模式的に示したような離散的なエネルギー準位の集合が作られる．分子の全吸収線スペクトルは，エネルギー準位間の許容遷移（前述したように，量子力学的にはすべての遷移が許容されるのではない）があることと，放射場と相互作用できる強い電気・磁気双極子モーメントが分子にあるかどうかということで決まる．

9.3　吸収線の形状

これまでの吸収線スペクトルについての説明から，分子による吸収は許容遷移のエネルギーに正確に対応した波長で起きると読者は思うかもしれない．しかし，もしそれが本当だとすると，線吸収はまったく重要でないことになる．というのは，前述したように，自然放射では単一波長に伴うエネルギー（またはフラックス）はゼロだからである．吸収が全放射場に有限な影響を与えるためには，有限な波長幅をもつ必要がある．したがって吸収線の幅がゼロであれば，線がどんなに強く，数多くあろうが［訳注：それが有限な大きさと数である限りにおいて］大気中の放射伝達にはまったく影響がない．実際は，吸収線の**広がり**（**broadening**）により，遷移に正確に対応する波長だけでなくその付近の波長の放射も大気分子により吸収・射出されることになるので，放射伝達において非常に重要となる（図9.6）．吸収線の間隔が狭いと（多くの熱赤外波長帯のように）隣接する線の間隙が完全に埋まり，大気はその波長域で連続的に不透明になる．

吸収線の広がりが生じる機構は3つある．これらの相対的な重要性は局所的な環境条件により変わる．

自然広がり（**natural broadening**）：ハイゼンベルグの不確定性原理は初期の量子力学において最も根本的で影響の大きい発見の1つであるが，それによると吸収線は有限な（非常に小さいが）幅を必ずもつ．大気ではほとんどの場合，自然幅は他の2つの効果に比べ無視できるので，本書ではこれ以後考慮しないことにする．

ドップラー広がり（**Doppler broadening**）：気体中の個々の分子がランダムに

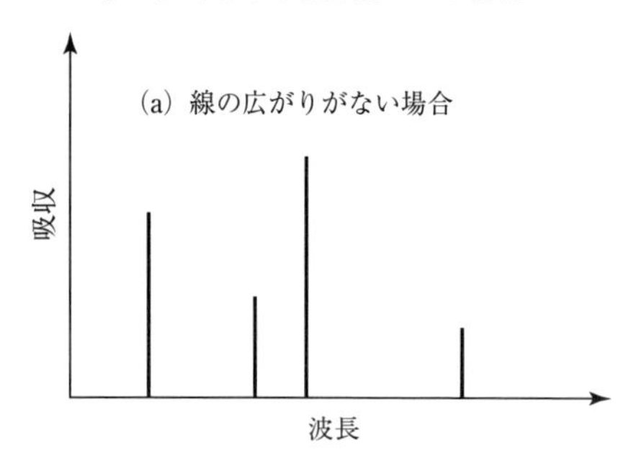

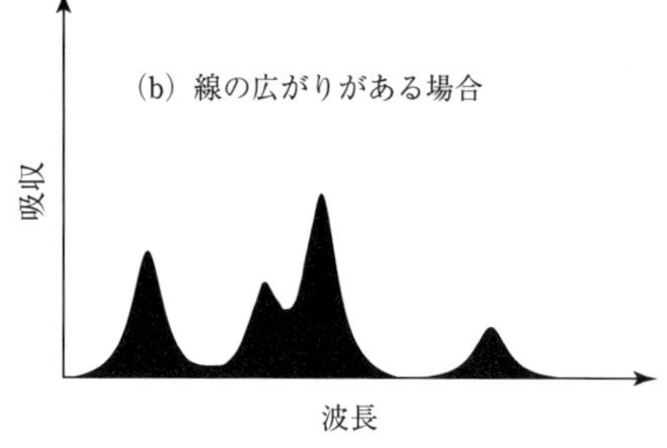

図 9.6　仮想的線スペクトルの広がり効果を模式的に示した．

並進運動することで，自然の線位置からドップラーシフトした波長で光の吸収・射出が起きる．これは中間圏およびそれより高い高度で重要となる機構である．

分子衝突による広がり（collision/pressure broadening）：分子間の衝突がランダムにエネルギー準位間の自然遷移を乱す．よって自然の線位置からずれた波長で吸収・射出が起きる．これが対流圏や下部成層圏で線が広がる主要な機構である．

9.3.1　吸収線の一般的記述

吸収線が広がる機構（上述の）に伴い線がどのような形状になるかということを詳しく説明する前に，任意の吸収線を記述するための一般的な枠組みを導入する．具体的には，与えられた環境条件下での線の特性を決めるために 3 つの量が必要となる．

線の位置（line position）：電磁スペクトルにおける線の位置

線の強度（line strength）：その線による全吸収量

線の形状（line shape）：線中心の周囲における吸収の分布

これらすべての特徴は

$$\sigma_\nu = Sf(\nu - \nu_0) \tag{9.24}$$

の形式で簡潔に表現できる．ここで σ_ν は周波数 ν における1分子当たりの吸収断面積である（あるいは等価なものとして単位質量当たりの吸収断面積も用いられる）．ν_0 は吸収線の中心周波数であり，S は線強度，$f(\nu - \nu_0)$ は線の形状を表す関数である．上の記述において強度と形状を完全に分離するために，形状関数を

$$\int_0^\infty f(\nu - \nu_0)\, d\nu = 1 \tag{9.25}$$

により面積で規格化する．こうすると線強度は

$$\int_0^\infty \sigma_\nu d\nu = \int_0^\infty Sf(\nu - \nu_0)\, d\nu = S \tag{9.26}$$

で与えられる．

$f(\nu - \nu_0)$ の形は線が広がる機構に依存するが，どの形状関数においても線の中心 $\nu = \nu_0$ で最大となり，$|\nu - \nu_0|$ の増大とともに急激に単調減少する．さらに，線の形は通常，ν_0 を中心に対称である（マイクロ波帯は例外である）．したがって全体の線幅を**半値半幅**（half width at half maximum）$\alpha_{1/2}$ を用いて簡潔に表すことが多い．すなわち，$\alpha_{1/2}$ は吸収断面積が最大値（ν_0 における）の半分になる位置 $|\nu - \nu_0|$ の値であり，$f(\alpha_{1/2}) = f(0)/2$ である．

次に線が広がる2つの主要な機構とそれに対応する形状関数 $f(\nu - \nu_0)$ について考察する．

9.3.2　ドップラー効果による広がり

あらゆる気体において，個々の分子は常に運動していて，そのランダムな軌道は自分以外の分子との衝突のみにより変化する．全分子の平均並進運動エネルギーは温度に比例する．静止した観測者から見ると，個々の分子はラ

ンダムな速度成分 v_s で近づいたり離れたりする．視線方向 s に沿った速度 v_s の確率分布はマクスウェル–ボルツマン分布

$$p(v_s) = \frac{1}{v_0\sqrt{\pi}} e^{-(v_s/v_0)^2} \tag{9.27}$$

で与えられる．ここで $v_0 = \sqrt{2k_B T/m}$ は v_s の標準偏差（2乗平均平方根），m は1分子当たりの質量（$= M/N_0$，ここで M はモル質量で $N_0 = 6.02 \times 10^{23}$ である），T は温度，k_B はボルツマン定数である．

ある視線方向に沿った分子の運動によって，分子が射出・吸収する光子の周波数が，静止した観測者からみてドップラーシフトする．電磁波が光速 c で伝わるとき，ドップラーシフトした周波数は

$$\nu' = \nu(1 - v/c) \tag{9.28}$$

である（問題2.2より）．ここで ν は放射源に対し静止している観測者により測定される周波数で，ν' は放射源から速度 v で遠ざかる観測者により測定される周波数である．

ドップラー効果により，吸収線の中心 ν_0 にはない周波数の電磁波も，それに合致する相対速度をもつすべての分子により吸収される．逆に，周波数が ν_0 である放射は，相対速度がゼロに近い分子によってでしか吸収されない．したがって，周波数 ν_0 での分子による吸収は減り，その近傍の周波数での吸収が増える．

式（9.27）と式（9.28）を組み合わせるとドップラー効果により広がった線の形状関数は

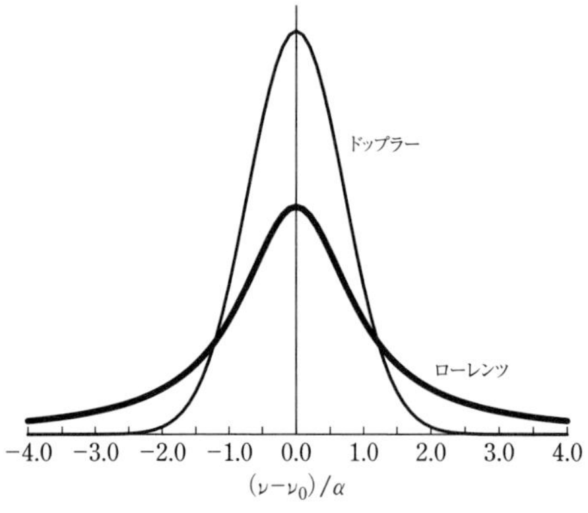

図9.7　同じ幅と強度をもったドップラーおよびローレンツ線形の比較

$$f_D(\nu-\nu_0)=\frac{1}{\alpha_D\sqrt{\pi}}\exp\left[-\frac{(\nu-\nu_0)^2}{\alpha_D^2}\right] \tag{9.29}$$

となる．ここで

$$\alpha_D=\nu_0\sqrt{\frac{2k_BT}{mc^2}} \tag{9.30}$$

である．線の半値半幅 $\alpha_{1/2}$ は

$$\frac{f_D(\alpha_{1/2})}{f_D(0)}=\frac{1}{2} \tag{9.31}$$

を解くことで

$$\alpha_{1/2}=\alpha_D\sqrt{\ln 2} \tag{9.32}$$

となる．

式（9.29）の解釈は容易である．視線方向速度のマクスウェル–ボルツマン分布である式（9.27）はガウス分布［訳注：正規分布とも呼ばれる］である．よって元々の狭い線がドップラー効果で広がると，その線の形状もまたガウス分布となる．分子の平均速度と線幅は温度とともに増加し，分子質量とともに減少する．ドップラープロファイルの形状を図 9.7 に示した．

9.3.3　分子衝突による広がり

9.2 節では，分子が外的な干渉を受けずにさまざまなエネルギー状態間を自由に遷移することを前提にして，吸収線の発生や位置について議論した．密度が小さい上層大気中ではこの仮定は成り立つ．密度が大きい大気下層（成層圏・対流圏）では，分子間の衝突が非常に頻繁に起こる．衝突により，まさに光子を吸収・射出しようとしている分子は衝撃を受けるのである．当然のことながら，このことで遷移により吸収・射出が起きる確率の波長依存性の計算がさらに複雑になる．実際のところ，吸収線・輝線の**分子衝突による広がり**を説明する厳密な理論はまだ存在しない．

分子衝突による広がりの形状の近似的表現を導出することは本書の範囲を超えている．ここでは，衝突により誘起されるランダムな位相変化を，衝突のない純粋な正弦振動に加えることで射出（あるいは吸収）される電磁波の周波数が ν_0 の周囲に分布することを説明するような一般的なモデルがあるということだけを述べておく．より詳細な説明については S94 の 3.3.1 項

やGY95の3.3節を参照されたい．

分子衝突による広がりは**ローレンツの線形（Lorentz line shape）**

$$f(\nu-\nu_0)=\frac{\alpha_L/\pi}{(\nu-\nu_0)^2+\alpha_L^2} \tag{9.33}$$

で近似できるということが重要な結論である．ここでα_Lはローレンツ半値半幅で単位時間当たりの衝突回数にほぼ比例する．よって第一次近似では

$$\alpha_L \propto pT^{-1/2} \tag{9.34}$$

が成り立つ．ここでpは圧力，Tは温度である．実際にはあらゆる吸収線に対してα_Lは

$$\alpha_L=\alpha_0\left(\frac{p}{p_0}\right)\left(\frac{T_0}{T}\right)^n \tag{9.35}$$

とモデル表現される．ここでα_0は実験室で測定した半値幅（標準気圧p_0と温度T_0での）で，nは経験的に求めた指数である．$T_0=273\,\mathrm{K}$，$p_0=1000\,\mathrm{hPa}$における波数単位での典型的なα_0は$0.01\sim0.1\,\mathrm{cm}^{-1}$の値となる．これは周波数にして$3\times10^8\sim3\times10^9\,\mathrm{Hz}$の範囲に相当する．

ローレンツ線形には2つの顕著な欠点がある．1つは吸収線の中心から離れた裾部においては，ローレンツ線形による実際の吸収線の再現性が悪くなるという点である．単一の吸収線の遠方では吸収が大変小さいので，このモデル曲線による再現性は重要ではないと思うかもしれない．しかし，ある特定の周波数νでの吸収係数は，すべての吸収線（中心周波数の近傍および遠方にあるもの）からの寄与を多少なりとも受けるのである．当然，中心周波数がν付近に位置する吸収線に比べ，中心周波数がより遠方に位置する吸収線の方が多数ある！　特に，付近に吸収線のないスペクトル窓では，遠方にある数えきれないほどの吸収線の裾が重なり合うことで吸収が生じるのである．一般的にローレンツモデルはこの寄与を過少評価することが知られている．

もう1つのローレンツ曲線の限界はこのモデルは$\alpha_L \ll \nu_0$のときにしか成り立たないということである．つまり，吸収線の幅は中心周波数に対して非常に小さくなければならない．これの条件が成り立たなければ，モデル曲線は周波数がゼロ以下に広がらないという事実と相反することになり，ローレンツモデルは間違ったものになる．これはν_0が非常に小さくなるマイクロ波帯で主に問題となる．この場合はヴァン・ヴレック-ワイスコフ（van

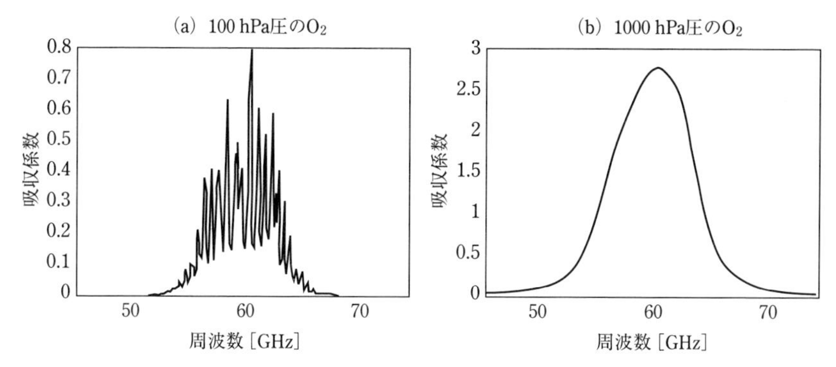

図 9.8 60 GHz 近くのマイクロ波帯での酸素の吸収係数

(a) 100 hPa での値で，吸収帯を構成する個々の吸収線が見える．(b) 1000 hPa での値．分子衝突による広がりにより吸収線の構造が見えなくなっている．

Vleck-Weisskopf）関数

$$f_{VW}(\nu-\nu_0)=\frac{1}{\pi}\left(\frac{\nu}{\nu_0}\right)^2\left[\frac{\alpha_L}{(\nu-\nu_0)^2+\alpha_L^2}+\frac{\alpha_L}{(\nu+\nu_0)^2+\alpha_L^2}\right] \quad (9.36)$$

をモデル線形として用いる方がよい．ヴァン・ヴレック–ワイスコフ線形は ν_0 に対して非対称であり，さらに重要なことに，$\nu\to 0$ になると必ずゼロに近づく．

分子衝突による広がりが吸収線スペクトルに与える影響を図 9.8 に例示した．高い高度では個々の吸収線は幅が狭く明確に分離できる．低高度では分子衝突による広がりによりしばしば個々の吸収線は完全に消え，単一の幅広い吸収構造が出現する．衛星観測のチャンネルの周波数が吸収線の間に位置するよう選ぶことにより，吸収・射出の荷重関数 $W(z)$ を鋭い形状にすることができる．その理由は，このように波長を選ぶことで，質量消散係数が一定ではなく下方に向かい急増するようにできる（分子衝突による広がり効果で）からである．

9.3.4 ドップラー効果と分子衝突による線幅の比較

半値幅 α_L と α_D が同じ値のときのローレンツ線形とドップラー線形の形状の比較を図 9.7 に示した．最も重要な違いは，ローレンツ線形の方が裾部でより多くの吸収があるということである．

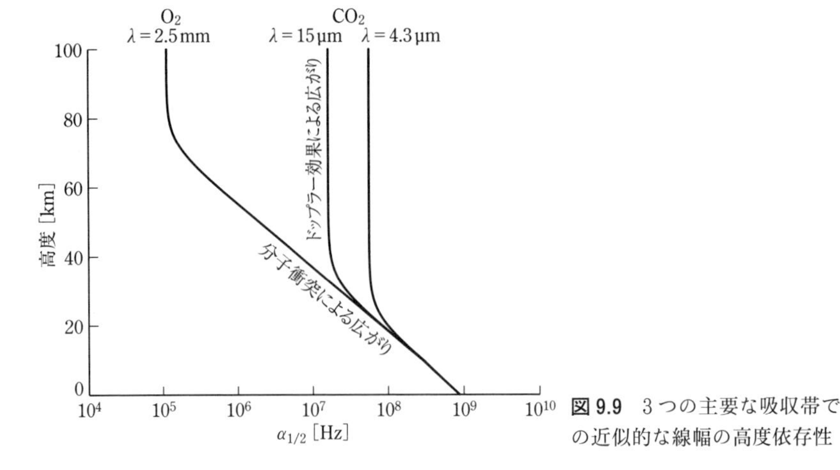

図 9.9　3つの主要な吸収帯での近似的な線幅の高度依存性

ドップラー効果と分子衝突による広がりは共に大気の全高度領域で起きる．しかし，一方の広がりが他方よりもずっと大きい場合は他方の効果は無視できる．相対的にどちらが重要となってくるのかは，式（9.30）と（9.35）を用いた α_L と α_D の比

$$\frac{\alpha_D}{\alpha_L} \approx \left[\frac{p_0}{\alpha_0 c}\sqrt{\frac{2k_B}{T_0}}\right]\frac{T\nu_0}{p\sqrt{m}} \sim [5\times 10^{-13}\,\mathrm{hPa\,Hz^{-1}}]\left(\frac{\nu_0}{p}\right) \qquad (9.37)$$

から評価できる．ここで $n \approx 1/2$ を仮定し，最右項では m, T, α_0 の典型的な値を用いた．大気中では圧力が数オーダーで変化する一方で，他のすべての変数（ν_0 を除く）は典型的には2倍以下でしか変化しない．このため p がドップラー効果と分子衝突による線幅の相対的重要性を決める主要な変数となる．$\nu_0 = 2 \times 10^{13}$ Hz（$= 15\,\mu$m）の場合，$p \sim 10$ hPa において $\alpha_L \approx \alpha_D$ となる．この高度では，2つの効果が同程度に重要となる．マイクロ波帯での吸収線，たとえば $\nu_0 \sim 10^{11}$ Hz では，圧力が 0.1 hPa 付近またはそれ以下で両者が等しくなる．図9.9から低層で分子衝突による広がりが支配的であり，高々度ではドップラー効果による広がりが支配的になることがわかる．

α_D と α_L が同じオーダーであるとき，ドップラー効果と分子衝突による広がりを共に考慮する必要がある．このときは両方の機構を考慮した複合的な**フォークト線形（Voigt line profile）**を用いる必要がある．この線形は線の中心ではドップラー的となり，裾部ではローレンツ的な特性を示す．詳細については GY95 の p.112 を参照されたい.

9.4　連続吸収

前述したように，赤外やマイクロ波帯での最も重要な吸収構造は，離散化された吸収線の集まりから構成される．しかし，主要な共鳴吸収帯の外側に吸収線のような構造ではない吸収帯が一般的に存在する．これは周波数に対して滑らかに変化することから**連続吸収**（continuum absorption）または**非共鳴吸収**（nonresonant absorption）と呼ばれている．

連続吸収の原因は少なくとも 3 つは挙げられる．そのうちの 2 つである**光電離**（photoionization）と**光解離**（photodissociation）はよく理解されていて主に極短波長の太陽スペクトルに影響を及ぼす．3 つ目の過程は赤外とマイクロ波帯でのスペクトル窓領域に影響を与え，リモートセンシングや大気中での熱放射輸送において重要であるが，その物理的な機構はよく理解されていない．

9.4.1　光電離

光電離が起きるのは電子が高エネルギー準位に励起されるだけでなく，原子から完全に剝がされて陽イオンと自由電子が生成されるほどのエネルギーを光子がもつときである．既に述べたように，通常の電子励起は離散化されたエネルギー準位の間で起き，可視や紫外線帯での吸収線・輝線が生じる．原子のイオン化にも一定のエネルギー量が必要となる．しかし，イオン化エネルギーを超えたエネルギーをもつ光子もイオン化の過程で吸収される．過剰なエネルギーはイオンや自由電子の運動エネルギーに変わる．並進運動エネルギーは量子化されていないので，光子の取りうるエネルギー値への制約とはならない．

原子のイオン化には高エネルギーの光子が必要である．これには主に地球圏外からの X 線やガンマ線が関与するので，大気放射の観点からは関連性はあまりない．しかし，この過程により**電離圏**（ionosphere）（電気伝導度が高いため大気層で電波の伝搬において重要となる）が生成されるのである．

9.4.2　光解離

連続吸収の2つ目の原因は光解離である．光電離で過剰な電子励起により電子が原子から完全に分離するのと同様に，光解離では過剰な分子振動が起き分子が2つに分離する．よって光子のエネルギーEが分子を構成する2つの要素間の結合エネルギーE_{bound}よりも大きければ光解離が起き，過剰なエネルギー$\Delta E = E - E_{\mathrm{bound}}$は量子化されない運動（熱）エネルギーとなる[5)]．分子レベルではもちろん運動エネルギーを得ることは温度の上昇と等価である．

O_2やN_2などのような二原子分子の結合エネルギーは大きいため，その光解離には非常に短い波長の光子が必要である（3.4.1項を参照）．

9.4.3　水蒸気による連続吸収

上述した，主に紫外の波長で起きる連続吸収の物理的機構はよく理解されている．これに加え，赤外とマイクロ波帯における主な吸収帯の間の波長域では，水蒸気による連続吸収が重要となる．水蒸気の連続吸収の物理的機構についてはまだ議論が続いており，2つの異なった理論がある．

吸収線の裾（far wings of lines）

本章の最初の方で述べたように，ローレンツ線形の裾部では分子衝突により広がった吸収線の強度を十分に再現できていない．したがって，ローレンツモデルでは表現できない吸収線の裾部の寄与が数多く積算されることが，連続吸収に対する1つの説明となる．

水のクラスター（H_2O clusters）

水分子は互いに引き寄せる強い力をもつ（このため水はそれほど低温や高圧でなくても凝縮する）［訳注：これは水素結合に起因する］．したがって相対速度の小さい水分子が互いに会合するとくっつき合い，2分子以上のクラス

---

5)　冷蔵庫の磁石の話に再び戻ってみよう：20 g の磁石を冷蔵庫のドアから引き離すのには0.01 J のエネルギーが必要であるが，1 J の力学的エネルギーを磁石に与えるとする．その結果，磁石は0.99 J の運動エネルギーを得るため，約10 m/s の速度で動くことになる．

ターが一時的に作られ，その後の他分子との衝突により分解される．このような**二量体**（dimer：2分子），**三量体**（trimer：3分子），および**多量体**（polymer：多分子）では単分子よりも複雑な回転や振動遷移が起きると考えられる．さらに，ゆるく結合したこれらのクラスターの構造的配置の種類（その形成や分解が起きるさまざまな時点での）の数はほぼ無限に近い．したがって離散化された光子のエネルギー準位の有限集合に，吸収が限定されると考える理由はない．実際，水蒸気の連続吸収にみられるように，幅広い波長域で吸収が滑らかに分布していると考えられる．

究極的には，これらの2つの理論の組み合わせで水蒸気の連続吸収を説明できる可能性がある．どちらの説明にしろ，注目すべき点が2つある．(1) 連続吸収はマイクロ波から遠赤外帯にかけては周波数とともに強まるが，熱赤外や近赤外の吸収帯では再び弱いものとなる．(2) 体積吸収係数 β_{a} は水蒸気密度 ρ_v に比例しない（質量吸収係数 k_{a} がほぼ一定であればこのようにはならない［訳注：式 (7.16) を参照］)．この依存性は，むしろ密度の2乗に近い．したがって一般的には連続吸収が重要となるのは主として，水蒸気密度が最大となる下部対流圏である．

9.5 気象学・気候学・リモートセンシングへの応用

本章では主として次のような問題に焦点を当ててきた．(1) 大気中の気体による吸収はどのような機構で起こるか？ (2) 分子のどの物理的特性によって電磁波の吸収線や吸収帯のスペクトルにおける位置が決まるか？ (3) どのような過程で中心波長の周りで吸収線が広がるのか，そして広がった線の形状はどのようになるか？ 晴天大気における吸収・射出に最も寄与する成分を取り上げて，これらの点を具体的に考えていく．

9.5.1 赤外波長帯における吸収分子種

大気科学の中心的な見地からは，大気の吸収といえば主として赤外吸収帯の性質のことをいう（立場によって意見は異なるかもしれないが）．大気化学，成層圏力学，マイクロ波リモートセンシングの専門家達にとっては他の吸収帯も重要となるが，それらの詳細については他書を参考にされたい．

赤外域の吸収帯（遠赤外・熱赤外・近赤外）での最も重要な分子種は二酸化炭素（CO_2），水蒸気（H_2O），オゾン（O_3），メタン（CH_4），一酸化二窒素（N_2O）である．これらの成分による主要な吸収特性は図7.6に示してあるので，本項を読む際はこの図を見返すとよい．これらの吸収性気体はすべて3つの（少なくとも）原子から成る分子で，回転や振動遷移が数多く存在する．

代表的な分子による広いスペクトル領域での吸収の形を図9.10に示した．比較的重要ではない一酸化炭素（CO）がこの図の中には含まれている．この分子は大気中での濃度は通常は低く（健康にとって都合が良いことに）大気の透過率にはあまり影響しない．COは二原子分子であり，その振動量子数vと回転量子数Jは1種類だけであるため（前述したように），吸収スペクトルが単純なものになるので，例示的にこの図に含めてある．

図9.10（d）での顕著な特徴は，COの主要な吸収帯が等間隔で並んでいることである．この図ではやや見にくいが，実際には各吸収帯は密接した無数の線の集まりで，ほとんどが分子衝突による広がりのため大変に重なり合っている．

最も左の（波数がゼロに近いところ）吸収帯は$\Delta v = 0$の純粋な回転帯であり，構成する個々の線は回転量子数Jが増加する遷移に対応している．その右に続く吸収帯は振動遷移$\Delta v = 1, 2, \ldots$に伴うものであり，バンドの中心位置は式（9.23）から求められる．Jの遷移（正および負の）が同時に起きるため，各吸収帯は密接した線の集合体から構成されることになる．回転遷移による微細構造はどのΔvの吸収帯でも似ているので，それぞれの振動-回転吸収帯は1つ前の吸収帯とほぼ同じ形をしていることは容易に理解できる．

図9.10（a）-（c）に示した3種類の三原子分子に戻ると，回転および振動量子数（それぞれ最大3までの）の変化が同時に起こりうるので，かなり複雑な吸収スペクトルが生じる．特に，隣接した振動帯の間の窓領域は，COの場合に比べて広くなく，また明瞭でもない．

図9.10の分子においてCO_2だけには純粋な回転帯（他の分子ではこの図の左端に位置する）が存在しないことに注意されたい．以前指摘したように，これはCO_2が永久電気双極子モーメントをもたず，振動と回転が組み合わ

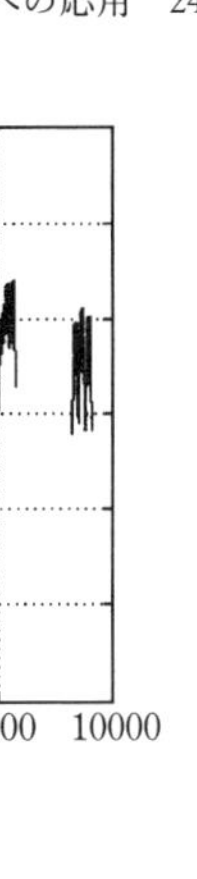
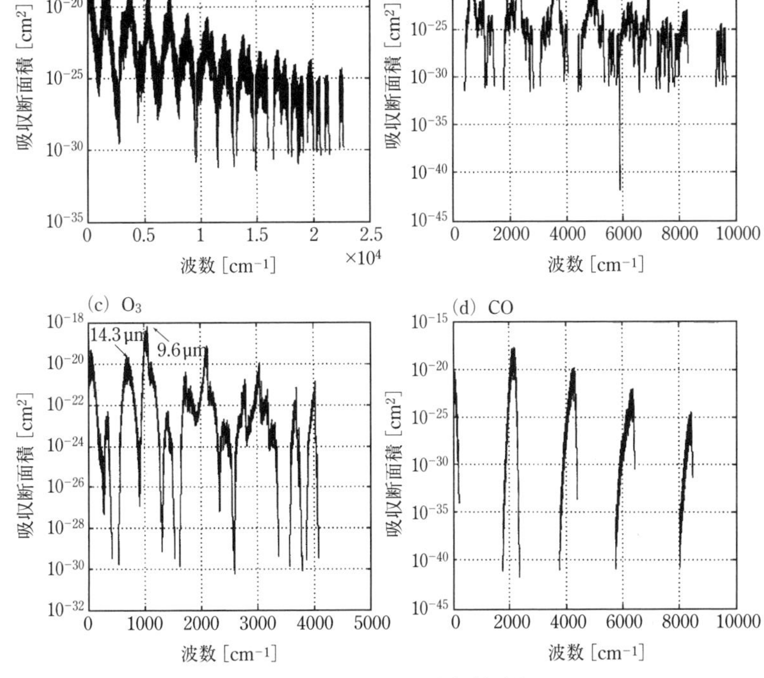

図 9.10　大気中に存在する分子の吸収断面積のスペクトル

大気中における熱放射の伝達において特に重要な吸収帯にはその中心波長を付してある．(a) 水蒸気，(b) 二酸化炭素，(c) オゾン，(d) 一酸化炭素

さった遷移でのみ放射と相互作用することが可能だからである．

次に，選んだ大気分子種の吸収を詳細に見ていくことにする．

水蒸気

一般的には，水蒸気（H_2O）は赤外波長帯で最も重要な吸収分子種である．図 9.11 に水蒸気のみによる天頂方向の透過率を中程度の波数分解能で示した．ここでの温度と湿度はアメリカ標準大気の値を用いた．極めて複雑で不規則な線の構造が明瞭に見て取れる．この不規則性は非直線形分子の特徴であり，幅広い範囲で回転遷移が可能なことに由来する．

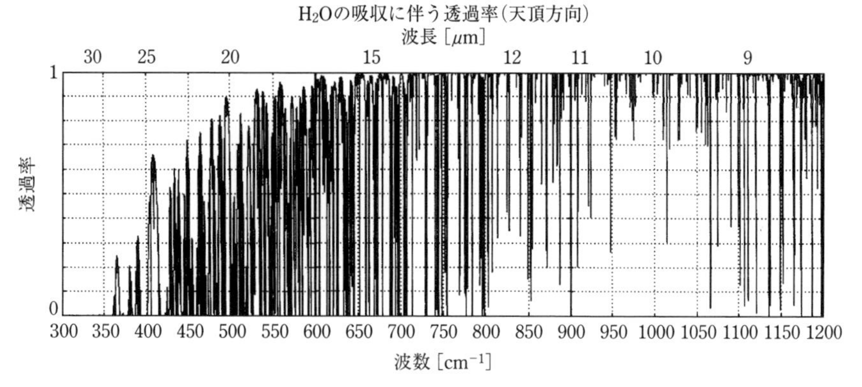

図 9.11　熱赤外波長帯における水蒸気の吸収による天頂方向の大気透過率
アメリカ標準大気の水蒸気プロファイルを用いた.

H_2Oスペクトルにおける最も透明な熱赤外波長域は8～12 μmである．波長が長くなる（波数が小さくなる）に従い，スペクトルは純粋な回転遷移による吸収線が多くを占めるようになる．実際，25 μmより長波長では，大気は実効的に不透明となりマイクロ波帯までは透過率が増大しない（図には描かれていない）．

図9.10（図9.11には示していない）では6.3 μmと2.7 μm付近を中心とする振動–回転帯が見られる．この2.7 μmの波長は近赤外波長帯の中に位置している．6.3 μm帯はν_2（変角モード）の基本モード（$\Delta v = 1$）により生じる．一方，2.7 μm付近の吸収にはν_1（対称伸縮）とν_3（非対称伸縮）の基本モードが寄与している．太陽光スペクトルのより短波長での弱い吸収帯には高次の振動遷移（$\Delta v > 1$）が寄与している．また前に述べたように，すべてのH_2O吸収が吸収線によるものではなく，赤外波長帯を通して存在する連続吸収も重要となる（吸収率の大きさは波長である程度変化するが）．

大気中ではH_2Oを構成する元素には同位体が存在するため，H_2Oの吸収帯はさらに複雑なものとなる．約0.03%の水蒸気分子には，通常の水素同位体である^{1}Hに加え，^{2}H（重水素）が少なくとも1つは含まれている．酸素にも同様に通常の^{16}O同位体と（より微量な）^{18}O同位体があり，約0.2%の水蒸気分子には^{18}Oが含まれている．分子を構成する原子のうちで，1つ以上の原子の原子核質量が変化すると分子の回転と振動スペクトルが共に変化して，膨大な数の吸収線が通常分子のスペクトルにつけ加わることになる．しかし，通常と異なる同位体を含む水分子の存在確率はきわめて小さいので，この分子による吸収線の大部分は比較的弱いものとなる．

大きな放射効果をもつ他の大気分子と異なり，水蒸気の時間変動と空間変動は極めて大きいということに注意されたい．このため赤外スペクトルの多くの波長域では，高湿度では不透明，乾燥した北極大気では比較的透明（少なくとも半透明）となる．

二酸化炭素

温室効果気体として最も世に知られている分子種は二酸化炭素（CO_2）である．実際は水蒸気の方が大気の放射エネルギー収支に大きな影響を与える．しかし CO_2 は化石燃料の使用によりその濃度が上昇し続けているため，温暖化対策の立場から特に注目されている（図 7.5 参照）．

CO_2 には赤外領域で 2 つの強い回転–振動帯があり，それぞれ 4.3 μm（ν_3 の基本モード）と 15 μm（ν_2 の基本モード）に中心がある．4.3 μm 帯の吸収は 15 μm に比べて強いのであるが，4.3 μm 帯は太陽放射帯と長波帯の両方の端にあたるので，広域放射フラックスに与える影響は大きくない．

15 μm 帯は長波の大気中の放射伝達において非常に重要である．その吸収帯の中心が地球の温度でのプランク放射関数の極大付近にあるため，14 ～ 16 μm にかけての波長域が完全に不透明になるからである（図 9.12）．さらに，この波長領域の数 μm 前後においても吸収効果（少なくとも部分的な）がある．

問題 9.6

地表面からの熱放射の宇宙への透過に及ぼす CO_2 の 15 μm 帯の効果を推定するために，3.5 ～ 17 μm は完全に不透明でそれ以外の波長領域では透明であるという粗い近似をする．図 6.4 を用いて地表面からの長波放射のうち大気中の CO_2 で吸収される割合を推定せよ（他の吸収成分は考えない）．地表面温度は 288 K と仮定せよ．

15 μm 帯の中心を詳細に調べると（図 9.13），二原子分子に伴う理想的な

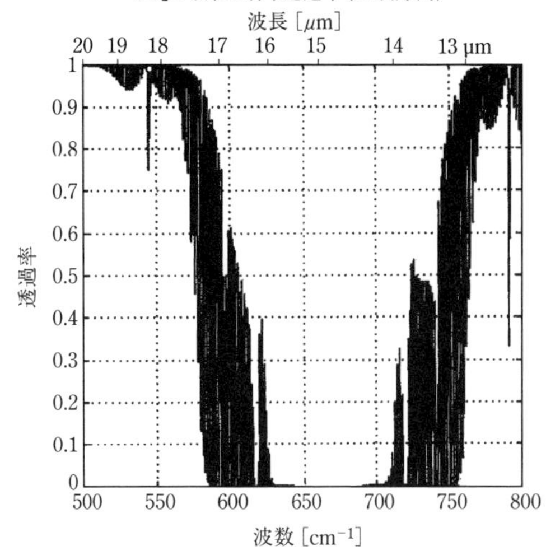

図 9.12　15 μm 付近での CO_2 の吸収による天頂方向の大気透過率

振動–回転帯のようにみえる．つまり，純粋な振動遷移（$\Delta v = 1; \Delta J = 0$）に伴う強い Q 枝が中心にあり，通常の P 枝（$\Delta v = 1; \Delta J = -1$）と R 枝（$\Delta v = 1; \Delta J = +1$）が存在する．不規則に現れる H_2O の回転スペクトルとは異なり，CO_2 の P 枝と R 枝は二原子分子のスペクトル（図 9.3）と同様に，非常に規則的な間隔で並んだ線から成る．

なぜ三原子分子の CO_2 のスペクトルは，同じ三原子分子である H_2O のスペクトルと大きく異なるのであろうか？　それは，CO_2 は直線形分子である（二原子分子と同じように）ため，実効的に 1 つの回転モードしかなく，それに対して非対称こま形分子の H_2O には 3 つの回転モードがあるからである．このことは一見小さな違いに見えるが，このために J_2 あるいは J_3 が関与する遷移から生じるすべての吸収線がなくなるのである．

水蒸気の場合と同様，構成原子に異なる同位体が存在することによって CO_2 の吸収線の数がその分増大する．CO_2 には酸素の 2 つの主な同位体 ^{16}O と ^{18}O だけでなく炭素の 2 つの主な同位体 ^{12}C と ^{13}C も存在し，^{13}C は大気中の全炭素の約 1% を占める．

最後に，CO_2 の 15 μm 帯の中心にある吸収線が非常に強いということを指摘しておく．大気中の CO_2 の濃度は低いが（約 400 ppm），Q 枝（図 9.13 (b)）の最も強い部分では大気圧 1000 hPa における 1 m の光路中でも 95%

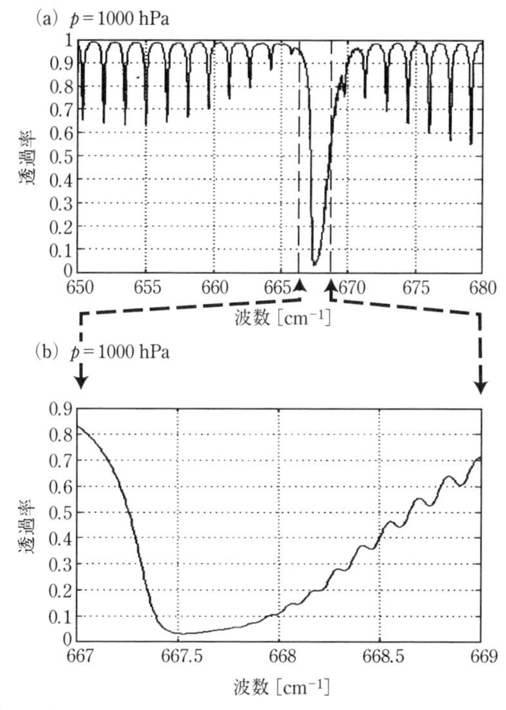

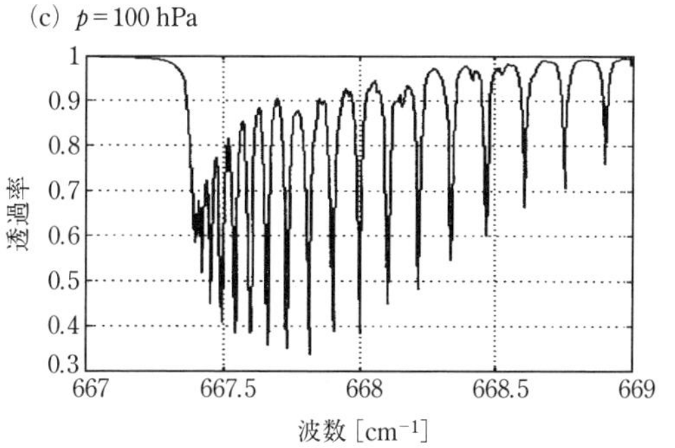

図 9.13 (a) 典型的なCO_2濃度での 1000 hPa における 1 m 長の光路を通過したときの高分解能の透過スペクトル. (b) (a) と同じであるが, Q 枝の中心付近を拡大した図. (c) (b) と同じであるが, 100 hPa での透過率. (b) ではあたかも単一の吸収線のように見えていたものが, 実際には離散的な線が密集したものであることがわかる.

の放射が吸収されてしまうのである！ また, 低圧では (図 9.13 (c)), Q 枝が密接しつつも分離したいくつもの線の並びになっていることがわかる. それぞれの線は $\Delta v = 1; \Delta J = 0$ の遷移に対応するが, 分子の回転速度 (つまり J の値) により, 純粋な $\Delta v = 1$ の遷移に伴うエネルギーにはわずかな違いが生じることになる．

オゾン

オゾン（O_3）は主に成層圏に存在し（都市大気汚染地域を除いて），水蒸気のように非直線形三原子分子である．したがって，オゾンと水蒸気の吸収特性は一般的に多くの点で似ている．具体的には，ほぼランダムに並んだ膨大な数の線から成る比較的強い回転スペクトルや，基準振動モード ν_1，ν_2，ν_3 による吸収である．これらの振動モードはそれぞれ 9.066, 14.27, 9.597 μm での吸収に対応する．大気中では 14.3 μm 帯は CO_2 の 15 μm 帯に覆い隠されてしまう．つまり，二酸化炭素の吸収が圧倒的に強いのでオゾンの存在はこの吸収帯に大きな影響を与えないのである．

中程度に強い ν_1 モードによる吸収と非常に強い ν_3 モードによる吸収は接近しており，通常は 1 つの 9.6 μm 帯とみなされる．この吸収帯は H_2O の 8 ～ 12 μm の窓領域中央に位置し，また地球放射のプランク関数が最大となる波長からも遠くない位置にある．これらのことから，オゾンは大気（特に成層圏）の放射収支に重要な役割を果たす．

またオゾンは 4.7 μm に強い吸収帯をもつが，ここは太陽と地球放射のプランク関数の端にあたるので（CO_2 の 4.3 μm 帯と同様），広帯域の放射フラックスにはほとんど影響しない．近赤外領域にも 2.5 μm 付近に至るまで振動–回転の吸収帯があるが（図 9.10（c）参照），吸収が弱いので重要ではない．

また，成層圏のオゾン濃度の減少を懸念する多くの専門家・非専門家によく知られているように，オゾンには電子励起（振動励起ではなく）により 0.28 μm 以下の紫外域で非常に強い吸収特性がある．3.4.1 項で述べたように，UV-B の放射が生物に有害なため，この吸収は地球上の生物にとって非常に重要である．成層圏および下部中間圏の温度構造は，太陽 UV-B 放射の吸収と 9.6 μm 帯における赤外長波の再射出との平衡により近似的に決まる．

メタン

メタン（CH_4）は 5 つの原子からなる対称こま形分子なので，振動の基準

モードの数は $3 \times 5 - 6 = 9$ である．しかし分子の対称性（中心にある1つの炭素原子と4つの水素原子が結び付いている）から，5つのモードは等価になり，結局振動モードは ν_1，ν_2，ν_3，ν_4 の4つだけになる．これらの中で最も重要なのは 3.3 μm の ν_3 と 7.6 μm の ν_4 の基準モードである．加えて，2～3の倍音振動遷移（$\Delta v_i > 1$）があり，また近赤外域ではそれらが組み合わさった吸収帯が散在している．

メタンは大気中では比較的低濃度であるが，7.6 μm 帯の吸収は強く，比較的透明な大気スペクトルの領域（特に乾燥した大気中の）にあるので，長波フラックスに実質的な影響を与える．さらに，人間活動による直接的あるいは間接的影響により，メタン濃度は増加していることが知られている[6]．

一酸化二窒素

別の大気微量成分である一酸化二窒素（N_2O）も放射効果を持つ．7.8 μm の吸収帯はメタンの 7.6 μm の吸収帯を広げて強める効果があるためである．他にも強い 4.5 μm 帯があるが，CO_2 の 4.3 μm 帯やオゾンの 4.7 μm 帯の場合と同じ理由で，その影響は限定的である．

6）1つ例を挙げると，熱帯地域での広域の伐採によりメタンを生成するシロアリのコロニーが著しく増加した．シロアリは裸地で繁殖するのである！

第10章　広帯域の放射フラックスと加熱率†

第9章では，大気中の気体分子による電磁波の吸収の基礎原理を，吸収線の位置・形・幅を決めている要因に着目して解説した．いまでは大気中のすべての重要な吸収成分の吸収線の位置・強さ・幅について，広範囲にわたる（完璧ではないが[1]）パラメータのデータベースが存在する．最も完璧で広く使われているデータベースはハーバード・スミソニアン天体物理学センター（以前はフィリップス研究所）が管理するHITRANスペクトルデータベースである．これの1992年版には$0\ \mathrm{cm}^{-1} \sim 2.3 \times 10^4\ \mathrm{cm}^{-1}$（$0.43\,\mu\mathrm{m}$より長波長）の領域に70万9308本もの吸収線がリストアップされている．また，新しい室内実験により既存の吸収線のパラメータに追加・修正する作業が続けられている．

大気成分の吸収スペクトルは大変複雑なため，晴天大気における広帯域の放射フラックスや加熱率の計算は大変な作業となる．本章では専門家が用いる計算法や簡略化法，およびその必要性を概観する．一部の技法は太陽放射（特に近赤外の波長帯）の大気による吸収に適用できるが，議論を単純にするため，最初は熱赤外領域での放射の射出と吸収に焦点を絞ることにする．

10.1　ライン-バイ-ライン法

単一波長の場合には式（8.27）-（8.30）を用いて，高度zにおける上向きおよび下向きの放射輝度を容易に表現することができる．ここでは平行平面で非散乱性の大気を考え，下端の境界は温度T_Sの黒体であり，地球圏外からの放射源はないと仮定すると

1）現在のデータベースにある吸収線の強さは，強い吸収線では5～10%以内の精度があるが，弱い吸収線の実験室での測定精度はこれより低い．

$$I_{\tilde{\nu}}^{\downarrow}(z) = \int_{z}^{\infty} B_{\tilde{\nu}}[T(z')] W_{\tilde{\nu}}(z', z)\, dz' \tag{10.1}$$

$$I_{\tilde{\nu}}^{\uparrow}(z) = B_{\tilde{\nu}}(T_s)\, t_{\tilde{\nu}}(0, z) + \int_{0}^{z} B_{\tilde{\nu}}[T(z')] W_{\tilde{\nu}}(z', z)\, dz' \tag{10.2}$$

となる．ここで

$$t_{\tilde{\nu}}(z_1, z_2) = \exp\left[-\frac{\tau_{\tilde{\nu}}(z_1, z_2)}{\mu}\right] \tag{10.3}$$

$$\tau_{\tilde{\nu}}(z_1, z_2) = \left| \int_{z_1}^{z_2} \beta_{\mathrm{a}\tilde{\nu}}(z)\, dz \right| \tag{10.4}$$

および

$$W_{\tilde{\nu}}(z', z) = \left| \frac{\partial t_{\tilde{\nu}}(z', z)}{\partial z'} \right| \tag{10.5}$$

である．ここで波数[2]依存性を明示するために下付き文字$\tilde{\nu}$を用いた．また上向きと下向きの放射を１つの式で表現するために絶対値を用いている．

前章での吸収スペクトルに関する記述から，吸収係数$\beta_{a\tilde{\nu}}(z)$を

$$\begin{aligned} \beta_{\mathrm{a}\tilde{\nu}}(z) &= \sum_{i=1}^{N} \rho_i(z)\, k_{\mathrm{a},i}(z) \\ &= \sum_{i=1}^{N} \rho_i(z) \left[k_{\mathrm{cont},i}(\tilde{\nu}; z) + \sum_{j=1}^{M_i} S_{ij}(z)\, f_{ij}(\tilde{\nu} - \tilde{\nu}_{ij}; z) \right] \end{aligned} \tag{10.6}$$

と展開できることがわかる．ここでρ_iとM_iはN種類の大気成分のうちのi番目の成分の質量濃度と吸収線の総数であり，S_{ij}，f_{ij}，$\tilde{\nu}_{ij}$はそれぞれの吸収線の強度，形，位置であり，$k_{\mathrm{cont},i}$はその成分による連続吸収の効果（もしあれば）を表す．上記の多くのパラメータに見られるz依存性は，その高度での温度・気圧・各成分の分圧が吸収線の強度と幅に影響することにより生じる．

このため，高度z，天頂角$\mu = |\cos\theta|$における単一波長での放射輝度を計算するには，まず選んだ波数$\tilde{\nu}$での吸収係数β_{a}に対するすべての吸収線の効果を足し合わせ，その後これをすべての高度z'で繰り返す必要がある．そして式（10.1）および（10.2）を用いて任意の高度zにおける放射輝度を

2)　伝統的に，分光学では熱赤外領域でのスペクトルの議論の際には，波長より波数を用いる．

数値的に算出することができる．この過程がいわゆる放射伝達の**ライン-バイ-ライン法**(**line-by-line (LBL) calculation**) の本質である．つまり，問題にしている波数（射出・吸収の）の近傍にあるすべて吸収線による寄与を（それぞれの線ごとに）足し合わせるのである．"近傍"には，問題にしている波数において，無視できない吸収があるすべての吸収線が含まれる[3]．

ここでいくつか注意すべきことがある．もし放射輝度の計算の目的がリモートセンシングであるならLBL計算法は実行可能である．リモートセンシングではしばしば各センサーチャンネルの極めて狭い波数領域の放射だけを問題にしており，LBL計算を多数回繰り返す必要がないからである．実際に，計算する波数がどの吸収線からも十分離れている場合，気温や湿度などのプロファイルに対する，センサーの応答を表すために，単一の波数を使うだけですむかもしれない．これに対して，センサーのチャンネルが強い吸収帯のすぐ近くにある場合には（衛星用観測器の場合のように），輝度 $I_{\tilde{\nu}}$ はそのチャンネルの狭い波数領域でも非常に大きく変化し，高い波数分解能で数値積分する必要がある．しかし，それでもほとんどの場合には，それほど大きな計算負荷にはならない．

問題となるのは長波での**フラックス**と**加熱率**の計算である．リモートセンシングでは通常，わずか1，2の高度（たとえば大気上端や下端）におけるほぼ単色の放射輝度だけが必要となるのに対し，大気の放射加熱を計算するには広帯域での放射フラックスを大気の各高度で求める必要がある．

単色のフラックスは，単色の放射輝度から直截的に求めることができる．実際に平行平面の非散乱性の大気の問題は8.2.2項で既に解かれている．フラックスは輝度と似た方法で計算できるということがそこでの重要な結果であった．具体的には，式 (10.1)-(10.5) のすべての箇所で，輝度の透過率 $t(z_1, z_2)$ をフラックス透過率 $t_F(z_1, z_2)$ に，$B_{\tilde{\nu}}$ を $\pi B_{\tilde{\nu}}$ に置き換えることでフラックスを計算できるのである．このことに加え，かなり良い近似で，

$$t_F(z_1,\ z_2) \approx e^{-\tau(z_1, z_2)/\bar{\mu}} \tag{10.7}$$

が成り立つことも指摘した．ここでは $\bar{\mu}$ の値は，通常一定値の0.6とされる

3) LBLの実際の計算用のコードとしてはFASCODE，GENLN2，LBLRTMが広く使われている．これらのコードでは精度を落とさずに計算効率を最大にするようさまざまな工夫がなされている．しかし，計算の本質は上述した通りである．

[訳注：$\bar{\mu}$ については 8.2.2 項の説明を参照]．上記のような操作を行うと，

$$F_{\bar{\nu}}^{\downarrow}(z) = \int_z^{\infty} \pi B_{\bar{\nu}}[T(z')] W_{F,\bar{\nu}}(z', z)\, dz' \quad (10.8)$$

$$F_{\bar{\nu}}^{\uparrow}(z) = \pi B_{\bar{\nu}}(T_S)\, t_{F,\bar{\nu}}(0, z) + \int_0^{z} \pi B_{\bar{\nu}}[T(z')] W_{F,\bar{\nu}}(z', z)\, dz' \quad (10.9)$$

が得られる．ここで

$$W_{F,\bar{\nu}}(z', z) = \left| \frac{\partial t_{F,\bar{\nu}}(z', z)}{\partial z'} \right| \approx \left| \frac{\partial\, t_{\bar{\nu}}(z', z; \bar{\mu})}{\partial z'} \right| \quad (10.10)$$

である．

ここまでは比較的に容易である．放射による大気加熱のプロファイル（たとえば）を計算するためには大気の各高度 z での広帯域の正味のフラックスが必要である．上記の LBL 法を用いるとすると，単色での計算を［離散的な波数の数（非常に大きな数）］×［離散的な高度の数（適度な大きさの数）］の回数にわたり，繰り返す必要がある．各吸収線の形を正確に表現するためには，この計算に際し，波数の間隔は十分細かくする必要がある．特に高い高度では吸収線が非常に狭いため，この必要性が大きいので，そのぶん計算負荷が大きくなる．まとめると，放射加熱のプロファイルの問題では，単色の放射の問題に比べて何百万倍もの計算コストがかかる．

一度や二度であれば，LBL 法による放射フラックスの計算も実行可能である．使われなくなった計算機でプログラムを走らせて，計算が終わるまで放置しておけばよいのである．しかし，このような広帯域の放射計算が最も重要になるのは，気候研究で用いられる大気大循環モデル（general circulation model：GCM）や数値予報モデル（numerical weather prediction (NWP) model）などへ応用する場合である．たとえば大循環モデルの場合，放射フラックスや加熱プロファイルは全球の各点で計算する必要があり，また，モデル大気が時間とともに変化するにつれて一定の時間間隔で更新する必要がある．そのため，現在の計算機技術で LBL 法の計算を行う場合，大循環モデルで 10 年分の計算をするには，10 年以上の時間がかかってしまう！　これでは大学院生が地球温暖化についての学位論文を書き上げることはできない．

計算時間が大幅に短縮され，かつ，適度の精度が保たれるような広帯域フ

ラックスの計算法が必要であることが，読者に納得してもらえたと思う．目標は，複雑な吸収線スペクトルの波数積分計算（時間がかかる）を大幅に効率化する手法を見出すことである．本書では次の基本的な 2 つの方法の概略を説明する．

- **バンドモデル**（band model）
- ***k*–分布法**（*k*-distribution method）

何十年もの間，さまざまな形式のバンド透過モデルが利用されてきており，それらは実用的にも歴史的にも興味深いものである．それらは 2 つに大別される．**広帯域射出モデル**（wide-band emission model）と**狭帯域透過関数モデル**（narrow-band transmission model）である．前者においては放射伝達方程式が最も簡略化されており，計算効率が最も重要な気候モデルなどに広く用いられている．本書で述べる狭帯域透過関数モデルは，前者より計算効率は劣るが，より正確であり，また LBL 法より実質的に計算速度が速い．

k–分布法は比較的最近開発された方法で，LBL 法よりも 2〜3 桁短い時間で，しかもかなり正確に計算できるという点で近年注目されている．

狭帯域透過関数モデルと k–分布法では共に，長波のスペクトルは N 個の波数区間 $\Delta\tilde{\nu}_i$ $(i=1,\cdots,N)$ に分割される．$\Delta\tilde{\nu}_i$ の条件は，

1. その波数区間は，多数の吸収線（特定の大気成分に伴う）を含む程度に大きく，

その一方で

2. プランク関数 $B_{\tilde{\nu}}(T)$ が定数 $\bar{B}_i$ で近似できる程度に波数区間が小さいこと，

である．したがって，高度 z での広帯域長波放射の下向きフラックスは

$$F^{\downarrow}(z)=\int_0^{\infty}F_{\tilde{\nu}}^{\downarrow}(z)\,d\tilde{\nu}=\sum_{i=1}^{N}\int_{\Delta\tilde{\nu}_i}F_{\tilde{\nu}}^{\downarrow}(z)\,d\tilde{\nu}=\sum_{i=1}^{N}F_i^{\downarrow}(z) \qquad (10.11)$$

と書ける．ここで各波数域の寄与は

$$F_i^{\downarrow}(z)=\int_{\Delta\tilde{\nu}_i} F_{\tilde{\nu}}^{\downarrow}(z)\,d\tilde{\nu}=\int_{\Delta\tilde{\nu}_i}\int_z^{\infty}\pi B_{\tilde{\nu}}[T(z')]\frac{\partial t_{\tilde{\nu}}(z',\ z;\ \bar{\mu})}{\partial z'}dz'd\tilde{\nu} \quad (10.12)$$

と表される．上記の条件2により，微分と積分の演算の順序を入れ換えることができ，

$$F_i^{\downarrow}(z)=\pi\Delta\tilde{\nu}_i\int_z^{\infty}\bar{B}_i[T(z')]\frac{\partial \mathcal{T}_i(z',\ z;\ \bar{\mu})}{\partial z'}dz' \quad (10.13)$$

となる．ここで，波数区間 $\Delta\tilde{\nu}$ の平均透過率として定義される**バンド透過率**（**band-averaged transmittance**）は，

$$\mathcal{T}_i(z',\ z;\ \bar{\mu})=\frac{1}{\Delta\tilde{\nu}_i}\int_{\Delta\tilde{\nu}_i} t_{\tilde{\nu}}(z',\ z;\ \bar{\mu})\,d\tilde{\nu}=\frac{1}{\Delta\tilde{\nu}_i}\int_{\Delta\tilde{\nu}_i} e^{-\tau_{\tilde{\nu}}(z',z)/\bar{\mu}}d\tilde{\nu} \quad (10.14)$$

となる．上向きのフラックス $F_i^{\uparrow}$ も同様に表現することができる．

広帯域フラックスを効率的に計算することは，特定の波数区間 $\Delta\tilde{\nu}_i$ において，2つの高度間での透過率 $\mathcal{T}_i$ を良い近似で求めるという問題に帰着する．実際には，次の2つの段階に分けて，この問題を解くことができる．

1. 任意の**均質な**（**homogeneous**）光路上で $\mathcal{T}_i$ を効率的に推定する方法を開発する．均質とは，吸収線の形や強度が光路上で一定であるということである．

2. 上記の方法を，吸収線の幅が**不均質な**（**inhomogeneous**）光路（たとえば鉛直の）に一般化する．この光路上では分子衝突による広がりのため，吸収線の幅は大きく変化する．

バンド透過率のモデルと k-分布法とでは，上記の2段階を計算するのに大きく異なる方法を用いるのである．それらを順に述べることにする．

10.2　バンド透過率のモデル

第7章で放射の消散を調べた際には，点 s_1 と s_2 の間の有限の光路に沿った単色放射の変化を考えてきた．この場合の透過率 $t(s_1,\ s_2)$ はビーアの法

則（式（7.7））で表現される．特に，ビーアの法則から導かれる結果の1つは，「長い光路における透過率は，その光路を構成する短い光路における各々の透過率の積に等しい」ということであった．

波数区間平均した透過率に対しては一般にビーアの法則を適用することができない．その定性的な理由は，一般に，その波数区間内における異なる波数の放射は，伝搬距離に対して異なる効率で減衰するためである．ただし，媒質が区間 $\Delta\tilde{\nu}$ において灰色（$\tau_{\tilde{\nu}}$ が $\tilde{\nu}$ に依存しない）の場合は例外である．媒質が透明となる波数では，光路が長くても減衰はわずかであるため，光源から遠く離れた場所でもバンド平均の透過率は0にはならない．他の波数では（たとえば吸収線の中心），放射は急速に減衰し，短距離でのバンド透過率の急減に寄与することになる．これらの波数での放射が消滅した後は，それ以上の減衰は起きないので，光線の通過する距離が更に伸びても透過率の減少はより緩やかなものとなる．

問題 10.1

大気は波数 $\tilde{\nu}_1$ と $\tilde{\nu}_2$ との間で完全に透明で，波数 $\tilde{\nu}_2$ と $\tilde{\nu}_3$ との間では吸収係数 β_{a} はゼロでない一定値であるとする．

(a) 波数区間 $\Delta\tilde{\nu} = \tilde{\nu}_3 - \tilde{\nu}_1$ で平均した光路長 s での透過率 $\mathcal{T}$ の表現を求めよ．

(b) 波数 $\tilde{\nu}_2$ を波数区間 $\Delta\tilde{\nu}$ の中点とし，$\mathcal{T}(s)$ のグラフを描け．このとき，大きな s の値での $\mathcal{T}(s)$ の漸近的な挙動も示すこと．

(c) 点 $s = 0$ に入射する放射を“白色”として，それが $s = 1\,\mathrm{km}$ に到達したときに吸収される割合を計算せよ．ここで $\beta_{\mathrm{a}} = 3\,\mathrm{km}^{-1}$ とせよ．

(d) (c) で吸収されなかった放射が $s = 1\,\mathrm{km}$ から $s = 2\,\mathrm{km}$ の光路を伝搬するとする．この2番目の区間に入射する放射が，そこから出るまでに吸収される割合を計算せよ．

(e) 最初の 1 km 区間に吸収される放射の割合と，2番目の 1 km 区間で吸収される割合とがかなり異なる理由を述べよ．

これ以降，バンド透過率をより定量的に考える．はじめに，孤立した単一の吸収線という理想化された場合について，バンド平均した透過率と吸収の特性を考える．この例から基本的な理解を得たうえで，より複雑な場合に応用できるいくつかの定義を導入する．

10.2.1　孤立した吸収線による吸収

前述したように，波数区間 $\Delta\tilde{\nu}_i$ における**バンド平均透過率**（**band-averaged transmittance**）は

$$\mathcal{T} = \frac{1}{\Delta\tilde{\nu}_i}\int_{\Delta\tilde{\nu}_i} e^{-\tau_{\tilde{\nu}}} d\tilde{\nu} \tag{10.15}$$

と定義される．これから，この区間における**バンド平均吸収率**（**band-averaged absorption**）も

$$\mathcal{A} = 1 - \mathcal{T} \tag{10.16}$$

と定義する．孤立した単一の吸収線で，光路が均質の場合には，

$$\tau_{\tilde{\nu}} = S f(\tilde{\nu}) u \tag{10.17}$$

となる．ここで S は吸収線強度，$f(\tilde{\nu})$ は吸収線形関数，u は積算質量（mass path）

$$u = \int_{s_1}^{s_2} \rho(s)\, ds \tag{10.18}$$

である．ここで s は視線方向の距離である．

等価幅

いま，ある波数区間 $\Delta\tilde{\nu}$ のどこかにその中心が位置する単一の吸収線だけを考えているので，明らかに，バンド透過率は選んだ波数区間の幅の関数になる．すなわち，吸収線の両側にある透明な波数領域をより多く含めるほど，$\mathcal{T}$ はより大きくなる．この任意性を避けるため，与えられた u についてより普遍的な特性である吸収線の**等価幅**（**equivalent width**）W を

$$W \equiv \int_{\Delta\tilde{\nu}_i} 1 - e^{-\tau_{\tilde{\nu}}} d\tilde{\nu} \tag{10.19}$$

で定義すると便利である．W に寄与する吸収線の裾をすべて含むよう十分に大きな区間を取る限り，W は $\Delta\tilde{\nu}$ に依存しない．

W の物理的解釈はやさしい．ある波数区間 $\Delta\tilde{\nu}$ が含む実際の孤立吸収線について，その波数区間で吸収される放射のエネルギーを考えたとき，それと等しい放射のエネルギーを吸収する吸収率1の仮想的な不透明バンドの波数

幅が W なのである（ただし，入射する単位波数区間当たりの放射エネルギーは波数によらず一定と仮定）．したがって，バンド平均吸収率は，

$$\mathcal{A}=\frac{W}{\Delta\tilde{\nu}} \tag{10.20}$$

となる［訳注：この式から W は気体により除去される放射エネルギーの目安であることがわかる］．異なる仮定の下で，積算質量 u の増加とともに W がどのように増加するのか，という点が基本的に重要である．極限的な場合は重要であるので，それをいくつか見ていく．

弱吸収極限

すべての $\tilde{\nu}$（吸収線の中心を含む）に対して，$\tau_{\tilde{\nu}}\ll 1$ が成り立つ特別な場合（吸収線の中心であっても）には，式（10.19）に $\exp(-x)\approx 1-x$ の近似が使え

$$W=\int_{\Delta\tilde{\nu}_i}1-e^{-\tau_{\tilde{\nu}}}d\tilde{\nu}\approx\int_{\Delta\tilde{\nu}_i}\tau_{\tilde{\nu}}d\tilde{\nu}=\int_{\Delta\tilde{\nu}_i}Sf(\tilde{\nu})\,ud\tilde{\nu} \tag{10.21}$$

と書ける．ここで S，u を積分の外側に出し，$f(\tilde{\nu})$ は正規化されていることを用いると，

$$W=S\,u \tag{10.22}$$

となる．これは**弱吸収極限**（**weak line limit**）または**線形領域**（**linear regime**）と呼ばれる．この近似では，W は吸収線の強度と積算質量 u に比例し，吸収線の形には依存しない．

このとき，バンド吸収率とバンド透過率は，

$$\mathcal{A}=1-\mathcal{T}=\frac{S\,u}{\Delta\tilde{\nu}} \tag{10.23}$$

と表される．

単純な場合：理想的な長方形の線形（ideal square line）

ここで，理想的な長方形の吸収線

$$f(\tilde{\nu})=\begin{cases}\dfrac{1}{W_0} & \left(\tilde{\nu}_0-\dfrac{W_0}{2}\right)<\tilde{\nu}<\left(\tilde{\nu}_0+\dfrac{W_0}{2}\right)\\ 0 & \text{他の波数領域}\end{cases} \tag{10.24}$$

を考える．この場合，

$$\begin{aligned}W&=\int_{\Delta\tilde{\nu}_i}1-e^{-\tau_{\tilde{\nu}}}d\tilde{\nu}\\&=W_0\left(1-e^{-Su/W_0}\right)\end{aligned} \tag{10.25}$$

となる．これに対応するバンド吸収率とバンド透過率は

$$\mathcal{A}=1-\mathcal{T}=\frac{W_0}{\Delta\tilde{\nu}}\left(1-e^{-Su/W_0}\right) \tag{10.26}$$

となる．

実際の吸収線は中心から外側へ向けて広がる裾野を持っているので，この長方形の吸収線形はもちろん非現実的である．しかし，現実のある波数区間における非灰色の［訳注：つまり波数によらず一定と仮定できない］吸収の効果を，あえて極端にモデル化したいときには便利である．この長方形の吸収線形モデルは単純であるものの，吸収の強さが波数によらない灰色近似モデルに対して，関数形の違いが顕著である．なぜなら，このモデルでは，非灰色のバンド内における1つの部分領域で一定の上限値を与え，それ以外の領域で一定の下限値（ゼロ）を与えるからである．

長方形の吸収線形では，積算質量が大きい場合のバンド吸収率の上限値は $W_0/\Delta\tilde{\nu}$ である．この吸収線形は裾野をもたないので，入射する放射（白色の）を，［吸収線の幅 W_0］/［選んだ波数区間幅 $\Delta\tilde{\nu}$］という比の値よりも大きな割合で吸収することはない．

波数区間 $\Delta\tilde{\nu}$ の中にある裾野が広がっている現実的な吸収線形について，積算質量の増加に対する，バンド透過率の減少の速さは，以下のようになる．

1. 吸収線形 f が波数によらない定数（$f=1/\Delta\tilde{\nu}$）である灰色媒質における（ビーアの法則による）減少速度よりは遅く，また

2. 同じ等価幅の長方形の吸収線形についてのバンド透過率の減少速度よりは速い．さらにバンド内の単色透過率を見た場合，長方形の吸収線と

は異なり裾野領域もしだいに埋まっていく．

ローレンツ線形

ここからはローレンツ線形

$$f(\tilde{\nu}) = \frac{\alpha_L}{\pi[(\tilde{\nu}-\tilde{\nu}_0)^2+\alpha_L^2]} \tag{10.27}$$

で表される現実的な吸収線の挙動を考える．これを全波数領域にわたり積分することで得られる等価幅は，

$$W = \int_{-\infty}^{\infty}\left[1-\exp\left(\frac{-Su\alpha_L}{\pi[(\tilde{\nu}-\tilde{\nu}_0)^2+\alpha_L^2]}\right)\right]d\tilde{\nu} \tag{10.28}$$

となる．解析解を得るために，上式では積分区間の下限を 0 から $-\infty$ に拡大している．この式を，積分値が既にテーブル化されている標準的な数学関数を用いて表すために，無次元化した積算質量を

$$\tilde{u} \equiv \frac{Su}{2\pi\alpha_L} \tag{10.29}$$

と定義する．これは吸収線の中心における光学的距離 τ の半分の値である．すると，上記の積分は

$$W = \int_{-\infty}^{\infty}\left[1-\exp\left(\frac{-2\tilde{u}\alpha_L^2}{(\tilde{\nu}-\tilde{\nu}_0)^2+\alpha_L^2}\right)\right]d\tilde{\nu} \tag{10.30}$$

となる．これはさらに，

$$W = 2\pi\alpha_L L(\tilde{u}) \tag{10.31}$$

と表される．ここで $L(\tilde{u})$ はラーデンベルグ-ライヒェ関数（Landenberg-Reiche function）であり，それは，

$$L(\tilde{u}) = \tilde{u}e^{-\tilde{u}}[I_0(\tilde{u})+I_1(\tilde{u})] \tag{10.32}$$

と，0 次と 1 次の第 1 種の変形ベッセル関数（modified Bessel function）で表される．

変形ベッセル関数は電卓には入っていないが，標準的な数学関数である．ここで積算質量が，1）非常に小さい極限と，2）非常に大きい極限での $W(u)$ の挙動に焦点を絞っていく．少し考えてみると，1）の場合の挙動は式（10.22）から理解できることがわかる．この式はどんな吸収線の形にもあてはまるので，弱吸収極限における吸収は u に比例するのである．

積算質量が大きい（より正確には $\tilde{u}$ が大きい）極限では

$$W \approx 2\alpha_L \sqrt{2\pi\tilde{u}} = 2\sqrt{S\,\alpha_L\,u} \tag{10.33}$$

となることが示される．つまり，**強吸収極限**（**strong line limit**）では，孤立したローレンツ線形の吸収線による吸収は積算質量の平方根に比例する．

これまでと同様に，波数区間 $\Delta\tilde{\nu}$ における平均透過率（バンド透過率）は，

$$\mathcal{T} = 1 - \frac{W}{\Delta\tilde{\nu}} \tag{10.34}$$

である．ここで，ローレンツ線形の吸収線の裾野が十分含まれるほど $\Delta\tilde{\nu}$ が大きければ，W は式（10.31）で与えられる．この条件が満たされない場合，式（10.28）の積分の極限は適用できず，閉じた形での解は存在しない．しかし，より狭いバンド $\Delta\tilde{\nu}_i$ を用いたときに次のような結果になることは，容易に理解できる．

- 吸収線の中心から遠く離れた裾野の寄与がなくなるために，等価幅 W は式（10.31）より小さくなる．
- 吸収線の中心から遠く離れた，最も透明な領域が除外されるために，バンド透過率 $\mathcal{T}$ はより小さくなる．

$\tilde{u}$ を変えた場合の孤立したローレンツ線形の吸収線の振る舞いを図10.1に示した．各曲線の下部の面積と全面積（図10.1の枠である長方形の面積）に対する比が，この波数区間 $\Delta\tilde{\nu}$ におけるバンド透過率となる．$\tilde{u}$ に比例する値を各曲線に付してある．

$\tilde{u}$ が小さい場合，吸収線の中心を含め，どこでも透過率は1に近い．この場合は線形吸収（弱吸収）領域であり，良い近似で $W = S\,u$ となる．$\tilde{u}$ が大きい場合（$\tilde{u} \gg 10$），吸収線の中心では飽和する．単色吸収率が飽和した波数領域では，$\tilde{u}$ が増加してもバンド吸収率 $\mathcal{A}$ の増加に寄与しない．飽和する波数領域の幅は $\tilde{u}$ 自体よりもゆっくりと増加する．この場合は強吸収極限，あるいは**平方根吸収領域**（**square root absorption regime**）である（前述のように，この記述は厳密には波数区間の両端が吸収線の中心から十分に離れている場合のみ正しい）．

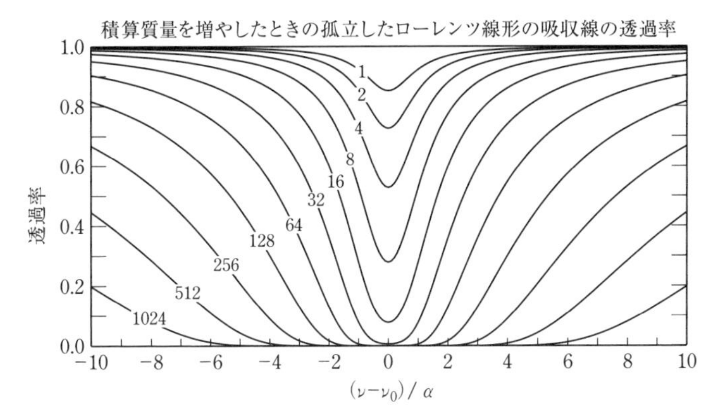

図 10.1 孤立したローレンツ線形の吸収線において，積算質量を増加させたときに透過率が変化する様子を示した図

それぞれの曲線において，線の中心での光路 $\tilde{u}$ はラベル付けされた値を 2π で割った値に等しい．

孤立した吸収線を扱うことは滅多になく，選んだスペクトル区間に何十本（何百本ということもある）もの吸収線が入るのが普通である．吸収線が重ならない場合（高い高度領域におけるように）は，バンド平均吸収率 $\mathcal{A}$ に対する吸収線の寄与は，孤立した吸収線の吸収として個別に求められ，それを加えて全吸収を算出することになる．通常は吸収線の裾野の一部が重なったものを扱う必要があり，それは次項の課題である．

10.2.2 バンドモデルの定義

多数の吸収線を含むバンド（波数区間）での透過率 $\mathcal{T}$ の振る舞いを考える際には，実在するすべての吸収線に対して LBL の計算をする必要は滅多にない．その計算を避けることがバンドモデルの目的である．そのために，バンド内の吸収線に関するいくつかの鍵となる一般的な特性を求め，$\mathcal{T}(u)$ の良い近似となる解析的な式を得ることを考える．その重要な特性を以下に列挙する．

- 吸収線の平均波数間隔 $\delta \equiv \Delta\tilde{\nu}/N$．ここで N は波数区間 $\Delta\tilde{\nu}$ における吸収線の総本数である．

- 波数区間 $\Delta\tilde{\nu}$ の中の多数の吸収線の分布の仕方．この分布を表現する方法として，(1) **ランダムモデル**（**random model**）および (2) **レギュラーモデル**（**regular model**）（あるいは**周期的モデル**（**periodic model**））の2つがある．ランダムモデル（グッディーのモデル：Goody model）は1つの吸収線とそれと関係する吸収線の位置との間に明確な規則性がないバンド（水蒸気のバンドの一部のように）を適切に表現できる（図9.11）．これに対しレギュラー（周期的）モデルは直線形分子の振動/回転帯の P 枝あるいは R 枝（CO_2 など（図9.13a））によくあてはまる．この違いは重要であり，どれぐらいの本数の吸収線が他の吸収線と重なるかを決定するのである（他のすべての要素が同じ場合は）．吸収線が周期的に分布する場合には，それが重なる頻度は最小になる．

- 吸収線の幅 α．解析解を見出す問題を簡単にするため，典型的にはすべての吸収線の α を一定と仮定し，バンド透過率モデルを導出する．

- 吸収線の強さ S の統計的な分布．すべての吸収線の強度は等しいか，あるいは広い範囲で強度が分布しているのか？　後者の場合，異なる強度をもつ吸収線の相対的な分布はどのようになるか？

吸収線強度の分布

上記リストの最後の項目は，吸収線の強度 S の相対的な分布の特性を表す分布関数 $p(S)$ を用いて表すことができる．定義から，$p(S)$ は非負値で規格化条件

$$\int_0^\infty p(S)\,dS = 1 \tag{10.35}$$

を満たす．平均線強度は，

$$\bar{S} = \int_0^\infty S\,p(S)\,dS \tag{10.36}$$

で与えられる．$p(S)$ のモデルとしては通常，

1) δ 分布　　　$p(S) = \delta(S - \bar{S})$（同じ強度）

2）指数関数分布　$p(S) = (1/\bar{S}) \exp(-S/\bar{S})$
3）ゴドソン分布　$p(S) = \bar{S}/(S_{\max}S)$　（ただし $S < S_{\max}$）
4）マルクムス分布　$p(S) = (1/S) \exp(-S/\bar{S})$

が用いられている．これらの線強度分布のモデルは，それぞれの使い方があるが，本書ではこのうち2つだけを考慮する．すなわち，レギュラーな線モデル（regular line model）に δ 分布を導入したものと，ランダムな線モデル（random line model）にマルクムス分布を導入したものを扱う．1つ目の組み合わせは**エルサッサーのバンドモデル（Elsasser band model）**と呼ばれる（この特性を最初に研究した科学者にちなんで）．

10.2.3　エルサッサーのバンドモデル

同じ強度の吸収線がかなり規則的に繰り返すというパターンのバンドがいくつか存在する．第9章で議論したように，この特性は CO_2 のように直線形の構造をした分子の回転スペクトル（振動/回転スペクトルの P および R 枝を含む）に見られるものである．したがって，簡単な吸収バンドのためのエルサッサーモデルは，同一の強度 S の吸収線が間隔 δ で周期的に並んだ

$$k(\tilde{\nu}) = \sum_{n=-\infty}^{n=+\infty} Sf(\tilde{\nu} - n\delta) \tag{10.37}$$

の形で表現される．ローレンツ線形を代入して，

$$k(\tilde{\nu}) = \sum_{n=-\infty}^{n=+\infty} \frac{S}{\pi} \frac{\alpha_L}{[(\tilde{\nu} - n\delta)^2 + \alpha_L^2]} \tag{10.38}$$

を得る．エルサッサーは式（10.38）と

$$k(\tilde{\nu}) = \frac{S}{\delta} \frac{\sinh(2\pi y)}{\cosh(2\pi y) - \cos(2\pi x)} \tag{10.39}$$

の式が数学的に同値であることを示した．ここで

$$y \equiv \frac{\alpha_L}{\delta}, \qquad x \equiv \frac{\tilde{\nu}}{\delta} \tag{10.40}$$

であり，y は“灰色度パラメータ（grayness parameter）”と解釈できる．y の値が大きければ隣り合った線の重複が多くなり，線構造が不明瞭になる．y の値が小さければ各吸収線が分離し，小〜中程度の積算質量における孤立

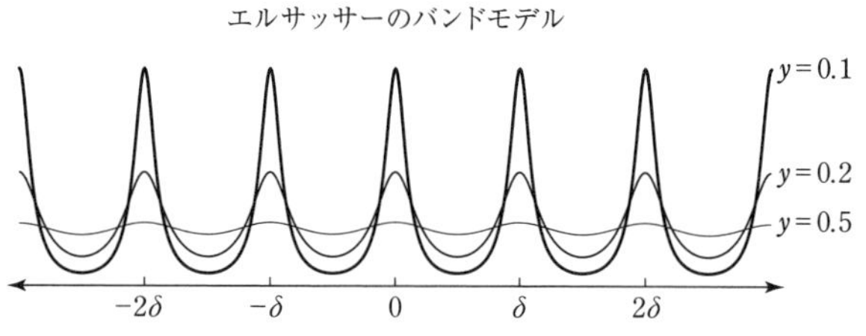

図 10.2　エルサッサーのバンドモデル（レギュラーな）における吸収係数 k を，3つの灰色度パラメータ $y \equiv \alpha_L/\delta$ の値に対して示した模式図

した吸収線に似たものとなる（図 10.2）.

吸収線のパターンが周期的なので，多数の吸収線を含む波数区間 $\Delta\tilde{\nu}$ でのバンド透過率 $\mathcal{T}$ は，単色透過率を $\tilde{\nu}$ について単一区間 δ にわたり積分することで得られ，無次元の波数パラメータ x を用いて

$$\mathcal{T} = \int_{-1/2}^{1/2} \exp\left[-\,k\,(x)\,u\right] dx \tag{10.41}$$

と表される．あるいは，

$$\mathcal{T} = \int_{-1/2}^{1/2} \exp\left[-\frac{2\pi\tilde{u}y\sinh(2\pi y)}{\cosh(2\pi y) - \cos(2\pi x)}\right] dx \tag{10.42}$$

となる．ここで無次元の積算質量 $\tilde{u}$ は，式（10.29）で定義されている．

残念ながら，上の式は解析的に表すことができない．しかし極限的な場合を考えることは重要である．第1に，y が十分に大きいとき（y が 10 程度かそれ以上），線幅は各吸収線の間隔に比べて非常に大きい．この場合，媒質は実効的に灰色となり，バンド透過率は

$$\mathcal{T} = \exp(-\,2\pi y\tilde{u}) = \exp(-\,S\,u/\delta) \tag{10.43}$$

となる．この式は，質量吸収係数を $k = S/\delta$ とすると，ビーアの法則と等価である．

第2に，興味深い極限として $\tilde{u} \gg 1$ の場合を考える．このとき，バンド透過率は

$$\mathcal{T} \approx 1 - \mathrm{erf}\left[\pi y\sqrt{2\tilde{u}}\right] \tag{10.44}$$

という漸近形となる．ここで erf (x) は**誤差関数**（**error function**）で，

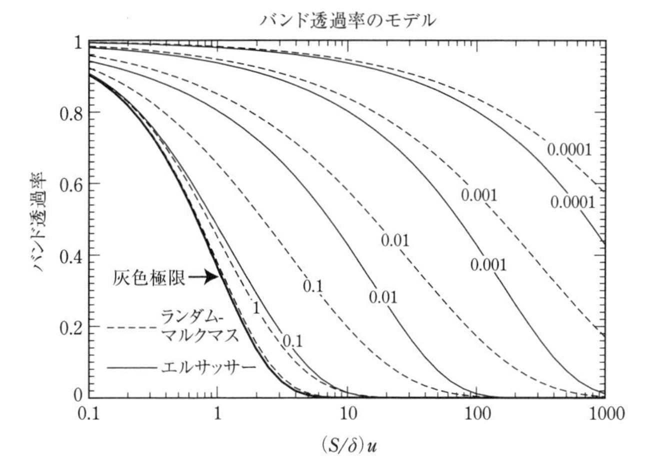

図 10.3 灰色度パラメータ y（曲線上の数字）の値を変化させたときの，エルサッサー（実線）とランダム / マルクマス（点線）のバンドモデルの比較

どのモデルも，曲線は $y \gg 1$ で灰色極限（ビーアの法則）に近づく．

$$\mathrm{erf}\,(x) \equiv \frac{2}{\sqrt{\pi}} \int_0^x e^{-t^2} dt \tag{10.45}$$

と定義される．

さまざまな y の値に対するエルサッサーのバンド透過率 $\mathcal{T}(u)$ の挙動を図 10.3 に実線で示した．この図から読み取るべき最も重要なことは，線の間隔が大きい（$y \ll 1$）場合，透過率は指数関数に比べ，より緩慢に減少するということである．

10.2.4 ランダム/マルクムス バンドモデル

水蒸気，オゾン，メタンなどの重要な非直線形の分子の吸収線スペクトルには，エルサッサーモデルで仮定したような規則性がない．CO_2 のような直線形分子の P 枝および R 枝でさえも，第 9 章での簡略化した議論に基づくものよりも，実際にはもっと複雑である．したがって，実際のバンド透過率の計算にエルサッサーモデルは広くは使われていない．

図 9.11 の例で見た水蒸気（大気中の吸収成分として最も重要なものの 1 つ）の線スペクトルは，非常にランダムな特性をもっている．線の位置は周

期的というよりもランダムである．さらに，線の強度もほぼランダムである（どのスペクトル区間でも強い線と弱い線が混在している）．

多くの場合，より現実に合うものとして，選んだ波数間隔 $\Delta\tilde{\nu}$ 全域における線の位置が完全にランダムであると仮定するランダムモデルが用いられる．さらに線の強度分布は先に議論した $p(S)$ で変化すると考える．一般的な目的に最も合致するモデルの1つがマルクムス分布 $p(S) = (1/S)\exp(-S/\bar{S})$ である（図10.4）．

前と同様に，線同士の平均間隔は $\delta \equiv \Delta\tilde{\nu}/N$ である．N は吸収線の本数である．y と $\tilde{u}$ の定義はエルサッサーモデルと同じだが，S の代わりに $\bar{S}$ を用いる．するとバンド透過率は，

$$\begin{aligned}\mathcal{T} &= \exp\left[-\frac{\pi\alpha_L}{2\delta}\left\{\sqrt{1+\frac{4\bar{S}u}{\pi\alpha_L}}-1\right\}\right] \\ &= \exp\left[-\frac{\pi y}{2}\left\{\sqrt{1+8\tilde{u}}-1\right\}\right]\end{aligned} \tag{10.46}$$

と書ける（L02 4.4.3項を参照）．

エルサッサーモデルと比較できるように，このモデルのバンド透過率を図10.3に点線で示した．y が大きい場合には，どのモデルでもビーアの法則で表される透過率と等価になる（“**灰色極限：gray limit**”）．しかし，ランダムモデルでは線の間隔が同一ではないので，同じ y の値に対してエルサッサーモデルより透過率が高くなる．

10.2.5　HCG 近似

大気中では鉛直方向の光路上で気圧，したがって吸収線の幅 α_L が変化するので，均質光路から不均質（鉛直方向の）光路へ一般化することが必要である．

有効な方法の1つは，2つの圧力 p_1，p_2 の間の実際の不均質光路と透過率の値がほぼ等しくなるような，有効積算質量 $\bar{u}$ と有効圧力 $\bar{p}$ をもつ仮想的な均質光路を考えることである．これを式で表せば

$$\mathcal{T}_{\mathrm{inhom}}(u) = \mathcal{T}_{\mathrm{hom}}(\bar{u},\ \bar{p}) \tag{10.47}$$

となる．ファン・デ・フルスト/カーティス/ゴドソン近似（van de Hulst/Curtis/Godson（HCG）approximation）は，この仮想的な光路で温度と

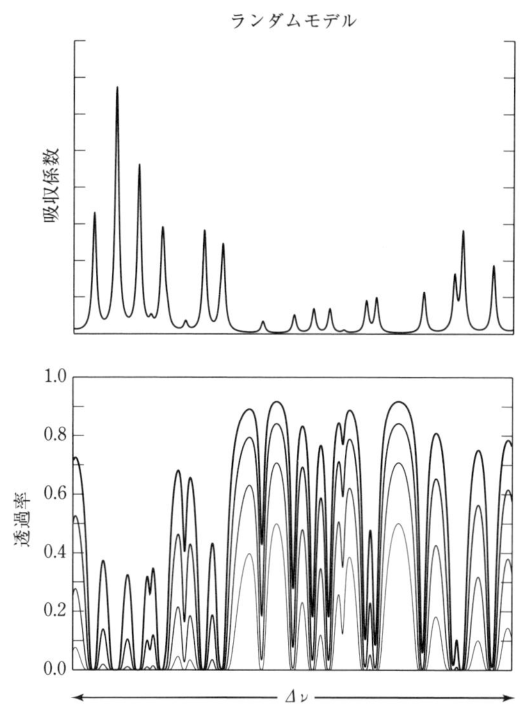

図 10.4　ランダム/マルクマスのモデルによる線の位置と強度の分布の例

上図は吸収係数を示す（任意の単位）．下図は 4 つの積算質量に対するスペクトル透過率を示す．

成分の混合比が一定であると仮定して，バンド透過率を算出する．この近似法では，

$$\bar{p} = \frac{1}{2}(p_1 + p_2), \qquad \bar{u} = u \tag{10.48}$$

とおく．すなわち，有効積算質量は実際の積算質量と同じで，有効圧力は光路端の 2 点での圧力の平均値である．これでは簡単化しすぎているようにみえるが，鉛直方向に不均質な大気のバンド透過率を計算する際に実際に用いられている方法なのである．

10.3　k–分布法

前節で議論した狭帯域透過モデルは，有限長の光路について，ある狭い波数区間で平均した透過率（バンド透過率）を定義して，その解析的表現を導

出した．そこでは，その波数区間における吸収線の位置や強度の統計的分布について大胆な仮定を施した．

最近現れたいわゆる k–分布法は，現実の吸収線群について，有限の波数区間にわたる積分を求めるのに非常に有効で柔軟な方法である．これは「波数を独立変数とするきわめて複雑な関数の数値積分を，他の独立変数をもつ非常に滑らかな関数の数値積分に置き換えることができる」という事実に基づいたものである．これにより，数値積分を行う際に，結果の精度を損わずに，独立変数の離散化幅を非常に大きくとることが可能となる（よって計算負荷も非常に小さくなる）．k–分布法の非常に重要で，かつバンド透過モデルと異なる特性は，吸収だけではなく散乱が関与する問題にも適していることである．

本節では k–分布法の概略を説明する（応用的な説明はより進んだ教科書TS02の10.4節と10.5.4項に詳しく述べられている）．

10.3.1　均質な光路

図10.5aで示したような波数区間 $[\tilde{\nu}_1, \tilde{\nu}_2]$ における吸収スペクトル $k(\tilde{\nu})$ を考える．この図には位置と強度がランダムなローレンツ形（分子衝突による広がりがある）の線が約30本存在する．有限の積算質量 u におけるこの波数区間の平均透過率（バンド透過率）$\mathcal{T}$ を，LBL計算法を用いて計算する場合には，

$$\mathcal{T}(u) = \frac{1}{\tilde{\nu}_2 - \tilde{\nu}_1} \int_{\tilde{\nu}_1}^{\tilde{\nu}_2} \exp[-k(\tilde{\nu})u]\, d\tilde{\nu} \tag{10.49}$$

の積分を行う必要がある．数値計算においてこの積分は，

$$\mathcal{T}(u) \approx \sum_{i=1}^{N} \alpha_i \exp[-k(\tilde{\nu}_i)u] \tag{10.50}$$

と，和の形で近似する．ここで N は波数区間 $[\tilde{\nu}_1, \tilde{\nu}_2]$ 内での波数 $\tilde{\nu}_i$ の個数，係数 α_i は用いた求積法（台形公式，シンプソンの公式など）に依存する重み付けである．最も簡単な方法は波数 $\tilde{\nu}_i$ の間隔を $\delta\tilde{\nu} = (\tilde{\nu}_2 - \tilde{\nu}_1)/N$ と等しくする場合で（$\alpha_i = 1/N$）（例示の目的でこのように仮定する），このときは $\mathcal{T}$ は $\exp[-k(\tilde{\nu}_i)u]$ の算術平均となる．個々の線の形を正確に表現するために，一般的に間隔 $\delta\tilde{\nu}$ は少なくとも線幅よりも小さくする必要がある

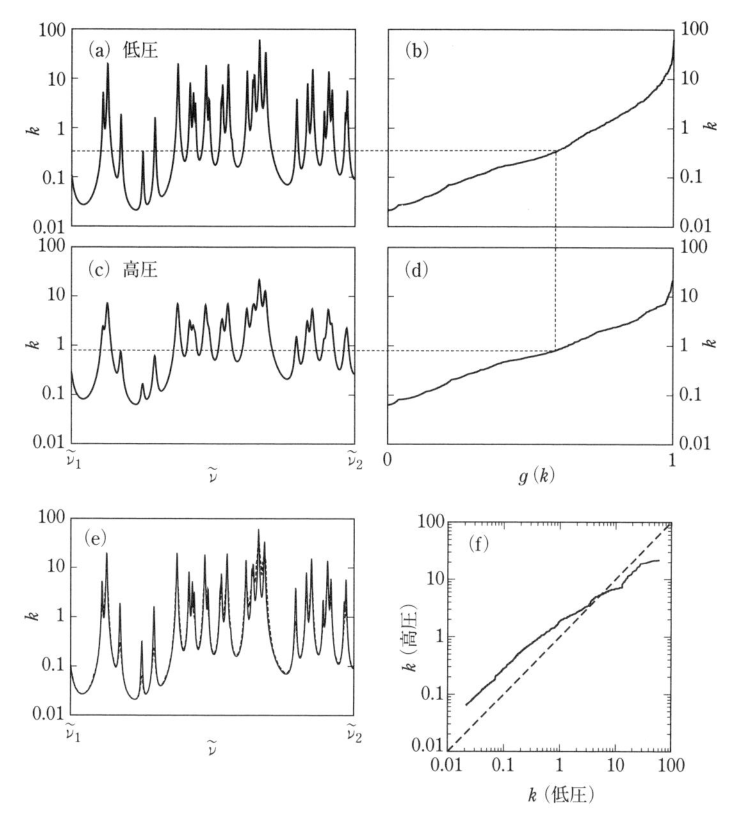

図 10.5　k–分布法とそれを拡張した相関 k–分布法の例示

(a) 相対的に低圧な状態での吸収係数 k の仮想的なスペクトル．(b) 微細間隔でスペクトルをサンプリングし，その結果を k が単調増加するような順序に並べ，関数 $0 \leqq g(k) \leqq 1$ を定義する（水平軸）．(c) と (d) は分子衝突による広がりが大きいということ以外は (a) と (b) と同じ．(e) 低圧での実際のスペクトル［(a) で示したもの］（実線）と高圧でのスペクトル［(c)］を用いて推定したスペクトル（点線）との比較．後者の推定には，(f) で示した写像を用いている．(f) 同じ g の値を基にして作成された，2 つの圧力高度における k の値を結びつける写像．

ので，N は比較的大きな値になる．

ここで，式 (10.50) における和は，添字の順序には依存しないということに留意されたい．さらに，吸収スペクトル線を横切る水平線をみれば（図 10.5 (a) の点線)，$2M$ 個の $\tilde{\nu}_i$ で k の値が同じになることがわかる．ここで

Mは直線と交わる吸収線の本数である．このことから，異なったkの値に対するMの値がわかっていれば，$\exp[-k(\tilde{\nu}_i)u]$ を計算する際に“1石”で“2M羽の鳥”を落とすことができるということが示唆される．

k–分布法で本質的なことは，N個の$k(\tilde{\nu}_i)$ の値を計算し，それを小さい値から順番に並べ替えることができる点にある．この結果を新たな変数であるgの関数として取り扱うことができる．ここで，gは波数区間［$\tilde{\nu}_1, \tilde{\nu}_2$］における$k(\tilde{\nu}_i)$ の値の出現頻度の累積分布関数である．gは0（kの最小値に対応）から1（kの最大値に対応）の範囲の値をとる．そして，kの累積分布関数$g(k)$ は定義により単調増加関数であるため，その逆関数$k(g)$ は常に単調増加関数となる．図10.5（a）で示した吸収スペクトル$k(\tilde{\nu})$ から，このようにして得られた関数$k(g)$ を図10.5（b）に示した．元の$k(\tilde{\nu})$ と比べ，新しい$k(g)$ は滑らかで，区間［0, 1］で単調に増加する関数となっている．複雑な$k(\tilde{\nu})$ ではなく$k(g)$ を用いて，扱いにくい式（10.49）の積分を，

$$\mathcal{T}(u) = \int_0^1 \exp[-k(g)u]\,dg \tag{10.51}$$

という便利な形に置き換えられる．一度だけの計算であれば，この方法では何も得るものがない（N個の$\tilde{\nu}_i$に対する$k(\tilde{\nu})$ の計算が必要だから）．しかし，一度そのバンドについて関数$k(g)$ を計算しておけば，異なる積算質量u（ここでは温度や圧力が一定と仮定）に対しても，同じ$k(g)$ を再利用してバンド透過率$\mathcal{T}$を再計算することができる．図10.5（a）の複雑な$k(\tilde{\nu})$ の形を離散的に表現するためには少なくとも1000点のデータ点が必要であったが，図10.5（b）の単純な$k(g)$ の形を離散的に表現するのには5～10個のデータ点で十分なのである．必要な記憶容量だけでなく，必要な計算時間も2～3桁減少する．

以上より，前節のバンドモデルとk–分布法の主な違いは次のようにまとめられる．

- バンド透過率モデルでは吸収線の位置と強度を簡単な統計的なモデル（ランダム/マルクムスモデルのような）で表現した．実際の吸収線群をこのようなモデルで正確に表現することはほぼ不可能なので，バンド

モデルによる $\mathcal{T}(u)$ の計算にはかなりの誤差が生じる．

- バンドモデルに対して k–分布法では，選んだ波数域の吸収線の位置や強度分布について先験的な仮定をしていない．ある波数区間で自然法則に忠実な方法で $k(\tilde{\nu})$ を事前に計算し，その波数区間での k 値の累積分布関数 $g(k)$ の逆関数 $k(g)$ を求めておくのである．この点では k–分布法はバンド透過率のモデル化手法というより，むしろデータ圧縮法と考えるべきであろう．バンド透過率 $\mathcal{T}$ の算出に必要な情報（その波数区間内の k の値の出現頻度分布）だけを保持し，不必要な情報（各々の k がどの $\tilde{\nu}$ に対応するかという情報）は捨てているのである．

10.3.2 不均質な光路：相関 *k*–分布法

上記の k–分布法の議論では光路は均質である，すなわち圧力と温度が一定で，$k(\tilde{\nu})$ は光路上のいずれの点でも一定である，と仮定した．しかし現実大気でこの条件が満たされるのは，比較的短い水平距離の区間に限定されるのである．そのため圧力（したがって線幅）が大きく変化するような鉛直方向に長い光路に対しても使えるように，k–分布法を一般化させる方法を考える必要がある．先に議論した狭帯域バンドモデルの場合には，HCG 近似が不均質光路を等価な均質光路として扱う際の基礎となった．これと似た方法が k–分布法でも考えられるだろうか？

もちろんこれは可能であり，それは**相関 *k*–分布法**（**correlated-*k* method**）と呼ばれる．この方法では，積算質量が u である不均質光路のバンド透過率は

$$\mathcal{T}(u) = \int_0^1 \exp\left[-\int_0^u k(g,\ u')\,du'\right] dg \tag{10.52}$$

という式で定義される．この式によると，まず固定された g に対して光路区間［$0, u$］の透過率を計算し，次にその透過率を g にわたり積分したものを，不均質光路のバンド透過率 $\mathcal{T}(u)$ としている．しかし，上式が物理的な意味をもつためには，不均質光路区間［$0, u$］の上の任意の点において，k の累積分布関数 $g(k)$ の各値が，同一の波数 $\tilde{\nu}$ の集合に対応しているという条件が必要なのである．その理由を述べよう．まず，ここで考えている不均

質な鉛直大気層を通した放射の伝達過程において，放射エネルギーを担う光子は各自の波数$\tilde{\nu}$を変えることはない．一方，大気の吸収スペクトル$k(\tilde{\nu})$は一般に高度に依存するため，式（10.52）中で独立変数としているgの各値に対応する波数$\tilde{\nu}$の集合は，一般には高度u'に依存して変わってしまう．すなわち，便宜的に透過率を定義した式（10.52）は，一般にこの大気層の放射伝達を担う光子が各自の波数を変えないという物理法則に違反している．その違反を犯さずに式（10.52）を使うためには，上述の条件が必要なのである．

前述した均質大気層の議論において，関数$k(g)$を求めるためには，波数の関数としての吸収スペクトル$k(\tilde{\nu})$のデータが必要だったことを思い出してほしい．実際，あるkの値は，ただ1つの波数$\tilde{\nu}$の値に対応しているのではなく，多くの異なる波数と対応している．図10.5（a）の例では，単一のk値に対応する水平線（点）は$k(\tilde{\nu})$曲線と24個の異なる$\tilde{\nu}$において交わっている！　図10.5（b）の$k(g)$曲線と水平点線との交点で示されるように，24個の異なる波数の値は単一のgに対応している．

大気中を鉛直方向に移動した場合，分子衝突による広がりによりスペクトル$k(\tilde{\nu})$が変わることに注意されたい．図10.5（c）に，図10.5（a）で仮定した圧力の3倍の圧力における吸収スペクトルを示した．個々の吸収線の幅が広がることによって，吸収スペクトルは滑らかになり，極端なkの値が平均化される（スペクトルのピークが小さくなり，谷が埋まる）．これに対応する$k(g)$のグラフを図10.5（d）に示した．曲線の形は図10.5（b）とよく似ているが，実際には異なっている．同じkの値に対応する波数の値の集合が，両方の圧力において同一である先験的な理由はないのである．したがって，単一のgを選び，圧力が変化する光路に沿った積分を行った場合，鉛直透過率（どの特定の周波数においても）の推定が正しく行える保証はないのである．

ただし，孤立したローレンツ線形の吸収線については，$\tilde{\nu}$とgとの間には一対一の対応関係がある（圧力に依存せず）ことがわかっている．この特別な場合では，式（10.52）で表される相関k–分布法は完全に正しい．残念ながら，孤立した吸収線を扱うことはほとんどなく，その場合はそもそもバンドモデルは不要なのである！　そこで，「現実の吸収線群を扱う相関k–分布法には大胆な仮定が秘められている」という事実を認識する必要がある．

この方法が理論的に正しいか否かの議論をこのまま続けるよりも，まずは，通常遭遇する条件下でそれが十分に通用することを確かめることの方が実り多い．

図 10.5（a）の水平点線に再度着目する．この水平点線は低圧下でのスペクトルに対する k の固定値を表している．図 10.5（b）の曲線と交わるところまでこの点線を追ってみる．この交点が，先に選んだ k の値に対応する g の値を決める．次に図 10.5（d）の曲線と交わる所まで，この点線を鉛直下方に追ってみる．この交点が高圧下での新しい k の値を決める．この新たな k の値に対応する $g(k)$ の値は，元々の k の値（低圧下での）に対する $g(k)$ の値と同じである．次に水平点線を左に追い（図 10.5（c）），$k(\tilde{\nu})$ 曲線との交点がどこにあるかを見る．これらの交点が高圧下での新しい波数の集合を表しており，低圧下で選んだ k の値によって決まっている．大部分の領域で，新しい波数は，図 10.5（a）の交点で決まる元の波数と非常に近い．しかし対応関係が完全であるわけではない．たとえば，左から 5 番目の吸収線は図 10.5（a）で 2 つの交点をもつが，図 10.5（c）では対応する交点が見られない．

この例から，圧力がかなり異なる場合でも，特定の g の値は同一の波数の値の集合に対応するものと仮定することは，悪くない近似であると推察される．そこで，「特定の波数の値の集合に対応する g の値は圧力によらず同一である」と大胆に仮定してしまうことにより，不均質鉛直大気層の透過率計算に便利な，2 つの異なる圧力における k の値の間の一対一の写像を求めることができる．その結果の例を図 10.5（f）に示す．この写像により，ある圧力下での $k(\tilde{\nu})$ から，別の圧力下での $k(\tilde{\nu})$ を比較的良い精度で予測できる．図 10.5（f）に示した写像により高圧での $k(\tilde{\nu})$（図 10.5（c））から低圧での $k(\tilde{\nu})$ を予測した結果（点線）と，低圧における元の $k(\tilde{\nu})$（実線）を比較した（図 10.5（e））．ほとんどの波数領域において両者はほぼ完全に一致している．わずかに，2，3 の線（たとえば左から 5 番目の線）の中心付近で不一致が見られる．しかし，こうした細部の不一致は通常，考えているバンドの中で微々たる割合しか占めないので，バンド透過率 $\mathcal{T}(u)$ の大きな誤差要因とはならない．

相関 k–分布法は，厳密とはいえないが，放射フラックスや大気加熱率を典型的には誤差1% 以内で計算できる．実用上最も重要なことは，直接的なLBL 計算と比較して計算時間が少なくとも3桁小さいことである．最近のモデルでは，バンド平均した赤外域の放射輝度やフラックスを計算する目的で，相関 k–分布法がよく使われている．

10.4　気象学・気候学・リモートセンシングへの応用

前節では，雲のない大気における，広帯域での上向きおよび下向きの放射フラックスの計算に使われる方法の概要を述べた．放射フラックスの計算は，大気のエネルギー収支をモデルで計算するために本質的に重要である．

10.4.1　放射フラックスと放射加熱・冷却

放射加熱の式

2.7節で，正味のフラックスを

$$F^{\mathrm{net}}(z) \equiv F^{\uparrow}(z) - F^{\downarrow}(z) \tag{10.53}$$

と定義した．目的によっては，全波長域（あるいは短波帯だけ，長波帯だけ，限定した狭いスペクトル区間だけ）で積分した正味のフラックスが必要になる．どの場合でも，$F^{\mathrm{net}}(z)$ は高度 z における，水平な単位面積を通過する正味の上向き放射エネルギーの流れ（単位は W/m^2）を表す．

ここで高度 z から $z+\Delta z$ の間の大気の薄い層を考える．正味の $F^{\mathrm{net}}(z)$ は単位時間にこの層の下端から入る放射エネルギーを表し，$F^{\mathrm{net}}(z+\Delta z)$ はこの層の上端から出ていく放射エネルギーを表す．この2つのフラックスが等しいときは，層の内部エネルギーは時間変化しない．等しくない場合には，層は正味でエネルギーを得ているか，失っているかのいずれかである．

よって，高度 z における大気の**放射加熱率**（**radiative heating rate**）は

$$\boxed{\mathcal{H} \equiv -\frac{1}{\rho(z)\,C_p}\frac{\partial F^{\mathrm{net}}}{\partial z}(z)} \tag{10.54}$$

と書ける．ここで $\rho(z)$ は高度 z における大気の密度，$C_p = 1005$ J/(kg K) は大気の定圧比熱である．高度とともに F^{net} が増加する場合，高度 z か

らエネルギーが正味で失われることを意味するので，マイナスの符号が必要である．伝統的に，$\mathcal{H}$は℃/day の単位で表現される．$\mathcal{H}$の値が負の場合（負の場合の方が正よりも多い），正の**放射冷却率（radiative cooling rate）**とも呼ばれる．

先に作成したバンドモデルの機能を利用するために，ある波数域$\Delta\tilde{\nu}_i$における加熱率/冷却率に焦点を絞って議論する．境界からの寄与も含めた，上向きおよび下向きフラックスの完全な表現は，

$$F_i^{\uparrow}(z) = F_i^{\uparrow}(0)\,\mathcal{T}_i(0,\ z) + \Delta\tilde{\nu}_i\int_0^z \pi\bar{B}_i(z')\frac{\partial\mathcal{T}_i(z',\ z)}{\partial z'}dz' \tag{10.55}$$

$$F_i^{\downarrow}(z) = F_i^{\downarrow}(\infty)\,\mathcal{T}_i(z,\ \infty) - \Delta\tilde{\nu}_i\int_z^{\infty} \pi\bar{B}_i(z')\frac{\partial\mathcal{T}_i(z,\ z')}{\partial z'}dz' \tag{10.56}$$

となる．ここで$\mathcal{T}_i$（z, z'）は前と同様，zとz'の高度間でのバンド平均した透過率である．$\bar{B}_i(z)$はi番目の波数区間における$B[T(z)]$の平均値を表している．

それではF^{net}を上式を使って求め，それから式（10.54）の加熱率の計算に必要な$\partial F^{\text{net}}/\partial z$を計算する．その表式は

$$\begin{aligned} F_i^{\text{net}}(z) = {} & F_i^{\uparrow}(0)\,\mathcal{T}_i(0,\ z) - F_i^{\downarrow}(\infty)\,\mathcal{T}_i(z,\ \infty) \\ & + \Delta\tilde{\nu}_i\int_0^z \pi\bar{B}_i(z')\frac{\partial\mathcal{T}_i(z',\ z)}{\partial z'}dz' \\ & + \Delta\tilde{\nu}_i\int_z^{\infty} \pi\bar{B}_i(z')\frac{\partial\mathcal{T}_i(z,\ z')}{\partial z'}dz' \end{aligned} \tag{10.57}$$

$$\begin{aligned} \frac{\partial F_i^{\text{net}}(z)}{\partial z} = {} & F_i^{\uparrow}(0)\frac{\partial\mathcal{T}_i(0,\ z)}{\partial z} - F_i^{\downarrow}(\infty)\frac{\partial\mathcal{T}_i(z,\ \infty)}{\partial z} \\ & + \Delta\tilde{\nu}_i\frac{\partial}{\partial z}\left[\int_0^z \pi\bar{B}_i(z')\frac{\partial\mathcal{T}_i(z',\ z)}{\partial z'}dz'\right. \\ & \left. + \int_z^{\infty} \pi\bar{B}_i(z')\frac{\partial\mathcal{T}_i(z,\ z')}{\partial z'}dz'\right] \end{aligned} \tag{10.58}$$

となる．積分範囲の片側および被積分関数の独立変数としてzが現れる積分項のz–偏微分を計算するために，数学公式

$$\frac{\partial}{\partial x}\int_{x_0}^{x} f(x,\ y)\,dy \equiv \int_{x_0}^{x}\frac{\partial f(x,\ y)}{\partial x}dy + f(x,\ x) \tag{10.59}$$

を用いる．その結果

$$\begin{aligned}\mathcal{H}(z)\,\rho(z)\,C_p = &-F_i^{\uparrow}(0)\frac{\partial \mathcal{T}_i(0,\ z)}{\partial z} + F_i^{\downarrow}(\infty)\frac{\partial \mathcal{T}_i(z,\ \infty)}{\partial z}\\ &+\Delta\tilde{\nu}_i\left[-\int_0^z \pi\bar{B}_i(z')\frac{\partial^2\mathcal{T}_i(z',\ z)}{\partial z'\,\partial z}dz' - \int_z^{\infty}\pi\bar{B}_i(z')\frac{\partial^2\mathcal{T}_i(z,\ z')}{\partial z'\,\partial z}dz'\right.\\ &\left.-\pi\bar{B}_i(z)\frac{\partial\mathcal{T}_i(z',\ z)}{\partial z'}\bigg|_{z'=z} + \pi\bar{B}_i(z)\frac{\partial\mathcal{T}_i(z,\ z')}{\partial z'}\bigg|_{z'=z}\right]\end{aligned} \tag{10.60}$$

となる．これを変形する前に，まずこの式の各項を解釈する．第1項は高度 z での加熱に対する，地表面からの放射の上向きフラックスの寄与である．$\partial\mathcal{T}(0, z)/\partial z$（負の値）は，式（7.51）で導いた“吸収の荷重関数”と同じ役割をしていることに注意されたい．ただし，ここでは，それをバンド積分したフラックス（式（7.51）での単色輝度ではなく）に適用している．第2項は大気上端から入射する放射の下向きフラックスの寄与を表している点を除けば，もちろん第1項と同じである．第1項と第2項は常に正であり，加熱項となっている．

式の第2行目の2つの積分項は，高度 z での加熱に対する，他のすべての高度 z' の大気からの射出の寄与を表している．これら2項も正である．

最後の2つの項[4]は，それぞれ高度 z での大気による放射の上向きおよび下向きの射出に起因するエネルギー損失の効果を表している．この2つの項の値は等しく，負であることに留意されたい．なぜなら，

$$\frac{\partial\mathcal{T}_i(z',\ z)}{\partial z'}\bigg|_{z'=z} = -\frac{\partial\mathcal{T}_i(z,\ z')}{\partial z'}\bigg|_{z'=z} \tag{10.61}$$

が成り立つからである．上式を用いて式（10.60）の最後の2つの項をまとめることもできるが，以下の議論をわかりやすくするために分けた状態にしておく．

式（10.60）は，局所的な加熱がどのように透過率と気温（$\bar{B}(z)$ を通して）のプロファイルに依存するかということを，明確にしかも完全に表している．しかし，ここでは数式の簡潔さよりも，むしろ物理的な洞察を得やすいように，局所的な加熱と周囲の環境との関係が明確にわかるような新しい

4)　これらの項は，TS02の式（11.29）の中では省略されている．

形式に書き直すので，注意して読まれたい．

我々が求めている形式の表現から始め，それが式（10.60）の一部と数学的に等価であり，それと置き換えられることを示す．そのための変形を行い

$$
\begin{aligned}
&\int_0^z \pi\left[\bar{B}_i(z') - \bar{B}_i(z)\right] \frac{\partial^2 \mathcal{T}_i(z',\ z)}{\partial z' \partial z} dz' \\
&= \int_0^z \pi \bar{B}_i(z') \frac{\partial^2 \mathcal{T}_i(z',\ z)}{\partial z' \partial z} dz' - \int_0^z \pi \bar{B}_i(z) \frac{\partial^2 \mathcal{T}_i(z',\ z)}{\partial z' \partial z} dz' \\
&= \int_0^z \pi \bar{B}_i(z') \frac{\partial^2 \mathcal{T}_i(z',\ z)}{\partial z' \partial z} dz' - \pi \bar{B}_i(z) \int_0^z \frac{\partial^2 \mathcal{T}_i(z',\ z)}{\partial z' \partial z} dz' \\
&= \int_0^z \pi \bar{B}_i(z') \frac{\partial^2 \mathcal{T}_i(z',\ z)}{\partial z' \partial z} dz' - \pi \bar{B}_i(z) \left[\frac{\partial \mathcal{T}_i(z',\ z)}{\partial z}\right]_{z'=0}^{z'=z} \\
&= \int_0^z \pi \bar{B}_i(z') \frac{\partial^2 \mathcal{T}_i(z',\ z)}{\partial z' \partial z} dz' - \pi \bar{B}_i(z) \left.\frac{\partial \mathcal{T}_i(z',\ z)}{\partial z}\right|_{z'=z} + \pi \bar{B}_i(z) \frac{\partial \mathcal{T}_i(0,\ z)}{\partial z} \\
&= \int_0^z \pi \bar{B}_i(z') \frac{\partial^2 \mathcal{T}_i(z',\ z)}{\partial z' \partial z} dz' + \pi \bar{B}_i(z) \left.\frac{\partial \mathcal{T}_i(z',\ z)}{\partial z'}\right|_{z'=z} + \pi \bar{B}_i(z) \frac{\partial \mathcal{T}_i(0,\ z)}{\partial z}
\end{aligned}
\tag{10.62}
$$

が得られる．そして上式の左辺から右辺を引くと，

$$
\begin{aligned}
&\int_0^z \pi\left[\bar{B}_i(z') - \bar{B}_i(z)\right] \frac{\partial^2 \mathcal{T}_i(z',\ z)}{\partial z' \partial z} dz' - \int_0^z \pi \bar{B}_i(z') \frac{\partial^2 \mathcal{T}_i(z',\ z)}{\partial z' \partial z} dz' \\
&- \pi \bar{B}_i(z) \left.\frac{\partial \mathcal{T}_i(z',\ z)}{\partial z'}\right|_{z'=z} - \pi \bar{B}_i(z) \frac{\partial \mathcal{T}_i(0,\ z)}{\partial z} = 0
\end{aligned}
\tag{10.63}
$$

となる．同様にして，

$$
\begin{aligned}
&\int_z^\infty \pi\left[\bar{B}_i(z') - \bar{B}_i(z)\right] \frac{\partial^2 \mathcal{T}_i(z,\ z')}{\partial z' \partial z} dz' - \int_z^\infty \pi \bar{B}_i(z') \frac{\partial^2 \mathcal{T}_i(z,\ z')}{\partial z' \partial z} dz' \\
&+ \pi \bar{B}_i(z) \frac{\partial \mathcal{T}_i(z,\ \infty)}{\partial z} + \pi \bar{B}_i(z) \left.\frac{\partial \mathcal{T}_i(z,\ z')}{\partial z'}\right|_{z'=z} = 0
\end{aligned}
\tag{10.64}
$$

が得られる．式（10.63）と式（10.64）の左辺は共に0なので，これらを用いて式（10.60）の中括弧（[　]）の中からこれらを差し引いても，式（10.60）はそのまま成り立つ．項の変形をし，打ち消し合う項を消去すると，

$$
\begin{aligned}
\mathcal{H}(z) = \frac{1}{\rho(z) C_p} \Bigg\{ & \\
& -[F_i^{\uparrow}(0) - \Delta\tilde{\nu}_i \pi \bar{B}_i(z)] \frac{\partial \mathcal{T}_i(0, z)}{\partial z} & \text{(A)} \\
& +[F_i^{\downarrow}(\infty) - \Delta\tilde{\nu}_i \pi \bar{B}_i(z)] \frac{\partial \mathcal{T}_i(z, \infty)}{\partial z} & \text{(B)} \\
& - \Delta\tilde{\nu}_i \pi \int_z^{\infty} [\bar{B}_i(z') - \bar{B}_i(z)] \frac{\partial^2 \mathcal{T}_i(z, z')}{\partial z' \partial z} dz' & \text{(C)} \\
& - \Delta\tilde{\nu}_i \pi \int_0^{z} [\bar{B}_i(z') - \bar{B}_i(z)] \frac{\partial^2 \mathcal{T}_i(z', z)}{\partial z' \partial z} dz' & \text{(D)} \\
\Bigg\} &
\end{aligned}
\qquad (10.65)
$$

が得られる．式（10.65）は式（10.60）とは数学的には等価であるにもかかわらず異なって見え，しかも各項の解釈も異なる．式（10.65）の各偏微分の項は，高度 z と他のある高度領域との**放射結合（radiative coupling）**の度合いを表している．すなわち，高度 z から射出された放射が他のある高度で吸収される度合い，あるいはその逆となる度合いを表している．

つまり，(A)-(D) の各行におけるそれぞれの中括弧は，(a) 他の高度から射出され高度 z で再吸収される放射と，(b) 高度 z から射出され他の高度で再吸収される放射，の差を表している．高度 z の大気は，この差が正のときは加熱され，負のときは冷却される．以下の説明では，**交換（exchange）**という言葉を，それが出てくるごとに強調し，双方向の過程という概念を再確認する．

それでは式（10.65）の各行を解釈しよう．

項（A）は下端境界（地表面）との放射**交換**による正味の加熱/冷却を表す．熱赤外域では地表面は通常黒体と考えられ，その場合には $F_i^{\uparrow}(0)$ は $\Delta\tilde{\nu}_i \pi \bar{B}_i(T_S)$ で置き換えることができる．ここで T_S は地表面温度である．通常 T_S は $T(z)$ よりも大きいので，項（A）は通常は加熱の項となる．

項（B） 大気上端（TOA）との放射**交換**による正味の加熱/冷却を表す．熱赤外域では，$F_i^{\downarrow}(\infty)$ は通常 0 とされ，その場合**交換**は厳密に一方向である．そのため，長波帯において項（B）は宇宙空間への射出による冷却を表す．また太陽放射の場合，$F_i^{\downarrow}(\infty)$ は大気上端での太陽放射の入射フラックスを表し，$B_i(z) = 0$ であるので，項（B）は太陽放射の直接吸収による加熱を表す．

項（C）および（D） はそれらの項全体として，高度 z とその他すべての高度 z' との放射**交換**を表す．この交換の正味の効果が大きくなるためには，2 つの高度間で温度差が大きく，かつ放射結合（$\mathcal{T}$ を 2 次偏微分した項）が強くなければならない．高度 z と z' の変化に対応した透過率 $\mathcal{T}$ の変化が大きいときに，この結合は最も強くなる．吸収が強いスペクトル領域（たとえば CO_2 の 15 μm 帯の中央部）において，放射結合は高度 z の非常に近くの高度 z' で最も強く，そこでは温度差が小さい．このため高度 z での局所的な加熱に対するこの波長域の寄与は無視できる．

ここで，（C）は高度 z での大気と z より高い高度の大気との**交換**を表しており，（D）は高度 z での大気と z より低高度の大気との**交換**を表している．中部対流圏において温度は高度の増加とともにほぼ直線的に減少する．（C）による冷却への寄与は，（D）による加熱効果でかなりの部分が相殺されることが示唆される．これに対し，成層圏では高度とともに温度が高くなる．それゆえ，他の層との交換による加熱/冷却が最も強いのは，$T(z)$ が極小または極大となる高度である．特に，対流圏界面は暖かい成層圏から放射が到達し（C），暖かい対流圏の高度からの放射も到達する（D）．そのため対流圏界面は（C）および（D）からの正の加熱を受ける．

長波長帯では，（B）を除く各項は温度 190 ～ 310 K の範囲にある高度間での放射交換を表す．強く放射結合している 2 つの高度間の典型的な温度差は数十 K のオーダーかそれより小さい．さらに，前述したように，対流圏界面付近以外では（C）と（D）の項は部分的に打ち消し合っている．

対照的に，宇宙空間へ直接射出される放射の損失を表す（B）については，それを補償するような放射が戻ってくることはない．そのため，この項(B) は常に負であり，特に高度の増加とともに大気の透明度が急速に増す高度領域では吸収線の幅が急激に狭くなることなどにより，長波での放射収支においてしばしば最大の項となる．**多くの場合，大変良い近似で大気中での放射冷却のプロファイルは項（B）だけから推定することができる．**このことを**宇宙への射出による冷却近似（対宇宙冷却近似：cooling-to-space approximation）**と呼ぶ．

モデル大気

ある高度における加熱や冷却が，どのように気温やバンド透過率の高度プロファイルと物理的に関係しているかを理解するのに，式（10.65）のような数式表現は役に立つ．しかし，これらの数式だけでは加熱あるいは冷却の実際の大きさを計算することはできない．まず，適切なバンド透過モデルを用いて，式の中の各項を数値計算できるプログラムを書き，それに大気の温度・湿度・微量気体成分の高度プロファイルを与える必要がある．

たとえば，過去のラジオゾンデのデータをインターネットから取得し，作成したプログラムに入力して計算してみることもできる（それでもオゾンのプロファイルなどいくつかの仮定が必要であるが）．しかし，大気科学者は放射伝達計算を実行する際には，まず**モデル大気（model atmosphere）**と呼ばれる理想化した高度プロファイルを用いることが多い．このようなプロファイルは実際の観測値ではないが，特定の場所および季節における典型的な大気条件での値となっている．標準モデル大気を用いる利点は，2つある．

- 異なる放射伝達コードの比較に役立つ．まったく同じモデル大気を用いているのに，2つの方法による計算結果が大きく違う場合，少なくとも一方（両方かもしれない）の計算方法にはなんらかの間違いがある！

- モデル大気を用いた放射伝達計算の結果は，ある意味で，問題にしている領域および季節における典型的なものとみなせる（実際の条件が場所や日により変化するとしても）．したがって，実際の観測がなくともモデル大気を用いて典型的な放射伝達の計算を行うことができる．

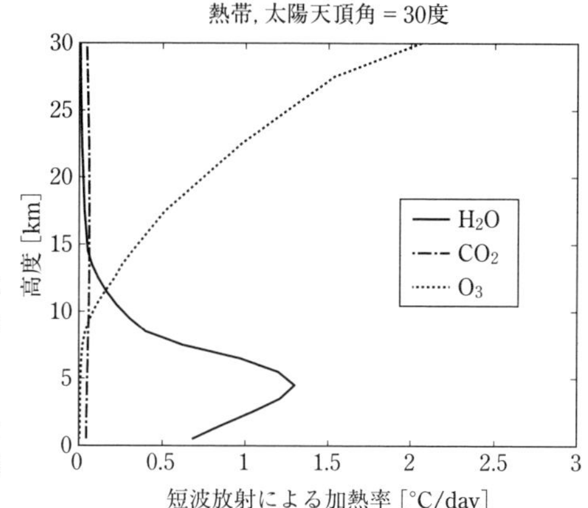

図 10.6 雲のない熱帯大気での太陽光の吸収による典型的な加熱率のプロファイル

吸収を起こす大気成分オゾン (O_3), 二酸化炭素 (CO_2), 水蒸気 (H_2O) に分けて示した (図は S. Ackerman の厚意による).

地球大気の研究者の間では, 少なくとも 7 種類の標準モデル大気がこの目的に用いられている. それらは (1) 熱帯, (2) 中緯度の夏, (3) 中緯度の冬, (4) 亜北極の夏, (5) 亜北極の冬, (6) 北極の夏, および (7) 北極の冬である. これらのモデルでの気温や湿度のプロファイルはかなり理想化されているが, おおよそ観測事実と整合するものとなっている. 熱帯のモデル大気は, 温暖湿潤で対流圏界面の高度は高く, 温度は低い. 北極の冬期の大気は, 下層は極めて寒冷で乾燥しており, 対流圏界面の高度は非常に低い. 他の 5 つのモデル大気は概してこの 2 つの極端な場合の間に入っている.

放射加熱率のプロファイルにおいては, 気温よりも水蒸気混合比のプロファイルの変動の方が重要な場合が多いことに留意されたい. これは短波帯および長波帯の多くの領域で, 水蒸気の吸収効果が重要であることによる.

短波放射加熱

図 10.6 は雲のない熱帯大気における太陽放射の吸収による加熱率のプロファイルであり, 加熱率の単位は °C/day である. 太陽放射吸収に寄与する 3 つの主な気体 (水蒸気, オゾン, 二酸化炭素) による加熱率のプロファイルを示してある. これらの成分の最初の 2 つは太陽放射を吸収する主要な成分である. 水蒸気は対流圏 (モデル大気で $z < 15$ km) での吸収の大部分を占めている (最大で 1.3 K/day). またオゾンによる加熱は成層圏で支配的

で，その加熱率は2 K/dayを超える[5]．二酸化炭素の加熱率は全高度で0.05 K/dayと，その寄与は小さい．

異なった成分の加熱率のプロファイルの形状の違いは，大きくは吸収気体の混合比の差に起因する．

- 水蒸気は寒冷な高々度に輸送される間に液体の水や氷に凝結し，降水により除去されるため，その存在量は温暖な下部対流圏で最も大きくなる．

- オゾンは成層圏でUV-Cにより酸素分子が解離することで生成され，そこで最も多く存在する．実際，成層圏は高度とともに気温が上昇する10～15 km以上の領域として定義されるが，そもそも成層圏が存在するのは，オゾンによる太陽放射の吸収効果に起因するのである．もしも大気に酸素分子が存在しなければ，オゾン層も存在しない．もしオゾンがなければ中層大気における加熱がほとんどなくなり，成層圏も存在しないのである！

- 大気中での CO_2 の生成および除去の過程は水蒸気やオゾンと比べて非常に遅いため，CO_2 は大気中でほぼ一様に混合されている．

問題 10.2

熱帯の標準大気では，水蒸気混合比は高度の減少とともに，地表面に至るまで増加し続ける．しかし，水蒸気に伴う加熱率は5 kmで極大に達し，これ以下の高度で急速に減少する．この理由を説明せよ．

短波帯の全加熱率は個々の成分による加熱率の和である．太陽放射の吸収による全加熱率のプロファイル（熱帯での）を図10.7に示した．それぞれのプロファイルは異なる太陽天頂角に対応している．予期されるように，太陽高度が低いほど全加熱率は小さくなる．

この加熱率のプロファイルは，短波放射の直接的な吸収による寄与のみを

5)　加熱率は30 km以上の高度まで増加し続け，上部成層圏の高度で極大となる．

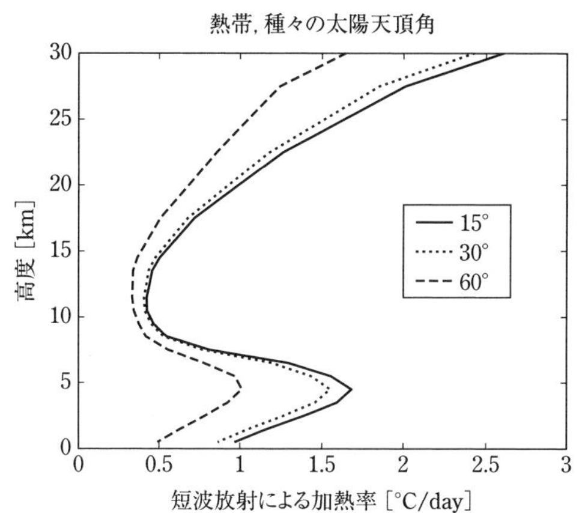

図 10.7 雲のない熱帯大気における太陽光の吸収による典型的な加熱率のプロファイルで，3つの太陽天頂角での値を示した．$\theta_s=30°$ での加熱率のプロファイルは図 10.6 の3つのプロファイルの和に対応する（図は S. Ackerman の厚意による）．

考慮している．雲がない場合には，大気によって吸収されない太陽放射は地表面に届く．この太陽放射と（1－地表面のアルベド）の因子の積が，地表面で吸収される放射である．地表面が吸収した分の短波放射の大部分は3つのメカニズムにより大気を間接的に加熱する．それらは，(1) 長波放射の射出と再吸収（以下に述べる），(2) 地表からその直上の大気への直接的な熱伝導と，それに続く対流混合，(3) 地表面からの水の蒸発と，その後の雲内での潜熱放出，である．

長波放射冷却

大気の各部分で，長波放射の射出と吸収とが同時に起きている．吸収が支配的な領域では正味の加熱となり，射出が支配的な領域では正味の冷却となる．長波域での加熱/吸収のプロファイルには式 (10.65) の4つのすべての項が重要となるので，そのプロファイルを解釈するのは，短波域よりも困難である．

熱帯大気での長波による加熱率のプロファイルを吸収成分ごとに，図 10.8 に示した．水蒸気の加熱率のプロファイルは2つに分けて示してある．1つは 6.3 μm 付近と 15 μm 以上での振動-回転帯である．もう1つは，比較的弱いが広い波長域に分布する連続吸収による加熱である．この連続吸収により，通常の吸収帯の間にある“窓領域”はより不透明になる．

以下に，この図の主な特徴を手短に述べる．

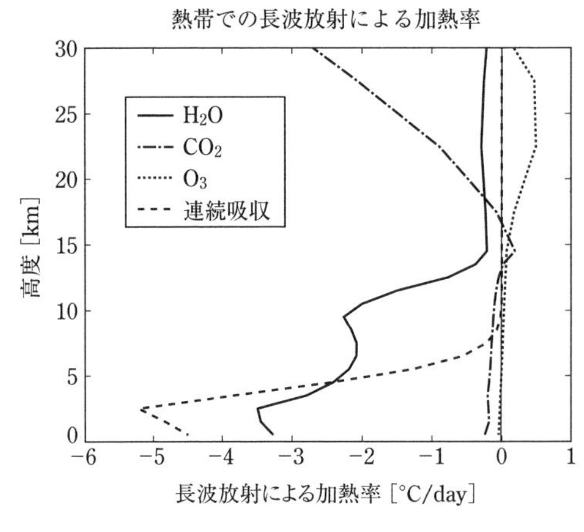

図 10.8　雲の無い熱帯大気での長波（熱赤外）の放射伝達による典型的な加熱率のプロファイル

関与する大気成分であるオゾン（O_3），二酸化炭素（CO_2），水蒸気（H_2O），水蒸気の連続吸収に分けて示した．負の値は冷却を表す（図は S. Ackerman の図に修正を加えたものである）．

CO_2

分子衝突による広がりを持った 15 μm 帯は非常に不透明なので，対流圏での正味の放射加熱への寄与は小さい．なぜなら，ある高度で射出される放射は，気温がほぼ同じである近傍の気層で再吸収されるからである．気温のプロファイルが最小となる対流圏界面（15 km 付近）でのみ，わずかな正味の加熱がある．より高い高度では気圧が低下し，吸収線の幅が大変狭くなり，バンドの窓が“開けられ”，射出された放射が宇宙に逃げることができる．より高い高度からの下向き放射による補償効果はほとんどない．これはもちろん，式（10.65）の（B）項についての前述の議論における，宇宙への放射冷却（対宇宙冷却）の過程である．

H_2O

水蒸気は大気下層で高濃度になるので，対宇宙冷却の効果は高度 3 ～ 10 km で強く作用し，そこで冷却率の最大値は 2 ～ 3.5 K/day となる．2 つの極大（高度 2 km，10 km）は異なる吸収帯に対応しており，そのうちの強い吸収帯はより高い高度での極大に寄与している．高度 15 km 付近の対流圏界面より上空では，水蒸気が非常に少ないので冷却の効果は小さなものになる（約 0.2 K/day）．

H_2O 連続吸収帯

連続吸収の特徴の1つは，気圧に対して非常に敏感なことである．水蒸気の質量吸収係数は高度とともに急減する．このため，この波長帯では，上部対流圏およびそれより上空では大気は実効的に透明であるが，それ以下の高度ではかなり強い吸収がある．この2つの領域が急激に遷移する領域では放射交換の4つの項において対宇宙冷却の項が支配的となり，より低高度の3 km で冷却率は極大（5 K/day）となる．高度10 km 以上での連続吸収の冷却効果はほぼゼロである．

O_3

オゾンは高度30 km 以下で長波での大きな大気加熱を生じる唯一の成分であり，高度20～30 km において加熱は極大（0.5 K/day）となる．この加熱は，地表面からの9.6 μm 帯の放射がオゾン層の底部において吸収されるためである．これは式（10.65）の項（A）に対応している．図10.8のプロファイルを高度30 km 以上に延長して考えると，項（A）による加熱がなくなり，それに代わり，かなり強い対宇宙冷却がオゾン層上端で生じることがわかる．

上記の議論は熱帯のモデル大気に対応するものである．モデル大気が異なると，気温や長波帯の吸収のプロファイルが異なり，長波の加熱率/冷却率のプロファイルも当然変わる．図10.9に熱帯，中緯度の夏，亜北極の夏の大気に対する，長波帯の全加熱率のプロファイルを示した．定性的にはどのモデル大気でも全加熱率は似ている（細部の違いはあるが)。この差異の大部分は水蒸気の寄与・気温のプロファイルの差異に起因する．

雲のない大気における長波帯での放射交換は，ほとんどの高度において正味で冷却として作用することに注意されたい．これに対して短波帯での吸収効果は常に加熱として働く．実際，成層圏では短波帯の加熱と長波帯での冷却がほぼ打ち消し合う．これは，成層圏では効果的に作用するエネルギー交換として，他のメカニズムがほとんど存在しないことによる．このため，成層圏の温度は放射平衡温度に近いものとなる．対流圏では放射の不均衡を補償するさまざまな過程が作用するので，短波による加熱と長波による冷却が

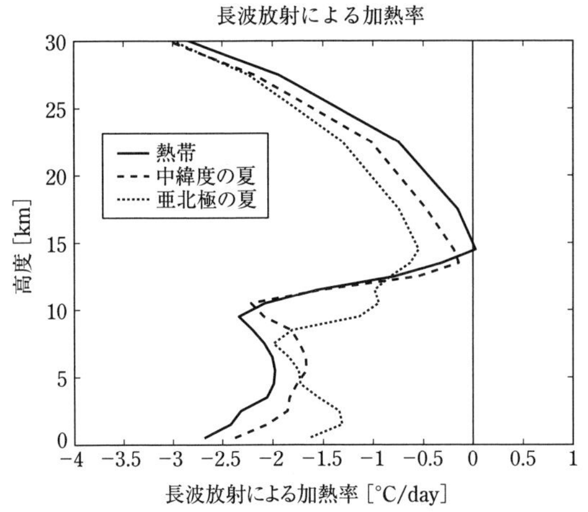

図 10.9　3つのモデル大気に対する典型的な加熱率のプロファイル（図はS. Ackermanの図に修正を加えたものである）.

ちょうど釣り合うということにはならない.

第11章　散乱過程を含む放射伝達方程式

放射の減光すなわち消散を起こす2つのメカニズムは散乱と吸収であり，これまでの章では，散乱という物理過程の消散への寄与という側面のみに注目してきた．消散係数 β_e は吸収係数 β_a と散乱係数 β_s の和に分解できる．β_s/β_e として定義される単一散乱アルベド $\tilde{\omega}$ は，吸収と散乱の相対的な重要性を示すために導入された便利なパラメータである．$\tilde{\omega} = 0$ であれば，消散は完全に吸収によるものとなり，$\tilde{\omega} = 1$ であれば，消散は吸収ではなく，散乱のみによるものとなる．

放射が散乱によって減光するとき，そのエネルギーはその他の形に変換されず，単にその放射の方向が変わるだけである．散乱により，1つの視線方向に沿った放射が**損失**すると，必ず他の視線上の放射が**増加**することになる．

サーチライト・車のヘッドライト・レーザーポインターのような強くて細い光線により，このような現象を容易に観察することができる．煙・埃・ヘイズ（霞）・霧などがない大変清浄な大気中では，読者の目の前を通過する光線は読者の視線方向にほとんど散乱されないため，肉眼で見ることはできない．しかし大気中に粒子が浮遊していれば，粒子により光線の一部があらゆる方向に散乱するので，読者の目にも光が到達するし，その光線の経路を肉眼で捉えることができる（特に背景が暗い場合は明確に）．この場合，読者の視点では，散乱は明らかに**放射源**として作用する．もちろん，元々の光線は散乱により減衰される．たとえば，濃霧中では対抗車のヘッドライトはその車が接近してくるまでまったく見えないのである．

この章では，放射伝達方程式において**放射源**としての散乱を取り扱うために必要な学術用語や数学的記号を導入する．

11.1　散乱はどのような場合に重要か

特定の視線方向への放射源として散乱が重要となる場合の放射伝達計算は，まったく散乱が起こらない場合に比べてはるかに複雑なものとなる．その理由は，場合によっては1次元の経路に沿った単一方向だけではなく，3次元空間において，同時にすべての方向に対して放射輝度場を解く必要性が生じることによる．このため，散乱を考慮せずにすむのであれば，できるだけ散乱（少なくともその放射源としての寄与）を無視するのが得策である．

実際，視線方向に沿った散乱による放射輝度の増加が，(a) 消散による放射輝度の損失および (b) 熱放射による放射輝度の増加，に比べて無視できるのであれば，放射源としての散乱を考慮する必要はない．降水（雨，雪など）がない場合，大気中での熱赤外域やマイクロ波の放射についてはこれらの条件は通常は満たされる．さらに，太陽のような孤立した点光源からの直達放射の減少のみを問題にしている場合は，上記の条件は満たされる．

短波放射（紫外・可視・近赤外）と大気の相互作用が関与するすべての問題においては，大気の散乱は，太陽方向以外のいずれの視線方向の放射輝度について主要な放射源となる．青空・白色あるいは灰色の雲・遠方の物体の識別を妨げるヘイズなど，少なくとも一度は散乱された放射を見ることで，散乱体の存在が認識されるのである．

11.2　散乱過程を含む放射伝達方程式

11.2.1　微分形

以前，散乱の寄与は重要ではなく，$\beta_e = \beta_a$ が成り立つと仮定してシュワルツシルトの方程式 (8.4) を導出した．そのような仮定の下，無限小の経路 ds に沿った放射輝度の変化 dI は

$$dI = dI_{abs} + dI_{emit} \tag{11.1}$$

と表せることは既に述べた．ここで，吸収による減光は，

$$dI_{abs} = -\beta_a I\,ds \tag{11.2}$$

と表せる．さらに射出による放射源は，

$$dI_{\mathrm{emit}} = \beta_{\mathrm{a}} B(T)\, ds \tag{11.3}$$

と表せる．散乱を含むように方程式を一般化するためには，吸収と散乱によって放射が減衰することを考慮する必要がある．そのため，減光の項は β_{a} ではなく，β_{e} で表す必要がある．さらに，注目している光線に，他方向からの散乱光が加わる寄与を表す放射源の項を加える必要がある．これを考慮すると，

$$dI = dI_{\mathrm{ext}} + dI_{\mathrm{emit}} + dI_{\mathrm{scat}} \tag{11.4}$$

を得る．ここで

$$dI_{\mathrm{ext}} = -\beta_{\mathrm{e}} I\, ds \tag{11.5}$$

である．dI_{scat} の項についてさらに考える．第1に，いま考えている微小体積で散乱される放射のエネルギーは，その体積に含まれる粒子の散乱断面積の和に比例するため，dI_{scat} の項は散乱係数 β_{s} に比例する．第2に，微小体積を通過する $\hat{\mathbf{\Omega}}'$ 方向からの放射輝度が散乱によって失われ，その一部が新しい $\hat{\mathbf{\Omega}}$ 方向への放射輝度に加わる．$\hat{\mathbf{\Omega}}$ 方向の放射輝度には，それ以外のすべての方向から散乱されてきた放射輝度を加えることができる．つまり，ある方向から来る光子がたどる経路は，他の光子の存在や他の光子がたどる経路には影響されない．

この考え方を数学的に表すと，

$$dI_{\mathrm{scat}} = \frac{\beta_{\mathrm{s}}}{4\pi} \int_{4\pi} p\left(\hat{\mathbf{\Omega}}', \hat{\mathbf{\Omega}}\right) I\left(\hat{\mathbf{\Omega}}'\right) d\omega' ds \tag{11.6}$$

となる．積分は 4π ステラジアンの立体角にわたる．また**散乱位相関数（scattering phase function）**$p\,(\hat{\mathbf{\Omega}}', \hat{\mathbf{\Omega}})$ は規格化条件

$$\boxed{\frac{1}{4\pi} \int_{4\pi} p\left(\hat{\mathbf{\Omega}}', \hat{\mathbf{\Omega}}\right) d\omega' = 1} \tag{11.7}$$

を満たす必要がある．放射伝達方程式の微分形で表すと，

$$\boxed{dI = -\beta_{\mathrm{e}} I\, ds + \beta_{\mathrm{a}} B\, ds + \frac{\beta_{\mathrm{s}}}{4\pi} \int_{4\pi} p\left(\hat{\mathbf{\Omega}}', \hat{\mathbf{\Omega}}\right) I\left(\hat{\mathbf{\Omega}}'\right) d\omega' ds} \tag{11.8}$$

となる．これを $d\tau = -\beta_{\mathrm{e}}\, ds$ で割ることで，

$$\frac{dI(\hat{\boldsymbol{\Omega}})}{d\tau} = I(\hat{\boldsymbol{\Omega}}) - (1-\tilde{\omega})B - \frac{\tilde{\omega}}{4\pi}\int_{4\pi} p(\hat{\boldsymbol{\Omega}}', \hat{\boldsymbol{\Omega}}) I(\hat{\boldsymbol{\Omega}}') d\omega' \tag{11.9}$$

を得る．式（11.9）では放射輝度 I の方位 $\hat{\boldsymbol{\Omega}}$ 依存性を明示してある．

これが，本書で通常取り扱う放射伝達方程式の最も一般的で，完全な形式である[1]**．**

すべての放射源を1つの項にまとめると便利であり，式（11.9）は短くなり，

$$\frac{dI(\hat{\boldsymbol{\Omega}})}{d\tau} = I(\hat{\boldsymbol{\Omega}}) - J(\hat{\boldsymbol{\Omega}}) \tag{11.10}$$

となる．**ここで源関数（source function）**は

$$J(\hat{\boldsymbol{\Omega}}) = (1-\tilde{\omega})B + \frac{\tilde{\omega}}{4\pi}\int_{4\pi} p(\hat{\boldsymbol{\Omega}}', \hat{\boldsymbol{\Omega}}) I(\hat{\boldsymbol{\Omega}}') d\omega' \tag{11.11}$$

で与えられる．この全放射源は，熱輻射項と他の方向からの散乱項に重みを付けたものの和であり，それぞれの項の重みは単一散乱アルベドにより支配される．$\tilde{\omega} = 0$ の場合は，散乱の項は消え，$\tilde{\omega} = 1$ の場合は熱放射の成分はなくなる．

11.2.2　偏光状態を考慮した散乱過程†

本書の大部分では，大気の放射伝達において放射の偏光状態やその変化を無視し，スカラー放射輝度 I の透過・吸収・散乱の効果のみを考慮してきた．これはしばしば大変良い近似となる．しかし，偏光を考慮したより正確な放射伝達過程を扱わなければならない場合もある．その場合は，I だけではなく，4つのパラメータからなるストークスベクトル $\mathbf{I} = (I, Q, U, V)$（式（2.52）で導入した）のすべての要素の変化を考慮する必要がある．式（11.9）の微分型の放射伝達方程式を

1）　検出器に向かう方向では $d\tau$ は負と定義した．このことから右辺の負の項は放射源の項であり，正の項は減衰項となる．他書では，正負を逆に定義しているものもある．この場合は右辺のすべての項の符号は逆になる．

$$\frac{d\mathbf{I}(\hat{\mathbf{\Omega}})}{d\tau} = \mathbf{I}(\hat{\mathbf{\Omega}}) - (1-\tilde{\omega})\,B\,\mathbf{U} - \frac{\tilde{\omega}}{4\pi}\int_{4\pi}\mathbf{P}(\hat{\mathbf{\Omega}}', \hat{\mathbf{\Omega}})\,\mathbf{I}(\hat{\mathbf{\Omega}}')\,d\omega' \quad (11.12)$$

の形に拡張することにより，偏光を表すことができる．ここで $\mathbf{P}(\hat{\mathbf{\Omega}}', \hat{\mathbf{\Omega}})$ は 4 行 4 列の位相行列（phase matrix）である．$\tilde{\omega}$ が偏光に依存しない場合は，$\mathbf{U} \equiv (1, 0, 0, 0)$ となる．この仮定は，常に正しいとは限らない．実際，特定方向を向いた粒子（氷雲や降雪における）が関与する放射伝達過程において，$\tilde{\omega}$ や消散係数 β_e（τ に現れる）は偏光と方向に依存する．

リモートセンシングの問題では，偏光を完全に考慮した放射伝達方程式を用いることがある．偏光放射伝達に関する包括的な議論は，L02（6.6 節）を参照されたい．以下，本書では特に断らない限り，式（11.9）で与えられるスカラー放射伝達方程式を用いる．

11.2.3　平行平面大気

実際に大気が水平方向に一様であることはほとんどない（特に雲がある場所では）にもかかわらず，散乱を含む放射伝達方程式を解くためのほとんどの解析的方法や数値計算法では，平行平面大気を仮定している．これは次の 3 つの理由による．

- 放射伝達方程式が使われる実際問題（たとえば，気候や天気予報のモデル）において，解析解を利用できたり，高速な数値計算が実行可能なのは，平行平面大気の場合に限られる．

- 平行平面の仮定が，実際の大気の良い近似となるような問題が存在する（雲のない大気や水平方向に広く一様に分布する層雲など）．

- 平行平面の近似が良くないことが明らかな場合でも，3 次元の不均一な大気を扱う放射伝達解法の実行には多くの困難がある（特に計算効率が本質的に重要であるときは）．そのため，結局のところ，水平方向にいわゆる独立ピクセル近似（independent pixel approximation）などを適用して，各々のピクセルの放射計算では平行平面大気を仮定することが多い．しかし，これにより大きな誤差が生じる可能性があることに留意されたい．

式（11.10）を平行平面大気に適用するために，大気上端からの光学的厚さ τ を鉛直座標として再び導入する．放射が伝搬する方向（天頂からの）を指定するために，$\mu \equiv \cos\theta$ を用いると，

$$\mu \frac{dI(\mu,\ \phi)}{d\tau} = I(\mu,\ \phi) - J(\mu,\ \phi) \tag{11.13}$$

を得る[2]．ここで射出と散乱の源関数は

$$J(\mu,\ \phi) = (1-\tilde{\omega})B + \frac{\tilde{\omega}}{4\pi}\int_0^{2\pi}\int_{-1}^{1} p(\mu,\ \phi;\ \mu',\ \phi')\, I(\mu',\ \phi')\, d\mu' d\phi' \tag{11.14}$$

である．

射出と散乱を同時に考慮することが必要なことが稀にある．たとえば，(1) 降水のマイクロ波リモートセンシング，(2) $4\,\mu$m 付近の波長における雲のリモートセンシングなどである．後者の場合，散乱された太陽放射は熱放射と同程度に重要となる．これ以降は特に断らない限り，太陽放射の放射伝達についての散乱だけが関与する問題を考察し，大して重要でない熱放射は考慮しないことにする．

11.3 散乱位相関数

散乱位相関数 $\frac{1}{4\pi}p(\hat{\mathbf{\Omega}}',\ \hat{\mathbf{\Omega}})$ は物理的には確率密度（probability density）と解釈することができる．これは，$\hat{\mathbf{\Omega}}'$ 方向からやってきた光子の散乱方向が，$\hat{\mathbf{\Omega}}$ 方向を中心とした微小立体角 $d\omega$ 内に入る確率を与えるのである．式 (11.7) の規格化条件は，吸収がないときは（$\tilde{\omega} = 1$），エネルギーが保存されることを意味する．すなわち，散乱される光子は 4π ラジアンの中でいずれかの方向を取ることになり，散乱された光子が入射した光子よりも増えたり減ったりすることはない．

---

2) L02 および S94 では $\mu \equiv \cos\theta$ としている．TS02 では本書の前の章のように $\mu \equiv |\cos\theta|$ と定義している．散乱過程を含む放射伝達の方程式を書く際には，どちらの定義にもそれぞれの利点と不利な点がある．ここでは，上向きと下向きの放射に同じ式を用いることのできる定義を採用した．

位相関数の $\hat{\mathbf{\Omega}}$ および $\hat{\mathbf{\Omega}}'$ への依存性は，散乱を起こす粒子の大きさと形状によってはかなり複雑なものになる．しかし，大気中に浮遊する粒子が球形であるか，あるいはランダムに配位しているときは，これを簡単にすることができる．たとえば，雲粒は球形であり，小さなエアロゾル粒子および空気分子は一般的に球形ではないが，特定の方向に配位することはない[3]．

そのような場合，ある体積をもつ空気の散乱位相関数は入射方向 $\hat{\mathbf{\Omega}}'$，散乱方向 $\hat{\mathbf{\Omega}}$ のなす角 Θ のみの関数で表される．ここで，

$$\boxed{\cos\Theta \equiv \hat{\mathbf{\Omega}}' \cdot \hat{\mathbf{\Omega}}} \tag{11.15}$$

となる．$p\left(\hat{\mathbf{\Omega}}', \hat{\mathbf{\Omega}}\right)$ を，$p\left(\hat{\mathbf{\Omega}}', \hat{\mathbf{\Omega}}\right) \equiv p(\cos\Theta)$ に置き換えることで，p の特性を完全に表すのに必要な独立な方向変数の数が 4（$\hat{\mathbf{\Omega}}$ および $\hat{\mathbf{\Omega}}'$ で 2 つずつ必要）から 1 に減るので，非常に便利になる．規格化条件の式（11.7）は，

$$\frac{1}{4\pi}\int_0^{2\pi}\int_0^{\pi} p(\cos\Theta)\sin\Theta\, d\Theta\, d\phi = 1 \tag{11.16}$$

となる．あるいは

$$\boxed{\frac{1}{2}\int_{-1}^{1} p(\cos\Theta)\, d\cos\Theta = 1} \tag{11.17}$$

となる．特に断らない限り，これ以降ではこの簡易化された位相関数を使用する[4]．

11.3.1 等方散乱

最も簡単な散乱位相関数は一定値である．すなわち

$$p(\cos\Theta) = 1 \tag{11.18}$$

である．このような条件下での散乱は，**等方的（isotropic）**と呼ばれる．この式は，光子がすべての方向 $\hat{\mathbf{\Omega}}$ に等しく散乱される場合に対応する．このため，散乱前の光子の進行方向から，散乱後の光子の進行方向を予測するこ

3) 一般的には落下する氷晶・雪片・雨滴は空気動力学的な力により，特定の方向に配位する．放射伝達の計算では時として，この方向の異方性を考慮する必要がある．

4) しかしながら，天頂角や方位角で積分する場合は，$p(\cos\Theta)$ の形の位相関数を絶対的な方向（$\hat{\mathbf{\Omega}}$, $\hat{\mathbf{\Omega}}'$）の関数に戻して考えることも必要になる．

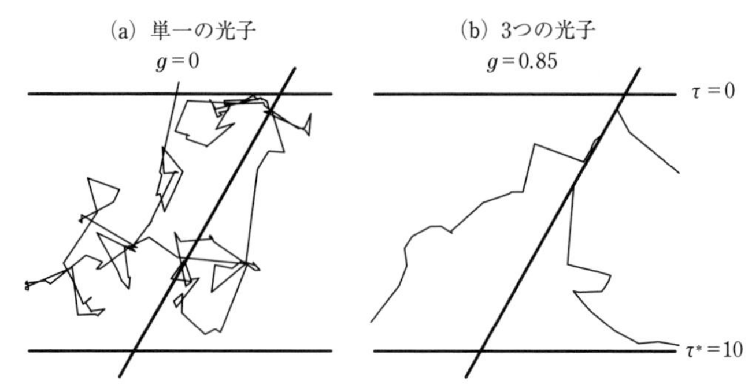

図 11.1　光学的厚さ $\tau^* = 10$ の平行平面の散乱層中での光子のランダムな経路の例

光子は $\theta = 0$ で上方から入射する．太い斜め線は散乱を受けない光子の経路を示す．(a) 散乱が等方的な場合の単一の光子のトラジェクトリー．(b) 非対称因子 $g = 0.85$ の場合の3つの光子のトラジェクトリー．$g = 0.85$ は太陽可視光に対する雲の典型的な値である．

とはまったく不可能である．言い換えれば，光子は過去の履歴をすべて**忘れる**ことになる．

等方的に散乱する単一光子のランダムな経路の例を図 11.1 (a) に示した．光子が一旦雲の中に入ると方向性なくさまよい，散乱されるたびに方向が急変する．酔歩（drunker's walk）により光子が雲の上端に戻り，雲から出てくることもある．この場合は，光子は雲のアルベドに寄与する．それに対して，経路上でのランダムな方向変化により光子が雲底まで到達する場合には，**拡散透過率**（**diffuse transmittance**）に寄与する．雲は光学的に厚いので，雲層の直接的な透過率は極めて小さい．つまり，散乱をまったく経ずして光子が雲底まで到達する確率は極めて小さい．

等方散乱の場合，放射伝達方程式における散乱の源関数は，

$$\frac{\tilde{\omega}}{4\pi}\int_{4\pi} p\left(\hat{\boldsymbol{\Omega}}', \hat{\boldsymbol{\Omega}}\right) I\left(\hat{\boldsymbol{\Omega}}'\right) d\omega' \;\rightarrow\; \frac{\tilde{\omega}}{4\pi}\int_{4\pi} I\left(\hat{\boldsymbol{\Omega}}'\right) d\omega' \qquad (11.19)$$

と簡略化される．源関数は $\hat{\boldsymbol{\Omega}}$ と $\hat{\boldsymbol{\Omega}}'$ に対して独立であり，球面上で平均した放射輝度と単一散乱アルベドとの積に等しい．

実大気中の粒子による散乱は，近似的にも等方的とは言えない．それにもかかわらず，等方散乱を仮定すると放射伝達方程式の解析解を簡略化できるので，少なくとも定性的な理解を得るために，理論的な研究ではしばしば等

方散乱の仮定が用いられる．

さらに，ある種の放射伝達の計算では，非等方散乱が関わる問題を等価的に等方散乱の問題として捉え直すことで，容易に導かれる近似解を得ることができる．このいわゆる**相似変換**（similarity transformation）については第13章で議論する．

11.3.2 非対称因子（asymmetry parameter）

散乱された放射の輝度を高精度で計算するためには，位相関数 $p(\cos\Theta)$ の関数形を具体的に表現する必要がある．第12章で示すように，実際の大気中の粒子の位相関数は複雑であり，数学的に簡単な形では表せない．しかし，放射輝度ではなくフラックスだけを問題にすることが多いのである．そのような場合には，位相関数の詳細な計算で行きづまる必要はなく，前方と後方に散乱される光子の相対的な比率が求まれば十分なのである．散乱の非対称因子（非等方因子とも呼ばれる）g は，この情報を含んでおり，

$$\boxed{g \equiv \frac{1}{4\pi}\int_{4\pi} p(\cos\Theta)\cos\Theta\, d\omega} \tag{11.20}$$

と定義される．非対称因子は，散乱された多数の光子の $\cos\Theta$ の平均値として解釈できる．したがって

$$-1 \le g \le 1 \tag{11.21}$$

となる．もし $g > 0$ であれば，光子は前方半球（元々の進行方向に対して）により多く散乱され，$g < 0$ ならば，後方半球へより多く散乱される．もし，$g = 1$ であれば，光子の元々の進行方向とまったく同じ方向に散乱される．この場合，まったく散乱が起こっていないとみなせる!! 他方，$g = -1$ のときは散乱が起きるごとに光子の進行方向は正反対になる．この特別な場合を想像することはできても，物理的にはまずありえない．

前の節で議論したように，等方散乱では前方半球および後方半球への散乱は同じ確率で起こるため $g = 0$ となる．これを直接的に示すために，$p = 1$ を式（11.20）に代入し，極座標における $d\omega$ を $\sin\theta\, d\theta\, d\phi$ と表し，$\hat{\mathbf{\Omega}} = \hat{z}$ とする．この場合，散乱角 Θ は天頂角 θ と同じになるので，

$$
\begin{aligned}
g &= \frac{1}{4\pi}\int_0^{2\pi}\int_{-\pi/2}^{\pi/2}\cos\theta\sin\theta\,d\theta\,d\phi \\
&= \frac{1}{2}\int_{-\pi/2}^{\pi/2}\cos\theta\sin\theta\,d\theta \\
&= \frac{1}{2}\int_{-1}^{1}\mu\,d\mu \\
&= 0
\end{aligned}
\tag{11.22}
$$

となる．

等方散乱の場合には $g = 0$ であるが，その他の等方的ではない位相関数でも $g = 0$ を満たすことに留意されたい．最も良い例は波長よりも小さい粒子による放射の散乱を表すレイリー位相関数であり，12.2 節で導出する．

雲中での太陽放射の散乱のような興味深い多くの問題に対して，非対称因子 g は 0.8 ～ 0.9 の範囲にある．言い換えれば，太陽光の波長域では，雲粒子は放射を前方に強く散乱する．図 11.1（b）に $g = 0.85$ のときの光子の経路を例示した．散乱された光子が次に散乱される間に進む平均距離は，等方散乱の場合（図 11.1（a））と同じである．しかし，光子はより大きな確率で，散乱前の進行方向とあまり変わらない方向に散乱されることがわかる．その結果，光子の経路はランダムではあるが，等方的な場合よりも規則的になる．光子はその進行方向が急変するまでに，統計的には極めて遠距離を（等方散乱に比べ）進むことができる．したがって，光子が雲底に到達する確率は高くなり，雲頂から出る確率は小さくなる．つまり，非対称因子が大きければ，拡散透過率は増加し，雲頂でのアルベドは減少することになる．

11.3.3　ヘニエイ-グリーンスタイン（Henyey-Greenstein）位相関数

粒子の散乱位相関数は，しばしば複雑なものとなる（この主題は第 12 章で扱う）．すでに述べたように，非対称因子 g がわかれば，必ずしも放射伝達の計算には完全で正確な $p(\cos\Theta)$ を用いる必要はない．ある種の計算には以下の基準を満たし，“代役のはたらきをする”位相関数を用いることがある．

- 数学的に便利な形式であり，理想的には非対称因子 g を陽に含む関数で

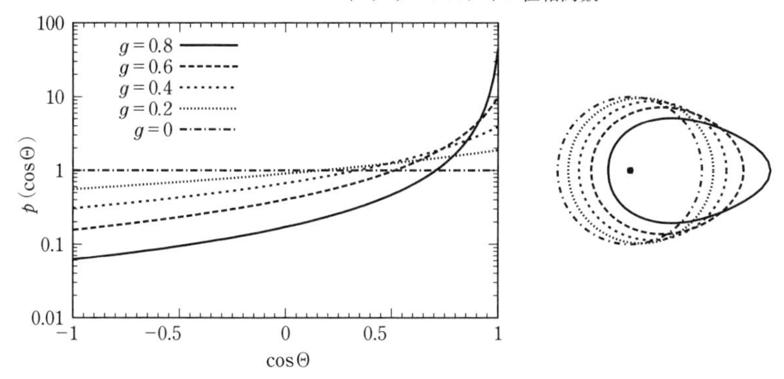

図 11.2 ヘニエイ–グリーンスタイン位相関数を $\cos\Theta$ に対しプロットしたもの（左図）と，対数スケールで極座標表示したもの（右図）

ある．

- 少なくとも実際の位相関数に似た形である．しかし，虹やコロナのような細部（第 12 章で見るような）を表現できなくてもよい．

- 物理的に意味をもつためには，位相関数の値はすべての Θ に対して正である．

ヘニエイ–グリーンスタイン（HG）位相関数は，上記の基準をすべて満たし，最も幅広く用いられるモデルとしての位相関数である．それは

$$p_{\mathrm{HG}}(\cos\Theta) = \frac{1-g^2}{(1+g^2-2g\cos\Theta)^{3/2}} \tag{11.23}$$

と表される．図 11.2 からわかるように，HG 位相関数は，$g=0$ のときには等方的となる．g が正であるとき，その関数の前方の極大は徐々に増加していくが，それでもかなり滑らかである．つまり HG 位相関数は高次の詳細は表現できないが，実際の位相関数の非対称性をよく捉えているのである．

問題 11. 1

式（11.23）に現れるパラメータ g は，式（11.20）で定義される非対称因

子に等しいことを示せ.

$g > 0$ であるHG位相関数は, 実際の粒子に見られる位相関数の前方極大をよく再現できるが, しばしば観測される後方極大（前方に比べ幾分小さい）は再現できない. したがって, 後方極大を再現するために, 時として二重HG位相関数（double HG function）を用いることがある. 2つの項のうちの1つが後方極大を表すような

$$p_{\mathrm{HG2}}(\cos\Theta) = b\,p_{\mathrm{HG}}(\cos\Theta;\ g_1) + (1-b)\,p_{\mathrm{HG}}(\cos\Theta;\ g_2) \quad (11.24)$$

の形となる. ここで $g_1 > 0$, $g_2 < 0$, $0 < b < 1$ である.

問題 11.2

(a) g_1, g_2, b が与えられたときの二重HG位相関数の非対称因子 g を求めよ.

(b) 海洋性ヘイズ粒子の可視域での上記のパラメータは $b = 0.9724$, $g_1 = 0.824$, $g_2 = -0.55$ であると報告されている. このときの g の値を求めよ.

(c)（b）で記述される位相関数 $p(\cos\Theta)$ を描け. 縦軸は対数軸にせよ.

11.4　単一散乱と多重散乱

太陽からの光子が大気層に入射, あるいは雲頂から雲の中に入射すると, その光子は最終的にその層から出る（上端や下端から）か, あるいは層内で吸収されるかのいずれかである. しかし, それらが起こる前に, 光子は大気中の粒子によりゼロ回から多数回にわたり散乱される.

前述したように散乱・吸収をまったく受けずに雲層を通過する光子のことを**直接透過した（directly transmitted）**光子と呼ぶ. ある特定の光子にこれが起こる確率は直接透過率 t_{dir} で与えられ, それはビーアの法則で計算されることも既に述べた. 一方で, 光子が少なくとも1回以上散乱された後に雲底から出る場合には雲の拡散透過率に寄与し, また雲頂から出る場合にはアルベドに寄与することになる.

ここで, 取り扱う問題を2種類に分類する. すなわち, 単一散乱が支配的

である問題と多重散乱が支配的である問題である．最初の場合では，アルベドや拡散透過率に寄与するほとんどの光子は 1 回だけ散乱される．雲層が光学的に薄い場合（$\tau^* \ll 1$）は雲層内で散乱された光子は再度散乱される前に雲から出る確率が高いため，単一散乱が卓越する．また，雲層の吸収性が強い場合（$\tilde{\omega} \ll 1$）も単一散乱となりやすいが，それは光子が再度散乱される前に，吸収されてしまうためである．

反対に，雲層が光学的に厚く（$\tau^* > 1$），しかも散乱性が強ければ（$1 - \tilde{\omega} \ll 1$），雲層に入る大部分の光子は 1 回以上の散乱を受ける．おそらく，雲頂や雲底から出るまでに数百回以上にわたり散乱されることになる．多重散乱の問題を正確に解くためには，かなり高度な知識が必要である．実際に，この問題だけを取り扱った本もあるくらいである．本書では多重散乱過程を含む放射伝達の基礎を第 13 章で扱う．

単一散乱を表現する放射伝達方程式

ここでは，はるかに簡単な単一散乱の問題を取り扱う．熱放射がない場合，式（11.13）と式（11.14）を組み合わせると，

$$\mu \frac{dI(\mu,\,\phi)}{d\tau} = I(\mu,\,\phi) - \frac{\tilde{\omega}}{4\pi}\int_0^{2\pi}\int_{-1}^{1} p(\mu,\,\phi;\,\mu',\,\phi')\,I(\mu',\,\phi')\,d\mu' d\phi' \quad (11.25)$$

を得る．単一散乱の問題では，積分中の放射輝度 $I(\mu',\phi')$ は定義により直接的な光源（たとえば太陽）の放射輝度が減衰したものになる（既に散乱された放射の寄与が無視できるため）ので，その取り扱いが簡単なものになる．無限遠の点光源からの平行光線が雲の上から入射してくる場合（これは太陽直達光に対してよい近似となる），

$$I(\mu',\,\phi') = F_0\delta(\mu' - \mu_0)\,\delta(\phi' - \phi_0)\,e^{\frac{\tau}{\mu_0}} \quad (11.26)$$

と表される．ここで $\mu_0 < 0$ と ϕ_0 は入射光線の方向，F_0 は光線に垂直な面への太陽の入射フラックス，また指数関数の項は雲層上端（$\tau = 0$）から雲内での高度 τ までの直接透過率を表す．ディラックの δ 関数は，$x \neq 0$ でゼロ，$x = 0$ で無限大となる関数であり，規格化すると $\int_{-\infty}^{\infty} \delta(x')\,dx' = 1$ となり，さらに $\int_{-\infty}^{\infty} f(x')\,\delta(x' - x)\,dx' = f(x)$ となる．

これらの式を代入すると，式（11.25）は，

$$\mu\frac{dI}{d\tau}=I-\frac{F_0\tilde{\omega}}{4\pi}p(\cos\Theta)\,e^{\tau/\mu_0} \tag{11.27}$$

となる．ここでIのμ，ϕ，τへの依存性はわかっており，$\cos\Theta\equiv\hat{\mathbf{\Omega}}\cdot\hat{\mathbf{\Omega}}_0$は入射する太陽光と散乱光の方向のなす角の余弦である．

式（11.27）を再び書き直し，$e^{-\tau/\mu}$をかけると，

$$\frac{dI}{d\tau}e^{-\tau/\mu}-\frac{1}{\mu}I\,e^{-\tau/\mu}=-\frac{F_0\tilde{\omega}}{4\pi\mu}p(\cos\Theta)\,e^{\tau/\mu_0}e^{-\tau/\mu} \tag{11.28}$$

を得る．左辺を簡単な形で表すと，

$$\frac{d}{d\tau}[I\,e^{-\tau/\mu}]=-\frac{F_0\tilde{\omega}}{4\pi\mu}p(\cos\Theta)\,e^{\tau\left(\frac{1}{\mu_0}-\frac{1}{\mu}\right)} \tag{11.29}$$

を得る．

上式を$\tau=0$から$\tau=\tau^*$まで積分すれば，雲頂と雲底から現れる散乱放射の輝度が得られる．計算を簡単にするために，$\tilde{\omega}$と位相関数は高度に依存しないと仮定すると，これらを積分の外に出すことができ，

$$I(\tau^*)\,e^{-\frac{\tau^*}{\mu}}-I(0)=\frac{-F_0\tilde{\omega}}{4\pi\mu\left(\dfrac{1}{\mu_0}-\dfrac{1}{\mu}\right)}p(\cos\Theta)\left[e^{\tau^*\left(\frac{1}{\mu_0}-\frac{1}{\mu}\right)}-1\right] \tag{11.30}$$

が得られる．驚くべきことに，上式により，雲頂（$\tau=0$）での上向き放射と，雲底（$\tau=\tau^*$）での下向き放射の両方の場合の解が得られる．最初の場合，$\mu>0$での$I(0)$を求めると，

$$I(0)=I(\tau^*)\,e^{-\frac{\tau^*}{\mu}}+\frac{F_0\tilde{\omega}}{4\pi\mu\left(\dfrac{1}{\mu_0}-\dfrac{1}{\mu}\right)}p(\cos\Theta)\left[e^{\tau^*\left(\frac{1}{\mu_0}-\frac{1}{\mu}\right)}-1\right] \tag{11.31}$$

となる．2番目の場合，式を少し変形することで$\mu<0$での$I(\tau^*)$が求まり

$$I(\tau^*)=I(0)\,e^{\frac{\tau^*}{\mu}}-\frac{F_0\tilde{\omega}}{4\pi\mu\left(\dfrac{1}{\mu_0}-\dfrac{1}{\mu}\right)}p(\cos\Theta)\left[e^{\frac{\tau^*}{\mu_0}}-e^{\frac{\tau^*}{\mu}}\right] \tag{11.32}$$

を得る．

まとめると，以下の3条件がすべて満たされる特別な場合は，これらの式により大気層（もしくは，薄い雲層）の上端と下端での散乱光の輝度が得られる．その条件とは（a）多重散乱が無視できる．（b）$\tilde{\omega}$とp（$\cos\Theta$）は一

定である．(c) 外部からの唯一の入射光は，太陽光のような平行光線である．これらの3条件のうち，1番目のものが満たされるためには，$\tilde{\omega} \ll 1$ もしくは $\tau^* \ll 1$ が必要であることに留意されたい．

さらに考察を進めてみる．第1に，大気層による散乱光の寄与に着目するため，直接透過光の項を落とす（必要ならばいつでも戻すことができる）．第2に，多重散乱を無視しているので $\tau^* \ll 1$ であり，さらに μ_0 や μ が1に比べ極めて小さくはないと仮定する．x が小さい場合，$e^x \approx 1 + x$ と近似できるので，式 (11.31)，(11.32) は，

$$\left.\begin{array}{ll} \mu > 0 \text{の場合，} & I(0) \\ \mu < 0 \text{の場合，} & I(\tau^*) \end{array}\right\} = \frac{F_0 \tilde{\omega} \tau^*}{4\pi |\mu|} p(\cos\Theta) \tag{11.33}$$

となる．上記の式は直感的に解釈することができ，これまでの計算手順を踏まなくても推測できるような結果であることがわかる．第1に，$F_0\tau^*$ は大気層で減衰した直達太陽光フラックスの大きさを表す（これは $\tau^* \ll 1$ のときのみに正しいことを思い出されたい）．第2に，$(\tilde{\omega}/4\pi)\, p(\cos\Theta)$ は，伝搬途中で散乱された光子のフラックスによる散乱源の項（$\hat{\mathbf{\Omega}}$ 方向の）への寄与を表す．また因子 $1/\mu$ は，大気を鉛直方向から見る場合，水平方向に比べ，大気層中の経路が短いことを考慮した因子である．その結果，経路上で積分した散乱の放射輝度への寄与は，視線方向が水平に近づくに従い増大することになる．

問題 11.3

計算機のプログラムを作成し，式 (11.33) および式 (11.32) を用いて求めた $I(\tau^*)$ を，$\mu\,(-1 < \mu < 0)$ に対して同じ図の上にプロットせよ．$\mu \neq \mu_0$ の方向からの地球外の放射源はなく，等方散乱を仮定せよ．2番目の式が1番目の式の良い近似となるような，μ，μ_0，τ^* の範囲を求めよ．2つの式の値が大きく異なるとき，不一致の特性を記述せよ．どちらの式も大気が光学的に薄いときのみ正しいことを考慮して，$\tau^* \leqq 0.1$ での値に注目せよ．また式 (11.32) は，$\mu \to \mu_0$ の極限では物理的に意味のある値となるが，$\mu = \mu_0$ の値は直接代入できないことに注意されたい．

11.5　気象学・気候学・リモートセンシングへの応用

11.5.1　天光の輝度

式（11.33）を導出する際に大きな制約をいくつか設けた．それは，$\tau^* \ll 1$，$\tilde{\omega}$ と $p(\cos\Theta)$ は τ に依存しないこと，μ_0 および μ は小さすぎない，という条件である．実際にそれらの仮定は雲やヘイズのない大気中において，可視や近赤外領域での太陽光の空気分子による散乱に対して，かなりあてはまる．ただし（a）青・紫よりも長波長域を対象にする，また，（b）視線方向が水平に近すぎないという条件つきであるが．

したがって，雲のない大気において，当該波長での光学的厚さ τ^* と適切な位相関数 $p(\Theta)$ を与えて，これらを任意の μ_0，μ に対する式（11.33）に代入することで，空（太陽の直達光線から離れた方向の）の放射輝度が求められる．

第 12 章で示すように，可視領域における空気分子の散乱位相関数は

$$p(\Theta) = \frac{3}{4}(1 + \cos^2\Theta) \tag{11.34}$$

であり，レイリー位相関数と呼ばれる．この位相関数は大変滑らかで，前方・後方散乱に関して完全に対称である（$g = 0$）．位相関数による放射輝度の変動幅は 2 倍しかなく，位相関数は散乱角 Θ の滑らかな関数なので，輝度の変動は肉眼では明瞭に認識できない．その結果，空の放射輝度は一様に見える．ただし，直接透過する太陽光の方向だけは周囲に比べ放射輝度が強くなっている．

分子散乱の $p(\Theta)$ は可視波長全域において同じ形をしているが，分子散乱による大気の光学的厚さ τ^* は波長に強く依存する．実際，$\tau^* \propto \lambda^{-4}$ となることを次章で示す．したがって，式（11.33）から，分子散乱による天空の放射輝度は λ^{-4} に比例することが示唆される．空が青く見えるのはまさにこの波長依存性によるものである．青や紫外の短波長では，大気は $\tau^* \ll 1$ とはならないため，もはや上述の式（11.33）によって天空の放射輝度を正確に計算することはできない．

もちろん，自然界の中では最も清浄な空気といえども，その中には分子だ

けではなく，エアロゾルと呼ばれる他の種類の粒子が存在する．典型的には単位 cm^3 当たりに数千個のエアロゾルが存在する．ここで重要な粒子とは $10^{-2}\,\mu m \sim 1\,\mu m$，もしくはそれ以上の大きさのものである．このような比較的大きな粒子による可視光の散乱は，分子散乱ほど波長に強く依存しない．さらに，エアロゾルの散乱位相関数はレイリー位相関数のように対称ではなく，前方散乱が強いものとなる．

太陽光の波長域での分子やエアロゾルによる散乱の挙動を，以下の表で比較した．

	分子	エアロゾル
波長依存性	λ^{-4}	弱い
$p(\Theta)$	滑らかで対称	非対称性が大きい
時間・場所依存性	ほぼ一定	大きく変動する

問題 11.4

上記の情報に基づいて，光散乱性のエアロゾル（ヘイズなど）が視覚的に (a) 空の色，および (b) 太陽の散乱光の輝度の角度依存性，にどのように影響するか説明せよ．この解析は日々の経験と一致するか？

11.5.2　水平方向の視程

世界の数万ヵ所で毎時，専門職員や自動気象測器により詳細な気象観測が行われている．それらの観測所の多くが空港の近くにあるのは偶然ではない．航空機の運航を支援するのに高時間分解能の局地的な気象観測が必須であるため，全球における密な気象観測網が作られたのである．

パイロットはさまざまな気象変数に注意を払うが，最も関心をもつのは (1) 最下層の雲の雲底高度（cloud ceiling height）と，(2) 水平の**視程**（**visibility**）である．この情報はパイロットにとって空港に安全着陸し，他の航空機との衝突を避けるために重要である［訳注：ceiling and visibility（C&V）の情報は米国では aviation weather center から出されている］．この章の主題と密接に関連する視程についてこれから議論していく．

視程は，滑走路・障害物・航空灯のような物体を肉眼で，はっきりと認識できる最大の水平距離として定義される．よく晴れた砂漠での視程は

100 km を超える一方で，カリフォルニア沿岸における濃い霧（pea-soup fog）の中では数 m しかない．

視程は視線方向の消散係数 β_{e} で完全に決まると思いがちである．距離 s における透過率は

$$t = e^{-\beta_{\mathrm{e}} s} \tag{11.35}$$

である．したがって，肉眼が認知できる最小の透過率 t_{min} 用いて，視程 V を

$$V = \frac{1}{\beta_{\mathrm{e}}} \log\left(t_{\mathrm{min}}\right) \tag{11.36}$$

と β_{e} により表されると思うかもしれないが，そのような解析は単純すぎるのである．以下の例からこのことが理解できる．

- 双方向の透過鏡（translucent mirror）は，万引き監視のためにデパートによく設置されている．鏡の透過率は，光がそれから出る場合でも入る場合でも同じである．しかし，照明のある部屋にいる買い物客は，反射面側から鏡を覗いても反対側にあるものは見えにくく，鏡が光を透過することすらも気づかないであろう．しかし，非反射面側から覗く人にとっては（特に暗い部屋にいる場合），鏡の向こう側を容易に見ることができるのである．

- 車のフロントガラスに埃が付着している場合，透過率はいくらか減少するが，通常はこの効果は小さい．実際に日中，太陽と反対方向に進んでいるときは埃があることに気付かない．しかし，夕陽に向かって進んでいるときは，夕陽がほとんど見えない状況になる．この違いが生じるのは，透過率が変化したためではなく，フロントガラスに付着した埃により太陽光が散乱され，それが輝いて見えるからである．

これらの例から，物体を肉眼で認知する条件は，透過率ではなく，視覚的なコントラスト（visual contrast）であることがわかる．ここで，我々はコントラストを観測対象物の明るさ（放射輝度）I と観測対象物の背景の明るさ I' との差を I' で規格化した

$$C \equiv \frac{I' - I}{I'} \tag{11.37}$$

と定義する．

散乱がない吸収性の大気では，視線方向の透過率が減少することによっては，等距離に位置する2つの対象物のコントラストはまったく変わらず，輝度の減衰率がどちらも同じである限り視程はほとんど変わらない（肉眼による光の検知限界までは）．

大気の散乱により視線方向の放射源が増大することによりコントラストが低下する（この放射源は，注目している物体の放射輝度には依存しない）．その放射源が視線方向の光路に沿って積算されるので，光路が長い場合は短い場合に比べコントラストはより低下する．視程を「対象物のコントラストが肉眼で捉えられる下限まで低下する距離」と定義する．

次に，水平光路sの方向に単一散乱された放射が放射輝度へ及ぼす効果を考慮することにより，視程の問題を定量的に解析する．水平光路を考えているので，平行平面での放射伝達方程式を用いることはできず，式（11.9）

$$\frac{dI}{d\,(\beta_{\mathrm{e}} s)} = -I + J \tag{11.38}$$

を用いる必要がある．ここでIは方位角方向ϕでの水平の放射輝度，Jは

$$J = \frac{\tilde{\omega}}{4\pi} \int_{4\pi} p\,(\mu_0,\ \phi_0;\ 0,\ \phi)\, I\left(\hat{\mathbf{\Omega}}'\right) d\omega' \tag{11.39}$$

で与えられる散乱の源関数である．sは観測者に向かう方向の距離である．

この問題においては，大気は水平方向に一様と仮定できるので，消散係数β_{e}と散乱源関数Jは，光路上で一定である．これらの仮定を用いて，式（11.38）を積分すると，

$$I\,(S) = I\,(0)\, e^{-\beta_{\mathrm{e}} S} + (1 - e^{-\beta_{\mathrm{e}} S})\, J \tag{11.40}$$

を得る．ここで$I(0)$は，注目している物体の固有の（intrinsic）放射輝度を表し，途中の大気の影響は含まれない．$I(S)$は，そこからS離れた位置で観測される物体の放射輝度を表す．第1項に対して光路の透過率$t = e^{-\beta_{\mathrm{e}} S}$の重みが付き，第2項に対しては$1 - t$の重みが付いたと考えると，観測される輝度は，固有の輝度と散乱源関数Jの加重平均であることがわかる．$t = 0$であるならば，大気の散乱光しか見えなく，$S = 0$にある物体の

痕跡すら見えない.

問題 11.5

式（11.38）から式（11.40）を導く手順を説明せよ.［ヒント：両辺に積分因子 $e^{\beta_e S}$ を掛けると微分方程式を容易に積分できる形に変形できる.］

上記の方程式を用いて，輝度 $I'(0)$ である白い背景に対する，$I(0)=0$ である黒い物体のコントラストを計算すると，

$$C=\frac{I'(S)-I(S)}{I'(S)}=\frac{I'(0)\,t}{I'(0)\,t+(1-t)\,J} \tag{11.41}$$

となる．物体とその背景との違いを肉眼で識別できる最小のコントラストに対応する距離 S を求めたいので，上式を

$$S=\frac{1}{\beta_e}\ln\left[\frac{I'(0)(1-C)}{CJ}+1\right] \tag{11.42}$$

と変形する．$I'(0)$，C，J を適切に仮定すれば距離 S が求まる．

背景の輝度を $I'(0)=\alpha F_0$ と仮定する．ここで α は，背景の反射特性（視線方向の幾何学的配置における）と太陽光の入射方向に依存する．たとえば，吸収がまったくなく，等方反射をする反射板が背景であるならば，$\alpha \le 1/\pi$ となり，等号は太陽光が垂直入射する場合に成り立つ．

前に記したように，鉛直方向に大気は光学的に薄く，太陽高度が十分に高いと仮定すると，散乱源関数 J は

$$J \approx \frac{F_0\tilde{\omega}}{4\pi}p\,(\mu_0,\ \phi_0;\ 0,\ \phi) \tag{11.43}$$

と近似できる．ここで μ_0 は太陽の天頂角のコサインである．位相関数は散乱角のコサインのみで表されると仮定すると，

$$\begin{aligned}\cos\Theta &= \hat{\mathbf{\Omega}}_0\cdot\hat{\mathbf{\Omega}}\\ &=\left(\sqrt{1-\mu_0^2}\cos\Delta\phi,\ \sqrt{1-\mu_0^2}\sin\Delta\phi,\ \mu_0\right)\cdot(1,\ 0,\ 0)\\ &=\sqrt{1-\mu_0^2}\cos\Delta\phi\end{aligned} \tag{11.44}$$

を得る．ここで，$\Delta\phi=\phi-\phi_0$ は，観測者の視線の方位角と太陽の方位角がなす角度である．

したがって，上記の方程式に J と $I'(0)$ を代入し，$\alpha \approx \mu_0/\pi$，$C \approx 0.02$ を与えると，S は

$$S \approx \frac{1}{\beta_e} \ln\left[\frac{200\mu_0}{\tilde{\omega} p(\cos\Theta)} + 1\right] \tag{11.45}$$

と表される．

問題 11.6

問題 11.2 で与えた海洋性のヘイズの位相関数と式（11.45）を用いて計算した視程（km 単位）を太陽方向からの方位角 $\Delta\phi$ に対してプロットせよ（$\mu_0 = 1$ と $\mu_0 = 0.5$ の 2 つの条件で）．いずれの場合も $\beta_e = 1.0\ \mathrm{km}^{-1}$ および $\tilde{\omega} = 1$ と仮定せよ．2 つの曲線の差を説明せよ．この結果は日常経験と一致するか？

第12章　粒子による散乱と吸収

前章では大気における放射の散乱過程を考慮するために必要な数学的枠組みと学術用語について述べた．マイクロ波やより短い波長における放射の散乱過程を含む厄介な問題には，ほとんどの場合，何らかの粒子（分子からひょう粒子に至るまで）が関与していると言ってよい[1)]．

形式的に式（11.9）で表される放射伝達方程式において，粒子による散乱の影響は，局所的な消散係数 β_e ($d\tau = \beta_e\,ds$ なので)，単一散乱アルベド $\tilde{\omega}$，および散乱位相関数 $p\,(\cos\Theta)$ により表される．

これらの値は波長および浮遊粒子の大きさ・組成・形状・数に依存している（大気の気体成分による吸収効果に加え）．本章では粒子の物理的・幾何的な特性とその吸収・散乱の特性との関係の基礎を説明する．

12.1　大気中の粒子

12.1.1　概観

大気中に存在する粒子の種類は膨大である．たとえば，気体分子・ヘイズ・煙・塵・花粉・雲粒・氷晶・雨粒・雪片・ひょう粒子・昆虫・鳥・飛行機が挙げられる．このどれもが大気中における電磁波の散乱に何らかの効果を及ぼす[2)]．大気粒子の代表的な大きさと数密度を表12.1に示した．

粒子による放射の散乱においては粒子の**大きさが重要である**．一般的に，波長よりはるかに小さい粒子（たとえば第9章で述べたような気体分子）では，放射を吸収する効果があるものの，散乱する効果は無視できるほど小さ

1）電波の波長においては，大気の屈折率の乱流によるゆらぎや，電気伝導性のイオン化された気体が存在することで弱い散乱が生じる．

2）昆虫・鳥・飛行機による散乱は主にレーダーで重要となる．

表 12.1 大気中の粒子の種類の例で，代表的な直径と数濃度を記した．実大気ではこの表よりも大きな変動が生じることに注意されたい．

種類	大きさ	数
気体分子	$\sim 10^{-4}\,\mu$m	$< 3 \times 10^{19}$ cm^{-3}
エイトケン粒子（エアロゾル）	$< 0.1\,\mu$m	$\sim 10^{4}$ cm^{-3}
大粒子（エアロゾル）	0.1–1 μm	$\sim 10^{2}$ cm^{-3}
粗大粒子（エアロゾル）	$> 1\,\mu$m	$\sim 10^{-1}$ cm^{-3}
雲粒	5–50 μm	10^{2}–10^{3} cm^{-3}
霧雨の雨滴	$\sim 100\,\mu$m	$\sim 10^{3}$ m^{-3}
氷晶	10–10^{2} μm	10^{3}–10^{5} m^{-3}
雨粒	0.1–3 mm	10–10^{3} m^{-3}
あられ粒子	0.1–3 mm	1–10^{2} m^{-3}
ひょう粒子	~ 1 cm	10^{-2}–1 m^{-3}
昆虫	~ 1 cm	< 1 m^{-3}
鳥	~ 10 cm	$< 10^{-4}$ m^{-3}
飛行機	~ 10 m	< 1 km^{-3}

いのである．“粒子の大小”の正確な定義は後述する．

逆の極限として粒子が波長に比べて非常に大きい場合は，**光線追跡法**（ray-tracing）あるいは**幾何光学**（geometric optics）[3]と呼ばれる近似法が使えるので，第4章で述べた均質な媒質における反射・屈折・吸収の法則に基づき σ_e, $\tilde{\omega}$, $p(\Theta)$ を計算することができる．

残念ながら，大気中の多くの粒子は上記の両極端の領域の間に属している．このような粒子の散乱や吸収の特性を計算するためには，より複雑な方法が必要である．また，その方法においては一般的に回折・（波動の振幅を増幅する，あるいは弱める）干渉効果・他の現象の効果などを考慮する必要がある．

本書ではランダムに配向した非常に小さな粒子（レイリー散乱理論）と任意の大きさの球（ミー散乱理論）に適用できる方法のみを扱う．分子からヘイズ粒子・雲粒・雨粒・あられ粒子に至るまでの多くの大気粒子においては，

---

3) 大きな粒子であっても，幾何光学による結果は厳密な理論とは一致しない．この不一致は，光線追跡法において粒子の**近傍**を通過する光線のわずかな曲がりを考慮できないことによる．しかし，この曲がりは微小であるので，まったく散乱が起きないとして放射を取り扱える場合がしばしばあり，その場合には幾何光学近似はまったく正しいものとなる．

レイリー理論かミー理論（またはどちらも）が適用できるので（常に完全に適用できるわけではないが），かなり広範囲の実際問題を取り扱うことができる．

12.1.2　重要な特性

既に述べたように，粒子の大きさと放射の波長との大小関係は，粒子の散乱・吸収特性を理解し，それを計算するうえで極めて重要である．そのために，無次元のサイズパラメータを

$$\boxed{x \equiv \frac{2\pi r}{\lambda}} \tag{12.1}$$

と定義する．ここで r は球形粒子の半径である．非球形粒子の場合には，r はその粒子と同一の表面積あるいは体積をもつ球形粒子の半径とすることがある．

x のおおよその値から，ただちに散乱の重要性を判断でき，どの**散乱領域** **(scattering regime)** であるか（つまりレイリー散乱，ミー散乱，または幾何光学のうちどれが最も適切であるか）がわかる．電磁波の波長と粒子の種類の組み合わせと，この散乱領域との関係を図 12.1 に示した．

もう 1 つの鍵となる特性は式（4.19）で定義した相対屈折率 m

$$\boxed{m \equiv \frac{N_2}{N_1}}$$

である．ここで N_2 と N_1 はそれぞれ，粒子とその周囲の媒体の複素屈折率である．屈折率の実部 $n_r = \Re(N)$ は波が物質中を伝搬する位相速度を支配し，虚部 $n_i = \Im(N)$ は物質による吸収の強さを支配する（やや単純化しすぎではあるが）．空気中を浮遊している粒子では通常 N_1 は 1 とされるので $m \approx N_2$ である．N_2 は粒子の化学組成と波長に依存する．水と氷の屈折率の波長依存性を図 4.1 で示してある．

また粒子の**形状 (shape)** も放射の特性を決める重要な因子である．しかし，大気放射の問題では粒子を球形と仮定することが多い（それが完全に正しくなくても）．氷晶・雪片・固相のエアロゾル（たとえば煤）の形状は球

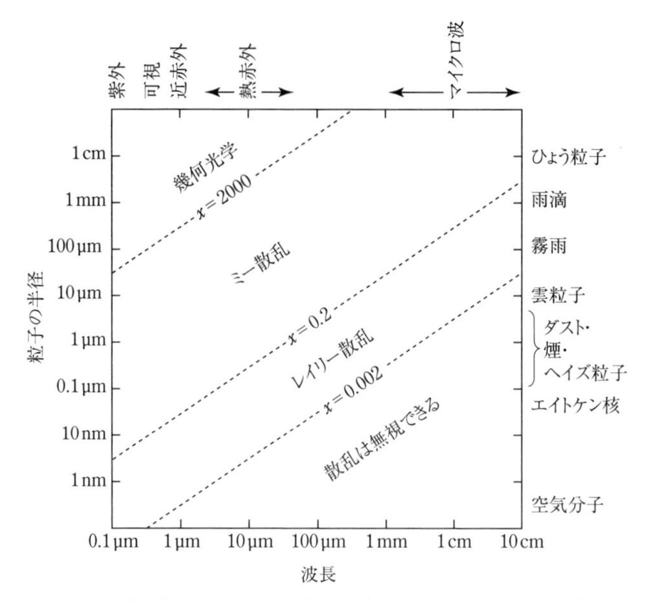

図 12.1　大気粒子における，粒子の大きさ，放射の波長，散乱の振る舞いの間の関係
斜めの破線は散乱領域の大まかな境界を示す.

形とは大きく異なり，そのように取り扱いができない事例であり，もし球形として扱うのならば，少なくともその旨を明記する必要がある．非球形粒子の正確な計算は非常に難しく，一般の条件でこれが可能となったのは最近の高速計算機のおかげである．この問題は本書では取り扱わない．

12.2　小粒子による散乱

12.2.1　双極子放射

粒子が波長より十分に小さい場合，つまり，$|m|\,x \ll 1$ のとき，外部からの振動電場の影響を，粒子の体積全体が同時にかつ一様に受けることになる（各瞬間にあたかも静電場中に置かれているかのように）．粒子全体は外部電場に応答して部分的に分極する．つまり，粒子体積内で電場ベクトルの方向へ正電荷がわずかに移動し，その逆方向に負電荷が移動する．この結果，粒子は**誘起双極子モーメント**（**induced dipole moment**）$\vec{\mathrm{p}}$ をもつ**電気双極子**（**elec-

tric dipole）となる．$\vec{\mathbf{p}}$ の物理的な次元は電荷と距離の積であり，これは移動した正味の電荷 Q と実効的な変位 $\bar{\mathbf{x}}$ の積と解釈できる．

いま注目している大部分の粒子では，球形小粒子の双極子モーメントは外部電場の強度に比例し，

$$\vec{\mathbf{p}} = \alpha\,\vec{\mathbf{E}}_0 \exp(i\omega t) \tag{12.2}$$

と表される．ここで α は粒子の**分極率**（**polarizability**）と呼ばれる．分極率は粒子の組成および大きさ，入射波の角周波数 $\omega = 2\pi\nu$ に依存する．また，この α は複素数のこともあることに注意されたい．虚部が 0 でないときは，$\vec{\mathbf{p}}$ と $\vec{\mathbf{E}}$ に位相差が生じる．

このように，入射波の電場の振動に対し強度と方向が同期して振動する双極子が生じるのである．このとき，振動する双極子それ自体が電磁波を生じ，電磁波は光速で外向きに伝搬することになる．これが放射の散乱が生じる物理過程である．

ここで，入射波は $\hat{\mathbf{\Omega}}$ 方向に伝わり，観測者は原点に置かれた双極子から十分遠い距離 $R \gg r$ だけ離れた $\hat{\mathbf{\Omega}}'$ 方向に位置しているとする．入射波と観測位置での散乱波との関係をイメージするために役立つ事実を以下に挙げる．

1. 入射波の電場ベクトルは伝搬方向 $\hat{\mathbf{\Omega}}$ に対し垂直である．

2. $\vec{\mathbf{p}}$ は入射波の電場 $\vec{\mathbf{E}}_0$ と同じ方向であると仮定しているので [4]，$\vec{\mathbf{p}}$ も $\hat{\mathbf{\Omega}}$ に直交している．

3. 双極子の電荷分布は対称なので，どの観測点 $\hat{\mathbf{\Omega}}'$ についても，散乱波の電場ベクトル $\vec{\mathbf{E}}_{\mathrm{scat}}$ は $\vec{\mathbf{p}}$ と $\hat{\mathbf{\Omega}}'$ を含む平面上にある．

4. 観測点での散乱波の電場 $\vec{\mathbf{E}}_{\mathrm{scat}}$ の振幅は，$\vec{\mathbf{p}}$ を $\hat{\mathbf{\Omega}}'$ に直交する平面に射影したものに比例する．このことから $\vec{\mathbf{E}}_{\mathrm{scat}}$ の振幅は，双極子モーメントに沿う方向からみたときゼロであり，双極子モーメントと直交する方

4）言い換えれば，分極率 α を $\vec{\mathbf{E}}_0$ に対する $\vec{\mathbf{p}}$ の方向を変化させる 3×3 のテンソルではなく，スカラーと仮定している．この仮定は，水のように電気的に等方的な物質からなる球形粒子の場合は常に正しい．

向からみたとき最大となる．このことを数学的に表すと $\vec{\mathbf{E}}_{\text{scat}} \propto \sin\gamma$ となる．ここで γ は $\vec{\mathbf{E}}_0$ と散乱方向 $\hat{\mathbf{\Omega}}'$ のなす角である（2. の事実を用いて）．

5. 双極子が放射する電磁波の振幅には，双極子中の電荷の**加速度**が関係するということも重要な点である．静的な双極子は静電場を生成するが，伝搬性の電磁波を生成せず，何らのエネルギーも放射しない．振動する双極子は外向きの電磁波を誘起し，その強度は周波数の **2 乗**に比例する．

項目 4. と 5. および式（12.2）を組み合わせると

$$\left|\vec{\mathbf{E}}_{\text{scat}}\right| \propto \frac{\partial^2 \vec{\mathbf{p}}}{\partial t^2} \sin\gamma \propto \omega^2 \sin\gamma \tag{12.3}$$

という比例関係が得られる．2. 5 節で議論した通り，伝搬する電磁波の放射輝度 I は電場の振幅の 2 乗に比例する．ゆえに散乱波の放射輝度には

$$I \propto \omega^4 \sin^2\gamma \tag{12.4}$$

の比例関係が成り立つ．次に，この比例関係を，散乱角 Θ と方位角 Φ を用いて書き換える．ここで $\boldsymbol{\Theta}$ は $\hat{\mathbf{\Omega}}$ と $\hat{\mathbf{\Omega}}'$ のなす角度で，Φ は $\hat{\mathbf{\Omega}}$ に対する $\hat{\mathbf{\Omega}}'$ の方位角とする．

便宜上，$\hat{\mathbf{\Omega}}$ を x 軸に一致させ，入射波の電場 $\vec{\mathbf{E}}_0$ を z 軸に沿うようにする．これは 2. の事実と整合している．こうすると $\hat{\mathbf{\Omega}}$ と $\hat{\mathbf{\Omega}}'$ を

$$\hat{\mathbf{\Omega}} = (1,\ 0,\ 0) \tag{12.5}$$

$$\hat{\mathbf{\Omega}}' = (\cos\Theta,\ \sin\Theta\sin\Phi,\ \sin\Theta\cos\Phi) \tag{12.6}$$

のようにデカルト座標系で表すことができる．これにより

$$\begin{aligned}\cos\gamma &= \hat{\mathbf{z}}\cdot\hat{\mathbf{\Omega}}' \\ &= (0,\ 0,\ 1)\cdot\hat{\mathbf{\Omega}}' \\ &= \sin\Theta\cos\Phi\end{aligned} \tag{12.7}$$

と書ける．また

$$\sin^2\gamma = 1 - \cos^2\gamma = 1 - \sin^2\Theta\cos^2\Phi \tag{12.8}$$

であり，これを式（12.4）に代入すると

$$I \propto \omega^4 (1 - \sin^2\Theta\cos^2\Phi) \tag{12.9}$$

となる．この式は，**レイリー散乱（Rayleigh scattering）**と呼ばれる散乱現象

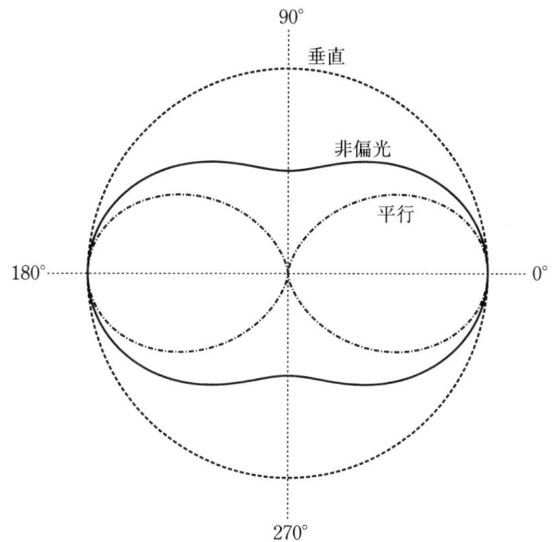

図 12.2　小さな粒子による散乱（レイリー散乱）の位相関数の極座標表示

最外部（破線）の曲線は入射波の電場ベクトルに垂直な平面上での $\hat{\mathbf{\Omega}}'$ 方向の散乱強度である．最も内側の曲線（鎖線）は電場ベクトルと平行な平面上での方向に対応する．実線は，偏光していない入射光に対応する散乱強度である（式 (12.10)）．

のあらゆる特徴を表している．まずこの結果を解釈してみる．

- 分極率 α が周波数に強く依存しないと仮定した場合（これが妥当かは考える粒子次第である），散乱波の放射輝度は入射波の周波数の **4 乗**に比例する．後にこれを使うので，覚えておく必要がある．

- Φ が 90° か 270° の場合，つまり $\vec{\mathbf{E}}_0$ に垂直な平面上の任意の位置で観測される散乱光について，Θ によらず散乱強度は最大値かつ定数である（図 12.2 の最外部の曲線）．

- Φ が 0° または 180°，かつ Θ が 90° の場合，つまり双極子の軸に一致する 2 方向においては，散乱強度はゼロである（図 12.2 の最内部の曲線）．

12.2.2　レイリー位相関数

図 12.3 の上 2 枚の図に，偏光した入射光に対するレイリー位相関数の完全な形状を示した．

偏光していない入射光に対しては，式 (12.9) を Φ について平均し，式 (11.7) により規格化することで位相関数

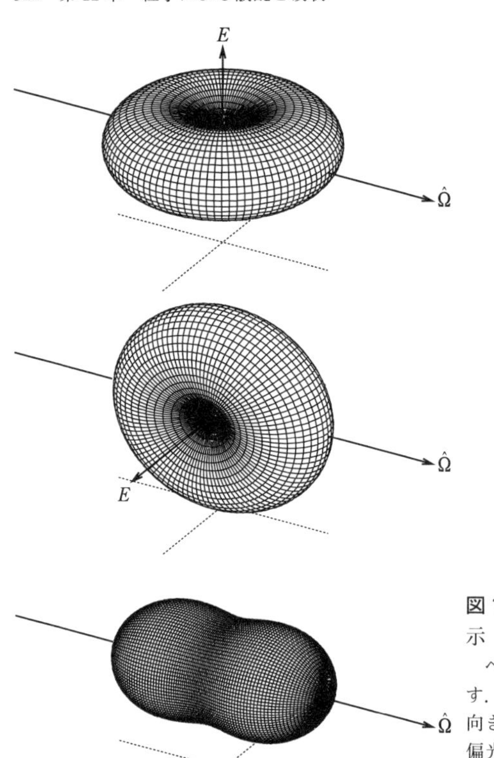

図 12.3　レイリー位相関数の3次元表示

ベクトル $\hat{\mathbf{\Omega}}$ は入射する放射の方向を示す．ベクトル E は入射する放射の電場の向きを示す．上図：入射する放射は垂直偏光している場合．中央図：入射する放射が水平偏光の場合．下図：入射する放射が偏光していない場合．

$$\boxed{p(\Theta) = \frac{3}{4}(1 + \cos^2\Theta)} \tag{12.10}$$

を得る．上記の式は，波長に比べて非常に小さな粒子の散乱位相関数を表している．それは図12.2の実線，および図12.3の最下部の図で示されている．

問題 12. 1

式（12.9）から式（12.10）を導出せよ．

問題 12. 2

式（12.10）よりレイリー散乱の非対称因子 g はゼロであることを示せ．

12.2.3 偏光

式（12.10）では入射光が非偏光であると仮定している．しかし，粒子に入射する放射が偏光していなくとも，**散乱される放射は一般には偏光している**ことに注意されたい．図12.3の中央図で示したE方向，つまり水平方向の光線（たとえば沈む太陽）に対して90°の位置に読者がいるとする．この観測位置では，入射光の水平偏光成分の散乱はまったく観測されない．しかし入射光の垂直偏光成分の散乱は最大となる．この場合，散乱光は垂直偏光していることになる．

つまり，入射光線に対して90°方向の任意の位置から見る場合，どの位置でも散乱光は完全に偏光している．その他の角度ではどちらの成分の寄与もゼロではないため，散乱される放射は部分的に偏光している．前方（$\Theta = 0°$）と後方（$\Theta = 180°$）の場合のみ，常に散乱光の偏光は入射光の偏光と同一である．したがって，入射光が非偏光の場合は，これらの2方向への散乱光は非偏光となる．一般的に，非偏光の放射が入射する場合，散乱角Θでのレイリー散乱光の偏光度は

$$\boxed{P = \frac{1 - \cos^2\Theta}{1 + \cos^2\Theta}} \tag{12.11}$$

となる．雲やヘイズのない天空の放射の大部分は大気分子によるレイリー散乱に起因する．上式によると天空の放射は太陽に向かう方向，またはその反対方向を見るときは偏光せず，太陽から90°の方向から空を見るときは100%偏光している．

実際には，大気分子よりもはるかに大きく，レイリー散乱の条件を満たさないエアロゾル粒子が必ず存在しているため，偏光は幾分弱まる．また，弱いながらも無視できない多重散乱により，さらに偏光が若干弱まることになる．

とはいえ，偏光サングラスを身につけ，青空の一部を太陽から直角の方向に見たのち，視線方向を軸にサングラスを回せば（あるいは頭を回せば），この効果を簡単に確かめることができる．ある方向に直線偏光した散乱光をサングラスが通すか通さないかの違いにより，空は暗くなったり明るくなったりする．空が青いほど（つまりヘイズが少ない場合），この効果は顕著で

ある．

12.2.4　散乱と吸収の効率

小粒子については比較的単純化した議論にて散乱位相関数を推察することができた．次は小粒子がどれほど放射を散乱・吸収するかということに着目してみる．ここまでに積み上げてきた双極子モデル（BH83 の 5.2 節を参照）から導出することも可能であるが，それは入門書としては詳細すぎる．ここでは，粒子の（相対）複素屈折率 m とその分極率 α との関係と，α の虚部がどのように電磁波の吸収に寄与するのかという重要事項について，結果を示すにとどめる．

レイリー散乱における散乱や吸収の強度を計算するための別の方法は，任意の大きさの球に対するミー散乱の解における $x \ll 1$ の極限をとることである（12.3 節で簡単に議論する）．具体的にいえば，解を x の冪級数の形に書き直し，最初の 2，3 項のみを用いるのである．ここでは詳細な導出をせずに結果だけを示す（BH83，5.1 節を参照）．

一般的な関係式

球形小粒子について，x の 4 次の項までをとると消散効率と散乱効率は各々

$$Q_{\mathrm{e}} = 4x\,\Im\left\{\frac{m^2-1}{m^2+2}\left[1+\frac{x^2}{15}\left(\frac{m^2-1}{m^2+2}\right)\frac{m^4+27m^2+38}{2m^2+3}\right]\right\} + \frac{8}{3}x^4\,\Re\left\{\left(\frac{m^2-1}{m^2+2}\right)^2\right\} \tag{12.12}$$

および

$$\boxed{Q_{\mathrm{s}} = \frac{8}{3}x^4\left|\frac{m^2-1}{m^2+2}\right|^2} \tag{12.13}$$

となる．吸収効率は $Q_{\mathrm{a}} = Q_{\mathrm{e}} - Q_{\mathrm{s}}$ である．十分に小さな x に対して（詳しくは BH83，p.136 を参照）Q_{a} は簡単化され

$$Q_{\mathrm{a}} = 4x\,\Im\left\{\frac{m^2-1}{m^2+2}\right\} \tag{12.14}$$

となる．散乱効率 Q_{s} は x^4 に比例するのに対し Q_{a} は x に比例する．このことから，x は十分に小さく，また m の虚部はゼロでないと仮定すると

$$Q_{\mathrm{s}} \ll Q_{\mathrm{a}} \approx Q_{\mathrm{e}} \tag{12.15}$$

が成り立つ．そして単一散乱アルベドは

$$\tilde{\omega} \equiv \frac{Q_{\mathrm{s}}}{Q_{\mathrm{e}}} \propto x^3 \tag{12.16}$$

となる．上記の関係式は大気放射およびリモートセンシングの実際的な面でも重要である．以下ではその中で特に重要な事項を取り上げる．

散乱断面積

まず，粒子の相対屈折率 m がほぼ一定の波長域では，式（12.13）により，散乱効率 Q_{s} はレイリー散乱の極限において x^4，すなわち $(r/\lambda)^4$ または $(r\nu)^4$ に比例する（これは既に求めた式（12.9）と $\omega \equiv 2\pi\nu$ からも同じことがいえる）．ある入射光に対する散乱光の強度を決める散乱断面積 σ_{s} は，Q_{s} と粒子の断面積 πr^2 との積であり，

$$\sigma_s \propto \frac{r^6}{\lambda^4} \tag{12.17}$$

となる．**この比例関係はよく覚えておくべきである**（レイリー領域（$x \ll 1$）のみに限定されることを含めて）．

単一散乱アルベド

2つ目の重要な関係である式（12.16）は，小さな粒子の単一散乱アルベドは x^3 に比例することを意味している．これはわずかにでも吸収する粒子についてのみあてはまることであり，m の虚部がゼロならばどれほど x が小さくとも，$\tilde{\omega} = 1$ となる．

これが意味する重要な点は，十分小さな x においては散乱をほぼ除外でき，その代わり粒子の吸収特性のみに注目すればよいということである．このような極限的な挙動は少なくとも2つの場合で重要となる．(1) 第9章で述べた赤外熱放射の大気分子による吸収（散乱ではなく）．(2) 雲粒子によるマイクロ波放射の吸収（散乱ではなく）．

質量吸収係数

小さな x の極限においては散乱を考えなくてよいだけではなく，この極限では粒子の吸収においても驚くほど便利な事実がある．物質の質量消散係数 k_a は単位質量当たりの吸収断面積で定義されることを思い出されたい．半径 r 密度 ρ の球については

$$k_\mathrm{a} = \frac{Q_\mathrm{a} \pi r^2}{\rho\,(4/3)\,\pi r^3} = \frac{3\,Q_\mathrm{a}}{4\rho r} \tag{12.18}$$

と書くことができる．これに式（12.14）と式（12.1）を代入し

$$k_\mathrm{a} = \frac{6\pi}{\rho\lambda} \Im \left\{ \frac{m^2 - 1}{m^2 + 2} \right\} \tag{12.19}$$

を得る．つまり，粒子の質量消散係数は，**粒子の半径 r にまったく依存しない**のである！

考えている波長に比べ十分に小さい（大きさは単一ではない）球形の粒子（たとえば雲粒子）を数多く含むような体積 V の空気塊を考える．体積吸収（≈ 消散）係数（長さの逆数の次元をもつ）は個々の粒子の吸収断面積の総和で表され

$$\beta_\mathrm{a} = \frac{1}{V} \sum_i \sigma_i \tag{12.20}$$

となる．しかし液滴の質量 M_i を用いると $\sigma_i = k_\mathrm{a} M_i$ であり，これにより

$$\beta_\mathrm{a} = \frac{1}{V} \sum_i k_\mathrm{a} M_i = k_\mathrm{a} \frac{1}{V} \sum_i M_i \tag{12.21}$$

を得る．あるいは簡単に

$$\boxed{\beta_\mathrm{a} = k_\mathrm{a} \rho} \tag{12.22}$$

となる．ここで ρ は空気単位体積当たりの物質（たとえば雲水）の質量の

総計である．以上より，十分小さな粒子（吸収性の）だけを含む空気層を通過する放射が受ける全吸収量は k_a（式（12.19）で与えらる）と全積算質量（total mass path）の積に等しく，構成粒子の大きさに依存しないことがわかる．

まとめ

本節で述べたレイリー散乱領域における散乱と吸収に関し，**鍵となる事実**をまとめる．

1. ある粒子に2つの波長 $\lambda_1 < \lambda_2$ の放射が入射すると，その散乱強度は，短い波長の放射の方が $(\lambda_2/\lambda_1)^4$ 倍大きくなる．

2. ある波長 λ の放射が半径 $r_1 < r_2$ の2つの球に入射すると，その散乱強度は，大きな粒子の方が $(r_2/r_1)^6$ 倍大きくなる．

3. 十分に小さい粒子で複素屈折率が m（虚部はゼロでない）の場合，散乱は無視できて吸収は積算質量にのみ比例し，粒径に依存しない．この極限では，雲は放射に関しては離散的な散乱体の集合ではなく，吸収性の気体のように振る舞う．

これらの事実のうち1つ目は青空や赤い夕陽という現象の原因となるものである．2つ目は気象レーダーにとって最も重要な事実である．3つ目はマイクロ波による雲水のリモートセンシングに関係している．これらの話題については，本章最後の応用の節で再度説明する．

12.3 球形粒子による散乱

任意のサイズパラメータ x と相対屈折率 m の球形粒子による，散乱と吸収についての解析解を与えるミー理論の概略については S94（p. 235–243）を参照されたい．その完全な導出については BH83（p. 82–107）および L02（5.2 節）で述べられている．ここでは，導出の流れを手短に説明するにとどめる．マクスウェル方程式から3次元空間における電磁場の波動方程式が導出できる．その波動方程式を球座標系（r, θ, ϕ）で表しておき，その偏微分方程式に，球（粒子）の表面上での電磁場の境界条件を課すことで，散乱場の解析解を導出することができる．その散乱場の解は三角関数（ϕ 依存性について），球ベッセル関数（r 依存性について），およびルジャンドル陪関数（$\cos\theta$ 依存性について）の積を含む直交基底関数の無限級数和で表される．散乱場の解に基づき，粒子を囲む空間における電磁場のエネルギー収支を考えることで，消散効率 Q_e や散乱効率 Q_s の解析的表現が導出される．

これ以上の詳細は抜きにして結果のみを書き下すと，

$$Q_e = \frac{2}{x^2}\sum_{n=1}^{\infty}(2n+1)\,\Re\,(a_n + b_n) \tag{12.23}$$

$$Q_s = \frac{2}{x^2}\sum_{n=1}^{\infty}(2n+1)(|a_n|^2 + |b_n|^2) \tag{12.24}$$

となる．ここで係数 a_n および b_n は散乱場の解の n 番目の基底関数の重み係数（ミー係数とも呼ばれる）であり，x と m の関数である．通常，これらの係数の数学的表現を知る必要はないので，ここでは再掲しない．

これと似たような，ミー係数を含む項の無限級数和により，各偏光成分について，入射波に対する散乱波の振幅と位相を散乱角 Θ の関数として表すことができる．これらは 4×4 の散乱位相行列 $P_{ij}(\Theta)$ として定義される（11.2.2 項を参照）．この行列の P_{11} 成分は，非偏光の入射光に対するスカラー位相関数 $p(\Theta)$（前出の）と等価である．

無限個の項の和を計算することはできないため，実際には，近似の精度が十分に保たれるような項数までの部分和を計算することになる．経験的に，必要な項数 N は x より若干大きいことが必要である．多くの数値実験に基づいて提案された基準によると，N として $x + 4x^{1/3} + 2$ に最も近い整数が適切とされている．半径 $10\,\mu$m の典型的な雲粒子に対し，可視の波長 0.5 μm では $x \approx 120$ となる．その結果，和の計算に必要な項数は 127 となる．

はるかに大きな粒子（たとえば，$x \sim 10^4$ あるいはそれ以上となる可視領域における雨粒）においては，用いる項数を幾分大きめにとる必要がある．これらの項を評価するための計算時間はほとんどの応用においては大きな問題ではないものの，数値精度の点においては丸め誤差の集積が問題になる．

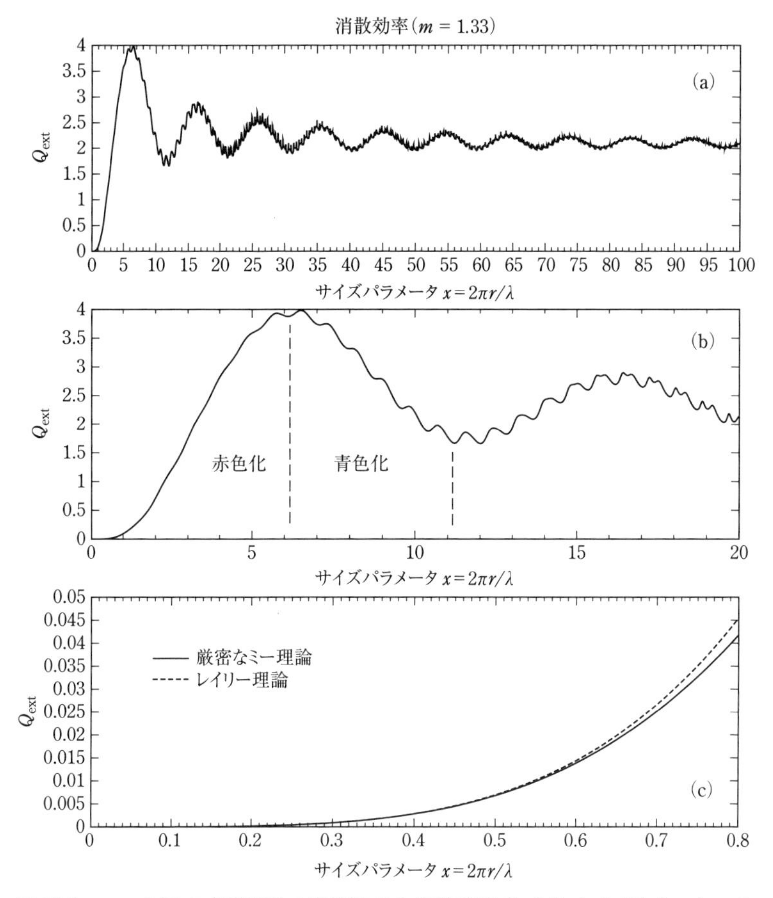

図 12.4 $m = 1.33$ の非吸収性の球形粒子の消散効率 Q_e をサイズパラメータ x の関数として表した図

(a) $x \to \infty$ に対して $Q_e \to 2$ となることを示す全体像.(b) $x < 20$ についての詳細図. x の増加とともに消散が増加する領域(赤色化)と減少する領域(青色化)を示す.(c) $x < 0.8$ の詳細図. レイリー近似(小さな粒子)と正確なミー理論との比較.

それゆえ,ミー理論による計算でその特性が評価できる球の大きさには実際上の限度がある.そのような場合は幾何光学(または光線追跡法,4.3.1 項を参照)を用いるのがよい.

12.3.1　非吸収性粒子の消散効率

図12.4は，$m = 1.33$ の球形粒子の消散効率 Q_e を x の関数として書いたものである．この m は可視波長における水の代表的な屈折率である．ここでは虚部は考慮されておらず，この粒子は非吸収性（$\tilde{\omega} = 1$）であると仮定している．

最上部の図（図12.4（a））は幅広い x における典型的な Q_e の振る舞いである．$x = 0$ でゼロであり，$x = 6$ 程度までは単調増加し，そこで Q_e は約4の最大値をとる．この x の値において，粒子はその射影断面積から推測される値の4倍もの強度の放射を散乱するのである！　さらに x が大きくなると，Q_e は極限値である2に漸近する減衰振動をする（この挙動は既に7.2.3項で述べたことを想起されたい）．

逆に小さな x の極限において，レイリー散乱理論（無限小の粒径という仮定をおいた）と厳密なミー理論による Q_e（$= Q_s$）の計算値を比較してみる（図12.4（c））．$x = 0.6$ 程度までは極めてよく一致している．それ以上の x での Q_e は，レイリー散乱の x^4 依存性よりも緩やかな増加傾向となる．

赤色化（reddening）・青色化（blueing）

次に，曲線（図12.4（b））の最初の大きな揺らぎ（wiggle）に注目してみる．粒子半径 r を固定して考えると，x の変化は粒径ではなく波長 λ の変化をみていることになる．すなわち，x の増加は λ の減少を意味し，x の減少は λ の増加を意味する．m は波長によらずほぼ一定と仮定すれば，この Q_e の曲線はそのまま使うことができる．

上記の仮定の制約はあるが，$0 < x < 6$ の領域において Q_e は x とともに増加する，つまり波長の増加に伴い Q_e は減少することになる．これは粒径が比較的小さなエアロゾルからなるヘイズの層を通過する太陽放射において，短波長では長波長に比べ，より強い減衰を受けることを意味する．この現象は**赤色化**と呼ばれ，夕陽が赤く見えるのはこのためである．実際，この領域の下限付近である $x \ll 1$ のときにあてはまるレイリー散乱について，これと似た現象が起きることは既に見てきた．

その一方，$6 < x < 11$ の領域においては，長波長の方が短波長よりも強く消散され，放射が粒子を通過するときに**青色化**が起きる．太陽光や月光の

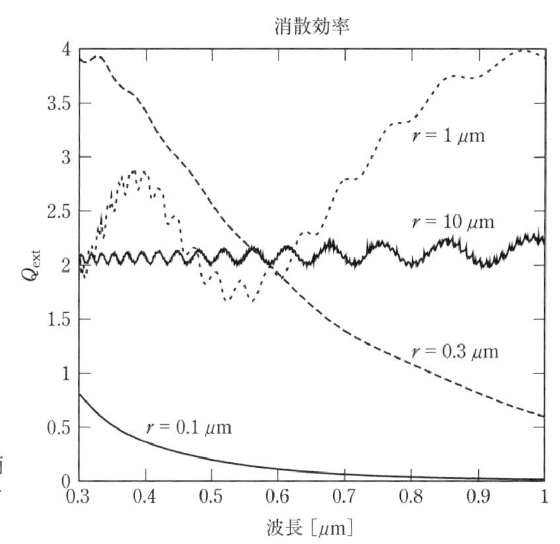

図 12.5 異なった大きさの水滴の消散効率を波長の関数として示した図

青色化が観測されるのは非常に稀である．普通は大気分子や小さなエアロゾル粒子により赤色化が起きるため，青色化の効果がこれに勝るには通常とは異なるエアロゾルのサイズ分布が必要になる[5)]．

問題 12. 3

可視の放射は $0.4\ \mu$m から $0.7\ \mu$m に及ぶ．大気中のエアロゾルの屈折率が図 12.4（b）での屈折率 m にほぼ等しいとして，青色化を引き起こすエアロゾル半径の範囲を求めよ．

図 12.5 に示したように，いくつかの半径の粒子について，消散効率を波長に対しプロットすることで，少し違った（そしてより現実的な）観点からこの現象を見ることができる．半径 $0.1 \sim 0.3\ \mu$m の小さな粒子（ヘイズに典型的な）の消散は波長に強く依存し，短波長（紫・青）は長波長（橙・赤）に比べかなり強い減光を受ける．これが，ヘイズが濃い日（とくに太陽

5) 大規模な火山噴火により火山ガスが大量に注入された成層圏において，硫酸ガスの凝縮により生じたエアロゾルが，かなり均一でかつ青色化を起こすほどの大きな粒径にまで成長することがある．‘ある青い月夜の晩に（once in a blue moon）’という文学表現は，そういったごく稀な事象を予感させるのである．

高度が低い時刻）に赤色化が顕著にみられる理由である．

中間的な半径 1 μm の粒子では，波長に対する消散効率の変動はより複雑になる．近赤外の波長では消散が大きく，紫（0.4 μm 近傍）や赤（0.7 μm 近傍）において消散は若干小さくなる，特に，0.5 ～ 0.6 μm の間で消散は顕著な極小値をとる．このため，大気エアロゾルの粒径分布が半径 1 μm の付近に鋭いモードをもつような場合，夕陽は不自然な緑の色合いに見えることになる！[6]．

図 12.5 では Q_e の値を，最大 10 μm の半径までプロットしてある．10 μm は通常の雲粒の典型的な半径であり，全波長領域において $Q_e \approx 2$ である．波長に対する強い依存性がないため，薄い雲を通過する太陽光が通過後でもさほどその色が変わらないのである．この図に見られるように波長により Q_e は揺らぐが，このことは実際的には重要ではない．というのは，雲粒子は単一の大きさ粒子で構成されているのではなく，かなり広い大きさの範囲に分布しているからである．わずか 10% 程度粒径が変動するだけでも Q_e 曲線に見られる揺らぎはほとんど平均化されてしまう．

12.3.2　吸収性粒子による消散と散乱

ここで，粒子による光散乱の議論を次の 2 つの方向に広げてみる．(1) m の虚部がゼロではない場合について調べ，(2) 消散効率 Q_e だけでなく吸収効率 Q_a，単一散乱アルベド $\tilde{\omega}$，散乱非対称因子 g についても調べることにする．これらの代表的な結果を図 12.6 に示した．この図から，一般的に次のことが言える．

- 粒子を構成する物質の光吸収能が増大すると（m の虚部が増加すると），x に対する Q_e 曲線の振動の振幅が抑制される．その変化を除けば曲線は似ており，大きな x での Q_e の極限値も変わらず 2 である．

6）あまり実用的価値はないかもしれないが，激しい雷雨のときに観測される淡い緑色の光（green thunderstorm）の発生メカニズムとして，ヘイズ粒子や雲粒子の消散がどれほど寄与するか推測するのは興味深い．粒子による消散以外にもさまざまな仮説が提案されてきたが，それらを検証するための観測が不十分なこともあり，決定的な説明はまだない．

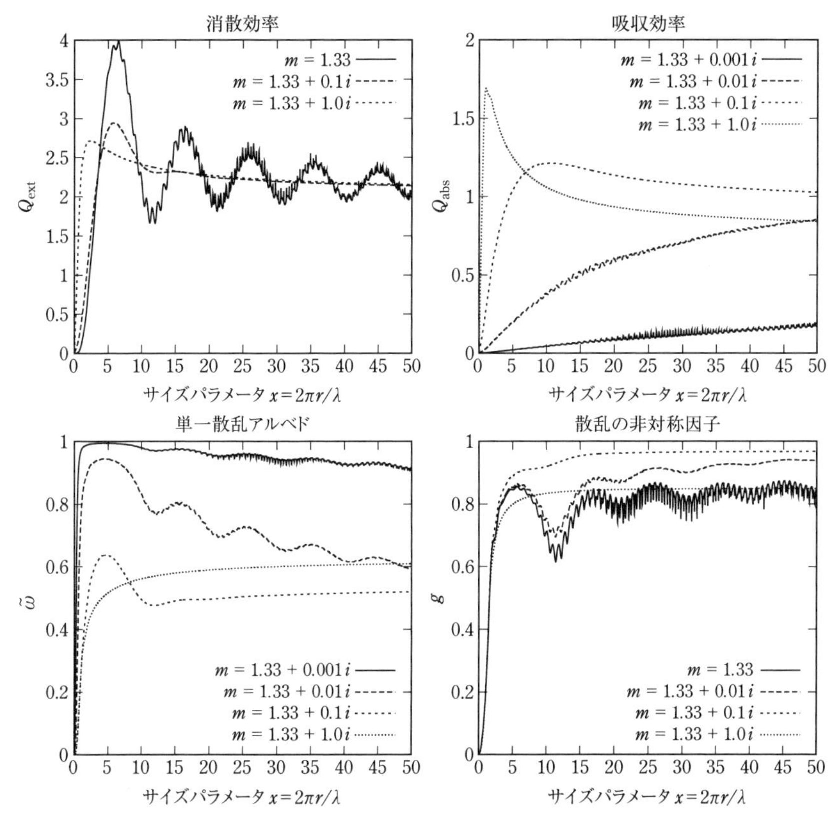

図 12.6 球形粒子の重要な光学的特性を x の関数として示した図
異なった m の虚部の値について示した.

- 式 (12.16) から推察される通り, x がゼロの極限において単一散乱アルベド $\tilde{\omega}$ はゼロとなる. 唯一の例外は $\Im(m) = 0$ (示していないが) の場合であり, この場合は x の値にかかわらず $\tilde{\omega} = 1$ となる.

- $x > 10$ のとき, $\Im(m)$ と Q_a あるいは $\tilde{\omega}$ の間に一般的に当てはまる単純な関係はない. 予想されるように, $\Im(m)$ がゼロから微増するに伴い吸収は増加する傾向にある. しかし, $\Im(m)$ が 1 程度になると, この傾向は逆になる. すなわち, 波長に比べて粒径が十分大きいとき,

$\Im(m)$ が大きな粒子は，$\Im(m)$ が小さな粒子に比べ，（吸収効率ではなく）散乱効率が大きくなる．

- $\Im(m) = 0$ の場合，Q_e と g の双方の曲線において，細かなリップル構造が現れる．ごくわずかでも吸収があると（たとえば $m = 1.33 + 0.001i$），このリップルはほとんど消える．非吸収性の粒子の場合であっても，この細かなリップルはあまり重要でない場合が多い．その理由は，通常はまったく同一の x の値をもつ粒子のみではなく，さまざまな大きさの粒子が混在しているからである．さまざまな大きさの粒子の効果を足し合わせると，小さなリップルは速やかに平均化されてしまう．

- $x = 0$ のとき，レイリー散乱で予測される通り非対称因子 g もゼロである．x の増加に伴い，g は急速に増加し，0.8 ～ 0.95 の範囲で横ばいになる．

前方散乱

最後の項目は特に注目する必要がある．波長と同程度かそれより大きい粒子は，強く前方散乱する傾向があることを示している．これは $x \ll 1$ の場合に前方と後方の散乱が同程度であることと大きく異なる．この事実は球に対してのみならず，一般にあらゆる種類と形状の粒子にあてはまるのである．これはたとえばS94（5.2.1項）で議論されているように，粒子の異なる部位による散乱波が，前方においては強め合う干渉（constructive interference）を引き起こすためである．

12.3.3　散乱位相関数

より大きな粒子の前方散乱の特性は，図12.7で示した球の散乱位相関数 $p(\Theta)$ によく現れている．

$x = 0.1$（最下部の線）は理想的なレイリー位相関数に近いもので，散乱強度が前方と後方で対称的である．これより少し大きな x の場合，前方（$\Theta < 90°$）への散乱強度が後方よりも大きくなる傾向がある．

$x = 3$ では，Θ が 0° から 40° の間で散乱強度は幅広い極大部をもつ．その

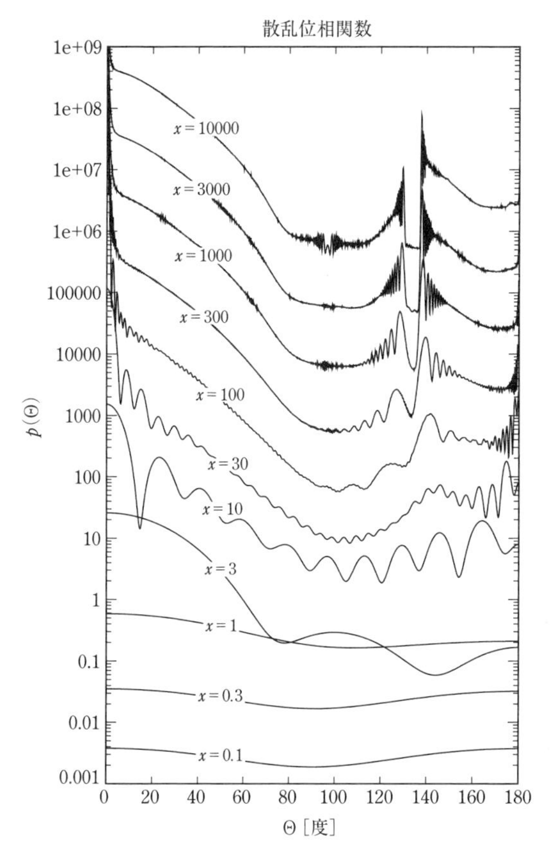

図 12.7　さまざまな x の値に対し，ミー理論により得られる位相関数 $p(\Theta)$ の値（屈折率を $m = 1.33$ と仮定）

図を見やすくするために，大きい x での曲線に現れる細かなスケールの振動は平滑化してある．縦軸は対数であるが，絶対値は任意である．見やすくするために，各曲線は順に上方にシフトさせてある．x が増加するにつれ，位相関数の非対称性や複雑さが増加することに注意されたい．最上部の曲線（$x = 10000$）は 0° と 180° における前方と後方の狭い極大を除き，幾何光学で計算される曲線に近い．いくつかの曲線を極座標表示したものを，図 12.8 および図 12.9 に示した．

角度範囲での $p(\Theta)$ の値は，Θ が 120° から 180° の場合と比べ，約 100 倍大きくなる．この前方散乱の極大部が，x の増加とともに変わる様子は図 12.7 からわかる．x が増加するにつれ，幅は狭くなりさらに強くなる．実際 x が非常に大きい場合，このいわゆる**前方回折の極大（forward diffraction peak）**は δ 関数に似たものになり始め，図 12.7 の y 軸と区別がつかなくなっていく．

図 12.8　いくつかの x 値に対するミー理論の散乱位相関数 $p(\Theta)$ の値の極座標表示

前方散乱の極大が x の増加とともに狭くなるのと同時に，位相関数の残りの部分についてはさらに多数のリップルが現れ複雑になる．$x = 100$ まで増加すると $\Theta = 140°$ 付近に強い散乱が明確に現れるようになる．この特徴は x の増加に伴い非常に鋭くなり強度も増加し，$\Theta = 137°$ での極大と 137° よりわずかに小さな角度での谷の“底”とでは 100 倍も差が生じる．この現象は**主虹**（**primary rainbow**）であり，4.3.1 項においては光線追跡法（図 4.8）を用い，入射光線のうち 1 回の内部反射を経てから外へ出ていく光線に相当することを示した．$\Theta = 130°$ におけるやや弱い極大は主虹のすぐ左側にあり，これは球形粒子内での光線の 2 回の内部反射に伴う**副虹**（**secondary rainbow**）である．

まとめると，球形粒子の散乱位相関数についてのミー理論の解（適切な境界条件における電磁波方程式の無限級数解）は，x が十分大きい場合には基本的に幾何光学の解に収束する．実際，$x > 2000$ の条件は，ミー理論が通常適用される x の範囲を超えている（図 12.1 を参照）．しかし，このように大きな x に対しても，幾何光学だけでは説明できない粒子による散乱の性質，たとえば前方回折の極大や**光輪**（**glory：グローリー**）と呼ばれる 180° 付近の散乱増幅などが存在する．

図 12.8 と図 12.9 では極座標表示を用いて，x の増加に伴う位相関数の変

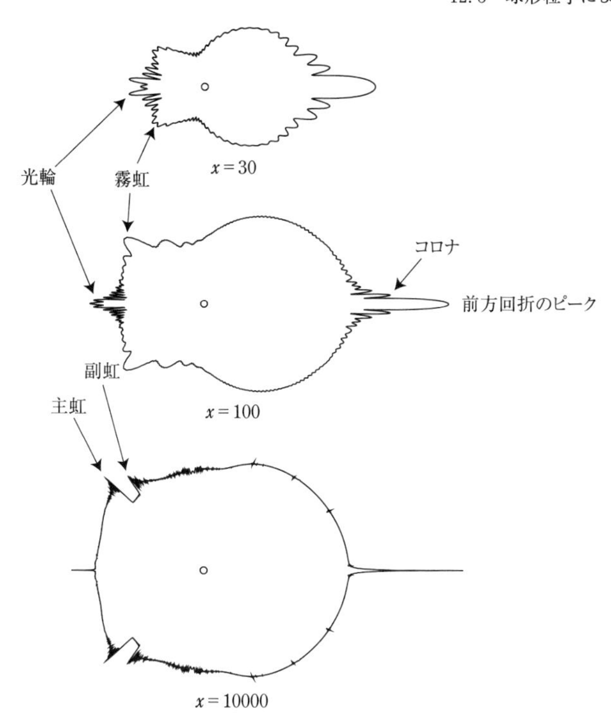

図 12.9　図 12.8 と同様であるが，x が大きな値のときの位相関数の極端な変化を表示できるようにするため $\log[p(\Theta)]$ で表示してある．よく観測される光学的現象を位相関数に対応して示してある．x が最も大きな場合での前方・後方散乱の δ 関数的な極大に注意されたい．

化を見やすくした．図 12.8 ではそれぞれの角度 Θ に対し，位相関数の振幅を半径方向の距離に比例して表示してある（$\Theta = 0$ の場合は水平方向右側の値になる）．x が 0.1 の場合は，対称な形状をしたレイリー位相関数となる．この対称性は図 12.2 や図 12.3 で示されている形状からも理解できる．x が多少増加しただけでも顕著な非対称性が生じる．$x = 10$ ともなれば，前方散乱の極大は非常に強くなり紙面に収まらなくなる！

さらに大きな x での位相関数の際立った特徴をみるために，図 12.9 に半径方向の振幅を $p(\cos\Theta)$ の対数で表示した．これらの図から，$\Theta = 0°$ および 180° において何が起きているかを明瞭に見ることができる．この特徴のいくつかは日常観察される光学現象と関連しているので，それを次に詳しく説明することにする．

前方回折の極大

球形であるか否かにかかわらず，大きな粒子は強い前方散乱を起こすことは既に述べた．この現象は日常生活でよく観察される．太陽を背にして車を運転するときに比べ，太陽に向かって進む場合，汚れたフロントガラスがぎらつくため前方を見ることが大変に難しくなる．部屋の中で一筋の太陽光に浮かぶ埃は，一般的に光源に向かう方向に見る方が見やすい．雲の切れ目から現れる夕陽の光の筋（いわゆる薄明光線（crepuscular rays））は，太陽の方向に見たときの方が明瞭に見える．

図 12.9 は，x の増加に伴い回折の極大が顕著に細くなる現象を明瞭に示している．$x = 10000$ のとき，散乱される放射の極大が非常に細いので，あたかも散乱がまったく起きていないかのように見える．幾何光学近似ではこのような特徴はまったく予測できないのである！ 実際，大きい x の極限においてミー理論では $Q_e \approx 2$ と計算されるが，幾何光学では常に $Q_e = 1$ となる．この前方回折の極大が違いを生じる主な原因である．

コロナ

中程度のサイズパラメータ x については，前方回折の極大には多数の弱いサイドローブ（sidelobe）が付随している．x が 100 程度の，粒径がかなり均一な水雲の薄い層を通して太陽を眺めると，太陽を中心にした同心円状の環が複数見える．加えて同心円の各環の角度方向は波長に依存するため，それぞれの環は色鮮やかに見える．この光学的現象は**コロナ（corona: 光環）**と呼ばれる．

実際の雲で観察されるコロナは，完全に均一な粒径の球形粒子により生じるコロナよりもよりぼやけており，さほど色鮮やかではない．実際，色のついた光環がめったに観察されないのは，水滴の粒径分布の幅が十分小さいような雲は多くないからである[7]．

7)　もちろん別の理由もある．壮観な光環を観察するために視力障害が起きる危険を冒してまでも，太陽を直に見るのは光学的現象の熱心な愛好家ぐらいしかいないからである．

もっと普通に見られるのは太陽の周りを取り囲むぼんやりした円環であり，それにはほとんど色がついていない．この白色の円環は，さまざまな大きさの水滴による前方回折の極大とサイドローブの寄与が足し合わされたものである．

光輪

光輪は散乱位相関数の極大によるコロナと多くの点で類似しているが，前方の極大ではなく，後方の極大によるという点で異なる．光輪と呼ばれるのは，太陽を背に丘の上に立って霧堤（fog bank）を眺めるとき，霧堤に投影された頭の影の周りに見える明るい輪が，中世絵画に描かれている聖人の頭上の光輪によく似ているからである．

雲層の上を飛ぶ飛行機の中から雲層に映った光輪が観察できることも多い．そこからは，雲上に投影された飛行機の影の周りに明るい輪が見られる．もし飛行機の高度が雲層よりかなり高い場合，影そのものは不明瞭になるが，光輪は見ることができる．

コロナの場合と同様，雲層の水滴の粒径範囲が十分に狭い場合に限って，鮮やかな色や複数の輪が見える．多くの場合，光輪は不明瞭な白い輪，あるいは明るい円形部として見える．

x が大きくなるにつれ，光輪に相当する位相関数の極大位置は $\Theta = 180°$ の厳密な後方に近づき，したがって光輪の環はより小さく見えることになる．コロナと同様，光輪は幾何光学では説明することができない（少なくとも水の屈折率をもつ球形粒子については）[8]．

霧虹・虹

散乱位相関数において局所的な鋭いスパイクが生じることが，雨滴によっ

8）交通標識・ナンバープレート・自転車用の脚ストラップなどの反射体と読者を結ぶ線状に光源がある場合，強い反射光を目にしたことがあるだろう．たとえば夜間に停止の標識に 2 ブロック離れたところから近づくとき，読者の車のヘッドライトで標識が明るく見えるのに対し，別の方向からの光源ではそれほど明るくは見えない．標識には逆反射を起こすビーズ（屈折率が 1.5 ～ 2.0 程度の小さな球）が入っている．この程度の屈折率をもつ球体を通過する光線が球の反対側で全反射され，異常に強い後方散乱が生じることを幾何光学で示すことができる．

て生じる主虹や副虹の原因となることは既に述べた．これらの現象に対応する散乱角は，$x = 10000$ での極座標のプロットからわかる（図 12.9）．x がより小さい場合，主虹は存在しているが鋭くはならない．ピークが広がっているため，色の分離（n_r の変化による）は通常の虹ほどはっきりせず，太陽と反対に位置する点（つまり観測者の影を中心とした点）を中心とした白っぽい輪が見えることになる．この場合，rainbow ではなく**霧虹（fogbow）**と呼ぶのが適切である．なぜならば，これは水滴の大きさが霧粒程度の場合に生じるからである（可視光では）．

問題 12.4

可視域の中央付近での波長 $\lambda = 0.5\,\mu\mathrm{m}$ において，図 12.9 で描かれた 3 つの位相関数に対応する水滴の半径を求めよ．

12.4　粒子の粒径分布

実大気中の浮遊粒子の大きさや組成は均一ではない．雲やエアロゾルを含んだ大気の放射伝達計算を行うとき，大きさ・形状・組成が異なる多くの粒子を含んだ空気についての光学的な特性を求めておくことが必要である．本節では，粒子の大きさの分布を考慮する方法についてのみ述べる．形状および組成の分布についてもまったく同様の方法で考慮できる．

7.4.4 項において雲粒の粒径分布関数 $n(r)$ という概念を導入した．それは

$$n(r)\,dr = \{\text{半径範囲}\ [r, r + dr]\ \text{の粒子数（空気単位体積当たり）}\} \tag{12.25}$$

であった．同じ概念は他の種類の粒子に対しても適用できる．

粒径分布 $n(r)$ に対応する体積消散係数 β_e は，前述したように

$$\beta_e = \int_0^\infty n(r)\,Q_e(r)\,\pi r^2 dr \tag{12.26}$$

である．つまり消散係数 β_e は，半径 r の単一粒子の消散断面積とその半径における粒子数（半径区間幅 dr および単位体積当たり）との積を，全半径にわたり足し合わせたものになる．

まったく同様な関係が散乱係数 β_e にもあてはまり，

$$\beta_{\mathrm{s}} = \int_0^\infty n(r)\, Q_{\mathrm{s}}(r)\, \pi r^2 dr \tag{12.27}$$

が成り立つ．これから直ちにこの粒径分布 $n(r)$ に対する単一散乱アルベド，$\tilde{\omega} = \beta_{\mathrm{s}}/\beta_{\mathrm{e}}$ が得られる．

合成散乱位相関数（combined scattering phase function）とは個別の位相関数を散乱断面積で加重平均したものであり，

$$p(\cos\Theta) = \frac{1}{\beta_{\mathrm{s}}}\int_0^\infty n(r)\, Q_{\mathrm{s}}(r)\, \pi r^2 p(\cos\Theta;\ r)\, dr \tag{12.28}$$

と表される．また合成非対称因子（combined asymmetry parameter）は

$$g = \frac{1}{\beta_{\mathrm{s}}}\int_0^\infty n(r)\, Q_{\mathrm{s}}(r)\, \pi r^2 g(r)\, dr \tag{12.29}$$

で与えられる．

12.5 気象学・気候学・リモートセンシングへの応用

12.5.1 雲の散乱特性

太陽放射・熱放射の反射・吸収の過程を含む放射計算において，雲の放射特性は光学的厚さ τ^*，単一散乱アルベド $\tilde{\omega}$，散乱位相関数 $p(\cos\Theta)$ に依存する．元をたどれば，これらの光学特性は雲を構成する個々の粒子のサイズパラメータ x および複素屈折率 m に依存するのである．m と x は波長 λ に依存し，さらに x は液滴の半径にも依存する．屈折率 m は組成や物質の相に依存する．ほとんどの雲粒の相は液体（水）か固体（氷）のいずれかである．

太陽放射の場合，雲粒のように十分に大きな x において $Q_{\mathrm{e}} \approx 2$ であるので，光学的厚さ τ^* は波長にほとんど依存しないと仮定することができる．多くの場合，位相関数 $p(\Theta)$ の特徴は非対称因子 g により表すことができる．x が 10 程度より大きいときには，この g は 0.8 から 0.9 と，かなり狭い範囲に収まる．

この結果，雲の反射または吸収の特性の λ 依存性に大きな影響を与える変数は，単一散乱アルベド $\tilde{\omega}$ のみとなる．図 12.10 に示した $\tilde{\omega}$ と λ のプロットから，この推測が正しいことがわかる．1 つは，縦軸 $\tilde{\omega}$ を線形にとった

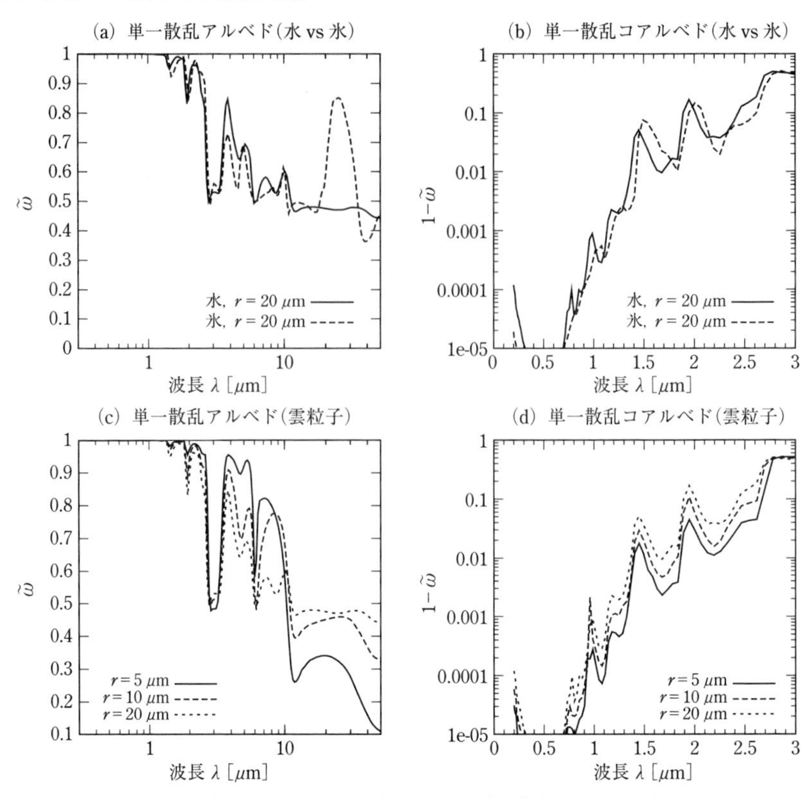

図 12.10　さまざまな大きさの水・氷の球形粒子の単一散乱アルベド（あるいはコアルベド）を波長の関数として示した図

左の列は，全可視域，近赤外，熱赤外の領域での $\tilde{\omega}$ を示す．右の列は，太陽放射の波長域での散乱のコアルベド（$1-\tilde{\omega}$ で定義される）を示す．上段では半径 20 μm の水と氷の粒子を，下段では 3 つの半径（5，10，20 μm）の水の液滴を比較した．

プロット（左の列の 2 枚）である．これから $\tilde{\omega}$ の大まかな波長依存性を見ることができるが，$\tilde{\omega}$ の 1（純粋な散乱で吸収がない）からのわずかな差は見えにくい．このわずかな差は雲の吸収において重要となる．そのため，比較的吸収が弱い短波長域では $1-\tilde{\omega}$ で定義される散乱の**コアルベド**（**co-albedo：余アルベド**）を対数の縦軸にとってある．これらのプロットから読みとるべき特徴を列挙する．

- 可視領域（$0.4\ \mu\mathrm{m} < \lambda < 0.7\ \mu\mathrm{m}$）では雲粒子による光吸収は実際上ゼ

ロとみなせる．雲は灰色・黒色・他の色ではなく，白色に見えるのは（太陽に照らされた側から見るとき），まさにこのことによるのである！紫外や近赤外の領域では急激に $\tilde{\omega}$ は1より小さくなり，赤外領域では0.5から0.8の範囲の値になる．$\tilde{\omega} = 0.8$ であっても，雲が厚いとそのアルベドは15% 程度まで低下する．

- いくつかの波長では，同じ大きさの球形粒子でも，氷粒子と水の液滴とでは，単一散乱アルベドには有意な差がある（図12.10上段）．ある波長では氷粒子は水粒子より吸収が弱く，他の波長ではその逆のこともある．この違いは衛星リモートセンシングにおいて氷雲（巻雲）と水雲を区別するのに使われる[9]．

- ほとんどの波長で，単一散乱アルベドは，水雲中の液滴の半径に強く依存する（図12.10下段）．一般的には（例外はあるが）波長が同じならば，大きな液滴ほど $\tilde{\omega}$ の値が低くなる（つまり，光吸収がより強くなる）．衛星リモートセンシングにおいては，水雲の有効半径を推定するのにこの特徴が利用される．

12.5.2　降水のレーダー観測

レーダーは，天気予報や水文学における最重要な観測手法の1つとなっている．気象レーダーは，リアルタイムで極端気象システムを追うことができ，従来型の雨量計に比べはるかに時間的，空間的に密な降雨の観測も可能である．

レーダーシステムによる観測の基礎原理は，単純なものである．送信機からマイクロ波の短いパルス列が連続的に送信される．各パルス送信後の経過時間の関数として，放射の後方散乱強度を，高感度の受信機により測定する．経過時間 Δt は往復した距離を光の速度 c で割ったものであり，目標物への片道の距離を d とするならば，

9)　雲中の氷粒子は一般的に球形でないので問題が複雑になるが，原理は変わらない．

$$d = \frac{c\,\Delta t}{2} \tag{12.30}$$

となる．レーダーアンテナが受信する後方散乱強度 P_r には

$$P_r \propto \frac{\eta}{d^2} \tag{12.31}$$

の比例関係が成り立つ．ここで η は，**空気の単位体積当たりの後方散乱断面積（backscatter cross section per unit volume of air）**である．これは測定対象となっている空気の体積 V の中に含まれる全粒子の後方散乱断面積の総和 σ_{b} を V で割ったものであり

$$\eta = \frac{1}{V}\sum_i \sigma_{\mathrm{b},\,i} \tag{12.32}$$

と表される．全方向に散乱される放射でなく，レーダーアンテナの方向だけに後方散乱される放射のみを問題にしているという点を除けば，後方散乱断面積 σ_{b} は，前述の散乱断面積 σ_{s} と緊密に関係している．実際，

$$\boxed{\sigma_{\mathrm{b}} \equiv \sigma_{\mathrm{s}}\, p\,(\Theta)\,|_{\,\Theta=\pi}} \tag{12.33}$$

と表される．

それでは，同じ組成（たとえば液体の水）で球形であり，粒径分布が粒径分布関数 $n\,(D)$ に従う粒子を考えよう．ここで，D は液滴の直径である．球形という仮定は，それほど大きくない雨粒については妥当な近似である．

式（12.32）の総和を $n\,(D)$ と $\sigma_{\mathrm{b}}\,(D)$ を含む積分で置き換えると，

$$\eta = \int_0^\infty \sigma_{\mathrm{b}}\,(D)\,n\,(D)\,dD \tag{12.34}$$

あるいは

$$\eta = \int_0^\infty Q_{\mathrm{b}}\,(D)\left[\frac{\pi}{4}D^2\right]n\,(D)\,dD \tag{12.35}$$

となる．ここで大括弧で囲まれた項は直径 D の球の断面積であり，Q_{b} は**後方散乱効率（backscatter efficiency）**である．

この球形の粒子のサイズパラメータが $x \ll 1$ の場合，レイリー散乱の領域での問題となる．これはつまり σ_{s} が式（12.13）から求まり，また散乱位相関数は式（12.10）で与えられるということである．式（12.33）にこれら

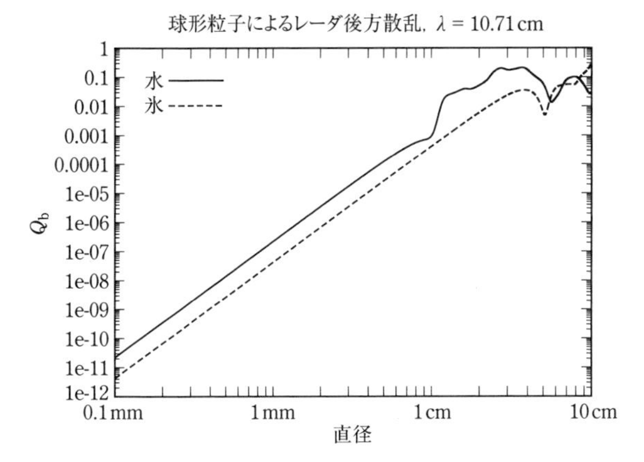

図 12.11 気象レーダー WSR-88D の波長での球形の水・氷粒子のレーダー後方散乱効率 Q_b.

を代入すると,

$$Q_b = 4x^4 \left| \frac{m^2 - 1}{m^2 + 2} \right|^2 \tag{12.36}$$

が得られる.

粒子が大きくなるとレイリー理論が適用できなくなり, σ_b をミー理論を用いて計算する必要がある. 図 12.11 は, Q_b をさまざまな大きさの水や氷の球形粒子について正確に計算をしたものである. 計算に用いた波長 $\lambda =$ 10.71 cm は, 米国の気象レーダー観測網で採用されている波長である.

液体の水の球については, 6 mm 程度までレイリー散乱の関係式 (12.36) が高精度で成り立つことがわかる (実線). 粒径 D が 10 倍増加すると, Q_b は 10^4 倍増加する. 実際 6 mm という大きさは, 豪雨で観測される雨粒の上限値に近い. それ以上の大きさになると, 雨粒は落下中に動力学的な作用により分裂してしまう.

ひょう粒子はもちろん雨粒よりもかなり大きくなりうる. 都合の良いことに, 純粋な氷の球に対しては直径 3 cm 程度までレイリー近似が成立している (破線). レイリー領域の部分の曲線においては, どの粒径 D でも氷の Q_b は液体の水の値の 20% 程度でしかないことに注意されたい. これはマイクロ波の領域での氷の屈折率 m が, 液体の水の値に比べてかなり小さいことに起因する[10].

問題 12.5

上記の情報から，2 mm 粒径の雨粒と同じレーダーの後方散乱断面積 σ_b（Q_b ではない）を持つ球形のひょう粒子の直径を計算せよ．

波長 10 cm の気象レーダーで観測される固体・液体の水粒子（hydrometeors；雨粒やひょう粒子など）が，すべてレイリー領域にあるとする．式(12.36) を式 (12.35) に代入することで

$$\eta = \frac{\pi^5}{\lambda^4}\left|\frac{m^2-1}{m^2+2}\right|^2\int_0^\infty n(D)\,D^6 dD \tag{12.37}$$

を得る．これをさらに式 (12.31) に代入し直すと，レーダー受信機で測定される後方散乱のパワーは

$$P_r \propto \left|\frac{m^2-1}{m^2+2}\right|\frac{Z}{d^2} \tag{12.38}$$

となる．ここで Z は**反射因子（reflectivity factor）**で

$$\boxed{Z = \int_0^\infty n(D)\,D^6 dD} \tag{12.39}$$

と定義される．言い換えると反射因子は，**単位体積の空気中のすべての液滴について，その直径の 6 乗の総和を取ったもの**に等しい．気象学で用いられる Z の標準的な単位は，[$\mathrm{mm^6\,m^{-3}}$] である．ほとんどの気象レーダーではビームに沿った各距離 d での反射率 Z の値が記録・表示される．

測定される Z の値の範囲は非常に広いので気象学では，無次元の単位を持つ dBZ を“1 標準単位の Z に対するデシベル (decibel)”と定義し，Z の対数を用いることが多い．反射因子を標準単位から dBZ 単位へ変換するには

$$Z\,[\mathrm{dBZ}] = 10\log_{10}(Z) \tag{12.40}$$

10)　しかし，成長中のひょう粒子は液体の水で被覆されていることが多いということには注意されたい．薄い被覆であっても，氷粒子のレーダー後方散乱の特性は大きく変わりうる．

を用いる．ここで右辺の Z は標準単位（次元がある）で表した反射因子の値である．したがって反射率が 10 dBZ 増加したとすると，標準単位系での Z の値は 10 倍増加することになる．30 dBZ 増加することは，反射率が 1000 倍増加したことに対応する．

問題 12.6

典型的な気象レーダーでは，測定範囲にもよるが，-20 dBZ から 70 dBZ まで測定が可能である．物理的な単位では，この 2 つの反射因子の比はいくつになるか？

受信パワー P_r を反射因子 Z に変換する際に，レーダーの処理プログラムでは式（12.38）中の m として液体の水の値を仮定している．それゆえ，表示される値は実際には，**等価反射因子（equivalent reflectivity factor）** Z_e であると考えるべきであり，それは測定対象が水かそれ以外（たとえば氷）であるかによって，式（12.39）で定義される真の反射因子 Z の値と等しかったり，等しくなかったりする．実際，氷粒子の場合は

$$Z_e \approx 0.20Z \tag{12.41}$$

となる．

問題 12.7

ある特異な暴風雨において，1 m^3 当たりに単一粒径 D の雨粒 1000 個が含まれているとする．

(a) $D = 1$ mm の場合の反射因子 Z を計算せよ．

(b) 同じく $D = 2$ mm で計算せよ．

(c) D が 2 倍になると，Z は何倍になるか．

(d) (a) ～ (c) の答えを dBZ 単位で表せ．

(e) 雨粒を同じ大きさの氷の球で置き換えたとき，レーダーで推定された有効反射因子 Z_e は dBZ にしてどれほどになるか．

(f) 式（12.41）の関係にもかかわらず，ひょう粒子を伴う嵐では，しばしば異常に高い Z_e がレーダーで観測される．その理由はなぜか．

実際の降雨では，雨粒の大きさは単一ではなく広く分布している．Z に

D^6の依存性があるため観測される反射因子は，その空気体積中で最大径を持つ少数の雨粒に強く影響される．5 mm粒径の1つの雨粒は，1 mm粒径の雨粒1万5000個分よりもマイクロ波放射を強く反射する！　そして雲の典型的な液滴粒径が20 μmであるため，雲粒の数濃度は10^8 m^{-3}よりも大きいにもかかわらず，最高感度のレーダーでなければ観測できない．

問題12.8

上記の雲粒子に関する情報から，典型的な雲の反射因子ZをdBZ単位で表せ．

レーダーによる降雨の推定

大気を通過する雨滴は地表面に達するが，雨水が沈着する速度（単位時間当たりの降水の厚さ）は**降雨強度（rainfall rate）**Rと呼ばれる．レーダーの最も重要な応用の1つは，農業や水文に必要な総降水量の定常観測である．

降雨強度とその気柱内での雨滴の相対的粒径分布との間には一意的な関係はない．このためレーダーの反射因子Zと降雨強度Rの間にも一意的な関係はない．しかし経験上，強い降雨においては大粒径の雨滴が多いという傾向がみられ，またその逆に，弱い降雨では通常は小さな雨滴が多いという特徴がある．このため平均的に，強い降雨ではZが大きく，弱い降雨ではZは小さいと予想される．

これまでの観測により，雨滴の粒径分布$n(D)$は，しばしば

$$n(D) = N_0 \exp(-\Lambda D) \tag{12.42}$$

で十分によく近似できることが知られている．ここで，パラメーターN_0とΛは降雨強度Rの関数である．実際，このモデルは最も広く使われており，それを開発した研究者の名前にちなみ**マーシャル-パルマー粒径分布（Marshall–Palmer size distribution）**と呼ばれる．マーシャル-パルマー分布においてN_0は定数であり，$\Lambda = aR^b$である．aとbの値はこの粒径分布関数がさまざまな降雨強度において観測された雨滴粒径を最もよく表現するように決めてある．

マーシャル-パルマー分布についての詳細な説明は本書の趣旨から外れる．ここでは，その分布を式（12.39）に代入し，雨粒粒径Dの関数としての雨

滴の落下速度を適切に仮定すると，

$$Z = 200R^{1.6} \tag{12.43}$$

という Z–R 関係が得られるという結果のみを述べておく．ここで R は mm hr^{-1}，Z は標準単位 mm^6 m^3 で与えられる．他の粒径分布（仮定あるいは観測に基づく）を用いても，通常は似た形の Z–R 関係が得られるが，2 つの係数の数値は異なる．

問題 12.9

マーシャル–パルマーの Z–R 関係を用いてレーダー画面に表示される 3 つのレーダー反射因子に対応する降雨強度 R を推定せよ．

（a）10 dBZ，（b）30 dBZ，（c）50 dBZ

12.5.3　マイクロ波リモートセンシングと雲

さまざまな周波数（3 ～ 183 GHz の範囲の）で作動するマイクロ波放射計は，衛星による大気のリモートセンシングにおいてますます重要になってきた．マイクロ波帯の重要な利点の 1 つは，この波長域では雲の透過率が比較的高く，どのような気象条件でも地表面や気柱のいくつかの特性を推定できるということにある．

最も高い周波数でも波長 λ は 3 mm 程度と比較的長く，典型的な半径 10 μm の雲粒のサイズパラメータは $x \approx 0.02$ である．このように小さな x 値では散乱は無視でき，雲水量の質量消散（吸収）係数 k_L は式（12.19）により良い精度で表現される．図 12.12 はマイクロ波帯での k_{a} の周波数依存性を示している．

鉛直方向から入射する大気からの放射を，地上に設置したマイクロ波放射計により観測しているとする．マイクロ波帯ではレイリー–ジーンズの近似によって放射輝度を輝度温度 T_{B} で代用することができ，関係式 $T_{\mathrm{B}} = \varepsilon T$ を用いることができる．ここで ε は地表面や大気層の射出率であり，T は物理的な温度である（6. 1. 4 項参照）．

さしあたり，雲のない大気は完全に透明であり（実際とは違うが），平均温度が T，鉛直積算した雲水量が L である単一雲層を仮定すると，測定される輝度温度は

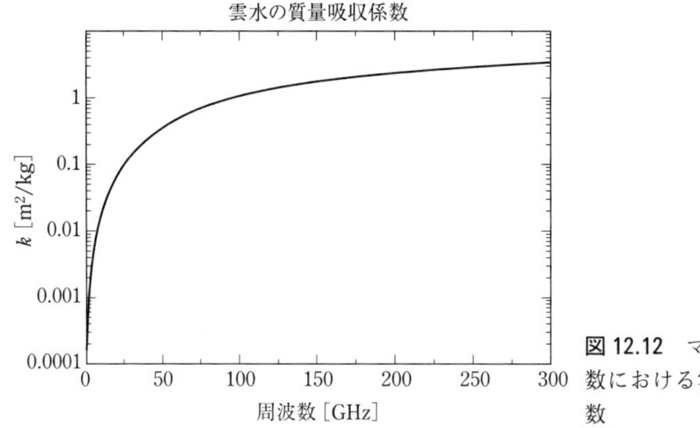

図 12.12　マイクロ波の周波数における雲水の質量吸収係数

$$T_B = \varepsilon T = [1 - t(L)]\,T = [1 - \exp(-k_L L)]\,T \qquad (12.44)$$

で近似できる．適切な T を仮定し，上向きマイクロ波放射計で観測された輝度温度 T_B に代入し，L についての上式を解くことで，鉛直積算した雲水量を推定することができる．

実際の導出手続きはもう少し複雑である．これは水蒸気と酸素による吸収・射出がマイクロ波帯において常に起きるためである（図 12.13）．60 GHz と 118 GHz の酸素の吸収帯を避ければ，乾いた大気による透過率の減少は数 % にすぎない．さらに，地表面気圧，したがって酸素気柱量の変化はどの場所でも 5% 程度でしかないので，酸素の光学的厚み τ_o を一定とすることで，この問題を回避できる．

水蒸気はより大きな問題となる．水蒸気の気柱量 V は極域の乾燥空気では非常に低く（$\sim 1\,\mathrm{kg\,m^{-2}}$），熱帯の湿潤空気では高い（$\sim 60\,\mathrm{kg\,m^{-2}}$）というように変化するからである．水蒸気による全光学的厚さに制約を与えるため，40 GHz 以下に限定して考えることにする．この場合には天頂方向の透過率は少なくとも 60% 程度にはなり，雲水による不透明度の変化が検出できないほど大気の不透明度が高くなることはない．

水蒸気と酸素の平均射出温度が雲層での値と大きくは違わないと仮定すると

$$T_B \approx [1 - \exp(-\tau)]\,T \qquad (12.45)$$

が成り立つ．ここで大気の全光学的厚さは

$$\tau \approx \tau_O + k_L L + k_V V \qquad (12.46)$$

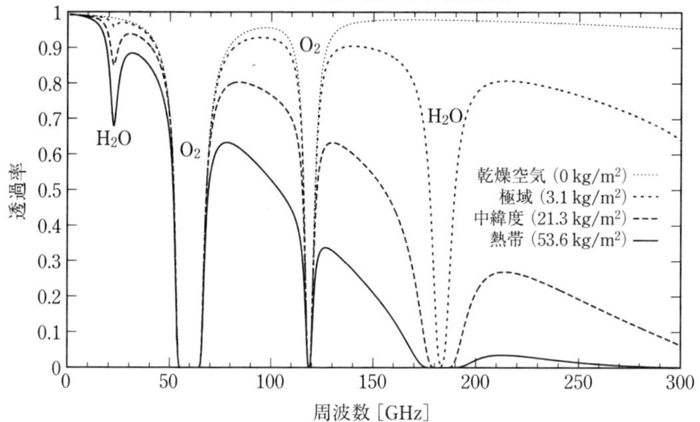

図 12.13 温度・湿度の異なった大気（雲がない）モデルに対応する天頂方向のマイクロ波の透過率

括弧の中の値は，各々のモデルでの鉛直積算した水蒸気量である．

と近似した．また k_V は気柱平均した水蒸気の質量吸収係数である．式 (12.45) を T で割り，簡単な演算により

$$y \equiv \log\left(\frac{T-T_B}{T}\right) \approx -k_L L - k_V V - \tau_O \tag{12.47}$$

が得られる．妥当な T の値が与えられれば，新しい変数 y は観測値 T_B の既知関数となる．この y は 2 つの未知変数 V と L の簡単な線形関数であるので便利である．しかし，1 つの式に 2 つの未知変数が含まれており，単一波長での T_B の測定から 2 変数を一意的に決めることはできない．

そこで，放射計により異なる周波数 ν_1 と ν_2 において T_B を測定することを考える．そうすると方程式を

$$\begin{bmatrix} y_1 \\ y_2 \end{bmatrix} = -\begin{bmatrix} k_{L,1} & k_{V,1} \\ k_{L,2} & k_{V,2} \end{bmatrix}\begin{bmatrix} L \\ V \end{bmatrix} - \begin{bmatrix} \tau_{O,1} \\ \tau_{O,2} \end{bmatrix} \tag{12.48}$$

と行列形式で書くことができる．これで 2 つ未知変数に対し 2 つの 1 次方程式が得られる．原理的には L と V について解けて

$$\begin{bmatrix} L \\ V \end{bmatrix} = -\begin{bmatrix} k_{L,1} & k_{V,1} \\ k_{L,2} & k_{V,2} \end{bmatrix}^{-1}\begin{bmatrix} y_1 + \tau_{O,1} \\ y_2 + \tau_{O,2} \end{bmatrix} \tag{12.49}$$

が得られる．ここで吸収係数の行列 $\mathbf{K}$ の逆行列が存在すると仮定する．

数学的には，行列式 $\|\mathbf{K}\| \neq 0$ ならば逆行列は存在する．この条件はマイクロ波のどの周波数の組に対してもほぼ満たされる．しかし実際には，逆行列が存在するだけでは不十分なのである！　なぜだろうか？

式（12.47）は y の L と V への依存性を与える近似的なモデルであることを想起されたい．このため，式（12.49）を誤差 ε_i を許容するように修正する必要がある．これを考慮すると

$$\begin{bmatrix} L' \\ V' \end{bmatrix} = -\begin{bmatrix} k_{L,1} & k_{V,1} \\ k_{L,2} & k_{V,2} \end{bmatrix}^{-1} \left\{ \begin{bmatrix} y_1 + \tau_{O,1} \\ y_2 + \tau_{O,2} \end{bmatrix} - \begin{bmatrix} \varepsilon_1 \\ \varepsilon_2 \end{bmatrix} \right\} \tag{12.50}$$

と書ける．ここで L' と V' は真の L と V の推定値である．推定誤差は

$$\begin{bmatrix} L' - L \\ V' - V \end{bmatrix} = \begin{bmatrix} k_{L,1} & k_{V,1} \\ k_{L,2} & k_{V,2} \end{bmatrix}^{-1} \begin{bmatrix} \varepsilon_1 \\ \varepsilon_2 \end{bmatrix} \tag{12.51}$$

と書ける．リモートセンシング技法の目標は，推定誤差を最小にすることにある．これは，この事例では $\mathbf{K}^{-1}$ が過度にモデルや測定誤差 ε_i を“増幅しない”ということに相当する．$\mathbf{K}^{-1}$ の大きさは $1/\|\mathbf{K}\|$ に比例しているので，実際問題として，$\|\mathbf{K}\|$ が 0 でない（逆算可能性の厳密な数学的条件）だけでなく，それが大きいことが必要である！

平易にいえば，2 つのセンサーのチャンネルが L と V に対し実質的に異なる応答をすることが望ましい．そうすることで各々の成分の不透明度への寄与をより高精度で分離することができる．具体的には 1 つのチャンネルは L よりも V に強く応答し，もう 1 つのチャンネルは逆の応答となることが望ましいということになる．この観点から図 12.12 と 12.13 を調べてみる．1 つのチャンネルを水の吸収線の中心 22.235 GHz 近くに，2 番目のチャンネルを 30 ～ 40 GHz の間に選ぶことが考えられる．2 番目のチャンネルでは，水蒸気の吸収は 1 番目のチャンネルよりはるかに弱いが，液体の水の吸収はかなり強いからである．実際，商用の 2 チャンネルマイクロ波放射計は，そのように設計されている．ただし周波数の選択はここで説明した方法よりも高度な解析によっている．

放射観測における**逆問題の最良解の推定**（optimal inversion）に関し，リモートセンシングに特化した講義で解説されるべき，いくつかの微妙な問題がある．ここでは，上述した逆行列を陽に計算する手法よりも，平均 2 乗誤差を現実に近い大気の条件下で最小化するような統計的あるいは半統計的な手

法の方が，良好な結果が得られる場合が多いということを指摘するにとどめる．

問題 12.10

23.8 GHz と 31.4 GHz のチャンネルを持つ天頂を向いたマイクロ波放射計を考える．最初の周波数では $k_{L,1} = 0.087$，$k_{V,1} = 0.0052$，$\tau_{O,1} = 0.02$ であり，2 番目の周波数では $k_{L,2} = 0.15$，$k_{V,2} = 0.0021$，$\tau_{O,2} = 0.03$ である．すべての k の値の単位は m^2/kg である．大気の平均温度は $T = 280$ K とせよ．

(a) 完全な乾燥大気である $V = L = 0$ の条件において，それぞれのチャンネルでの輝度温度 T_B の値を求めよ．

(b) 湿潤な熱帯大気の典型的な値 $V = 60\ \mathrm{kg\,m^{-2}}$ で再度計算せよ．$L = 0$（雲がない）の条件は同じとせよ．

(c) 非降水性のかなり厚い層雲の典型的な値 $L = 0.3\ \mathrm{kg\,m^{-2}}$ を用いて再度計算せよ．

(d) Vを推定するための逆推定アルゴリズムを求めよ．最終的なアルゴリズムは $V' = a_1 \log(T - T_{B,1}) + a_2 \log(T - T_{B,2}) + a_3$ の形になるようにせよ．係数 a_i を 4 桁で求めよ．

(e) そのアルゴリズムを (a)，(b) および (c) から得られた結果に適用せよ．それぞれの場合について Vの正確な値が得られたであろうか？

第13章　多重散乱過程を含む放射伝達

本書による大気放射学への入門教程も終わりに近づいており，この最終章では最も興味深くまた最も難しい内容を扱うことにする．これまでは，散乱を無視した吸収・射出，あるいはせいぜい単一散乱の問題だけを取り扱ってきた．これらの制約を課すことで，単一の視線方向の放射伝達方程式を，他の視線方向上の空間で起きている放射過程を考慮せずに解くことができたのである．

しかし，このような簡易化を雲内での太陽放射の伝達に対して適用することはまったく不可能である．ほとんどの水雲は光学的に厚く（$\tau \gg 1$），吸収が弱いので（$\tilde{\omega} \approx 1$），多重散乱を無視することはできない．つまり，雲中のほとんどの場所では，雲粒子に入射する放射の大半は少なくとも1回は他の粒子によって散乱されているのである．雲頂に入射する光子は，雲から（平行平面状の雲の場合は雲頂や雲底から，3次元的な雲の場合は雲の側面からも）再び出てくるまでに，多数回，雲の中で散乱される．このことにより，ある場所で，ある視線方向に沿った放射輝度を求めるためには，他のすべての場所で起きていることを同時に考慮する必要がある．

平行平面大気における完全な放射伝達方程式は，前出の式（11.13）と式（11.14）で与えられる．熱放射を無視すれば，その2つの式を組み合わせて

$$\mu \frac{dI(\mu,\, \phi)}{d\tau} = I(\mu,\, \phi) - \frac{\tilde{\omega}}{4\pi}\int_0^{2\pi}\int_{-1}^{1} p(\mu,\, \phi;\, \mu',\, \phi')\, I(\mu',\, \phi')\, d\mu' d\phi' \quad (13.1)$$

を得る．光学的厚さがτである雲中の位置での$I(\mu, \phi)$を決めるためには，すべてのμ', ϕ'の値とすべてのτの値に対して，$I(\mu', \phi')$を同時に決めなければならないことが，この微積分方程式からわかる．

一般的に，式（13.1）は散乱位相関数に大変に限定的な（必然的に非現実的な）条件を課さないと，厳密解を得ることはできない．このため放射学の

専門家により，以下の観点で多くの努力がなされてきた．

1. 雲内の放射伝達に関する定性的な知見を得るために，理想化された場合（たとえば，等方散乱，雲の光学的厚さが無限大など）について式(13.1）を解析的に解く．

2. 現実世界の問題に対し，適切な精度の数値解を得るための計算技術を開発する．

これらの解法が重要となるのは，主に放射伝達計算の専門家に限られるため，ここではその技術的な詳細は述べないことにする．本書で大気放射に関心を持つようになった読者は，さらに進んだ教科書（L02 や TS02）で学習することを勧める．これらの本では，その計算方法がかなりの頁にわたり，多くの方程式を用いて説明されている．

ここでは平行平面雲層における多重散乱がどのように働くかを理解することから始める．その後，**二流近似法**（**two-stream method**）と呼ばれる式(13.1）の最も簡単な解法の１つについて説明する．μ, ϕ の関数として正確な放射輝度を計算するために二流近似はあまり有用ではないが，平行平面雲層内での半球平均したフラックスを推定するためには悪くはない．その二流法は比較的小さい計算量ですむので，実際上すべての気候モデルにおける短波放射スキームの放射伝達ソルバーにおいて，二流法（あるいはやや高精度な四流法）の変形版が用いられている．

13.1　多重散乱の可視化

散乱性の平行平面層（たとえば雲）に入射する放射において，多数の光子の行方をみることで，放射伝達過程を可視化することができる．放射源が太陽のように無限遠に置かれた点光源とみなせる場合，それぞれの光子は初め同じ方向 $\hat{\boldsymbol{\Omega}}_0$ から雲頂（$\tau = 0$）に入射する．しかし，それぞれの光子のその後の行方は，雲層内での散乱・吸収性の粒子と偶然的に遭遇することで決まる．それらの事象の時系列を以下にまとめた．

1. まず，それぞれの光子は最初の消散事象が起きるまでは，ランダムな長さの距離を進む．それぞれの光子が進む距離はランダムであるが，平均距離はビーアの法則により決まる．実際に雲の全光学的厚さが τ^* であるとき，入射した光子のうち $t_{dir} = \exp(-\tau^*/\mu)$ の割合のものが雲底に到達する（消散されることなく）．
2. 初めに入射した光子のうち，雲層をそのまま通り抜けられない光子の割合は $1 - t_{dir}$ であり，その光子は散乱や吸収により消散する．これらの光子のうち，吸収される割合は $1 - \tilde{\omega}$ である．太陽から出発した光子の長旅はここで急に終わることになる．それらのエネルギー $h\nu$ は雲層を暖めることに使われる．
3. 消散されたもののうち，散乱される光子は新たな方向 μ' に伝搬する．その方向に沿った新たな光路上でビーアの法則を再度適用すると，その光子が消散されることなしに上端あるいは下端に到達し雲層から出る確率が決まる．
4. 光子が吸収されるか，もしくは雲層から抜け出すまで，それぞれの光子に対して，段階 2 と 3 が繰り返される．雲層のアルベドと拡散透過率はそれぞれ，入射した全光子数のうち，雲層の上端と下端から出る光子数の割合を表す．

さまざまな $\tilde{\omega}$ と g の組み合わせについての光子の飛跡の計算例を，図 13.1 と図 13.2 に示した．単一の消散事象において光子が吸収される確率が小さい場合でも，光学的に厚い雲を通過するときは多数回の消散事象を経験するため，その光子が雲層内で吸収される確率はかなり高くなることに注意されたい．また，吸収がない散乱性の雲では，非対称因子 g は，雲頂もしくは雲底から抜け出す光子の数の比率に強く影響する（図 13.2 参照）．

上記の手順に正確に従うことで，雲中の放射伝達を数値的にシミュレートすることができる．移動する光子の各行程での命運が，回転するルーレットの輪や一組のサイコロの転がりのような確率的な事象としてシミュレートされるので，そのような方法は**モンテカルロ法**（**Monte Carlo model**）と呼ばれる［訳注：地中海に面したモナコのモンテカルロは賭博場としても世界的に有名

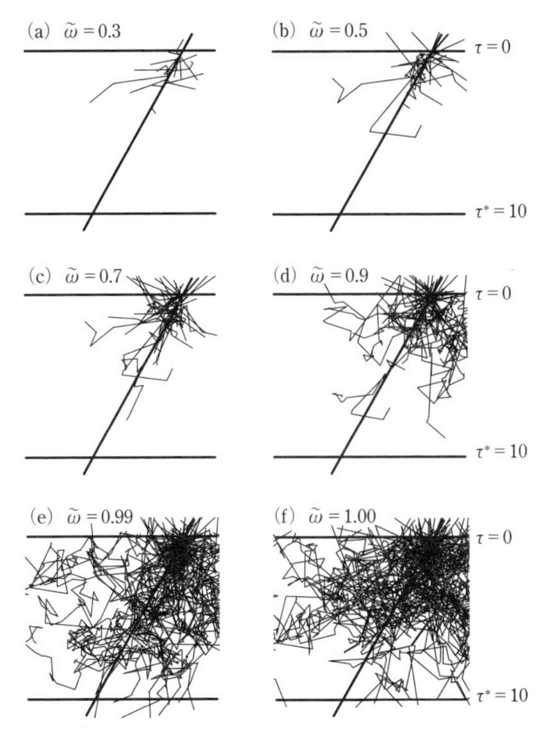

図 13.1　平行平面で等方散乱する（$g=0$）層中での100個の光子の飛跡の例

光学的厚さは$\tau^*=10$で，異なった単一散乱アルベド$\tilde{\omega}$での結果を示した．光子は上方から$\theta=30°$で入射する．太い実線は散乱を受けない光子の飛跡を表す．

である]．モンテカルロ法による放射伝達計算は理解しやすく容易に実装できる．特に，平行平面でない3次元の形状の雲を扱ううえで役に立つ．モンテカルロ法の唯一の欠点は，統計的に信頼性のある結果を得るために，非常に多数の光子の飛跡をシミュレートしなければならないことである．たとえば，ほとんどあるいはまったく吸収がない非常に厚い雲に対し，モンテカルロ法を適用することは非効率的である．なぜなら，雲に入射したすべての光子は最終的に雲から出てきてアルベドあるいは拡散透過率に寄与するため，全光子について雲中での何千もの散乱事象を計算する必要があるためである．

多重散乱を含む放射伝達計算のアプローチ（モンテカルロ法ではない）として，放射伝達方程式の解析解を部分的に利用する数値計算法などもある．以下，そのような方法のうち，平行平面大気を仮定した，最も初歩的なものを解説する．

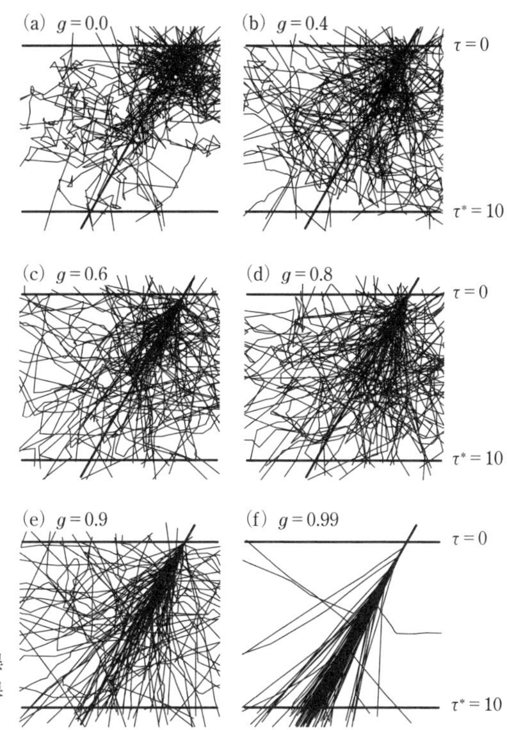

図 13.2　図 13.1 と同じ
ただし吸収はなく（$\tilde{\omega}=1$），異なった非対称因子 g についての結果を示した．

13.2　二流近似法

13.2.1　方位角方向に平均した放射伝達方程式

前述したように，平行平面大気における鉛直方向の放射フラックスは，放射輝度の方位角 ϕ には依存せず，放射輝度の鉛直方向からの角度（具体的には $\mu=\cos\theta$）だけに依存する．このことから I の μ，τ 依存性を正しく考慮すれば，I の方位角依存性は考えなくてよいことになる．

このため，方位角方向に平均した輝度を

$$I(\mu)\equiv\frac{1}{2\pi}\int_0^{2\pi}I(\mu,\ \phi)\,d\phi \tag{13.2}$$

と定義する．また，散乱媒体が方位角方向に等方的であると仮定すると，$p(\mu, \phi: \mu', \phi')$ は $p(\mu, \mu', \Delta\phi')$ と等価となる．ここで $\Delta\phi\equiv\phi-\phi'$ で

ある．方位角方向に平均した位相関数を

$$p(\mu,\ \mu') \equiv \frac{1}{2\pi}\int_0^{2\pi} p(\mu,\ \mu',\ \Delta\phi)\, d(\Delta\phi) \qquad (13.3)$$

と定義できる．

これらの定義を用いて，式（13.1）のすべての項を方位角方向に平均することで，式（13.1）から ϕ を消去することができ，この単純化の結果

$$\boxed{\mu \frac{dI(\mu)}{d\tau} = I(\mu) - \frac{\tilde{\omega}}{2}\int_{-1}^{1} p(\mu,\ \mu')\, I(\mu')\, d\mu'} \qquad (13.4)$$

を得る．これが，方位角方向に平均された放射伝達方程式である[1]．

問題 13.1

式（13.1)-(13.3）より式（13.4）を導出せよ．

13. 2. 2　二流近似法

式（13.4）は，平行平面大気における方位角平均の放射伝達方程式として完全なものであり，恣意的な仮定や近似は一切含まれていない．ゆえに，よく他の解法のための出発点としても用いられる．これから我々が導出する二流近似法に特有のかなり思い切った仮定は，放射輝度 $I(\mu)$ が上下それぞれの半球で一定であるとすることである．これを式で表せば，

$$I(\mu) = \begin{cases} I^{\uparrow} & \mu > 0 \\ I^{\downarrow} & \mu < 0 \end{cases} \qquad (13.5)$$

となる．ここで $I^{\uparrow}$ と $I^{\downarrow}$ は天頂角 μ によらない．この仮定を模式的に図 13.3 に示した．

それぞれの半球において輝度一定と仮定することは，かなり大胆に思えるが，実際にはそれほど悪くはない．一様で平坦な地表面（たとえば，海，とうもろこし畑で覆われたアイオワ州，雪で覆われたグリーンランドなど）と厚い層状雲の雲底の間を，読者が気球で飛んでいるとする．水平（$\mu = 0$）

1）　実際に $p(\mu, \mu')$ を $p(\cos\Theta)$ で表す方法については L02 の 6. 1. 2 項に記述されている．位相関数をルジャンドル多項式の有限級数で表現しておくと，この変換は解析的に行える（付録 A 参照）．

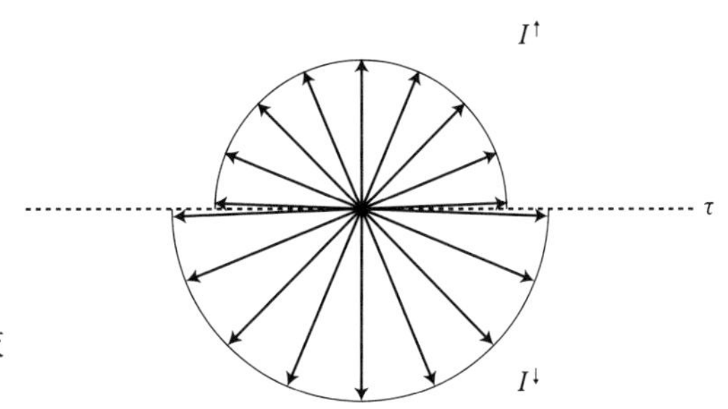

図 13.3 二流近似法において仮定した輝度の角度分布

より下方のいずれの点を見ても，地表面の色や明るさ（brightness）はほぼ一様に見える．また，水平よりも上方のどこを見ても，雲層は一様な灰色に見える．水平方向を見ると，地表面とその上の雲との間で，輝度は不連続的に急激に変わる．

雲層内では下半球と上半球の間のコントラストはそれほど著しくないが，それぞれの半球でIを一定に仮定することは，さほど不自然ではない．たとえ，実際に強度Iがそれぞれの半球内である程度μに依存するとしても，この依存性は通常単調であり（すなわち，水平から天頂まで定常的に明るさが増し），あるμでの強度が半球全体の平均輝度とほぼ同じになるようなμが常に存在するのである．

二流方程式

仮定の合理性に関する説明はこれくらいにとどめ，これから数学的な定式化を行う．上向きと下向きで，それぞれの放射伝達方程式を立てることから始める．導出過程はどちらの流れでも同じなので，上向きの流れ $I^{\uparrow}$ のみについて詳しく見ていく．まず初めに，式（13.4）の $I(\mu)$ を，定数である $I^{\uparrow}$ と $I^{\downarrow}$ に適切に置き換えると，

$$\mu\frac{dI^{\uparrow}}{d\tau}=I^{\uparrow}-\frac{\tilde{\omega}}{2}\int_0^1 p(\mu,\ \mu')\,I^{\uparrow}d\mu'-\frac{\tilde{\omega}}{2}\int_{-1}^0 p(\mu,\ \mu')\,I^{\downarrow}d\mu' \qquad (13.6)$$

となる．ここで定数Iは各半球で異なるため，$p(\mu,\mu')\ I(\mu')$ の積分を 2 つの項に分けたことに注意されたい．$I^{\uparrow}$ と $I^{\downarrow}$ は積分の外に出せるので，

$$\mu\frac{dI^{\uparrow}}{d\tau}=I^{\uparrow}-\frac{\tilde{\omega}}{2}\left[\int_0^1 p(\mu,\ \mu')\,d\mu'\right]I^{\uparrow}-\frac{\tilde{\omega}}{2}\left[\int_{-1}^0 p(\mu,\ \mu')\,d\mu'\right]I^{\downarrow} \quad (13.7)$$

が得られる．

ここで，**後方散乱割合（backscattered fraction）** b と呼ばれる量を定義するのが便利である．これは上記の積分を略記したもので

$$
b(\mu)=\begin{cases}\dfrac{1}{2}\displaystyle\int_{-1}^{0}p(\mu,\ \mu')\,d\mu'=1-\dfrac{1}{2}\displaystyle\int_{0}^{1}p(\mu,\ \mu')\,d\mu' & \mu>0\\[2ex] \dfrac{1}{2}\displaystyle\int_{0}^{1}p(\mu,\ \mu')\,d\mu'=1-\dfrac{1}{2}\displaystyle\int_{-1}^{0}p(\mu,\ \mu')\,d\mu' & \mu<0\end{cases} \tag{13.8}
$$

と定義される．$b(\mu)$ は反対半球に散乱される放射の割合を表しており，μ は新たな伝搬方向である．式（13.7）の場合，$b(\mu)$ は後方散乱により $I^{\downarrow}$ が減り，$I^{\uparrow}$ が増える程度を表す．ここで式（13.7）を書き直すと，

$$
\mu\frac{dI^{\uparrow}}{d\tau}=I^{\uparrow}-\tilde{\omega}\,[1-b(\mu)]\,I^{\uparrow}-\tilde{\omega}\,b(\mu)\,I^{\downarrow} \tag{13.9}
$$

を得る．この方程式は明らかに μ に依存しており，I が各半球で μ と独立であると仮定したことと矛盾する．そこで，全半球上で式（13.9）式を μ について平均化し，μ を取り除くと

$$
\int_{0}^{1}\left[\mu\frac{dI^{\uparrow}}{d\tau}=I^{\uparrow}-\tilde{\omega}\,[1-b(\mu)]\,I^{\uparrow}-\tilde{\omega}\,b(\mu)\,I^{\downarrow}\right]d\mu \tag{13.10}
$$

を得る．この結果は

$$
\frac{1}{2}\frac{dI^{\uparrow}}{d\tau}=I^{\uparrow}-\tilde{\omega}\,(1-\bar{b})\,I^{\uparrow}-\tilde{\omega}\,\bar{b}I^{\downarrow} \tag{13.11}
$$

と書ける．あるいは

$$
\boxed{\frac{1}{2}\frac{dI^{\uparrow}}{d\tau}=(1-\tilde{\omega})\,I^{\uparrow}+\tilde{\omega}\,\bar{b}\,(I^{\uparrow}-I^{\downarrow})} \tag{13.12}
$$

となる．ここで

$$
\bar{b}\equiv\int_{0}^{1}b(\mu)\,d\mu \tag{13.13}
$$

である．下向きの放射輝度に対しても，上記の手順を繰り返すと，同様の式

$$
\boxed{-\frac{1}{2}\frac{dI^{\downarrow}}{d\tau}=(1-\tilde{\omega})\,I^{\downarrow}-\tilde{\omega}\,\bar{b}\,(I^{\uparrow}-I^{\downarrow})} \tag{13.14}
$$

が得られる．式（13.12）と式（13.14）はいわゆる**入射する放射が拡散的な場合の二流方程式**（two-stream equations for diffuse incidence）[2] である．$I^{\uparrow}$ と $I^{\downarrow}$ は未知数であり，両方の方程式に現れるので，連立の線形常微分方程式を扱うことになる．このような方程式系を解く常道は，それらを組み合わせ，1つの2階の微分方程式にしたうえで境界条件を適用し，ある特定の境界条件について解けばよい．しかし，それを行う前に，平均後方散乱割合 $\bar{b}$ について詳しく見ていくことにする．

後方散乱割合と g

平均後方散乱割合 $\bar{b}$ は式（13.8）と式（13.13）により，散乱位相関数 $p(\mu, \mu')$ と結びついている．この位相関数の特性は，式（11.20）で定義された非対称因子 g によって部分的に特徴づけられる．このため $\bar{b}$ と g の間にはある種の系統的な関係があり，式（13.12）や式（13.14）の中の $\bar{b}$ を g の適切な関数を用いて置き換えることができる．この可能性は，以下の3つの特別な場合を考えると理解しやすい．

もし，散乱が完全に等方的［$p(\cos\Theta) = p(\mu, \mu') = 1$］であるならば，$g = 0$ である．この場合，放射の元の入射方向に関係なく，どちらの半球にも平等に散乱されるので，明らかに $\bar{b} = 1/2$ である．

もし，$g = 1$ ならば，すべての放射は，散乱される前とまったく同じ方向に散乱される．つまり，放射は反対側の半球にはまったく散乱されず，$\bar{b} = 0$ となる．同様に，$g = -1$ のとき，すべての放射は反対半球に散乱され，$\bar{b} = 1$ となる．

まとめると，g と $\bar{b}$ の間の写像は

$$g = -1 \rightarrow \bar{b} = 1$$

$$g = 0 \rightarrow \bar{b} = 1/2$$

$$g = 1 \rightarrow \bar{b} = 0$$

となる．g と $\bar{b}$ の間の関係が線形であると**仮定すると**[3]，$\bar{b}$ は

2）　太陽からの直達光が大気上端に入射するような状況を表現できるように，上式を一般化することは比較的容易である．たとえば TS02 の第6章を参照されたい．

3）　これは更なる近似である．$\bar{b}$ と g との関係の詳細については TS02 の 7.5 節を参照のこと．

$$\bar{b} = \frac{1-g}{2} \tag{13.15}$$

と表せる．これを式（13.12）と式（13.14）に代入すると，次式が得られる．

$$\boxed{\frac{1}{2}\frac{dI^{\uparrow}}{d\tau} = (1-\tilde{\omega})\,I^{\uparrow} + \frac{\tilde{\omega}\,(1-g)}{2}\,(I^{\uparrow}-I^{\downarrow})} \tag{13.16}$$

$$\boxed{-\frac{1}{2}\frac{dI^{\downarrow}}{d\tau} = (1-\tilde{\omega})\,I^{\downarrow} - \frac{\tilde{\omega}\,(1-g)}{2}\,(I^{\uparrow}-I^{\downarrow})} \tag{13.17}$$

13.2.3　解析解

式（13.16）と式（13.17）を加算，減算することにより，

$$\frac{1}{2}\frac{d}{d\tau}\,(I^{\uparrow}-I^{\downarrow}) = (1-\tilde{\omega})(I^{\uparrow}+I^{\downarrow}) \tag{13.18}$$

$$\frac{1}{2}\frac{d}{d\tau}\,(I^{\uparrow}+I^{\downarrow}) = (1-\tilde{\omega}\,g)(I^{\uparrow}-I^{\downarrow}) \tag{13.19}$$

が得られる．式（13.19）を微分して

$$\frac{d^2}{d\tau^2}\,(I^{\uparrow}+I^{\downarrow}) = 2\,(1-\tilde{\omega}\,g)\,\frac{d}{d\tau}\,(I^{\uparrow}-I^{\downarrow}) \tag{13.20}$$

を得る．右辺の微分は式（13.18）から得られる表現を用いて置き換えられることに注意すると，

$$\frac{d^2}{d\tau^2}\,(I^{\uparrow}+I^{\downarrow}) = 4\,(1-\tilde{\omega}\,g)(1-\tilde{\omega})(I^{\uparrow}+I^{\downarrow}) \tag{13.21}$$

が得られる．上記と同じ手順を式（13.18）に適用すると，

$$\frac{d^2}{d\tau^2}\,(I^{\uparrow}-I^{\downarrow}) = 4\,(1-\tilde{\omega}\,g)(1-\tilde{\omega})(I^{\uparrow}-I^{\downarrow}) \tag{13.22}$$

を得る．最初の式では独立変数が $I^{\uparrow}+I^{\downarrow}$ であり，2番目の式では $I^{\uparrow}-I^{\downarrow}$ が独立変数であることを除いては，これらの2つの方程式は同じ形である．ゆえに，1つの方程式を解くことにより，2つの方程式の解が得られる．その方程式は

$$\frac{d^2y}{d\tau^2}=\Gamma^2 y \tag{13.23}$$

となる．ここで

$$y \equiv I^{\uparrow}+I^{\downarrow} \text{ あるいは } y \equiv I^{\uparrow}-I^{\downarrow} \tag{13.24}$$

また

$$\boxed{\Gamma \equiv 2\sqrt{1-\tilde{\omega}}\sqrt{1-\tilde{\omega}\,g}} \tag{13.25}$$

である．この一般解は，

$$y=\alpha e^{\Gamma\tau}+\beta e^{-\Gamma\tau} \tag{13.26}$$

となる．同様に $I^{\uparrow}$ と $I^{\downarrow}$ の解は，指数関数の和として

$$I^{\uparrow}(\tau)=A\,e^{\Gamma\tau}+B\,e^{-\Gamma\tau} \tag{13.27}$$

$$I^{\downarrow}(\tau)=C\,e^{\Gamma\tau}+D\,e^{-\Gamma\tau} \tag{13.28}$$

と表せる．ここで，$A\sim D$ は未定係数である．4つの係数はすべて独立ではない．式（13.27）と式（13.28）を式（13.16）に代入すると，

$$\begin{aligned}\frac{dI^{\uparrow}}{d\tau}&=2(1-\tilde{\omega})(A\,e^{\Gamma\tau}+B\,e^{-\Gamma\tau})\\&\quad+\tilde{\omega}(1-g)[(A-C)e^{\Gamma\tau}+(B-D)e^{-\Gamma\tau}]\end{aligned} \tag{13.29}$$

が得られる．一方，式（13.27）を τ で微分すると，

$$\frac{dI^{\uparrow}}{d\tau}=A\,\Gamma\,e^{\Gamma\tau}-B\,\Gamma\,e^{-\Gamma\tau} \tag{13.30}$$

が得られる．式（13.29）と式（13.30）は等しいので，次式を得る．

$$\begin{aligned}&[2(1-\tilde{\omega})\,A+\tilde{\omega}(1-g)(A-C)-A\,\Gamma]\,e^{\Gamma\tau}=\\&[-B\,\Gamma-2(1-\tilde{\omega})\,B-\tilde{\omega}(1-g)(B-D)]\,e^{-\Gamma\tau}\end{aligned} \tag{13.31}$$

上記の方程式がすべての τ に対して成り立つためには，指数関数の係数がゼロでなければならない．左辺で A と C，右辺で B と D について解くと，次式を得る．

$$\frac{C}{A}=\frac{B}{D}=\frac{2-\tilde{\omega}-\tilde{\omega}\,g-\Gamma}{\tilde{\omega}(1-g)}=\frac{\sqrt{1-\tilde{\omega}\,g}-\sqrt{1-\tilde{\omega}}}{\sqrt{1-\tilde{\omega}\,g}+\sqrt{1-\tilde{\omega}}}\equiv r_{\infty} \tag{13.32}$$

この比を表すために r_{∞} を用いた理由は，後述する．この定義を用いて，C と B は

$$C=r_{\infty}A \quad ; \quad B=r_{\infty}D \tag{13.33}$$

と表せる．これを用いて式（13.27）と式（13.28）を書き直すと，

$$I^{\uparrow}(\tau) = A\,e^{\Gamma\tau} + r_{\infty} D\,e^{-\Gamma\tau} \tag{13.34}$$

$$I^{\downarrow}(\tau) = r_{\infty} A\,e^{\Gamma\tau} + D\,e^{-\Gamma\tau} \tag{13.35}$$

となる．

境界条件

ここまででほとんど完了だが，2つの係数 A，D だけがまだ決まっていない．これらの係数を求めるためには，個々の問題に応じた適切な境界条件を2つ与える必要がある．ここでは，

$$I^{\uparrow}(\tau^{*}) = 0 \quad ; \quad I^{\downarrow}(0) = I_0 \tag{13.36}$$

という境界条件を与えることにする．この意味は，下端境界は黒体（$\tau = \tau^{*}$ で上向きに反射される放射がない）であり，大気上端に入射する下向き放射の半球平均の輝度は I_0 ということである．このよう境界条件のもとでは，

$$0 = A\,e^{\Gamma\tau^{*}} + r_{\infty} D\,e^{-\Gamma\tau^{*}} \tag{13.37}$$

$$I_0 = r_{\infty} A + D \tag{13.38}$$

となる．この2式から定数 A と D が求まり，それを式（13.34），式（13.35）に代入すると，目的の解である次式が得られる．

$$\boxed{I^{\uparrow}(\tau) = \frac{r_{\infty} I_0}{e^{\Gamma\tau^{*}} - r_{\infty}^{2} e^{-\Gamma\tau^{*}}} \left[e^{\Gamma(\tau^{*}-\tau)} - e^{-\Gamma(\tau^{*}-\tau)} \right]} \tag{13.39}$$

$$\boxed{I^{\downarrow}(\tau) = \frac{I_0}{e^{\Gamma\tau^{*}} - r_{\infty}^{2} e^{-\Gamma\tau^{*}}} \left[e^{\Gamma(\tau^{*}-\tau)} - r_{\infty}^{2} e^{-\Gamma(\tau^{*}-\tau)} \right]} \tag{13.40}$$

式（13.39），式（13.40）は，雲頂から入射する一様（拡散的な）な照度が I_0 であり，下端境界が完全に吸収性の場合の二流方程式の一般解である．この解析解を利用して，雲層中の放射伝達について2，3の事例を考察してみよう．

13.3　半無限領域の雲層

単一散乱アルベド $\tilde{\omega}$ や非対称因子 g が，雲の反射や吸収特性に与える影

響を調べる最も容易な方法は，考慮すべき変数が $\tilde{\omega}$ および g 以外にないという条件を課すことである．雲が光学的に薄い場合は，雲層の上から見た観測量は，少なくともその雲自体の放射特性と同様に，地表面の放射特性にも敏感である．

そのような影響を除くため，まず**半無限領域の雲層**（**semi-infinite cloud**）の場合を考える．すなわち，$\tau = 0$ が上端の境界であり，その高度以下では，実効的に無限に深い雲層であるとする［訳注：semi-infinite とは，$[a, \infty)$ のように片側は有界であり反対側は無限の空間のことである］．放射の観点から半無限の雲のように振る舞うためには，雲は文字通りの意味合いで半無限である必要はない．雲層が十分厚く，雲頂に入射した光子は雲底から現れる確率はほぼゼロであり，雲中で吸収されるか，上方向に散乱され雲頂から出ていくかすればよいのである．

$\tau^* \to \infty$ として，式（13.39）と式（13.40）の式を半無限の雲の場合に適合させると，

$$I^{\uparrow}(\tau) = I_0 r_\infty e^{-\Gamma\tau} \tag{13.41}$$

$$I^{\downarrow}(\tau) = I_0 e^{-\Gamma\tau} \tag{13.42}$$

を得る．

13.3.1　アルベド

式（13.41）と式（13.42）を用いることで，いくつかの興味深い雲の放射特性を調べることができる．まず，雲頂でのアルベドは，入射フラックスに対する反射フラックスの比

$$\text{Albedo} = \frac{\pi I^{\uparrow}(0)}{\pi I^{\downarrow}(0)} = \frac{I_0 r_\infty e^{-\Gamma\tau}}{I_0 e^{-\Gamma\tau}} \tag{13.43}$$

で定義される．これはもっと簡単に

$$\boxed{\text{Albedo} = r_\infty} \tag{13.44}$$

と表される．半無限の雲のアルベドは，r_∞ となることがわかった．この $\tilde{\omega}$ と g の関数を特別な記号（r_∞）で表した理由がここで理解される．

このことを理解したうえで，さらに詳しく r_∞ の特性を調べてみる．利便性のため，その定義を次式として再掲する．

$$\boxed{r_\infty \equiv \frac{\sqrt{1-\tilde{\omega}g}-\sqrt{1-\tilde{\omega}}}{\sqrt{1-\tilde{\omega}g}+\sqrt{1-\tilde{\omega}}}} \tag{13.45}$$

手始めに，$\tilde{\omega}=1$ならば，gの値に関係なく（$g<1$である限りは），$r_\infty=1$となることがわかる．吸収がゼロであれば，半無限の雲に入射するいずれの光子も雲中で幾度となく散乱されたとしても，結局は再び雲頂から出てくるはずなので，これは理にかなっている．光子は雲底（無限の距離）よりも雲頂に近い場所に存在するので，光子がランダム酔歩を繰り返し，結局は雲頂に戻ってくることは統計的に確実であり，光子が雲中深くで永久的に失なわれるようなことはない．

もし$g=1$ならば，$\tilde{\omega}$の値に関係なく，$r_\infty=0$である（$\tilde{\omega}<1$である限りは）．すべての“散乱された”光子は，散乱される前とまったく同じ方向に移動し続け，雲頂に戻るように向きを変えないはずなので，このことは理にかなっている．しかしながら，この場合は以下の2つの理由のため，非現実的である．1）gは実際の散乱性の媒質に対して**常に**1未満である．2）たとえgが1であったとしても，すべての“散乱された”放射は，最初から散乱されなかったかのように，元の方向に進み続けるので，媒質は散乱を起こさないともいえるのである．

上記の2つの極限値（$\tilde{\omega}=1$あるいは$g=1$）を取り扱ったので，もっと現実的な状況（$g<1, 0<\tilde{\omega}<1$）を考える．図13.4は2つの異なるgの値に対して，r_∞が$\tilde{\omega}$とともにどのように変化するかを示した図である．より大きなg（$g=0.85$）は可視域での雲の典型的な値である．予想通り$\tilde{\omega}=0$ではアルベドが0となり，$\tilde{\omega}\to 1$に対してアルベドが1に近づく．雲の全吸収率は，（半無限の雲では透過率は0であるため）1からアルベドを引くことで求められる．$\tilde{\omega}$がかなり1に近くても，雲の吸収率は相当大きくなるということは必ずしも自明なことではないので注意する必要がある．

たとえば，$\tilde{\omega}=0.999$と$g=0.85$であるとき，$r_\infty=0.85$となり，これは雲の吸収率が15%であることに相当する．言い換えれば，光子が**単一**の消散事象で吸収される確率は非常に小さいにもかかわらず（この例ではわずか0.1%），はるかに大きな吸収率（15%）となる．この吸収率とは，雲頂に入射する光子が酔歩する間に，それが雲頂から再び現れる前に吸収される確率

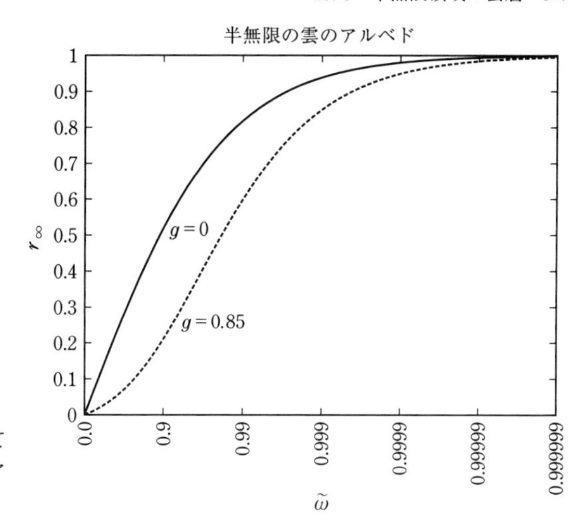

図 13.4 式（13.45）を用いて計算した半無限領域の雲のアルベド

のことである．その理由は，n を雲中で光子が経験する散乱事象の数とすると，光子の生存確率は $\tilde{\omega}^n$ に等しいからである．コアルベド（$1-\tilde{\omega} \ll 1$）が小さいような厚い雲の場合，n はかなり大きな値となる．

問題 13.2

$r_\infty = \tilde{\omega}^{\bar{n}}$ と仮定せよ．ここで $\bar{n}$ は半無限の雲に入射する光子が，雲頂から再度出るまでに雲中で散乱を受ける実効的な平均散乱回数（effective mean number of scatterings）である．(a) $\tilde{\omega}=0.999$ と $g=0.85$ であるとき，r_∞ と $\bar{n}$ を計算せよ．(b) $\tilde{\omega}=0.9$ として，同じ計算をせよ．(c) 上の 2 つの場合で $\bar{n}$ が大きく異なる理由を説明せよ．

13.3.2 フラックスと加熱率のプロファイル

ここでは，半無限の雲内の正味のフラックス $F^{\text{net}} = F^{\uparrow} - F^{\downarrow}$ のプロファイルを調べる．二流近似法では，それぞれの半球内の輝度が一様（等方的）であると仮定することをまず想起されたい．したがって，それぞれの方向のフラックスは，輝度の π 倍で表され

$$F^{\text{net}} = \pi\,(I^{\uparrow} - I^{\downarrow}) \tag{13.46}$$

となる．式（13.41）と式（13.42）を代入すると，

$$F^{\mathrm{net}} = -\pi I_0 (1 - r_\infty) e^{-\Gamma\tau} \tag{13.47}$$

が得られる[4]．

この場合，F^{net} は指数関数的に減衰するが，それはあたかも純粋な吸収媒質中でのビーアの法則のようである．その減衰率は Γ に比例する．Γ は純粋な吸収媒質（$\tilde{\omega} = 0$）に対しては2であり，散乱が増加するとともに（$\tilde{\omega} \to 1$）減少する．

実際に，純粋に吸収性の場合，

$$F^{\mathrm{net}} = -\pi I_0 e^{-2\tau} = -\pi I_0 e^{-\tau/\bar{\mu}} \tag{13.48}$$

と書ける．ここで $\bar{\mu} = 1/2$ である．これは純粋な吸収性の層の上端に，天頂から60° で平行放射束が入射する場合のビーアの法則と等価である．

部分的に散乱性の場合（$0 < \tilde{\omega} < 1$），パラメータ Γ は2よりも小さくなる．このような場合，純粋に吸収性の場合と比べ，雲の光学的厚さは実効的に減少する．もし，この雲の中のある場所 τ で下向きフラックスを測定したとすると，そのフラックスは，純吸収性の雲の中のフラックス光学的厚さ（**flux optical depth**）$\tau_{\mathrm{flux}} = \Gamma\tau/2$ の位置において測定される下向きフラックスと等価なものになる．

高度 z における大気の加熱率は式（10.54）により

$$\mathcal{H} = -\frac{1}{\rho C_p}\frac{\partial F^{\mathrm{net}}}{\partial z}(z) \tag{13.49}$$

と計算されることを想起されたい．ここで C_p は大気の定圧比熱，ρ は高度 z での大気密度である．体積消散係数 β_{e} は雲中では一定と仮定すると，$\beta_{\mathrm{e}}\, dz = -d\tau$ となり，

$$\mathcal{H} = \frac{\beta_{\mathrm{e}}}{\rho C_p}\frac{\partial F^{\mathrm{net}}}{\partial \tau}(\tau) \tag{13.50}$$

と書ける．式（13.47）を代入し，$F_0 \equiv \pi I_0$ を雲頂での入射フラックスとすれば，

---

4)　この章での I は，分光された輝度（つまり単色での輝度）であることを想起されたい．したがって，ここで用いられる F^{net} は分光された正味フラックスである（単位は W m$^{-2}\,\mu$m^{-1}）．広帯域の正味フラックスを得るためには，F^{net} を適切な波長範囲で積分する必要がある．このとき，I_0，r_∞，Γ，および τ の λ 依存性を考慮する必要がある．したがって，この節で用いられる $\mathcal{H}$ も広帯域の加熱率ではなく，分光された加熱率である．

$$\mathcal{H} = \frac{\beta_e F_0 (1 - r_\infty) \Gamma}{\rho C_p} e^{-\Gamma\tau} \tag{13.51}$$

を得る．最大加熱率は雲頂（$\tau = 0$）で起こり，正味のフラックスとまったく同様に，高度が下がるにつれて指数関数的に減衰する．τ の単位変化当たりの空気質量は β_e で決まるので，加熱率が β_e に比例するのは驚くにはあたらない．吸収される放射が同じならば，β_e が大きいほど，より小さな質量の空気が加熱されることになるので，温度上昇はより大きくなる．

問題 13.3

波長範囲 $0.5\,\mu\mathrm{m} < \lambda < 1.5\,\mu\mathrm{m}$ において，水雲の散乱コアルベドが近似的に $1 - \tilde{\omega} \approx (1.8 \times 10^{-8}) \exp[10.5\lambda]$ で与えられると仮定せよ．ここで λ の単位は μm である（図 12.10 参照）．また同じ波長範囲で半無限の雲の上端に垂直入射する太陽の分光されたフラックス（$\mathrm{W\,m^{-2}\,\mu m^{-1}}$）は $F_0 = (5.9 \times 10^{-5})\ B_\lambda(T)$ で表されるとせよ．ここで $T = 6000$ K である．

(a) $0.2\,\mu$m 間隔で，雲頂（$\tau = 0$）での分光された加熱率 $\mathcal{H}$ を計算し，グラフにプロットせよ．このとき，$g = 0.85$，$\beta_e = 0.2\,\mathrm{m^{-1}}$，$C_p = 1004$ J/(kg K)，$\rho = 1.0\,\mathrm{kg/m^3}$ とせよ．結果は K/(day μm) の単位で求めよ．［ヒント：上記計算を行うために短い計算機プログラムを書くと時間の節約になる．］

(b)（a）でプロットした曲線の平均の高さを推定し，それに近似的な範囲 $\Delta\lambda$ を掛けて，$0.5\,\mu$m から $1.5\,\mu$m における太陽放射の吸収による全加熱率［K/day］を求めよ．もし結果が大きすぎたり，小さすぎたりするように思えるときは単位をチェックせよ．

13.4　非吸収性の雲

ここでは半無限の雲ではなく，光学的厚さが有限な τ^* である現実的な雲層について調べる．まず，散乱過程で吸収が起きない，すなわち $\tilde{\omega} = 1$ の場合について考える．この仮定は大胆に思えるかもしれないが，実際に雲粒の単一散乱アルベドは大部分の可視領域において非常に 1 に近く（図 12.10 参照），雲による吸収はその波長帯では無視できる．

単純に $\tilde{\omega} = 1$ として式（13.39），式（13.40）を扱おうとすると，$\Gamma = 0$

という問題が生じることに注意されたい．それぞれの方程式は0/0という不定形になる．それぞれの方程式で $\tilde{\omega} \to 1$ という極限をとることでこの問題を回避できるが，式（13.18）と式（13.19）の初めの導出にまで遡る方が容易である．$\tilde{\omega} = 1$ として，最初の式に戻ると，方程式（13.18）は

$$\frac{1}{2}\frac{d}{d\tau}(I^{\uparrow} - I^{\downarrow}) = 0 \tag{13.52}$$

となる．この式から

$$I^{\uparrow} - I^{\downarrow} = \text{constant} \quad \to \quad \pi(I^{\uparrow} - I^{\downarrow}) = F^{\text{net}} = \text{constant} \tag{13.53}$$

が導かれる．これは

$$I^{\uparrow} - I^{\downarrow} = \frac{F^{\text{net}}}{\pi} = \text{constant} \tag{13.54}$$

となる．つまり正味のフラックスは雲内での深さに依存しないことになる．この結果は予想されることである．というのは，F^{net} が変化するということは，吸収（加熱）が起こることを意味しているが，$\tilde{\omega} = 1$ の場合は吸収が起きないからである．同様に，式（13.19）は

$$\frac{d}{d\tau}(I^{\uparrow} + I^{\downarrow}) = 2(1-g)(I^{\uparrow} - I^{\downarrow}) = \frac{2F^{\text{net}}}{\pi}(1-g) \tag{13.55}$$

となる．これを τ で積分すると，

$$I^{\uparrow} + I^{\downarrow} = \frac{2F^{\text{net}}\tau}{\pi}(1-g) + K \tag{13.56}$$

となる．F^{net} と K は境界条件によって決まる積分定数である．式（13.54）と式（13.56）を $I^{\uparrow}$ と $I^{\downarrow}$ について解くと，

$$I^{\uparrow} = \frac{F^{\text{net}}}{2\pi}[1 + 2\tau(1-g)] + \frac{K}{2} \tag{13.57}$$

$$I^{\downarrow} = -\frac{F^{\text{net}}}{2\pi}[1 - 2\tau(1-g)] + \frac{K}{2} \tag{13.58}$$

が得られる．ここで，前と同様の境界条件，$I^{\uparrow}(\tau^*) = 0$ および $I^{\downarrow}(0) = I_0$ を適用すると，

$$\frac{K}{2} = I_0 + \frac{F^{\text{net}}}{2\pi} \tag{13.59}$$

$$F^{\text{net}} = \frac{-\pi I_0}{1+(1-g)\tau^*} \tag{13.60}$$

が得られる．

これより，散乱過程で吸収が起きない場合での二流方程式の一般解は，

$$\boxed{I^{\uparrow}(\tau) = \frac{I_0(1-g)(\tau^*-\tau)}{1+(1-g)\tau^*}} \tag{13.61}$$

$$\boxed{I^{\downarrow}(\tau) = \frac{I_0[1+(1-g)(\tau^*-\tau)]}{1+(1-g)\tau^*}} \tag{13.62}$$

となる．これらの方程式から，雲頂のアルベドがただちに得られ，

$$\boxed{r = \frac{I^{\uparrow}(0)}{I^{\downarrow}(0)} = \frac{(1-g)\tau^*}{1+(1-g)\tau^*}, \qquad \tilde{\omega}=1} \tag{13.63}$$

となり，また透過率は

$$\boxed{t = \frac{I^{\downarrow}(\tau^*)}{I^{\downarrow}(0)} = \frac{1}{1+(1-g)\tau^*}, \qquad \tilde{\omega}=1} \tag{13.64}$$

となる．吸収がないため，上記の r と t の和は 1 になる．

$\tau^* \to \infty$ の極限を取ると雲頂でのアルベド r は 1 に近づき，透過率 t も 0 に近づくが，これは予想されることでもある．しかし τ^* が非常に大きくても，非吸収性の雲を通過する放射の透過率は非常に小さくはならないが，これは必ずしも自明ではない．たとえば，$\tau^* = 100$ でも，透過率 t は約 6% にもなるのである［訳注：$g = 0.85$ の場合］．光子が雲層を通過する際に何百回も散乱される結果，この透過率が生じるのである．もし，$\tilde{\omega}$ が 1 よりわずかでも小さければ，入射光子が雲内を移動する間に生き残れる割合は，大きく減少する．

問題 13.4

典型的な厚い積乱雲の層では可視域において，光学的厚さ $\tau^* = 50$，$\tilde{\omega} = 1$，および $g = 0.85$ である．

(a) この雲のアルベドと全透過率を計算せよ．

(b) 雲が完全に吸収性である場合（$\tilde{\omega}=0$），透過率が (a) と同じになるような光学的厚さを求めよ．再び $\bar{\mu}=0.5$ を仮定せよ．

問題 13.5

問題7.12を再度解け．ただし今回はそれぞれの場合でアルベドを計算せよ．この2つの場合でのアルベドの差を求めよ．また，地球のエネルギー収支においてエアロゾル汚染が果たす役割について，この差から示唆されることを述べよ．

13.5　一般の場合

これまで，(i) 任意の単一散乱アルベド（$\tilde{\omega}$）をもつ半無限の雲（$\tau^*=\infty$）という極限的な場合，(ii) 任意の光学的厚さ（τ^*）をもつ非吸収性の雲（$\tilde{\omega}=1$）という極限的な場合を考えてきた．最後に，もっと一般的に (iii) 任意の単一散乱アルベド $\tilde{\omega}<1$ と任意の光学的厚さ（τ^*）をもつ雲の場合について調べていく．

13.5.1　アルベド，透過率，吸収率

式 (13.39) と式 (13.40) の二流解（two-stream solution）によれば，$\tilde{\omega}<1$ のときのアルベドの一般的な表現は

$$\boxed{r=\frac{r_\infty\left[e^{\Gamma\tau^*}-e^{-\Gamma\tau^*}\right]}{e^{\Gamma\tau^*}-r_\infty^2 e^{-\Gamma\tau^*}},\qquad \tilde{\omega}<1} \tag{13.65}$$

である．また，全透過率は

$$\boxed{t=\frac{1-r_\infty^2}{e^{\Gamma\tau^*}-r_\infty^2 e^{-\Gamma\tau^*}},\qquad \tilde{\omega}<1} \tag{13.66}$$

となる．

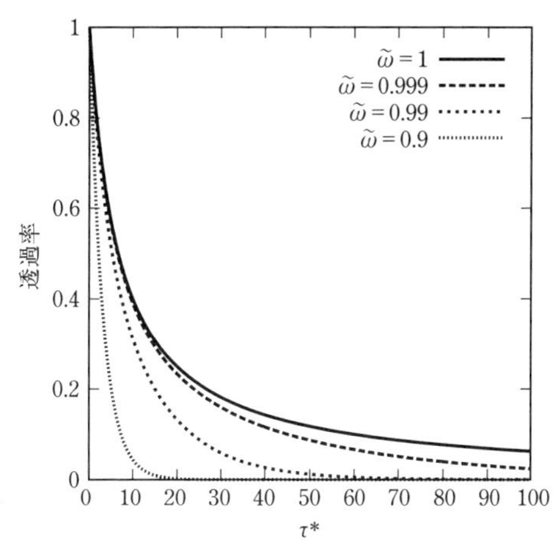

図 13.5　雲の光学的厚さ τ^* の関数としての雲の透過率 t．$g \approx 0.85$ であり，単一散乱アルベド $\tilde{\omega}$ の値を変えてある．

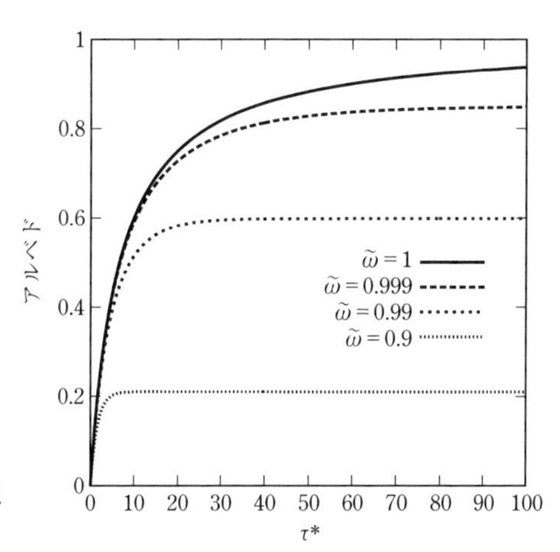

図 13.6　τ^* の関数としての雲のアルベド r．他は図 13.5 と同じ．

問題 13.6

式（13.65）と式（13.66）を導出せよ．

いくつかの $\tilde{\omega}$ の値における t と r の τ^* 依存性を図 13.5 と図 13.6 に示した．ここでは，短波領域における雲粒の典型的な g の値を仮定した．雲の吸収率 $a = 1 - r - t$ を図 13.7 に示した．

これらの図は容易に解釈できる．ある τ^* に対して，$\tilde{\omega}$ がわずかでも減少

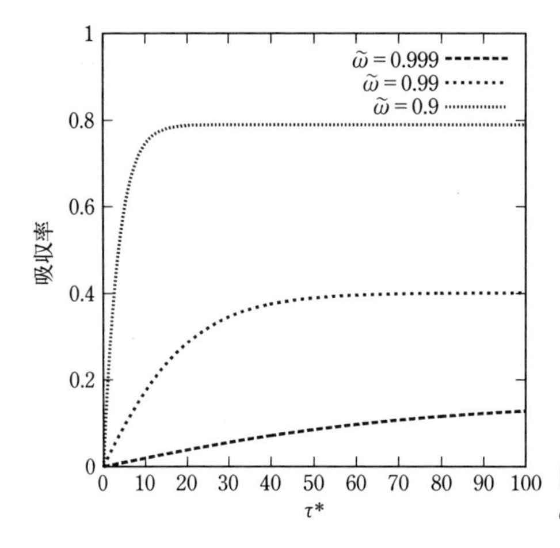

図 13.7　τ^* の関数としての雲の吸収率 $a = 1 - r - t$．他は図 13.5 と同じ．

すると，t と r とも大きく減少し，a は増加する．これらの各変数は，τ^* の増加とともに，ある極限値に漸近していく．r の極限値は当然 r_∞ である．$\tilde{\omega}$ が小さければ，極限に到達する光学的厚さはより小さいものとなる．

問題 13.7

0.7 μm の波長で，半径 10 μm の雲粒の光学特性は $\tilde{\omega} \approx 0.9997$，散乱非対称因子は $g \approx 0.85$，消散効率は $Q_e \approx 2$ である．このような雲粒から成り，鉛直積算雲水量が 0.01 kg m^{-2} である層状の雲層に対して，アルベドおよび吸収率を計算せよ．積算雲水量が 0.1 kg m^{-2} の場合についても計算せよ．

13.5.2　直達光および拡散光の透過率

7.4.4 項でも述べたように，雲層の全透過率 t は実際には 2 つの成分の和から成る．それらは直達光の透過率 t_{dir} と拡散光の透過率 t_{diff} であり

$$t = t_{\mathrm{diff}} + t_{\mathrm{dir}} \tag{13.67}$$

となる．t_{dir} は雲頂から入射した放射が，雲底まで散乱もしくは吸収されないで透過する割合を表し，t_{diff} は雲頂から入射した放射が雲底から現れるまで，少なくとも 1 回は散乱されてから透過するものの割合を表す．既に導いた二流方程式では，この 2 種類の透過率は区別されていない．しかし，情報はその方程式に含まれているので，それを抽出する方法を考えればよい．

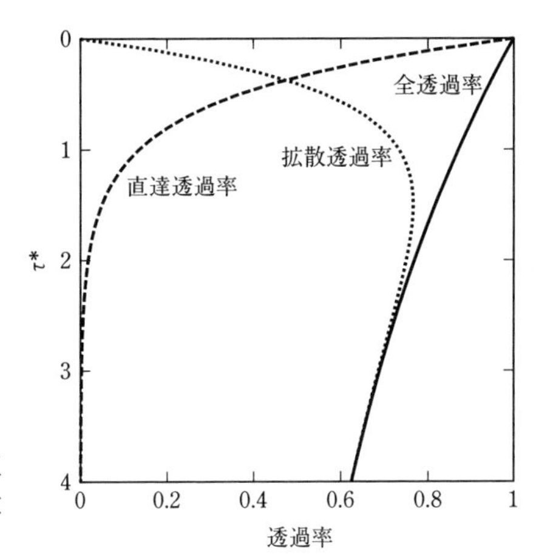

図 13.8　τ^* の関数としての雲（非吸収性で $g = 0.85$ の）の内部における拡散透過率，直達透過率，全透過率．

まず，雲層が非散乱性（純吸収性）という特別な場合を考える．このとき，$\tilde{\omega} = 0$，$r_\infty = 0$，$\Gamma = 2$ である．そのとき，式（13.66）は

$$t = t_{\text{dir}} = e^{-\tau^*/\bar{\mu}} \tag{13.68}$$

となる．ここで，再び $\bar{\mu} = 0.5$ である．つまり，二流近似におけるフラックス透過率は，60° の有効天頂方向からの平行光線により雲層が照射される場合の透過率に等しい．また上記の式の t は，直接光の透過率 t_{dir} と同じであることに注意されたい．散乱が起きない雲層では，定義により t_{diff} がゼロとなるためである．

しかし，よく考えてみると，式（13.68）が光学的厚さ τ^* の純吸収性の雲層の t_{dir} を表すのであれば，同様に式（13.68）は純散乱性の雲層の t_{dir} になるはずである！　なぜなら，t_{dir} は τ^* のみに依存し，$\tilde{\omega}$ や g に依存しないからである．そのため，一般の場合の t から t_{dir} を引くことにより，拡散透過率 t_{diff} を得ることができ，それは

$$t_{\text{diff}} = \begin{cases} 0 & \tilde{\omega} = 0 \\ \dfrac{1 - r_\infty^2}{e^{\Gamma\tau^*} - r_\infty^2 e^{-\Gamma\tau^*}} - e^{-\tau^*/\bar{\mu}} & 0 < \tilde{\omega} < 1 \\ \dfrac{1}{1 + (1 - g)\,\tau^*} - e^{-\tau^*/\bar{\mu}} & \tilde{\omega} = 1 \end{cases} \tag{13.69}$$

で表される．ここで，非吸収性の場合および一般の場合の全透過率として，

それぞれ式（13.64）と式（13.66）を用いた．

図13.8に，$\tilde{\omega}=1$である雲（吸収がない）に対し，全透過率に占めるt_{dir}とt_{diff}の割合をτ^*の関数として示した．雲が光学的に薄い（$\tau^* \ll 1$）場合，大部分の透過率は直達成分から成り，拡散成分は小さい．層が光学的に厚くなるにつれ，最初t_{diff}は急速に増加し，全透過率の主な部分を占め，t_{dir}がゼロになった後に次第に減少していく．

実大気におけるこの挙動の好例として，温暖前線が接近すると次第に雲層が厚くなっていくという現象がある．初期の段階では，その層は光学的に薄い巻層雲（cirrostratus）のベール状であり，太陽直達光を大きく遮ることはない（$t_{\mathrm{dir}} \approx 1$）．また，この層は太陽光線を大きく散乱せず，青空を背景にしても，はっきりとは見えない（$t_{\mathrm{diff}} \approx 0$）．実際，ハロ[5)]が生じない限り，そこに雲層があることさえわからないかもしれない．巻層雲が厚くなるにつれて，空が白くなり（t_{diff}が最初に増加），太陽は急速に見えづらくなる（t_{dir}の減少）．やがては，その層が巻層雲から高層雲（altostratus）に変わり，遂には乱層雲（nimbostratus）に変わると，太陽はまったく見えなくなり（$t_{\mathrm{dir}} \approx 0$），空も灰色の暗い影で覆われる（$t \approx t_{\mathrm{diff}} \to 0$）．

13.5.3　雲層を半無限領域とみなす近似法

二流方程式の解の最初の応用は，半無限の雲のアルベドを求めることであった．その結果，アルベドは$\tilde{\omega}$とgの関数であるr_{∞}によって与えられることがわかった．もっと一般的な場合の解（13.65）から，雲層の光学的厚さτ^*が増加するにつれて，アルベドは最初急速に増加し，その後ゆっくりと増加することがわかった．そして，最終的にアルベドはr_{∞}に“飽和”し，τ^*がさらに増加しても，さほど増加することはない．

現実の雲は決して半無限の雲ではないが，雲を実効的に半無限とみなせるτ^*の値を求めることは意味がある．このτ^*とは，τ^*がさらに増加しても，雲全体の放射特性が大きく変化しないというような値のことである．言い換えれば，雲頂のアルベド（たとえば人工衛星のイメージャーで観測するような）が，雲層下の大気や地表面アルベドに依存しなくなるような雲の厚さを

5）巻層雲があるときに太陽の周りに見えるハロは，ランダムに配位した六角柱の氷晶の散乱位相関数$p(\Theta)$が$\Theta = 22°$で極大になることに起因する．4.3.1項を参照のこと．

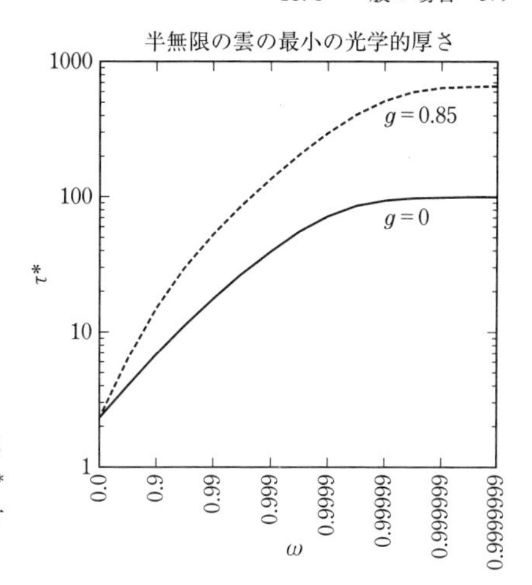

図 13.9　近似的に"半無限"と考えることのできるような雲の光学的厚さ τ^* の最小値．ここでは全透過率が 1% 以下という（恣意的な）条件を与えている．

求めることが，ここでの問題なのである．もし，雲層がある特定の波長で実効的に半無限であるならば，その波長での雲頂の放射輝度は雲の特性だけを反映したものとなる．

雲の放射特性が半無限の極限に近づく度合いを測定する方法はいくつかあるが，最も直截的なものは，雲の全透過率を測定する方法である．$t \approx 0$ ならば，雲頂から現れる光子のほとんどは，雲の下端境界に到達してはいないことは確かである．そのため，それらの光子は，その境界の正確な位置（すなわち τ^* の正確な値），あるいは反射特性の詳細により影響されることはない．

もちろん，t は有限な τ^* に対して，決して正確には 0 とはならないので，この問題を次のように表現する必要がある．透過率が無視できるような透過率の上限値を f とすると，$t < f$ を満たす τ^* の最小値はいくつか？　たとえば，もし $f = 0.01$ ならば，1% 以下の透過率の雲は"実効的に半無限である"として取り扱うことが許される．

式（13.66）に $t = f = 0.01$ を代入し，τ^* について解くと，最小の光学的厚さを $\tilde{\omega}$ と g の関数として表せる．代表的な結果を図 13.9 に示す．この図からわかるように，吸収性の強い雲は，かなり小さな τ^* に対しても実効的に半無限である．一方，散乱性の強い雲層では τ^* が数百の値に達するまで，入射する放射のうち少なくとも 1% を透過し続ける．

この結果から得られる1つの結論は，相対的に薄い水雲であっても，$\tilde{\omega} \ll 1$となる熱赤外の波長域では不透明であるのに対し，同じ雲が可視域では透明だということである（2つの波長域での全光学的厚さτ^*はほぼ同じであるにもかかわらず）．

問題 13.8

半径10 μmの液滴から成る雲を考える．気柱積算雲水量Lは0.05 kg m^{-2}である．考えている全波長域での散効率$Q_e \approx 2$であり$g \approx 0.85$と仮定する．

(a) 光学的厚さτ^*を計算せよ［式(7.74)を参照せよ］．

(b) 図13.9の情報に基づき，雲を実効的に“半無限”の雲として取り扱える$\tilde{\omega}$の範囲を求めよ．

(c) 図12.10を吟味し，雲を“半無限”と考えることができない波長範囲を近似的に求めよ．そのような波長帯を同定せよ．

13.6 相似変換†

一般的な場合の雲層について，アルベドと透過率を式(13.65)および式(13.66)として導出した．これらの式によれば，アルベドと透過率は，根本的には3つの光学特性に関するパラメータ，すなわち，光学的厚さτ，単一散乱アルベド$\tilde{\omega}$，散乱非対称因子gから決まっているものの，より直接的には2つの独立変数（r_∞およびΓとτ^*の積）だけで支配されている．この結果，r_∞および$\Gamma\tau^*$が同じである2つの雲層は，少なくとも二流近似の範囲では**放射的に等価（radiatively equivalent）**である．

r_∞自体が$\tilde{\omega}$とgの関数であるため，同じr_∞値に写像されるこれら2つパラメータの組み合わせは無限に存在する．もし半無限の雲の雲頂のアルベドを測定し，たとえばそれが$r_\infty = 0.80$であったとすると，$g = 0$，$\tilde{\omega} = 0.988$，あるいは$g = 0.8$，$\tilde{\omega} = 0.998$，さらには同じアルベド値を生じる他の組み合わせによるものなのかを決めることはできない．しかし，散乱非対称因子がゼロである状況に置き換えたとき，元の状況と同じr_∞および$\Gamma\tau$が生じるような，仮想的な単一散乱アルベドと光学的厚さは一意的に決めることができる．そうなるように**相似変換された（あるいは調節された）単一散乱アル**

ベド（similarity-transformed（or adjusted）single scatter albedo）は

$$\boxed{\tilde{\omega}' \equiv \frac{1-g}{1-g\,\tilde{\omega}}\tilde{\omega}} \tag{13.70}$$

で定義される．この変換により，実際の g と $\tilde{\omega}$ から決まる r_{∞} と同じ r_{∞} 値を生じるような，調節された単一散乱アルベド $\tilde{\omega}'$ が得られる．$\tilde{\omega} = \tilde{\omega}' = 1$ であるときを除き，通常は，$g > 0$ であるため $\tilde{\omega}' < \tilde{\omega}$ となる．

同様に，相似変換された（あるいは調節された）光学的厚さは，

$$\boxed{\tau' \equiv (1-g\,\tilde{\omega})\,\tau} \tag{13.71}$$

で定義される．この変換により，実際の $\tilde{\omega}$，g，τ の組み合わせから決まる $\Gamma\tau$ と同じ $\Gamma\tau$ 値を生じるような，調節された光学的厚さ τ' が得られる．通常は $g > 0$ であるため $\tau' < \tau$ である［訳注：散乱非対称因子については，この相似変換の定義により，実際の g の値によらず $g' = 0$ とする］．

問題 13.9

$r_{\infty}(\tilde{\omega}', 0) = r_{\infty}(\tilde{\omega}, g)$ および $\Gamma(\tilde{\omega}', 0)\,\tau' = \Gamma(\tilde{\omega}, g)\,\tau$ が成り立つことを示すことにより，式（13.70）および式（13.71）の上記の解釈が正しいことを証明せよ．

式（13.71）式は物理的な直感と整合する．実際の g が大きい（1 に近い）ほど，光子は消散事象を経験しても元の方向に近い方向に進み続ける傾向が強くなり，g が小さい場合に比べより大きな光学的な深さまで到達できる（吸収を受けずに）．この効果のため光学的厚さ τ'（$g' = 0$ に対応する）は実際の値に比べ，実効的に小さくなるのである．

式（13.70）の解釈はもう少し複雑である．等方散乱を仮定した仮想的な雲層（$g' = 0$）では，前方散乱が卓越する実際の雲層（$g > 0$）に比べ，雲頂に入射した光子は初めの入射方向から反対方向に戻りやすく，雲層のアルベドを増大させる傾向をもつ．そのため両者の雲層のアルベドが同じ値になるように調節するためには，前者の単一散乱アルベド（$\tilde{\omega}'$）を後者の実際の値（$\tilde{\omega}$）よりも若干小さくとる必要がある．このように $\tilde{\omega}'$ の定義には，雲

層全体の吸収特性に対する g の影響が含まれているのである．

問題 13.10

$\tilde{\omega}=0.99$ で $g=0.85$ のとき，$\tilde{\omega}'$ と r_∞ を求めよ．

13.7　黒体ではない地表面の上の雲層

二流近似方程式の解である式（13.39）および式（13.40）を得るために，2 つの境界条件を与える必要がある．その条件として $I^{\downarrow}(0)=I_0$ および $I^{\uparrow}(\tau^*)=0$ とした．後者の条件は，下端の境界が完全に黒体であり下方から雲底に入射する放射はないことを意味する．

下端境界が実際には黒体ではない場合，雲を透過した放射は地表面まで到達し，その一部が上向きに反射され，下方から雲底に入射する．その放射の一部は雲を通り抜けていく．残りの一部は下向きに反射され，地表面の照度を増加させる，ということが無限に繰り返される．この結果，正味（a）地表面に入射する下向きの全フラックスが増加し，（b）雲頂でのアルベドが増加する．

原理的には，黒体ではない地表面の場合に一般化するためには，新たな下端境界の条件のもとに再び二流方程式を解けばよい．r_{sfc} を地表面のアルベドとすると，新たな境界条件は，$I^{\uparrow}(\tau^*)=r_{\text{sfc}}I^{\downarrow}(\tau^*)$ と表される．ただし，上端と下端の境界での放射フラックスを求めるだけでよいならば，二流方程式を解くよりも簡単な方法があるので，ここではそちらを採用する．

すでに式（13.65）および式（13.66）を用いて，特定の τ^*，$\tilde{\omega}$，g をもつ雲層の反射率 r と透過率 t を求めたことを想起されたい．雲層の反射率と透過率がその雲の光学特性パラメータだけから決まっているのは，下端境界からの寄与がないからである．雲頂からの上向き放射フラックスは，

$$F^{\uparrow}(0)=F_0 r \tag{13.72}$$

となる．ここで，F_0 は入射する太陽フラックスである．また，雲底からの下向き放射フラックスは

$$F^{\downarrow}(\tau^*)=F_0 t \tag{13.73}$$

となる．ここで，アルベドが r_{sfc} の地表面の上に，同じ雲層があるとする．

(a) 雲層と反射性の地表面との組み合わせ

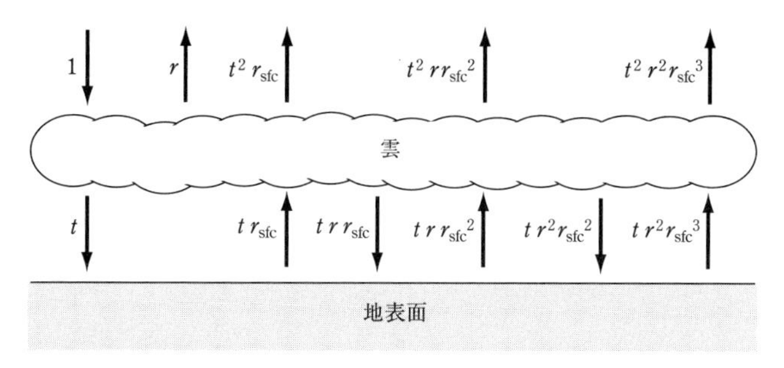

(b) 2層の雲の組み合わせ

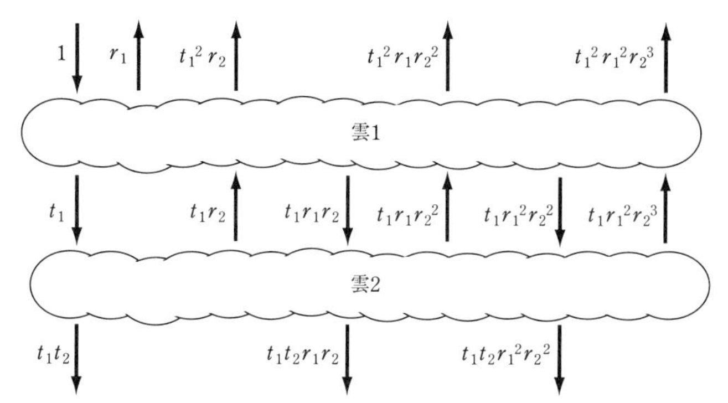

図 13.10 多重反射が起きるときの透過率と反射率の寄与を最初の 2–3 項について表示した図

多重反射が (a) 1 つの雲層と黒体でない地表面の間で起きる場合 (b) 2 つの雲層の間で起きる場合.

式 (13.73) によって与えられる下向きの放射フラックスのうち, r_{sfc} の分だけが雲に向かって反射される. そのフラックスのうち t の分だけが雲を通り抜け, 式 (13.72) で与えられる元々の $F^{\uparrow}(0)$ を増加させることになる. さらに r の分が, 地表面に向かって下方に反射される. その r_{sfc} の分だけまた上向きに反射され, その結果 $F^{\uparrow}(0)$ が増加し, また雲底から下向きに反射されるフラックスが生じることになる.

図 13.10 (a) は, 無限に続く雲層と地表面の間の反射のうち, 2, 3 番目までのものを示している. 雲頂での上向き全フラックスは, 雲頂で反射された成分と, 地表面での一連の反射で生じる上向きフラックスの透過による寄

与との和

$$F^{\uparrow}(0) = F_0 (r + r_{\mathrm{sfc}} t^2 + r_{\mathrm{sfc}}^2 r t^2 + r_{\mathrm{sfc}}^3 r^2 t^2 + r_{\mathrm{sfc}}^4 r^3 t^2 + \cdots) \quad (13.74)$$

で表される．上記の方程式を再び書き表すと，

$$\tilde{r} \equiv \frac{F^{\uparrow}(0)}{F_0} = r + r_{\mathrm{sfc}} t^2 [1 + r_{\mathrm{sfc}} r + (r_{\mathrm{sfc}} r)^2 + (r_{\mathrm{sfc}} r)^3 + \cdots] \quad (13.75)$$

となる．この解は便利な形ではないので

$$\frac{1}{1-x} = 1 + x^2 + x^3 + \cdots \quad (13.76)$$

の冪級数展開を想起されたい．$\tilde{r}$ に対して式（13.76）を用いると，等価な閉形式

$$\boxed{\tilde{r} = r + \frac{r_{\mathrm{sfc}} t^2}{1 - r_{\mathrm{sfc}} r}} \quad (13.77)$$

が得られる．同様に考えると，

$$\boxed{\tilde{t} = \frac{t}{1 - r_{\mathrm{sfc}} r}} \quad (13.78)$$

が得られる．ここで

$$\tilde{t} \equiv \frac{F^{\downarrow}(\tau^*)}{F_0} \quad (13.79)$$

である．

問題 13.11

式（13.78）を導け．

第 1 に，式（13.77）で表される修正された雲頂のアルベド $\tilde{r}$ の物理的解釈を考えてみる．もし，雲の透過率 t あるいは地表面反射率 r_{sfc} が 0 であれば，右辺の第 2 項は消え，下端境界が黒体の場合の反射率 r と同じ結果となる．第 2 に，t および r_{sfc} が 0 でない場合，右辺の第 2 項は正となり，元の r よりも反射率が高くなる．第 3 に，もし $t = 1$ ならば，r は 0 になるので（$r + t + a = 1$ であるため），$\tilde{r} = r_{\mathrm{sfc}}$ となる．もちろん，この場合は雲がないのと同じである．

第 2 に，式（13.78）で表される修正された雲層の透過率，$\tilde{t}$ の解釈を考え

てみる．これは雲頂に入射する下向きフラックス F_0 に対する，雲底下の地表面に入射する下向きフラックスの比率である．極端な場合として，もし $t=0$ ならば $\tilde{t}=0$ であり，また $r_{\rm sfc}$ あるいは r が0ならば $\tilde{t}=t$ である．これらの結果は直感と整合する．もう少し一般の場合として，$r_{\rm sfc}>0$ でかつ雲の吸収率 $a=0$（つまり $r=1-t$）の場合について考える．この場合には

$$\tilde{t}=\frac{1-r}{1-r_{\rm sfc}r}>t=1-r \tag{13.80}$$

となる．地表面での下向きフラックスは，地表面と雲の間での多重反射により，地表面が黒体の場合に比べて増加する．言い換えれば，地表面の反射率が大きくなると上空の明るさが増すのである！　冠雪地帯に住んでいる人は，地表面が雪で覆われているときは曇天がより明るく見えることを経験的に知っている．

式（13.80）によると，驚くべきことに，$r_{\rm sfc}=1$ で $a=0$ ならば r によらず $\tilde{t}=1$ となる．これは，雲頂に入射するフラックスの相当部分が雲を通過する前に宇宙に反射されたとしても，**雲底下での下向きフラックスは雲頂上での下向きフラックスとまったく同じ大きさになる**ことを意味している！　言い換えれば，雲が非吸収性で，かつ地表面でも吸収がなければ，地上で観測される下向きフラックスは雲の有無によって違いがないということになる！

上記の結論は直感に反するように思えるかもしれないが，エネルギー保存則に基づいて説明できる．まず第1に，吸収のない雲層においては，下向きフラックスの減少量は上向きフラックスの増加量に等しく，かつ上向きフラックスの減少量は下向きフラックスの増加量と等しい．第2に，地表面が完全に反射性であるため，雲底下における上向きフラックスと下向きフラックスは等しい．第3に，雲層の透過率は方向（上向き，下向き）によらない．エネルギー保存則から要請されるこれらの3条件を同時に満たすためには，雲頂上と雲底下それぞれにおいて，上向きフラックスと下向きフラックスが互いに等しく，かつ両方の場所で同じ値となる必要がある．このため，雲底下での下向きフラックスは，雲頂上での下向きフラックスと等しくなる．

問題 13.12

上述の議論は，半無限の非吸収性の雲の中での任意の高度 τ における放射

の下向きおよび上向きのフラックス（したがって二流近似法での輝度）にも同様に適用できる．特に $I^{\downarrow}(\tau) = I^{\uparrow}(\tau) = I_0$ となると考えられる．

(a) 完全反射性の地表面の上空にある有限の雲層の場合との類推から，物理的な議論の概略を述べよ．

(b) 半無限の雲層中の輝度に対する前述の方程式を用いて，この関係を示せ．

(c) 非吸収性の雲層中の輝度に対する方程式を用いて，この関係を示せ．

問題 13.13

層状雲の雲頂に入射する可視域の放射フラックスが $F_0 = 400\ \mathrm{W\ m^{-2}}$ であるとする．雲自体の透過率は $t = 0.2$ であり，光吸収はないとする．地表面のアルベドは最初は $r_{\mathrm{sfc}} = 0.05$ であるが，雲からの降雪により地表面が覆われ $r_{\mathrm{sfc}} = 0.95$ に増加する．

(a) 2行6列の表を作成せよ．行は“降雪前”と“降雪後”に対応する．最初の3列は地表面での下向きフラックス，上向きフラックス，および正味のフラックスである．最後の3列は雲頂での同じ量である．

(b) 地表高度での下向きフラックスは降雪後に何 % 増加するか？

(c) それぞれの場合において，地表高度での正味フラックスを雲頂での値と比較せよ．両者は等しいか，あるいは異なるか？　その理由を示せ．

13.8　多重層雲

放射を部分的に反射し部分的に透過する雲層が，黒体でない（すなわち，部分的な反射あるいは全反射をする）地表面の上空にある場合に，何が起きるかについて既に考察してきた．雲層が2つ重なっている場合についても，放射場について同様の解析を行うことができる．最初の雲の反射率を r_1，透過率を t_1，2番目の雲ではそれぞれ r_2 および t_2，とする．図13.10（b）に，雲層間で無限に繰り返される反射のうち，2，3番目までの項を模式的に示した．2層の組み合わせによる全反射率は，

$$\boxed{\tilde{r} = r_1 + \frac{t_1^2 r_2}{1 - r_1 r_2}} \qquad (13.81)$$

で与えられる．また，全透過率は

$$\boxed{\tilde{t} = \frac{t_1 t_2}{1 - r_1 r_2}} \tag{13.82}$$

で与えられる．

問題 13.14

上の 2 つの式を導出せよ．

式（13.81）および式（13.82）は，2 層の場合のみに適用できるが，任意の層数の反射率および透過率の計算に用いることができる．まず，隣接する層を組み合わせたものについて反射率と透過率を求める．この組を，単一層とみなし，3 つ目の層と組み合わせ，これを無限に繰り返すのである．

問題 13.15

非吸収性の 3 層の雲の透過率は，$t_1 = 0.2$，$t_2 = 0.3$，および $t_3 = 0.4$ である．

(a) 組み合わせた反射率と透過率を求めよ．
(b) 計算した透過率を，ビーアの法則を非散乱性の雲の組み合わせに適用して求まる値と比較し，その差を説明せよ．
(c) どのような条件下で，式（13.82）はビーアの法則と一致するのか？

2 つの層は明確に空間で分離されていると，暗黙に仮定してきた．しかし層間の空間は何の役割も果たしていない（もちろん，この空間中で散乱や吸収がない場合に限り）．したがって，同じ雲が 2 つつながった層に，式（13.81）および式（13.82）を適用できる．これは次の問題で例示される．

問題 13.16

ある雲層の全光学的厚さは $\tau^* = 12$，単一散乱アルベドは $\tilde{\omega} = 0.99$，非対称因子は $g = 0.85$ である．

(a) 式（13.66）と式（13.67）を用いて，雲層の全反射率と透過率を計算せよ．

(b) 同じ $\tilde{\omega}$ と g の値に対し，$\tau^* = 3$ および $\tau^* = 9$ の場合の層の反射率と透過率を計算せよ．

(c) 式 (13.81) と式 (13.82) を用いて，(b) で得られた結果を結び付け，$\tau^* = 12$ の層の全反射率と透過率を計算せよ．この結果は (a) の答えと一致するか？

13.9　より詳細な解法†

二流近似法やそれに近い方法（たとえば，いわゆるエディトン（Eddington）近似）を用いれば，多くの場合，与えられた τ^*，$\tilde{\omega}$，および g に対し，平行平面近似の雲中の短波長フラックスを適切に計算できる（アルベドや全透過率も含め）．しかし，それぞれの半球で放射輝度が一様（$I(\mu, \phi) =$ 一定）という大きな仮定に基づく近似解であることを忘れてはならない．日中に屋外に居れば，短波放射強度 $I^{\downarrow}$ は方向に強く依存することに気付くはずである．

このため，以下の場合には，二流近似法を用いることができない．

- 詳細な散乱位相関数 $p(\Theta)$ や双方向反射関数 $\rho(\theta_i, \phi_i; \theta_r, \phi_r')$ を考慮して，高精度でフラックスを計算することが必要な場合．

- 視野立体角が比較的狭いリモートセンシング装置により1つの方向，あるいは複数の方向への放射観測を行う場合のように，特定方向の放射輝度の計算が必要な場合．

これらの応用のために，平行平面大気における完全な放射伝達方程式 (11.13) を解くのに適した解法が必要である．さらに，3次元的な構造を無視できない場合がある．そのときは，平行平面の仮定は有効ではなく，式 (11.8) に戻る必要がある．

現在，幸いなことに，先人により開発・検証された放射伝達プログラムが数多く無償公開されており，それらを使えば解く必要が生じる可能性のあるほぼすべての問題に対応できるのである．もはや放射・リモートセンシングの専門家でさえも，特別な必要性がない限り，自分で放射伝達方程式の数値解法を考え，そのプログラムを開発したりすることはない．ましてや，大部分の非専門家（本書の大部分の読者）は，そのような放射伝達プログラムの中身を改造するような機会はまったくないし，その中の仕組みを詳しく知る必要もない．

最もよく知られ，柔軟である平行平面の放射伝達プログラムの1つに**離散座標法（discrete ordinate method）**に基づくDISORTがある．その離散座標法は，二流近似を各半球での任意数の離散化した放射の“流れ（stream）”（それぞれが異なる方向を代表する）に一般化したものである．

多重散乱の問題によく用いられる放射伝達法としては，**倍増加算法（adding-doubling method）**，**SOS法（successive orders of scattering method）**，**モンテカルロ法**などがある．モンテカルロ法については13.1節に概要を記した．

倍増加算法は，式（13.77），式（13.78），式（13.81），式（13.82）を一般化したものと考えられる．この方法では，それぞれの層でのスカラー量である反射率rと透過率tとを，$N\times N$の行列$\mathbf{R}$と$\mathbf{T}$で置き換える．$\mathbf{R}$と$\mathbf{T}$は入射する放射のN個に離散化された方向のそれぞれの輝度とそれぞれの入射方向に対応する反射放射・透過放射の輝度の結合を表している．上記の方程式の分割は行列逆演算子で置き換えられる．もし，非常に薄い層で計算を始めるならば，1次散乱近似が適用でき，$\mathbf{R}$と$\mathbf{T}$を散乱位相関数だけで計算することができる．その後は，目指す全光学的厚さτ^*に達するまで，層を逐次結びつけるだけである．

SOS法は，あまり厚くない，もしくは適度に吸収性の雲層を扱う場合に最適である．この方法では，まず入射する放射が単一散乱されることから生じる放射場を求める．この放射場は，2次・高次の散乱による放射の寄与を決めるために用いられる．すべての次数の散乱の寄与を足し合わせ，多重散乱された放射の完全な場が求まる．もちろん，引き続いて起こる散乱で，かなりの割合の放射が雲層から失われる限りにおいて，この和は適切な回数の反復計算により収束する．この放射の損失は吸収または，放射が雲の上端あるいは下端から逃げ出すことに起因する．

上記に記したすべての数値計算法の詳細は，L02（第6章），TS02（第8

章)，GY89（第8章）を参照されたい．

付録 A　位相関数の表現

A.1　ルジャンドル多項式展開

レイリー散乱の極限以外では，実際の粒子の散乱位相関数は数学的に閉じた形式で正確に表すことはできない（第 12 章参照）．そのため大抵の場合，何らかの近似表現を用いる必要がある．この近似では，実際の $p(\cos\Theta)$ の関数形が応用目的に応じた精度で表現される必要がある．このために，$p(\cos\Theta)$ を適切な直交基底関数の無限級数として表すことが多い．この場合ルジャンドルの多項式 $P_l(\cos\Theta)$ を用いると

$$p(\cos\Theta) = \sum_{l=0}^{\infty} \beta_l P_l(\cos\Theta) \tag{A.1}$$

になる．

最初のいくつかのルジャンドル多項式は

$$P_0(x) = 1 \tag{A.2a}$$

$$P_1(x) = x \tag{A.2b}$$

$$P_2(x) = \frac{1}{2}(3x^2 - 1) \tag{A.2c}$$

$$P_3(x) = \frac{1}{2}(5x^3 - 3x) \tag{A.2d}$$

$$P_4(x) = \frac{1}{8}(35x^4 - 30x^2 + 3) \tag{A.2e}$$

$$P_5(x) = \frac{1}{8}(63x^5 - 70x^3 + 15x) \tag{A.2f}$$

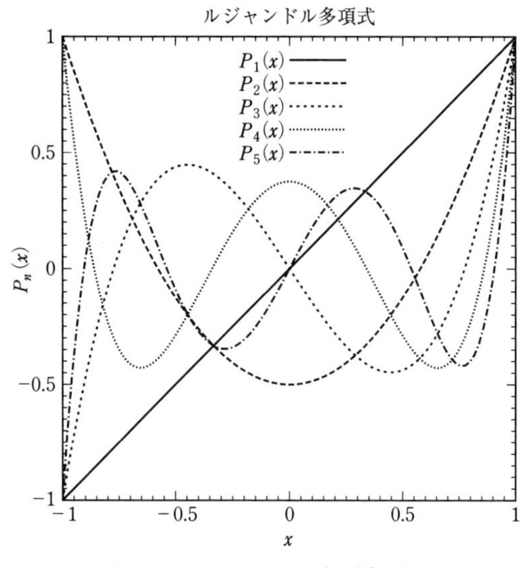

図 A.1　ルジャンドル多項式の例

となり，これらは直交性の条件

$$\int_{-1}^{1} P_n(x)\, P_m(x)\, dx = \begin{cases} 0 & n \neq m \\ \dfrac{2}{2n+1} & n = m \end{cases} \tag{A.3}$$

を満たす．上記の特性を利用すると展開の l 番目の係数は

$$\beta_l = \frac{2l+1}{2} \int_{-1}^{1} P_l(\cos\Theta)\, p(\cos\Theta)\, d\cos\Theta \tag{A.4}$$

になる．

実際には，初項から N 項までの係数だけが利用される．N は必要とされる放射輝度 I の精度と角度依存性および真の位相関数 $p(\cos\Theta)$ の滑らかさに基づいて選択され

$$\boxed{p(\cos\Theta) \approx \sum_{l=0}^{N-1} \beta_l P_l(\cos\Theta)} \tag{A.5}$$

と表される．一般的には，大気中の粒子のサイズパラメータ x が大きくなるほど，前方回折の極大，虹，光輪などの詳細を表現するためには，位相関

数はより複雑になり，N も大きくなる．

位相関数のルジャンドル多項式展開における最初の係数 β_0 は式（11.17）の正規化条件により常に 1 である．非対称因子 g は 2 番目の係数 β_1 の 1/3 になる．そのため，g だけで位相関数を表現する場合においては（二流の放射伝達方程式の解のように），位相関数を表現するのに，実効的には 2 つの項だけを用い，より高次の項は切り捨てている．等方性散乱の仮定は，$\beta_0 = 1$ を除くすべての係数を無視することと等価である．

問題 A.1

先の文節中で述べた 3 つの命題を証明せよ．

(a) どのような位相関数 $p(\cos\Theta)$ でも $\beta_0 = 1$ となることを示せ．

(b) 等方性散乱の場合 β_0 のみがゼロでない係数であることを示せ．

(c) 式（11.20）で与えられる g の定義に基づき $g = \beta_1/3$ であることを示せ．

問題 A.2

式（12.10）のレイリー位相関数において 0 でないすべての係数 β_l を見出せ．

ヘニエイ–グリーンスタイン位相関数（11.3.3 項参照）のような 1 つないしは 2 つのパラメータを用いた便利なモデルは，実際の位相関数の粗い近似としては最適である．また，それは $I(\mu, \varphi)$ の計算で高い精度が不要な場合や，放射伝達コードの一般的な性能を試験する場合には有用である．しかし，ヘニエイ–グリーンスタイン位相関数モデル（式（11.23）のような簡易的な 1 つのパラメータ計算形式の）を採用したとしても，実際の放射伝達計算のためには，p_{HG} をある項数で打ち切ったルジャンドル多項式の級数として表現しておく必要がある．

A.2　位相関数の δ–スケーリング（δ-scaling）

上記のように，与えられた位相関数を適切に表現するのに必要なルジャンドル多項式展開の項数は位相関数の滑らかさに依存する．一般に角度依存性が複雑で細かいほど項数 N は大きくなる．このことにより，一般的には，必要な精度で放射伝達方程式を解くための計算量が増加し，また計算機の打ち切り誤差の問題や数値不安定性のリスクも大きくなる．

これに関して，大きなサイズパラメータ x をもつ粒子の典型的な位相関数における最も問題となる特徴の 1 つは前方回折の極大（図 12.7 と図 12.9 を参照）が非常に狭く，強くなることである．l が小さい多項式 P_l は非常に滑らかなため，この極大を展開の低次の項の和だけで正確に再現することができない．つまり，滑らかに変化する 2 〜 3 個の関数の和では，非常に尖ったスパイク状の特徴を再現することはできない．

放射伝達計算において，大粒子の特性である強い前方散乱ピークを適切に処理しないと，計算上の問題を生じるだけでなく，全消散断面 σ_e および粒子の散乱非対称因子 g が誤ったものになるのである．

例として，黒いボウリングの球による可視光の散乱を考える．そのサイズパラメータ x は 10^6 程度であり，幾何光学の領域にある（第 12 章参照）．常識的には，球に物理的に入射する放射のみが消散されると思われる．すなわち，球の消散断面積は幾何学的断面積に等しく，消光効率 Q_e は 1 に等しくなると思われる．

ボウリングの球は黒色なので，単一散乱アルベドは 0.01 〜 0.02 以下と仮定できる．さらに球は不透明であるために，その表面で反射される放射の多くは後ろ向きであり，非対称因子は $g \ll 1$ と予想される [1)]．

厳密なミー理論（幾何光学は近似であることを想起されたい！）による計算結果はこの予想と大きく異なる．大きい x の極限において，ミー理論では $Q_e = 2$ と予測される．つまり，ボウリングの球による放射の減光はその影の大きさから推測される **2 倍**の量となる！　先に，この不一致のことを消散のパラドックス（*extinction paradox*）と呼んだ．また，ミー理論から導出される単一散乱アルベドは少なくとも 1/2 になり，非対称因子は 1 に近づく！　これらの値は，直感的な理解と大きく異なるが，厳密な理論に従え

1)　完全反射の滑らかな球は，幾何光学的計算では非対称因子が正確に 0 となる．フレネルの関係が成り立つような鏡面反射を起こす球の表面が吸収性であるとき，球をかすめるような光線の反射率はより高いので，前方散乱がわずかに卓越する．

ば正しいのである．

常識	**厳密な理論**
$Q_e \approx 1$	$Q_e \approx 2$
$\tilde{\omega} \approx 0.01$	$\tilde{\omega} \approx 0.5$
$g \approx 0$	$g \approx 1$

これは極端な例ではあるが，直感的（近似的）な特性は厳密な理論よりも日常経験に近い．なぜであろうか？　ボウリング球の厳密な計算結果においては，全放射の減光の半分は，文字通り非常に狭い範囲で起きるのである．その半分は元の方向から無限小の偏向をしてボウリング球の近くを通過する放射によるものである．厳密に言えば，その放射は散乱されている．当然，無限小偏向した放射は，計算された $\tilde{\omega}$ と g の値に組み込まれる．しかし，実用的な計算目的のためには，それは誤りであり，ボウリングの球に対しては，それとはまったく異なる“より不正確”な幾何光学の結果を使用する方が良いと考えられる．

要約：ボウリング球の前方回折の極大の形状と強度を正確に求めるためには，位相関数のルジャンドル多項式展開において非常に多くの項を含める必要がある．雲粒の前方回折の極大はボウリング球ほど狭くはないが，雲中での太陽光の放射伝達においても基本的には同じ問題が生じる．位相関数の中で前方散乱を考慮するために必要な計算が膨大になるうえに，極めて高い角度分解能で $I(\mu, \phi)$ を本当に計算する必要のあるとき以外，これはまったく無意味である．

この問題を取り扱う方法は位相関数の数学的表現を 2 つに分解することである．1 つは前方回折の極大を考慮するもの，もう 1 つは位相関数の残りの部分を表現するものである．具体的には回折の極大はディラックの δ 関数によって的確に表現できるとすると

$$p(\cos\Theta) \approx A\, p'(\cos\Theta) + 4B\,\delta(\cos\Theta - 1) \tag{A.6}$$

となる．ここで，$p'(\cos\Theta)$ は **δ–スケール化された位相関数**（**δ-scaled phase function**）であり，全位相関数のうちそれぞれの成分の大きさは，係数 A と B で決まる．$p'(\cos\Theta)$ そのものを適切に規格化する条件を与えると，

$$\frac{1}{2}\int_{-1}^{1}\left[A\,p'(\cos\Theta)+4B\,\delta(\cos\Theta-1)\right]d\cos\Theta=1 \tag{A.7}$$

$$A+2B\int_{-1}^{1}\delta(\cos\Theta-1)\,d\cos\Theta=1 \tag{A.8}$$

$$A+B=1 \quad\rightarrow\quad A=1-B \tag{A.9}$$

の関係が得られ，A を消去することができる．これより

$$p(\cos\Theta)\approx(1-B)\,p'(\cos\Theta)+4B\,\delta(\cos\Theta-1) \tag{A.10}$$

が得られる．スケール化された位相関数 $p'(\cos\Theta)$ の非対称因子 g' を，元の位相関数の非対称因子 g と整合的になるようにすると，

$$\begin{aligned} g &\equiv \frac{1}{2}\int_{-1}^{1}x\,p(x)\,dx \\ &=\frac{1}{2}\int_{-1}^{1}x\left[(1-B)\,p'(x)+4B\,\delta(x-1)\right]dx \\ &=(1-B)\frac{1}{2}\int_{-1}^{1}x\,p'(x)\,dx+2B\int_{-1}^{1}x\,\delta(x-1)\,dx \\ &=(1-B)\,g'+B \end{aligned} \tag{A.11}$$

となる．よって**スケール化された非対称因子**（**scaled asymmetry parameter**）は

$$\boxed{g'=\frac{\beta_1'}{3}=\frac{g-B}{1-B}} \tag{A.12}$$

となる．g' が求まると，位相関数 $p'(\cos\Theta)$ のルジャンドル多項式展開の 2 番目の係数が自動的に決まることに注意されたい．B と元の位相関数の展開係数 β_1 を与えれば，同様の計算手続きにより後続の係数 β_l' が求まる．

しかし，最適な B を選ぶ手続きは数学的にうまく定義されていない（ill-defined）が，目標はなるべく多くの回折極大を式（A.6）の δ 項で表現し，しかも位相関数の残りの部分に影響がないようにすることである．具体的には，スケール化された位相関数 $p'(\cos\Theta)$ を，元々の位相関数 $p(\cos\Theta)$ よりかなり少ない項数のルジャンドル多項式で正確に表現できるようにするこ

とが目標である．

放射伝達方程式の最も一般的な形は式（11.9）で与えられることを想起されたい．熱放射を無視すると

$$\frac{dI(\hat{\mathbf{\Omega}})}{d\tau} = -I(\hat{\mathbf{\Omega}}) + \frac{\tilde{\omega}}{4\pi}\int_{4\pi} p(\hat{\mathbf{\Omega}}', \hat{\mathbf{\Omega}})\, I(\hat{\mathbf{\Omega}}')\, d\omega' \tag{A.13}$$

となる．式（A.10）をこの式に代入すると

$$\begin{aligned}\frac{dI(\hat{\mathbf{\Omega}})}{d\tau} &= -I(\hat{\mathbf{\Omega}}) \\ &\quad + \frac{\tilde{\omega}}{4\pi}\int_{4\pi}\left[(1-B)\,p'(\hat{\mathbf{\Omega}}', \hat{\mathbf{\Omega}}) + 4B\,\delta(\hat{\mathbf{\Omega}}'\cdot\hat{\mathbf{\Omega}} - 1)\right] I(\hat{\mathbf{\Omega}}')\, d\omega'\end{aligned} \tag{A.14}$$

を得る．簡単にすると

$$\begin{aligned}\frac{dI(\hat{\mathbf{\Omega}})}{d\tau} &= -(1 - B\,\tilde{\omega})\, I(\hat{\mathbf{\Omega}}) \\ &\quad + (1-B)\frac{\tilde{\omega}}{4\pi}\int_{4\pi} p'(\hat{\mathbf{\Omega}}', \hat{\mathbf{\Omega}})\, I(\hat{\mathbf{\Omega}}')\, d\omega'\end{aligned} \tag{A.15}$$

を得る．ここで，スケール化された光学的厚さを

$$\boxed{\tau' = (1 - B\,\tilde{\omega})\,\tau} \tag{A.16}$$

で定義する．**スケール化された単一散乱アルベド**（**scaled single scattering albedo**）は

$$\boxed{\tilde{\omega}' = \left(\frac{1-B}{1-B\,\tilde{\omega}}\right)\tilde{\omega}} \tag{A.17}$$

となる．これらの定義より，式（A.15）を書き換えると

$$\frac{dI(\hat{\mathbf{\Omega}})}{d\tau'} = -I(\hat{\mathbf{\Omega}}) + \frac{\tilde{\omega}'}{4\pi}\int_{4\pi} p'(\hat{\mathbf{\Omega}}', \hat{\mathbf{\Omega}})\, I(\hat{\mathbf{\Omega}}')\, d\omega' \tag{A.18}$$

となる．この式は，τ，$\tilde{\omega}$，および $p(\hat{\mathbf{\Omega}}', \hat{\mathbf{\Omega}})$ を，τ'，$\tilde{\omega}'$，および $p'(\hat{\mathbf{\Omega}}', \hat{\mathbf{\Omega}})$ で置き換えたこと以外は，式（A.13）とまったく同じ形である．

位相関数の一部を δ–関数により表現することで，実効的に，散乱光のその部分がまったく消光されなかったように扱っていることになる．このためスケール化した光学的厚さ τ' は，実際の光学的厚さ τ より小さい（$\tilde{\omega} > 0$

である限りにおいて）．さらに，経路に沿った全吸収量が光学的深さのスケーリングによる影響を受けるとは考えられないため，単一散乱アルベドは適切な分だけ下方にスケール化される．したがって散乱が保存的な場合を除き，$\tilde{\omega}' < \tilde{\omega}$ となる．

13.6 節の相似変換を読み直すことで式（A.16）および式（A.17）は多少理解しやすくなる．実際，それらは $B = g$ の特別な場合での式（13.71）および式（13.70）と同一になる．$g = 0$ である放射的に等価な雲を定義することで，相似変換された光学的深さおよび単一散乱アルベドが，二流法により導出されたことを想起されたい．実際，$B = g$ とし式（A.12）へ代入すると，$g' = 0$ を得る！　手短に言えば，まったく異なる 2 つの道筋を経て同じスケーリング関係の組み合わせを得たことになる．

しかしながら，可能な限り少数の展開係数 β_l' で $p'(\cos\Theta)$ を近似することが目標なので，$B = g$ とすることは必ずしも良い選択ではない．逆に，前方回折極大を取り除き δ 関数により表現しても，短波長域における雲粒に対する残差散乱位相関数は正の非対称性を示す．したがって，最良の B を選べば $g' > 0$ となる．

問題 A.3

上で議論したように，厳密なミー理論を用いて計算された大きい球での消散効率 Q_e の極限値は 2 である．これは幾何学的考察のみから予測される値のちょうど 2 倍であり（これはいわゆる消散のパラドックスである），この現象は，回折によりごくわずかな偏向が起き，球の近くを多量の放射が通ることに起因する．大きな x の極限においては，回折成分を，それがまったく散乱の影響を受けていないようにみなし，位相関数の残りの部分を幾何光学で扱うことの方がより合理的である．このことを考慮し，

(a) 望ましい τ' と τ の比を記せ．

(b) 与えられた $\tilde{\omega}$ の値に対する望ましいスケーリングを可能にする B の値を決定せよ．

(c) $\tilde{\omega}$，g が与えられたとき，スケール化された単一散乱アルベド $\tilde{\omega}'$ や非対称因子 g' の表現を求めよ．

(d) 純粋な幾何光学（光線追跡）計算をほぼ黒色のボーリング球に適用し，単一散乱アルベド 0.01 および散乱非対称因子 0.2 を得たとする．その代

わりに厳密なミー理論を用い，計算された散乱特性には前方回折極大の影響が含まれるようにすると，新たな $\tilde{\omega}$，g の値はどうなるか？

問題 A.4

$x = 1000$，$m = 1.33 + 10^{-3}i$ の水球に対し，ミー理論では $Q_e = 2.02$，$\tilde{\omega} = 0.549$，$g = 0.968$ となる．Q_e が 1.02 過剰になる（幾何光学と比較して）のは位相関数の前方回折極大に起因すると仮定する．この寄与を取り除くために δ–スケール化をした場合，その結果得られる $\tilde{\omega}'$ と g' の値を求めよ．

本節のキーポイントをまとめる．

- 用いられる数値計算法にかかわらず，通常は散乱位相関数 $p'(\cos\Theta)$ はルジャンドル多項式の無限級数を途中で打ち切った形で近似表現される．

- 上記の表現において保持される項数 N は位相関数の複雑さと輝度場の計算に必要な角度分解能の両方に依存する．

- 散乱粒子のサイズパラメータ x が大きいとき，δ–スケール化された位相関数，単一散乱アルベド，および光学的深さを用いることが有利である．このスケール化は位相関数における前方回折極大に伴う数値計算の困難さを大幅に緩和することとなる．とりわけ，このことでより小さな N を用いることが可能となる．また幾何光学（光線追跡）近似を用いて得られる散乱特性と厳密なミー理論から得られる散乱特性が大きく異なるという事実を考慮することもできる．

付録B 用いられる記号

記号	意味［単位の例］
a	吸収率
a	半径（例，雨滴の）［m］
a	加速度［$\mathrm{m\ s^{-2}}$］
a_n, b_n	ミー散乱係数
a_{lw}, a_{sw}	長波，短波での吸収率
$\bar{a}$	灰色体吸収率
a_λ	単色の（分光された）吸収率
A	アルベド
A	面積［$\mathrm{m^2}$］
$\mathcal{A}$	波長帯平均の吸収率（$1 - \mathcal{T}$）
b	後方散乱割合（二流近似法で用いられる）
B	B_λ の略号
B	回転定数（量子回転遷移における）［Hz］
$\bar{B}$	ある波長範囲で平均したプランク関数
B_λ, B_ν	波長［$\mathrm{W\ m^{-2}\ sr^{-1}\ \mu m^{-1}}$］あるいは周波数［$\mathrm{W\ m^{-2}\ sr^{-1}\ Hz^{-1}}$］の関数としてのプランク関数
$\vec{\mathbf{B}}$	磁束密度［T］
c	真空中での光速；付録Dを参照
c'	媒質中での光速［m/s］
C_p	大気の定圧比熱；付録Dを参照
C	熱容量［$\mathrm{J\ K^{-1}}$］
dBZ	レーダー反射因子Z（ある標準単位に相対的なデシベルで表した）
D	距離［m］

D	液滴直径［m］
D	貫入深さ［m］
D_m	月と地球間の距離；付録 D を参照
D_S	太陽と地球間の距離；付録 D を参照
$\vec{\mathbf{D}}$	電束密度［C m^2］
E	エネルギー（例，光子の）［J］
E	電場のスカラー振幅
E_{bond}	化学結合エネルギー［J］
E_{kr}	回転運動エネルギー［J］
E_{kt}	並進運動エネルギー［J］
$\vec{\mathbf{E}}$，$\vec{\mathbf{E}}_c$	電場；複素電場［Vm^{-1}］
$\vec{\mathbf{E}}_0$	入射波に伴う電場
$\vec{\mathbf{E}}_{scat}$	散乱波に伴う電場
$f(\nu - \nu_0)$	中心周波数 ν_0 の線形関数
$f_{\mathrm{D}}(\nu - \nu_0)$	ドップラー吸収線形［Hz^{-1}］
F	力［N］
F	フラックス密度（別名：フラックス，照度）［W m^{-2}］
F_0	入射フラックス（たとえば大気上端における）［W m^{-2}］
F_i，F_r	入射，反射フラックス［W m^{-2}］
F_λ	分光（単色）フラックス［W m^{-2} μm^{-1}］
F_{BB}	完全黒体から放射されるフラックス［W m^{-2}］
F^{net}	$F^{\uparrow} - F^{\downarrow}$ で定義される正味のフラックス（広帯域の）［W m^{-2}］
$F^{\uparrow}$，$F^{\downarrow}$	水平面を通る上向き，下向きフラックス（広帯域の）［W m^{-2}］
$F_\lambda^{\uparrow}$，$F_\lambda^{\downarrow}$	単色光での $F^{\uparrow}$, $F^{\downarrow}$［W m^{-2}μm^{-1}］
g	重力加速度；付録 D を参照
g	散乱非対称因子
$g(k)$	k の累積分布関数（k–分布法で使用される）
h	プランク定数；付録 D を参照
H	深さあるいは高さ［m］
H	スケールハイト［m］
$\vec{\mathbf{H}}$，$\vec{\mathbf{H}}_c$	磁場，複素磁場［A m^{-1}］
$\mathcal{H}$	局所的加熱率［K s^{-1}］
I	慣性モーメント［kg m^2］
I	放射輝度［W m^{-2} sr^{-1}］

$I^{\uparrow}$，$I^{\downarrow}$	上向き，下向き成分を持つ放射の輝度
$\mathbf{I}$	ストークスベクトル
I_1，I_2，I_3	主慣性モーメント［$\mathrm{kg\ m^2}$］
I_λ	分光（単色光の）輝度［$\mathrm{W\ m^{-2}\ sr^{-1}\ \mu m^{-1}}$］
I_S	太陽面の平均輝度［$\mathrm{W\ m^{-2}\ sr^{-1}\ \mu m^{-1}}$］
$\Im(x)$	xの虚部
J	回転量子数
$J(\hat{\mathbf{\Omega}})$	$\hat{\mathbf{\Omega}}$方向へ伝搬する放射の源関数
$\vec{\mathbf{J}}$	電流ベクトル［$\mathrm{A\ m^{-2}}$］
k	吸収係数（k–分布法で使用される）
k_s，k_a，k_e	質量散乱・吸収・消散係数［$\mathrm{m^2\ kg^{-1}}$］
$k(g)$	$g(k)$を逆変換した値
k_B	ボルツマン定数；付録Dを参照
k_W	ウィーン定数；付録Dを参照
$\vec{\mathbf{k}}$	波動伝搬ベクトル［$\mathrm{m^{-1}}$］
$\vec{\mathbf{k}}'$	$\vec{\mathbf{k}}$の実部
$\vec{\mathbf{k}}''$	$\vec{\mathbf{k}}$の虚部
L	角運動量［$\mathrm{J\ s}$］
L	鉛直積算雲水量（雲水密度の鉛直積分）［$\mathrm{kg\ m^{-2}}$］
L	水の気化に伴う潜熱；付録Dを参照
L_f	融解・溶解・凍結（水）の潜熱；付録Dを参照
m	相対屈折率
m	質量［kg］
m'	換算質量［kg］（慣性モーメントの計算における）
$n(r)$	液滴の粒径分布［$\mathrm{m^{-3}\ \mu m^{-1}}$］
n_r，n_i	Nの実部と虚部
$\hat{\mathbf{n}}$	単位法線ベクトル
N	粒子個数濃度［$\mathrm{m^{-3}}$］
N	屈折率（複素）
N_0	指数関数形の粒径分布の切片パラメータ［$\mathrm{m^{-3}\ \mu m^{-1}}$］
N_A	アボガドロ数；付録Dを参照
$\mathcal{N}$	光子の入射率［$\mathrm{m^{-2}\ s^{-1}}$］
p	空気圧［Pa］
p	運動量［$\mathrm{kg\ m\ s^{-1}}$］

$\bar{p}$	有効圧力（不均質な光路に適用されるバンド透過モデルにおける）［Pa］
$\vec{\mathbf{p}}$	双極子モーメント［C m］
$p(\Theta)$	散乱角Θだけの関数としての散乱位相関数（偏光なし）
$p(S)$	線強度分布
$p(\hat{\mathbf{\Omega}}', \hat{\mathbf{\Omega}})$	任意の入射と散乱方向に対する散乱位相関数（偏光なし）
p_0	標準海面気圧；付録Dを参照
$p_{\mathrm{HG}}(\Theta)$	ヘニエイ–グリーンスタイン位相関数モデル
P	電力［W］
$\mathbf{P}(\hat{\mathbf{\Omega}}', \hat{\mathbf{\Omega}})$	偏光の完全な散乱計算のための散乱位相行列
Q	ストークスベクトルの第2要素
Q_{b}	後方散乱効率
Q_{s}，Q_{a}，Q_{e}	散乱・吸収・消散効率
r	反射率
r_{eff}	有効雲粒半径［m］
r_λ	単色の（分光）反射率
$\bar{r}$	灰色体反射率
r_∞	二流方程式の解のパラメータ
R	降水強度；典型的単位は［mm/h］
R，r	半径［m］（たとえば球，円盤，液滴などの）
R_E	地球の平均半径；付録Dを参照
R_d	乾燥空気の気体定数；付録Dを参照
R_m	月の半径；付録Dを参照
R_p，R_s	平面状の反射面に対し平行，垂直に偏光した放射のフレネル反射率
R_s	太陽半径；付録Dを参照
R_v，R_h	鉛直，水平方向に偏光した放射のフレネル反射率（水平面での反射では $R_v = R_p$，$R_h = R_s$ である）
R_{normal}	垂直入射のフレネル反射率
$\Re(x)$	x の実部
s	光路に沿った距離［m］
S	大気上端での実際の太陽フラックス（太陽自体の放射と軌道距離に依存）［W m^{-2}］
S	線強度，単位は文脈による

$\bar{S}$	平均線強度
$\vec{\mathbf{S}}$	ポインティングベクトル［$\mathrm{W\,m^{-2}}$］
S_0	太陽定数；すなわち太陽フラックス（光線に垂直な面を通過する）の長期間平均；付録Dを参照
S_λ	太陽光の輝度（単色の）［$\mathrm{W\,m^{-2}\,\mu m^{-1}}$］
T	温度（断らない限り絶対温度）［K］
T	力のモーメント（トルク）［N m］
T_a	空気温度（たとえば等温大気での）［K］
T_B	輝度温度［K］
T_E	放射平衡温度［K］
T_S	地表面温度［K］
TOA	大気上端
t	時間［s］
t	透過率
t_{diff}	拡散光の透過率
t_{dir}	直達光の透過率
$t_F(z_1, z_2)$	$z_1 - z_2$ の高度間における放射フラックスの透過率（単色の）
t^*	大気全層の透過率
$\mathcal{T}$	有限幅の波長帯で平均した透過率
U	風速［$\mathrm{m\,s^{-1}}$］
U	ストークスベクトルの第3要素
$\mathbf{U}$	4元ベクトル（1，0，0，0）
u	2点間の積算質量（密度の積分）［$\mathrm{kg\,m^{-2}}$］
$\bar{u}$	有効積算質量（不均質経路に適用されるバンド透過率モデルに使用される）［$\mathrm{kg\,m^{-2}}$］
$\tilde{u}$	無次元の積算質量
u_{tot}	全積算質量，通常は鉛直方向の大気全層を通して測られる［$\mathrm{kg\,m^{-2}}$］
V	ストークスベクトルの第4要素
V	積算水蒸気量（水蒸気密度の鉛直積分）［$\mathrm{kg\,m^{-2}}$］
v	速さ［$\mathrm{m\,s^{-1}}$］
v	振動量子数
w	大気成分の混合比
W	波長範囲での1つあるいは複数の吸収線の等価幅（単位は文

脈による)

W	ある場所での 24 時間の全日射量 [J m^{-2}]
$W(z)$	消散・吸収の荷重関数 [m^{-1}]
$W^{\uparrow}(z)$	大気上端から見た上向き輝度の射出・吸収荷重関数 [m^{-1}]
$W^{\downarrow}(z)$	大気下端から見た下向き輝度の射出・吸収荷重関数 [m^{-1}]
$W_F^{\uparrow}(z)$, $W_F^{\downarrow}(z)$	$W^{\uparrow}(z)$, $W^{\downarrow}(z)$ と同じだが輝度ではなくフラックスの荷重関数 [m^{-1}]
x	一般的な位置座標 [m]
x	球の中心からの位置(規格化された)
x	$2\pi r/\lambda$ で定義された球形粒子のサイズパラメータ
x	波数パラメータ(バンド透過率モデルにおける)
$\vec{\mathbf{x}}$	位置ベクトル [m]
y	"灰色度"パラメータ(バンド透過率モデルにおける)
z	高度 [m]
Z	レーダー反射因子 [mm^6 m^{-3}]
Z_e	有効レーダー反射因子,典型的な単位は [mm^6 m^{-3}]
α	粒子の電気分極率(複素) [C m^2 V^{-1}]
α_0	標準温度・圧力でのローレンツ線幅パラメータ [Hz]
α_D	ドップラー線幅パラメータ [Hz]
α_L	ローレンツ線幅パラメータ [Hz]
$\alpha_{1/2}$	半値半幅(吸収線の) [Hz]
β_s, β_a, β_e	体積散乱・吸収・消散係数 [m^{-1}]
Γ	大気温度減率 [K m^{-1}]
Γ	二流方程式解のパラメータ
γ	$\vec{\mathbf{E}}_0$ と散乱方向 $\hat{\mathbf{\Omega}}'$ 間の角
ΔT	温度変化 [K]
$\delta(x)$	ディラックの δ 関数
ε	射出率
ε_λ	単色の(分光)射出率
ε_v, ε_h	鉛直・水平偏光した放射の射出率
ϵ_{av}	不均質混合物の有効誘電定数
ϵ	誘電"定数"(複素数で,N^2 に等しい)
ϵ', ϵ''	ϵ の実部・虚部
ε	誘電率 [F m^{-1}]

ε_0	自由空間の誘電率［$\mathrm{F\ m^{-1}}$］
η	空気の単位体積当たりの後方散乱断面積［$\mathrm{m^{-1}}$］
Θ	散乱角（入射光線と散乱光線の角度）
Θ	入射放射の方向と散乱放射の方向のなす角度
Θ_0	臨界角（たとえば全反射の）；虹の角度
Θ_B	ブルスター角
Θ_i，Θ_r，Θ_t	局所的な垂線と入射・反射・透過光線の間の角度
θ	天頂角
θ_s	太陽天頂角
Λ	指数関数型粒径分布の傾きを表すパラメータ［$\mathrm{m^{-1}}$］
λ	波長［m］
λ_{max}	最大射出波長［m］
μ	透磁率［$\mathrm{H\ m^{-1}}$］
μ	$\cos\theta$ あるいはその絶対値
μ_0	自由空間の透磁率［$\mathrm{H\ m^{-1}}$］
$\bar{\mu}$	光束の透過率がフラックス透過率と等しくなる有効 μ 値
ν	周波数［Hz］
$\tilde{\nu}$	波数［$\mathrm{m^{-1}}$］
ρ	密度［$\mathrm{kg\ m^{-3}}$］
ρ	電荷密度［$\mathrm{C\ m^{-3}}$］
ρ（$\theta_i, \phi_i; \theta_r, \phi_r$）	双方向反射分布関数（BDRF）
ρ_a	空気密度［$\mathrm{kg\ m^{-3}}$］
ρ_l	純水の密度［$\mathrm{kg\ m^{-3}}$］
ρ_w	雲水密度［$\mathrm{kg\ m^{-3}}$］
σ	シュテファン－ボルツマン定数；付録Dを参照
σ	電気伝導度［$\mathrm{S\ m^{-1}}$］
σ_{b}	後方散乱断面積［$\mathrm{m^{-2}}$］
σ_{s}，σ_{a}，σ_{e}	散乱・吸収・消散断面積［$\mathrm{m^{-2}}$］
τ	光学的厚さ，光学的深さ，あるいは光路
τ'	相似変換された（スケール化された）光学的深さ
τ^*	空気（あるいは雲）全層の光学的深さ
$\tau^{*\prime}$	相似変換された（スケール化された）全層の光学的深さ
Φ	散乱方位角（散乱面と入射光線を含む任意の基準面との間の角度）

ϕ	方位角
χ	電気感受率
$\hat{\mathbf{\Omega}}$	伝搬方向を示す単位ベクトル
$\hat{\mathbf{\Omega}}_i$, $\hat{\mathbf{\Omega}}_r$	入射・反射光線の方向を表す単位ベクトル
ω	角周波数［s^{-1}］
$\tilde{\omega}$	単一散乱アルベド（β_s/β_e で定義される）
$\tilde{\omega}'$	相似変換された（スケール化された）単一散乱アルベド

付録C 参考文献

以下に示した教科書のいくつかでは本書で紹介した主題がより詳細に扱われており，文献も網羅されている．また大気放射学を，気象学や気候学の広い観点から扱ったものもある．下の各文献の先頭の記号は本書全体を通してこれらを引用するために用いられている．

BH83 Bohren, C. F. and D. R. Huffman,1983: *Absorption and Scattering of Light by Small Particles*（paperback）. Wiley-Insterscience, New York, 536 pp.（ISBN 0–47–129340–7）

FB80 Fleagle, R. G. and J. A. Businger,1980: *An Introduction to Atmospheric Physics*. Academic Press, San Diego, 432 pp.（ISBN0–12–260355–9）

GY95 Goody, R. M. and Y. L.Yung,1995: *Atomospheric Radiation: Theoretical Basis*（2nd ed., paperback）. Oxford University Press, New York, 544 pp.（ISBN 0–19–510291–6）

H94 Hartmann, D. L., 1994: *Global Physical Climatology*. Academic Press, San Diego, 411 pp.（ISBN 0–12–328530–5）

L02 Liou, K.-N., 2002: *Introduction to Atmospheric Radiacion*（2nd ed.）. Academic Press, San Diego, 583 pp.（ISBN 0–12–451451–0）
［日本語訳：藤枝鋼・深堀正志訳『大気放射学』共立出版］

S94 Stephes, G. L., 1994: *Remote Sensing of the Lower Atmosphere: An Introduction*. Oxford University Press, New York, 523 pp.（ISBN 0–19–508188–9）

TS02 Thomas, G. and K. Stamnes, 2002; *Radiative Transfer in the Atmosphere and Ocean* (paperback) Cambridge University Press, Cambridge, UK, 517 pp. (ISBN 0–52–189061–6)

WH77 Wallace, J. M. and P. V. Hobbs,1977: *Atmospheric Science: An Introductory Survey*. Academic Press, San Diego, 467 pp. (ISBN 0–12–732950–1)

訳者の追加参考文献

オゾンなど大気成分の化学・輸送過程については，
D. J. ジェイコブ著／近藤　豊訳『大気化学入門』（東京大学出版会，2002）
によくまとめられている．

付録 D　有用な物理および天文定数

普遍定数

アボガドロ数（N_{A}）　6.022×10^{23} mole^{-1}

ボルツマン定数（k_{B}）　1.381×10^{23} J K^{-1} molecule^{-1}

自由空間の透磁率（μ_0）　1.257×10^{-6} N A^{-2}

自由空間の誘電率（ε_0）　8.854×10^{-12} F m^{-1}

プランク定数（h）　6.626×10^{-34} J s

光速（c）　2.998×10^{8} m s^{-1}

シュテファン-ボルツマン定数（σ）　5.670×10^{-8} W m^{-2} K^{-4}

ウィーン定数（k_{W}）　2897 μm K

天文定数

地球と太陽間の平均距離（D_S）　1.496×10^{8} km

地球と月間の平均距離（D_m）　3.84×10^{5} km

地球の平均半径（R_E）　6373 km

月の平均半径（R_m）　1740 km

太陽光球の平均半径（R_S）　6.96×10^{5} km

大気上端での平均太陽フラックス（S_0）　1370 W m^{-2}

重力加速度（g）　9.81 m s^{-2}

空気と水

平均海面気圧（p_0）　1.013×10^{5} Pa

乾燥空気の気体定数（R_d）　287 J kg^{-1} K^{-1}

乾燥空気の比熱（c_p）　1004 J kg^{-1} K^{-1}

氷の融解熱（L_f）　3.34×10^{5} J kg^{-1}

水の気化熱（L）　2.50×10^{6} J kg^{-1}

索 引

[ア行]

青色化　330–331
アルベド（→　反射率）　94
　雲の——　→　雲，放射特性
　短波の——　94, 124
　地表面の——　94
　惑星——　125, 130
位相関数　295, 298–304
　位相行列との関係　328
　海洋性ヘイズの——　304
　規格化　295, 299
　球の——　334–340
　サイズ分布と——　340
　δ-スケーリング　393–399
　　相似変換との比較　398
　等方的——　299–301
　二重ヘニエイ-グリーンスタイン——　304
　非対称因子　301–304
　ヘニエイ-グリーンスタイン——　302–304
　ルジャンドル多項式展開　391–393
　レイリー——　302
一酸化炭素
　赤外吸収スペクトル　246
　大気中の存在量　159
　分子構造　224
一酸化二窒素
　近赤外における吸収　162
　赤外吸収スペクトル　253
　大気中の存在量　159
　分子構造　224
色温度　111
色と波長　57
ウィーンの変位則　106, 110, 111
宇宙線　55
エアロゾル
　間接効果　179–180
　消散効率　332
　特性，存在量　166, 180, 316
エディントン近似　388
LTE　→　局所熱力学平衡
エルニーニョ　137
遠赤外　→　赤外放射
　水蒸気による吸収　163
OLR　→　外向き長波放射
オゾン
　汚染物質としての——　64–66
　加熱率のプロファイルへの重要性　287–290
　9.6 μm 帯　163, 201, 252
　生成　63
　赤外吸収スペクトル　252
　大気中の存在量　159
　分子構造　224
オゾン層　54, 57, 63–64
　減少　64
　大気の温度構造　64
温室効果　130
温室効果気体　59, 130

[カ行]

海洋のヘイズ
　散乱位相関数　304
可降水量　137
可視域の放射　57–59
　雲の反射率　58
　全太陽放射への寄与　58
　大気の透明度　58
　分光透過率　161, 165
荷重関数
　吸収の——　171–174
　射出の——　188–190
　単色フラックスの——　193
　バンド積分したフラックスの——

282
プロファイル推定の―― 208–210
雷検出システム 62
幾何光学 316, 394
消散のパラドックス → 消散のパラドックス
虹・ハロ 83
ミー理論の代替としての―― 339
ギガヘルツ（GHz）の定義 60
輝度 31, 33–45
スカラーとしての―― 41
ストークスベクトルとしての―― 41
フラックスとの関係 34, 43–45
一般的な場合の―― 43
等方的な場合の―― 44
定義 39
不変性 40
偏光 41–42
輝度温度 116–118, 349
衛星画像における―― 135–136
日変動 137
赤外画像における―― 135–138
マイクロ波での―― 117
海洋の―― 138–140
揮発性有機化合物（VOC） 65
吸収
荷重関数 171–175
指数関数形プロファイルの大気の―― 171–175
バンド平均した―― 262, 263
吸収係数 72, 145
均質媒質の―― 28
質量―― 152–153
微小粒子の―― 325–327
体積―― 152–153
混合物の―― 153
吸収効率 152–153
球形粒子の―― 332–334
小粒子の―― 324–325
吸収指数 71
吸収断面積 152–153
吸収率 91–92
雲中の―― 175
光路上の―― 148
境界層
海洋の―― 135
加熱 22
局所熱力学平衡（LTE） 116, 216–218
霧虹 339–340
キルヒホッフの法則 106, 115–116, 121
屈折率 27
位相速度 26
虚部 71–73
――と吸収係数との関係 28
空気の―― 70–71
クラマース-クローニッヒの関係 70
氷の―― 70, 71
実部 70–71
相対―― 80, 317
複素―― 27, 69
水の―― 70, 71
雲
衛星観測に干渉する―― 137
赤外画像における―― 136
放射特性 341–343
アルベド 175, 367–369, 373–374
一般的な場合の―― 374–387
拡散透過率 376–378
光学的厚さ 175–184
消散係数 177
相への依存性 341
多重層雲 386–388
直達透過率 175–180
透過率 373–374, 376–380
半無限の―― 366–371
非吸収性の―― 371–374
非黒体表面の上の―― 382–386
フラックスと加熱率のプロファイル 369–371
粒径依存性 343
有効半径 182–183
リモートセンシング 343
雲凝結核（CCN） 179
雲水
マイクロ波での消散係数 349
マイクロ波リモートセンシング 139,

327, 349–353
雲粒子
個数濃度 316
サイズ分布 181–183, 340
消散係数 332
単一散乱アルベド 341–342
単分散と多分散の—— 177
典型的な雲粒の大きさ 175
非対称因子 341
有効半径 343
クロロフルオロカーボン（CFCs）
オゾン破壊 67
温室効果気体としての—— 59
大気中の存在量 159
分子構造 224
k-分布法 259–260, 273–280
結露 131–133
減光則（→ ビーアの法則） 72
幻日 87
光化学 54
——と大気汚染 54, 64–67
光学的厚さ（→ 光学的深さ） 156
光学的深さ（→ 光学的厚さ） 146
鉛直座標としての—— 157–158
指数関数形プロファイルの大気の—— 169
δ-スケール化された—— 397
相似的変換された—— 381
光子 29
エネルギー 29–30
降水強度
マーシャル-パルマー粒形分布 348
マイクロ波リモートセンシング 140
レーダーによる推定 343–349
——*Z-R* 関係 348, 349
高性能マイクロ波サウンダー 209
光線追跡法（→ 幾何光学） 83
光電効果 29
光電離 243
光解離 30, 244–245
酸素の—— 30, 63
広帯域放射
定義 18
光輪 336, 339
光路 146
加算性 147
消散係数が一定の—— 148
氷
屈折率 70, 71
マイクロ波での射出率 117
黒体 107–108
黒体放射 107–113
広域帯フラックス 112
誤差関数 270
コロナ 338

［サ行］

酸素
結合エネルギー 30
光解離 30, 63
双極子モーメント 228
大気中の存在量 159
分子構造 224
118 GHz 帯 163, 350
60 GHz 帯 163, 209, 350
CFCs → クロロフルオロカーボン
CCN → 雲凝結核
GCM → 大気大循環モデル
磁束密度 23
質量吸収係数 → 吸収係数
質量散乱係数 → 散乱係数
質量消散係数 → 消散係数
視程 309–313
磁場 23
霜の生成 105, 131–133
射出 105–107
荷重関数 187–190
——が重要となる場合 118–120
赤外スペクトル（地球・大気の） 124
射出率 113–115
赤外画像における—— 135
単色の—— 113–114
長波の—— 123
灰色体の—— 114
マイクロ波の—— 117
風速依存性 139

偏光依存性　139
陸と海の――　138–140
周波数（振動数）　15–17, 52–53, 63
――分解　17–18
春分・秋分　48
消散
エアロゾルと雲による――　166–167
吸収と散乱による――　142–143
室内実験　142–144
無限小光路上の――　145–146
有限長光路上の――　146–148
消散係数　141, 144
雲中の――　177
散乱と吸収の和　144
質量――　149–150, 152–153
体積――　152–153, 159
混合物の――　153
サイズ分布と――　181, 340
消散効率　151–153
吸収性の球の――　332–334
小さい粒子の――　324–325
非吸収性の球の――　330–332
極限値　330
消散断面積　150–153
消散のパラドックス　151–152, 338, 394, 398
正味のフラックス
大気加熱　280–282
定義　44
水蒸気
衛星観測への干渉　137
温室効果気体としての――　59
加熱プロファイルにおける重要性　287–289
大気中の存在量　159
二量体・三量体　245
近赤外での吸収　162
遠赤外での吸収　163
赤外吸収スペクトル　247–249
22 GHz 吸収線　164, 352
183.3 GHz バンド　163
マイクロ波リモートセンシング　140
連続吸収　244–245, 289, 291
マイクロ波帯での――　164
6.3 μm 帯　163, 200, 211
6.7 μm 画像　211–213
プロファイル推定　212–213
分子構造　224
数密度（粒子の）　151
ストークスパラメータ　41–42
赤色化　330–332
赤外
スペクトルの窓　135, 164
赤外放射　59–60
遠赤外バンド　60
近赤外バンド　60
温室効果気体　59
熱エネルギー　3, 62
熱赤外バンド　62
エネルギー交換への重要性　59, 60
吸収分子種　245–253
大気吸収率　163
大気透過率のスペクトル　162
積算質量　170, 262
無次元の――　265
線強度　237
線強度分布のモデル　268
潜熱フラックス　99
前方回折の極大　334–338, 392, 394
打ち切り　394–396
相関 k-分布法　277–280
双極子放射　318–321
双方向反射関数（BDRF, BRDF）　97–99, 102, 103
海面で反射される太陽光の――　102
――とリモートセンシング　101–102
外向き長波放射（OLR）　125–126
帯状平均した――　3

［タ行］

対宇宙冷却　285, 290–291
――近似　286
大気
射出スペクトル　198
射出率　191–206
組成　159

分光透過率 158–167
マイクロ波での—— 163
大気加熱・冷却
対宇宙冷却近似 286
短波 287–298
長波 289–292
方程式 280–286
大気大循環モデル（GCM） 130, 258
体積吸収係数 → 吸収係数
体積散乱係数 → 散乱係数
体積消散係数 → 消散係数
ダイヤモンドによる屈折と反射 82
単一波長の放射 18
断面積
吸収—— 152–153
散乱—— 152–153
消散—— 151–153
地球温暖化 130
エアロゾルによる打ち消し 180
地球のエネルギー収支 5–7
地球の熱機関 3–5
窒素
双極子モーメントの欠如 227
大気中の存在量 159
分子構造 224
窒素酸化物 65
チャップマン層 173
長波放射（→ 赤外放射） 118–119
短波との分離 131
電荷密度 23
電気伝導率 23
電磁放射
位相速度
反射・屈折 70
媒質中の—— 70
エネルギー 21–22
吸収 28–29
コヒーレントとインコヒーレントな—— 18–21
周波数（振動数） 15–17, 52–53
準単色の—— 19
数学的記述 23–29
単色と広域帯の—— 18
電場・磁場 11–12
特性 11–33
波動 12–29
位相速度 26–27
均一な媒質中での—— 25, 26
調和振動の解 24–25
平面波の—— 25–27
波数 53
波長 15–17, 52–53
偏光 19–21
円偏光 20
楕円偏光 20
直線偏光 20
偏光度 21
偏光の無視 21
マクスウェル方程式 23–26
量子的特性 29–31
電束密度 23
天頂角 34
電場 23
電波帯 60–62
リモートセンシング 61–62
電流ベクトル 23
電離（放射による） 55–56
透過深度 72
水・氷の—— 72–73
透磁率 23
真空中の—— 26
等方反射 95–98
放射伝達方程式における—— 196
ドップラーウインドプロファイラー 61
ドップラー効果 17, 238
ドップラー効果による広がり 238–239
分子衝突による広がりとの比較 241–242

[ナ行]

二酸化炭素
温室効果気体としての—— 59, 130
火星大気中の—— 64
近赤外における吸収 162
赤外吸収スペクトル 246–251
双極子モーメント 228

大気中の存在量 159, 160
15 μm 帯 163, 200, 202, 249–251, 285
分子構造 224
4.3 μm 帯 163, 249
虹 51, 70, 84–87
主虹 85
副虹 85
ミー理論で計算される—— 336, 339–340
日射
グローバルな—— 46–47
日平均の—— 48–49
領域・季節変化 47–49

［ハ行］

灰色体近似 92–93, 122
灰色度パラメーター 269
倍加算法 389
HITRAN スペクトルデータベース 255
薄明光線 338
波数 53, 63
単位 53
波長 16, 53, 63
単位 53
色 57
ハロ 87
反射 70
角 76–77
鏡面—— 76, 94, 97
均質な媒質中での—— 76–83
水表面での—— 95
全—— 78
等方—— 95–98
臨海角 78
反射率（→ アルベド） 91–92
均質な媒質の—— 79–83
垂直入射の—— 81
地表面の—— 91–92
偏光依存性 80–83
方向依存性 94–99
水の—— 81–82
バンド（スペクトル帯） 53–62
可視 57–59
ガンマ線、X 線 55–56
紫外 56–57
赤外 59–60
電波 60–62
マイクロ波 60–62
光化学 54
非断熱加熱 53–54
リモートセンシング 54
バンド透過率
孤立した吸収線の—— 262–267
強吸収極限での—— 266
弱吸収極限での—— 263
長方形の吸収線の—— 264–265
等価幅 262–266
ローレンツ線形の—— 265–267
モデル 259–274
HCG 近似 272–273
エルサッサー 269–271
定義 267–269
比較 272
ランダム／マルクマス—— 271–272
ビーアの法則 72, 146, 260–261
極限の場合としての—— 270, 272
ビーア-ブーゲ-ランバートの法則（→ ビーアの法則） 72
BRDF（→ 双方向反射関数）
P, *Q*, *R*- 枝 231
ヒドロキシルラジカル（OH） 66–67
比誘電率 73–76
屈折率との関係 73–74
実効的な—— 74–76
不均質な混合物の—— 74–76
氷晶 87
フーリエ分解 17
フォークト線形 242
フラックス 22, 31–33
吸収される—— 91
広域帯の—— 32
正味の——
加熱率のプロファイル 258, 280–282
定義 44

単色の―― 32, 192–194
荷重関数 193
典型的な単位 32
透過率 193, 257
輝度との関係 33–34, 43–45
一般的な場合 43
等方的な輝度 44
光子 30
反射される―― 91
分光された―― 32
フラックス密度（→ フラックス） 22, 28, 31
ブラッグマンの公式（混合物の比誘電率） 75
プランク関数 106, 108–110, 116, 119
周波数の関数としての―― 109
物理的な次元 109
プランク定数 29, 109
ブリュースター角 82, 83
フレネルの関係式 80, 85, 89, 139
分子
慣性モーメント 221–224
双極子モーメント 227–228
量子化された角運動量 225
分子の吸収と射出
回転スペクトル 226–227
回転遷移 221–227
線の位置 219–220
線形 235–243
ヴァン・ヴレック–ワイスコフの―― 241
ドップラー効果による広がり 238–239
フォークトの―― 242
分子衝突による広がり 239–241
振動・回転スペクトル 230–231
振動遷移による―― 228–233
振動モード 231–233
遷移の組み合わせによる―― 234
遷移のタイプと―― 220
電子遷移による―― 233–234
物理的基礎 216–218
連続的な―― 243–245
分子衝突による広がり 239–241
ドップラー効果による広がりとの比較 241–243
分子による散乱
分光透過率 165–166
偏光 323
平衡温度
球体の―― 122–124
月面の―― 122, 123
地球表面の―― 129–131
平行平面近似 154–158
雲への適用性 154
大気への適用性 154
地球の曲率 155
ペルオキシアセチルナイトレイト（PAN） 65
偏光（→ 電磁放射、偏光） 15, 19–21
垂直・水平の―― 81
ストークスパラメータ 41–42
反射率 79–83
――とマイクロ波の射出率 138–139
放射伝達方程式における―― 296
レイリー散乱における―― 321–324
偏光サングラス 21, 82, 323
ポインティングベクトル 27–28
方位角 35
放射輝度（→ 放射強度） 33
放射強度（→ 強度輝度） 33
放射収支 120–135
放射照度（→ フラックス） 22
放射伝達
気候・気象のための 1–7
リモートセンシングのための―― 7–9
非断熱過程としての―― 1–2
放射伝達方程式
吸収と散乱を含む―― 355
吸収と射出を含む―― 186
平行平面近似の―― 190–191
鏡面反射をする下端境界の―― 195–196
源関数を含む―― 296
散乱を含む―― 294–298

　　平行平面近似の――　297–298
　　消散のみを含む――　146
　　単一散乱の――　305–307
　　等方反射をする下端境界の――　196
　　偏光を考慮した――　296
　　方位角平均した――　359–360
　　マイクロ波放射計用に簡略化した――　350
放射発度（→　フラックス）　22
放射平衡　122
　　球の――　122–124
　　真空中での――　122–124
　　地球の――　125–127
　　月の――　122–123
　　二層からなる系の――　127–131
放射冷却
　　雲頂での――　133–135
　　大気の――（→　大気加熱・冷却）
　　地表面の――　131–133
ボルツマン定数　109

［マ行］

マイクロ波撮像
　　雲の透過率と――　349
マイクロ波放射　60–62
　　輝度温度　116
　　大気透過率　163–165, 350
マイクロ波放射計　349–350
マイクロ波リモートセンシング（→　リモートセンシング）　61, 118, 138–140
　　空間分解能　140
　　雲の透過率　138
マクスウェル-ガーネットの式（混合物の比誘電率）　75
マクスウェル方程式　23–24
ミー理論　327–340
　　位相関数　334–340
　　吸収効率　332–334
　　級数の打ち切り　328
　　散乱係数　328
　　散乱効率　328–330
　　消散効率　328–334
　　前方回折の極大　334–338
　　単一散乱アルベド　332–334
　　非対称因子　334
水
　　屈折率　70, 71
　　マイクロ波での射出率　117
μの定義　155, 298
ミュラー行列　42
メタン
　　温室効果気体としての――　59
　　近赤外における吸収　162
　　赤外吸収スペクトル　252–253
　　大気中の存在量　159
　　分子構造　224
モデル大気　286–287
モンテカルロ法　357, 389

［ヤ行］

有効放射温度
　　大気上端での――　125
　　太陽の――　112
誘電率
　　真空中の――　23, 26
　　媒質中の――　25
　　比――　73

［ラ行］

ライン-バイ-ライン法　255–259
離散座標法　389
理想気体の法則　154
粒子
　　サイズパラメータ　317
　　サイズ分布　340–341
　　大気中の――　315–316
　　物理特性　317–318
　　非球形――　317–318
量子数
　　回転の――　225–227
　　振動の――　229, 231–233
ルジャンドル多項式　391–392
　　位相関数の展開　391–393
レイリー-ジーンズ近似　113, 118, 138, 349
レーダー　16, 20, 61, 138, 327, 343–347
　　後方散乱効率　344

雨粒の―― 346
相への依存性 345
ひょう粒子の―― 345
レイリー散乱の―― 344
後方散乱断面積 344
運用 343
等価反射因子 347
反射因子 346
連続吸収 243–245, 256
水蒸気の―― 244–245, 289, 291
マイクロ波帯での―― 164
ローレンツ線形 239–241
惑星アルベド 125, 130

著訳者紹介

グラント W. ペティ（Grant W. Petty）

1990 年　ワシントン大学理学博士（大気科学）

1995 年　パーデュー大学准教授

2000 年　ウィスコンシン大学マディソン校大気海洋科学科准教授

2003 年　ウィスコンシン大学教授

近藤　豊（こんどう ゆたか）

1972 年　東京大学理学部地球物理学科卒業

1977 年　東京大学大学院理学系研究科地球物理学専攻博士

1992 年　名古屋大学教授

2000 年　東京大学先端科学技術研究センター教授

2011 年　東京大学大学院理学系研究科地球惑星科学専攻教授

2016 年　情報・システム研究機構国立極地研究所特任教授

2016 年　東京大学名誉教授

受賞等：2009 年　アメリカ地球物理学連合（AGU）フェロー，2012 年　紫綬褒章，2014 年　日本地球惑星科学連合（JpGU）フェロー，2015 年　日本学士院賞

著訳書：『大気化学入門』（訳，2002，東京大学出版会），『地球環境と公共性（公共哲学 9）』（共著，2002，東京大学出版会），『大気力学の基礎』（共訳，2016，東京大学出版会）

茂木信宏（もてき のぶひろ）

2003 年　東京工業大学理学部化学科卒業

2008 年　東京大学理学系研究科地球惑星科学専攻博士

2008 年　東京大学先端科学技術研究センター助教

2014 年　東京大学大学院理学系研究科地球惑星科学専攻助教

受賞：2013 年　日本気象学会山本・正野論文賞

詳解 大気放射学 基礎と気象・気候学への応用

2019年1月21日 初 版

[検印廃止]

著 者 グラント W. ペティ

訳 者 近藤 豊・茂木信宏

発行所 一般財団法人 東京大学出版会

代表者 吉見俊哉
153-0041 東京都目黒区駒場 4-5-29
http://www.utp.or.jp/
電話 03-6407-1069 Fax 03-6407-1991
振替 00160-6-59964

印刷所 株式会社理想社
製本所 牧製本印刷株式会社

ISBN 978-4-13-062729-0 Printed in Japan